1月16日，北京市科委与市金融局联合举办了北京市落实国家科技成果转化引导基金推进工作会。市科委相关负责人介绍，北京市成立的4只引导基金已对外协议出资46.25亿元，设立参股基金118只，带动社会资本超过300亿元

1月16日，全国政协副主席、科技部部长万钢调研北京市创新创业服务体系的建设情况。北京市副市长张工、北京市科委主任闫傲霜等陪同调研

1月22日，首都科技条件平台检测与认证领域中心召开2015年工作交流会。截至2014年年底，检测与认证领域中心共服务成员单位实现合同总金额6054万元。图为该中心向新增成员单位颁发铜牌

2月7日，由北京市科委支持、新兴际华集团研制的19台（套）轻型高机动救援系列装备交付北京市地震应急指挥部使用。丰台区地震救援队的队员现场演示应急救援装备车

2月13日，北京市科委和首都科技发展战略研究院举行媒体通气会，发布“首都科技创新发展指数研究成果”

2月27日，北京市委、市政府举行2014年度北京市科学技术奖励大会。2014年共有220项科技成果荣获北京市科学技术奖，包括一等奖30项、二等奖60项、三等奖130项。图为部分获奖代表合影

2月27日，北京市委、市政府召开2015年北京市科技工作会议。北京市委常委苟仲文、北京市副市长张工等出席会议。北京市科委主任闫傲霜做了题为“把握新定位，适应新常态，为全国科技创新中心建设做出新贡献”的报告

3月9日，致公党北京市委、致公党云南省委、北京市科委、云南省科技厅四方创新驱动战略合作协议签字仪式在北京举行

3月12日，由北京市科委支持的新能源汽车科普图书《电动汽车跑起来》正式与大众见面，这是全国第一本集新能源汽车政策、技术、使用等于一体的科普图书

3月23日，北京市促进众创空间建设推进会在北京市科委召开。会上，与会领导为创客空间、创客总部、京西创业公社、极地国际创新中心等11家众创空间进行了授牌，同时授予中关村创业大街“北京市众创空间集聚区”称号

4月3日，“跨界合作、协同创新”首都创新大联盟2015年度工作会举行。图为部分获奖单位代表展示工作参与奖证书

4月11日，北京市科委联合天津市科委、河北省科技厅共同召开了京津冀钢铁行业节能减排与协同发展座谈会暨京津冀钢铁行业节能减排产业技术创新联盟第一次成员大会。图为与会领导共同为“京津冀钢铁行业节能减排产业技术创新联盟”揭牌

4月21日，2015中国（北京）跨国技术转移大会在北京国际会议中心开幕。科技部秘书长李平、韩国驻中国大使馆参赞李镐军为“中韩企业合作创新中心”揭牌

4月22日，北京市科委与顺义区政府共同推进全国科技创新中心建设工作会在北京市科委召开。会上，双方签署了《北京国际科技贸易基地建设合作框架协议》，并由科技部、市科委与顺义区政府共同为“北京国际科技贸易基地”揭牌

5月4日，北京市众创空间集聚区众创空间授牌仪式在中关村创业大街召开，与会领导为众创空间集聚区内的36氪、3W咖啡、创业家、天使汇、联想之星、硬创邦等创业服务机构授牌

5 月 6 日，北京市科委与中国科学院北京分院召开深化院市科技合作、推进全国科技创新中心建设座谈会暨 2015 年院市科技合作工作小组会

5 月 17 日，北京市科委在民族文化宫举行了公众参与创新行动计划（第一季）颁奖仪式。此次活动由北京市科委联合新华网等单位共同发起，第一季共征集了 1000 余个创意项目，经过筛选和评审，最终有 30 个最受欢迎的创意项目、创意个人和团队受到表彰

5 月 24 日，为期 9 天的 2015 年全国科技活动周暨北京科技周主场活动在北京民族文化宫闭幕。本届科技周以“创新创业 科技惠民”为主题，主场活动展览面积达 6000 多平方米，通过大型科普博览的形式，突出民生科技，向公众展示了国家和北京地区近 300 项创新成果和创业案例，让社会公众亲身感受科技给人们的生产和生活带来的变化，激发全社会的创新创业热情

6月24日，北京市科委在北京市人民政府新闻办公室发布《关于加快首都科技服务业发展的实施意见》（以下简称《实施意见》）。发布会上，市科委作为《实施意见》研究制定的牵头企业，联合市财政局、市统计局、市质监局、市知识产权局对《实施意见》进行了解读。到2020年，全市科技服务业收入将达1.5万亿元，科技服务将成为“北京服务”品牌中的制高点

6月30日，北京市科委召开纪念中国共产党建党94周年表彰大会，表彰了一批先进基层党组织、优秀共产党员和优秀党务工作者

7月20日，北京市科委与房山区政府举行合作共建北京科技成果转化前孵化投资基金签约仪式

7月31日，由解放军总后勤部卫生部与北京市科委共同举办的医学科技创新战略合作阶段工作总结暨“军地共建北京创新医疗产品临床评价应用基地”授牌仪式在解放军总医院举行

9月1日，北京市科委召开“脑科学研究”专项工作启动会。图为与会领导向20余位“脑科学研究”专项指导组专家发放聘书

9月22日，北京市新技术新产品（服务）首发平台发布暨众创空间工作推进会在北京市科委举行。与会领导共同启动北京市新技术新产品（服务）首发平台

9 月 26 日，首都科技志愿服务联合会和致公党北京市委共同主办的关爱鲁甸在京学生系列活动在北大附属实验学校启动

9 月 29 日，《北京技术创新行动计划（2014—2017 年）》系列成果发布之“先导与优势材料创新发展”专场在北京市人民政府新闻办公室举行。作为专项行动计划的牵头组织单位，北京市科委会同专项项目承担单位发布了“12 纳米碳纳米管集成电路 CMOS 器件研制”等 10 项先导与优势材料领域国际国内领先成果

10 月 15—16 日，北京市科委与市科协在北京稻香湖景酒店举办科普基地授牌仪式。北京市科普基地已达到 326 家

10 月 29 日，2015 北京－特拉维夫创新大会暨以色列节能环保技术中国巡回展在北京举行

11 月 8 日，北京市科委与黑龙江省科技厅共同举办的 2015 北京－黑龙江创新驱动区域合作活动在哈尔滨举行

11 月 5—13 日，2015 北京－安大略科技创新论坛在北京召开。图为专题讨论——北京与安大略省科技合作的成功案例

11 月 14—15 日，北京市科委与大同市政府开展京同创新驱动区域合作活动

11 月 17 日，第六届中意创新合作周在北京开幕。开幕式后，中意技术转移中心为近年来在中意创新合作中做出突出贡献的个人颁发“中意科技创新合作贡献奖”奖章。图为获奖者之一在展示奖章

由北京大学地球与空间科学学院晏磊教授完成的“偏振遥感物理机理、关键方法与技术应用”获得 2015 年度国家技术发明奖二等奖。图为敦煌辐射定标实验

由中国农业科学院作物科学研究所何中虎研究员主持完成的“CIMMYT 小麦引进、研究与创新利用”获得 2015 年度国家科技进步奖二等奖

由中国农业大学等单位完成的“‘农大 3 号’小型蛋鸡配套系培育与应用”获得 2015 年度国家科技进步奖二等奖

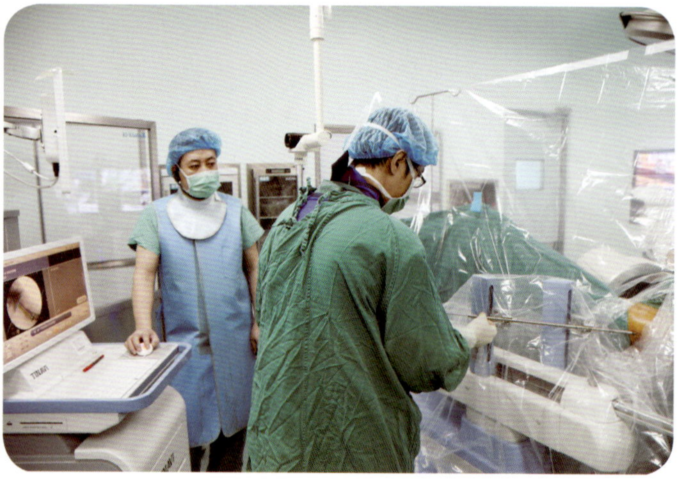

由北京积水潭医院等单位完成的“基于影响导航和机器人技术的智能骨科手术体系建立及临床应用”获得 2015 年度国家科技进步奖二等奖

由中材科技风电叶片股份有限公司完成的“低风速低载荷1.5MW风电叶片研发及产业化”获得2015年度北京市科学技术奖一等奖。图为中材科技风电叶片股份有限公司厂区

由北京出入境检验检疫局检验检疫技术中心等单位完成的“食源性致病微生物生物传感及溯源快检技术与应用”获得2015年度北京市科学技术奖一等奖

由北京云电英纳超导电力技术有限公司完成的“饱和铁心型超导限流器的关键技术研究”获得2015年度北京市科学技术奖一等奖。图为天津石各庄变电站运行的220kV超导限流器安装现场

由北京市建筑设计研究院有限公司等单位完成的“凤凰中心——基于数字信息技术的设计创新与精确化建造”获得2015年度北京市科学技术奖二等奖

北京科技年鉴

BEIJING ALMANAC OF SCIENCE AND TECHNOLOGY

2016

北京市科学技术委员会 组编

北京科学技术出版社

图书在版编目(CIP)数据

北京科技年鉴2016 / 北京市科学技术委员会组编. — 北京：北京科学技术出版社，2017.12

ISBN 978-7-5304-9103-4

Ⅰ. ①北… Ⅱ. ①北… Ⅲ. ①科学研究事业 – 北京市 – 2016 – 年鉴 Ⅳ. ①G322.71–54

中国版本图书馆 CIP 数据核字（2017）第143006号

北京科技年鉴2016

作　　者：北京市科学技术委员会
责任编辑：周　珊
责任印制：李　茗
封面设计：樊润琴
出 版 人：曾庆宇
出版发行：北京科学技术出版社
社　　址：北京西直门南大街16号
邮政编码：100035
电话传真：0086–10–66135495（总编室）
0086–10–66113227（发行部）　0086–10–66161952（发行部传真）
电子信箱：bjkj@bjkjpress.com
网　　址：www.bkydw.cn
经　　销：新华书店
印　　刷：三河市国新印装有限公司
开　　本：787mm × 1092mm　1/16
字　　数：585千字
印　　张：21.5
插　　页：16
版　　次：2017年12月第1版
印　　次：2017年12月第1次印刷
ISBN 978-7-5304-9103-4/G·2681

定　价：118.00元

编辑说明

一、《北京科技年鉴》是一部反映北京地区科技事业发展变化的综合性资料工具书和史料文献。在北京市科学技术委员会、北京市教育委员会、北京市质量技术监督局、北京市知识产权局、北京市科学技术协会共同参与下，由北京市科学技术委员会主持编纂。

二、本年鉴以邓小平理论、“三个代表”重要思想、科学发展观为指导，遵循实事求是的原则，科学、客观地反映实际情况。

三、本年鉴采用文章和条目两种体裁，以条目体为主，用规范的语体、记述体，直陈其事，文字力求言简意赅。

四、本年鉴从 1987 年开始逐年编纂。至 2003 年出版时均是标注当年年度，自 2004 年起循通行做法改为标注出版时间，即当年出版的年鉴，记述上一年度北京地区科技系统所发生的重大事件和新的情况，为领导决策提供可资参考的依据，为社会各界了解、研究北京地区科技事业提供权威的信息，为开展科技交流、对外宣传提供基础资料。

五、本年鉴以记述北京市属科技系统各单位的情况为主，对境域内国家部门所属单位情况也适当记述，使主体突出而又概括全貌。

六、本年鉴所载为北京地区科技事业的基本情况，采用分类编纂法。根据年鉴的文字内容，设有特载、大事记、科技管理与服务、研究与开发、高新技术及其产业、知识产权、质量技术监督、高校科技、合作与交流、科学技术普及、区县科技、政策法规选、统计资料、附录等 14 个基本栏目。

七、本年鉴在附录中收有北京市科学技术委员会、北京市教育委员会、北京市质量技术监督局、北京市知识产权局、北京市科学技术协会等科技管理机构的名录。

八、选入本年鉴的文章和条目，均通过在北京市科学技术委员会、北京市教育委员会、北京市质量技术监督局、北京市知识产权局、北京市科学技术协会确定的专人负责撰写或提供，并经主要负责人审核。统计资料由北京市科技统计部门提供。

九、本年鉴反映 2015 年 1 月 1 日至 12 月 31 日期间北京地区科技事业发展变化情况，凡 2015 年的事情，均直书月、日，不再写年份。

目　　录

CONTENTS

特　载

北京市科学技术委员会"十二五"工作总结及"十三五"目标任务

北京市科学技术委员会

一、"十二五"时期全市科技工作情况

"十二五"时期是北京科技改革发展具有重大历史意义的五年。特别是党的十八大以来,科技在党和国家工作全局中的战略地位进一步提升。2013 年 9 月 30 日,中央政治局到中关村集体学习,习近平总书记对创新驱动发展提出"五个着力"要求。2014 年 2 月,习近平总书记视察北京并发表重要讲话,明确了北京全国政治中心、文化中心、国际交往中心、科技创新中心的城市战略定位。十八届五中全会把创新发展作为"五大发展理念"之首,强调创新是引领发展的第一动力。这些新思想、新论断、新要求为首都工作指明了方向,首都科学发展开启了新征程。

市委、市政府高度重视科技创新,多次召开市委常委会、市政府常务会和专题会研究科技创新;市主要领导亲自带队,深入各类创新主体和区县调研,专题部署相关工作。市人大常委会将"深化体制机制改革,推进全国科技创新中心建设"、中关村示范区建设、首都科技创新体系建设等列为重点审议议题。市政协围绕加快全国科技创新中心建设、推进科技企业孵化器和产业技术联盟创新发展等开展专题协商、议政建言。全市上下形成了"抓创新就是抓发展,谋创新就是谋未来"的共识。

五年来,全市上下深入贯彻实施创新驱动发展战略,牢牢把握全国科技创新中心的核心功能定位,以中关村示范区建设为主阵地,积极推进京津冀协同创新共同体建设,圆满完成"十二五"时期科技发展的总体目标和重点任务,北京科技创新工作迈上了新台阶。

"十二五"时期,全市技术合同成交额、专利申请量和授权量、科技服务业增加值、中关村示范区总收入均实现翻番。科技创新取得新突破,北京地区累计获得国家科学技术奖项目占比超过30%;1000 余项成果获得北京市科学技术奖励;每万人发明专利拥有量达 60 件;中关村企业累计创制国际标准 184 项,比"十一五"期间翻了一番还多。创新创业激发新活力,R&D 经费投入占地区生产总值比重持续保持在 6% 左右,位居全国最高水平;2015 年新创办科技型企业突破 4 万家,累计超过 36 万家;国家高新技术企业突破 1.2 万家,数量继续居全国首位;上市企业总数达 281 家,"新三板"挂牌企业累计 763 家。经济发展注入新动力,2015 年中关村示范区实现总收入 4 万亿元,年均复合增长率超过 20%;金融、信息、科技服务三大优势产业对经济增长贡献率超过 70%。辐射带动呈现新局面,全市技术合同成交额从 2010 年的 1579.5 亿元增加到 2015 年的 3452.6 亿元,年均复合增长率约 16.3%,占全国总量的 37%,其中 70% 输出到国内其他省市和国外,实现技术交易增加值占地区生产总值的比重达 9.5%。全市公民科学素养达标率超过 17%。《国家创新蓝皮书:中国创新发展报告(2015)》显示,北京创新综合能力排名居全国首位。

（一）国家自主创新源头地位进一步凸显

产生一批国际高水平重大创新成果。量子通信和量子反常霍尔效应、化学诱导的多潜能干细胞（CiPS细胞）、高温铁基超导等一批重大基础研究成果，进一步提升了北京科技创新的国际影响力。世界首例及第二例避免单基因遗传病试管婴儿在京诞生。产生了世界首款55nm全系统多核高精度卫星导航定位芯片、首个水稻全基因组芯片、首款全闪存软件定义云存储系统，首次描绘西瓜全基因组序列图谱。碳基集成电路、超顺排碳纳米管材料、可充电脑起搏器等成果“领跑”国际。在国际上，首次证明热休克蛋白90α为肿瘤标志物，自主研发的“Hsp90α定量检测试剂盒”通过临床试验验证，并获准进入欧盟市场；首次发现乙型肝炎和丁型肝炎病毒的功能性受体——“纳离子－牛磺胆酸共转运多肽”，为乙肝及其相关疾病提供了有效的治疗靶点和新药开发途径；首次捕获真核细胞剪接体复合物的高分辨率空间三维结构。越来越多的创新成果正在从“跟跑”向“领跑”跨越。

承担国家重大创新任务取得显著成效。截至2015年年底，北京地区累计承接10个民口领域国家科技重大专项项目1000余项。牵头“极大规模集成电路制造装备及成套工艺专项”（02专项）取得重大突破，总规模1200亿元的国家集成电路产业基金落户北京。子午工程、凤凰工程等6个重大科技基础设施在京建设，国家蛋白质科学中心（北京基地）开始运行。培育国家级科技创新基地超过300家，占全国的近三分之一；吸引“千人计划”人才1300余位，占全国的四分之一。

央地协同创新取得实质性进展。深化与科技部的会商机制，共同推进中关村示范区、国家现代农业科技城建设等重点任务。与中科院共建北京综合研究中心、超级云计算中心，高能同步辐射光源等大科学装置落地北京，已有22个科技成果转化、产业化项目入驻怀柔科教产业园。深化军民融合创新，开展军民融合国防知识产权转化应用试点，共建北京创新医疗产品临床评价应用基地、军民融合转化医学创新基地和蓝鲸军民融合创新园等，推动投弹式精确智能建筑消防装备、锂电池动力船舶等一批项目实现“民参军”“军转民”。未来科技城30家央企研发总部落户，已引进“千人计划”专家79人，产生了纳米薄膜太阳能电池、特高压换流阀、核电关键设计软件包（COSINE）等一批重大成果。C919虚拟客舱漫游系统等一批重大成果及相关试验，支撑国产大飞机成功总装下线。首都高校组建了4个国家级协同创新中心和首批13个高精尖创新中心。首都科技条件平台探索形成创新资源开放共享“北京模式”。首都科技发展战略研究院连续发布“首科指数”，成为反映首都科技创新发展的“晴雨表”。

（二）创新发展实现新跨越

高端产业形成发展新优势。制定实施《北京技术创新行动计划（2014—2017年）》，高精尖产业聚集效应明显，六大高端产业功能区以全市7%的平原面积创造了全市45.2%的地区生产总值。

新一代信息技术产业领先发展。实施“新一代移动通信技术及产品突破工程”，率先布局支持4G、5G技术研发和标准研制。北斗卫星导航系统广泛应用。加快互联网、大数据、云计算融合发展，催生了一批“互联网＋”新业态。京东方8.5代线正式量产，打破液晶面板进口依赖。支持建设12英寸集成电路生产线和中关村集成电路设计产业园，北京正在成为国内规模最大、技术最先进的集成电路创新基地。

高端装备制造产业提升发展。实施“高端数控装备产业技术跨越发展工程”，出台“促进增材制造（3D打印）科技创新与产业培育”“智能机器人科技创新与成果转化”等政策文件，将大型金属复杂构件、医疗健康、创意设计等领域作为3D打印重点应用领域，以特种机器人、医疗健康类和服务类智能机器人作为机器人技术重点领域。启动建设亦庄智能机器人创新园。

生物医药产业跨越发展。实施“北京生物医药产业跨越发展工程”（G20工程），5年内取得新药临床批件300余个，居全国首位；获得药品批准文号370余个；培育了年销售额10亿元品种8

个,5 亿至 10 亿元品种 17 个。全球首个基因突变型埃博拉疫苗境外开展临床试验;自主研发的全球首创手足口病 EV71 疫苗获得新药证书和生产批件;灭活脊髓灰质炎疫苗研制成功并正式上市。生物医药产业从 2009 年的不到 400 亿元增长到 2012 年的 1023 亿元,成为北京新的千亿元级产业。南部医药高端制造基地和北部新药研发创新中心对全市医药产业贡献度达到 80%。

新能源汽车产业加快发展。建成新能源汽车“一园两基地”,整车设计产能达 10 万辆,2015 年实现销售收入 1973.1 亿元,同比增长 103%。制定实施“电动汽车推广应用行动计划(2014—2017 年)”,形成私人购买新能源汽车完整政策体系。累计推广纯电动汽车 3.59 万辆,规模居全国第一,电动汽车产业跨入成长期。布局智能驾驶技术研发和产业构架。

先导与优势材料原创技术特色发展。实施“纳米科技产业跃升工程”,推动相对成熟的 40 余个技术项目入驻国家级怀柔纳米科技产业园。推动石墨烯等新材料研究跨入全球先进行列。开展第三代半导体领域技术创新,力争在光电子、电力电子、微波射频三大应用领域方面取得突破。

科技服务业健康发展。发布“加快首都科技服务业发展的实施意见”,形成研发服务、工程技术服务、设计产业和科技中介服务等优势领域, 2015 年科技服务业实现增加值 1820.6 亿元,增速达 14.1%。以工程技术服务首个自主化三代核电技术“走出去”。联合国教科文组织“国际创意与可持续发展中心”落户北京,“设计之都”加快发展。国家文化产业创新实验区已聚集 2 万余家文化类机构,成为全国首个年收入超过千亿元的文化产业功能区。

一二三产融合推动现代农业高端发展。北京国家现代农业科技城打造了生物种业、奶业、生物燃气等 11 条品牌产业链,通过审鉴定作物品种超过 200 个,初步建成全国农业科技数据源中心、服务源中心,成为全国“一城两区百园”农业科技创新体系建设龙头。昌平、顺义、通州、延庆等特色园区产值超过 70 亿元。

创新惠民水平大幅提升。排爆机器人、智能会议系统、30 米内可识别人脸的高清探头等一批高新科技装备有力支撑保障 APEC 会议等重大活动成功举办。

深入实施“首都蓝天行动”,京津冀联合开展联防联控,“阅兵蓝”成为新的生动实践。开展水资源保护与利用、垃圾处理和资源化、生态功能提升等技术开发和示范应用,实施“首都生物燃气产业科技示范工程”,为能耗、水耗大幅下降和生活垃圾无害化处理率 99.59% 提供了重要支撑。

促进城市精细化管理。利用物联网技术,完善燃气、热力、电力、给排水等“城市生命线”信息的实时监测。建成全国首个省级综合交通运输运行监测协调中心(TOCC), 持续支持基于无线通信的列车自动控制系统(CBTC)核心技术开发和产业化,设计建设国内首条全国产化车辆、信号系统的无人驾驶线路——燕房城市轨道交通线,实施遥感小卫星即时服务系统与示范工程,推动建设应急救援科技创新园和产业园。

强化首都食品质量安全保障。建设国家母婴乳品健康工程技术研究中心,建立供京蔬菜安全生产示范基地,搭建食品安全检测技术、装备研发、监管信息化平台,初步构建起“从农田到餐桌”的食品安全科技支撑体系。

连续 6 年实施两期《首都十大疾病科技攻关与管理实施方案》,率先建设全国规模最大的重大疾病临床数据和样本资源库,形成 20 项国际有影响力的创新成果,制定 136 项诊疗技术规范和标准,筛选 170 项科技成果向 5000 家(次)医疗机构推广。牵头十大疾病攻关的 11 家单位中有 6 家成为国家临床医学研究中心。

(三)深化改革迈出坚实步伐

全面创新改革架构初步形成。2012 年召开全市科技创新大会,出台《关于深化科技体制改革加快首都创新体系建设的意见》。14 家中央及市属单位参加科技成果管理改革试点。近 500 家单位参加股权激励试点。更加尊重科研规律,修订《科技计划项目(课题)经费管理办法》,增加科技经费使用的自主权。累计安排市级重大科技成果转化和产业化项目统筹资金约550亿元,支持720个重大项目,带动社会投资近4000亿元。制定《北京市自然科学基金管理办法》,增设青年科学基金,开展联合资助试点。实施首都科技创新券制度,支持、引导小微企业和创业团队使用首都科技资源开展研发创新活动。推动成立"北京协同创新研究院",搭建高校院所科技成果和科研团队"走出来"、企业需求"走进去"的产学研用协同创新平台。

中关村改革"试验田"成果丰硕。推动组建由19个中央部委和30余个市级相关部门参与的中关村创新平台。贯彻实施国务院批复的中关村中长期发展规划,推动示范区空间规模和布局调整,形成"一区十六园"的发展格局。加快建设中关村人才特区,制定实施13项配套政策。率先实施国务院"1+6""新四条"等系列先行先试政策,其中10余项试点政策在全国推广。探索国有资本促进创新和园区管理运行模式,成立中关村发展集团,搭建市场化配置资源的主体平台。围绕商事制度、药品审评审批、人才管理、金融创新等重点改革领域,与中央单位共同推动开展70余项改革举措,先行先试改革取得新突破。

(四)创新开放新局面基本形成

各区创新支撑力显著提升。东城区推动发展高端产业和研发、设计、交易等产业高端环节。西城区着力科技服务能力提升与科技创新驱动发展,形成了以现代服务业为主体,设计产业、科技金融为主要特色的产业格局。朝阳区积极打造国际研发创新聚集、文化科技产业融合示范、国家知识产权示范和创新创业服务引领的"新四区"。海淀区以"一城三街"为载体,健全协同创新体系,全面建设科技创新中心核心区。丰台区搭建"科技创新资源池",努力建设研发总部企业基地、轨道交通和军民融合创新中心、智能控制产业和知识产权示范区。石景山制定《推进高端的科技创新驱动体系建设实施方案》,加快建设国家级绿色转型发展示范区。门头沟区制定"门创30条",确定以互联网产业为核心,以智能制造、医疗健康、节能环保为支撑的"一主三辅"产业体系。房山区建设生态宜居示范区和中关村南部创新城,打造"京保石发展轴桥头堡"。通州区出台"创新驱动发展1+6"政策体系,全力推进北京市行政副中心建设。顺义区打造临空服务、科技创新和绿色生态三大功能板块,推动全区科学发展。大兴区加快建设京南科技创新示范中心,打造科技创新中心区、高端产业引领区、区域协同前沿区、国际交往门户区、深化改革先行区。昌平区围绕建设现代化京北创新中心、国际科教新城的战略目标,推动形成创新发展格局。平谷区以科技助力通用航空、物流、现代农业等主导产业发展,增强区域发展潜力。怀柔区打造具有较强科研创新能力和辐射带动作用的"怀柔科学城",加快构建"以生态涵养为核心,以科技研发、影视文化、休闲会展为特色"的区域发展模式。密云区探索创新引领发展新模式,积极推动智能制造、未来网络和生物医药三大产业发展。延庆区以撤县设区为动力,紧抓冬奥会、世园会等契机,全面提升科技创新能力。

京津冀协同创新良好开局。认真贯彻《京津冀协同发展规划纲要》,制定实施了本市贯彻意见及分工方案。发布《建设京津冀协同创新共同体的工作方案(2015—2017年)》,完善政策互动、资源共享、市场开放三个机制,建设创新资源、创新攻关、创新成果三个平台,实施高端产业培育、传统产业提升、生态安全和服务民生四项工程。加快构建"4+N"产业格局,北京(曹妃甸)现代产业发展试验区等一批产业合作园区建设发展势头良好。2015年支持成立了"京津冀钢铁行业节能减排产业技术创新联盟",已推动落地津冀节能减排示范工程6项,工程投资总额达到6.7亿元。成立中国国际技术转移中心河北分中心和京津冀技术转移协同创新联盟,2015年输出到津冀的技术合同额增长34.2%。中关村企业在天津、河北累计设立分支机构近2000家。

服务全国创新发展能力明显增强。探索建设新技术新产品展示推广基地、改造提升传统优势产业、科技成果落地转化三大合作方式,与18个省区市建立了区域科技合作和对口支援机制。首都创业导师志愿服务团积极与有需求的相关省区市开展深入对接,成为首都创新资源服务全国的一面旗帜。对内蒙古、西藏、新疆、青海的对口支援和帮扶协作进一步加强，在天津、河北、内蒙古、宁夏、重庆、贵阳、黑龙江、云南、山西等省区市搭建“首都科技条件平台”合作站和技术市场窗口，共建“北京·贵阳”大数据应用展示中心和云南科技桥头堡，创新要素开放共享程度进一步提高，首都科技对全国创新发展的服务作用持续增强。

开放创新合作深入推进。部署全国首个服务业扩大开放综合试点工作，首批33项政策措施全面推进。与科技部联合建设国家技术转移聚集区。连续五年成功举办中国（北京）跨国技术转移大会和中意创新合作周等系列活动，促成120余个项目，签约金额560亿元。国际技术转移协作网络（ITTN）成员单位扩展至200家，与40多个国家的400多个国际技术转移机构建立长期合作关系。北京市国际科技合作基地达370家。实施“走出去”战略，据不完全统计，本市企业已在全球布局580余个研发机构，境外上市企业超过100家。2位诺贝尔奖获得者在京设立联合研究院。在京外资总部企业累计268家，外资研发机构累计532家。

（五）大众创业、万众创新蓬勃发展

激励创新的市场体系进一步优化。制定《新技术新产品（服务）认定管理办法》和政府采购推广应用工作意见，增加国有企业为采购主体，支持民营科技企业进入市政基础设施建设等领域。累计认定8000余个新技术新产品（服务），政府采购金额超过500亿元。搭建新技术新产品（服务）首发平台，2015年发布26项新技术新产品（服务）。制定实施“首都知识产权战略行动计划（2015—2020年）”和“首都知识产权服务业发展规划”，成立我国首家知识产权法院和知识产权服务业协会，完善知识产权保护与运用协调机制。

金融创新助推作用增强。研究制定《深化改革 加快建设国家科技金融创新中心的意见》。支持“新三板”扩容发展，推动“四板”市场正式运营。发布全球首个科技园区股票指数——中关村A股综合指数和中关村50指数。设立中国人民银行中关村支行，开展境外并购外汇管理、互联网金融、股权众筹、融资租赁等创新试点。建立科技信贷综合服务平台，采取贷款风险补偿等方式，引导银行业金融机构加大对科技型企业的信贷投入力度。推动成立北京首都科技发展集团公司，打造从“原始创新”“知识产权”到成果应用的“前孵化”新型服务平台，帮助更多国内外具有重大价值的科技成果渡过转化“死亡谷”。设立“前孵化”成果转化、中小企业创投引导、战略性新兴产业引导、高精尖产业发展等基金，初步形成涵盖技术创新和成果转化全链条、多领域的基金格局。

创新创业生态形成品牌。发布《大力推进大众创业 万众创新的实施意见》。配合科技部“创业中国行动”，开展中关村引领工程。成功举办首届“全国大众创业万众创新活动周”主会场活动和第32届国际科技园区协会（IASP）2015年世界大会。挂牌65家北京市众创空间，其中57家入选国家级众创空间。支持成立北京众创空间联盟，鼓励众创空间自主探索、自我管理、自律发展。全市150余家科技孵化机构，在孵企业超过10000家。实施“公众参与创新行动计划”，启动“北京创客科普季”，在全国率先引爆大众创业、万众创新的热潮。中关村创业大街作为首家北京市众创空间集聚区，成为国内青年创业的新地标。吸引了全国80%的天使投资人，创业投资和私募股权投资管理机构超过1000家。2015年发生的创业投资案例2413起，是2011年的近7倍，约占全国1/3。市科普工作联席会议41家成员单位和16个区县协同推进全市科普工作。连续5年成功举办全国科技活动周暨北京科技周，主场馆累计接待50万人次的观众参观体验，市民参与活动近千万人次，科技周已成为公众参与度高、社会影响力大的群众性科技活动品牌。

作风建设取得阶段性进展。市科技系统深入开展党的群众路线教育实践活动和“三严三实”专题教育，坚决贯彻落实中央“八项规定”和本市15条实施意见，全面落实各项整改任务，扎实整治“四风”。认真落实党风廉政建设主体责任，坚持党建工作与业务工作同部署、同考核，不断固化“一级抓一级、层层抓落实”的党风廉政建设工作链条。以廉政风险信息化综合防控平台建设为抓手，开创了有为监督新局面。运用“制度＋科技”手段，打造“阳光评审”，市科学技术奖、市自然科学基金实现连续六年“零投诉”。深入推进法治政府建设，健全决策机制和程序，提高决策科学化、民主化、法制化水平。推进简政放权，加快政府职能转变，深化行政审批制度改革，编制权力清单，规范审批行为。

回顾五年来的探索和实践，北京创新发展在主动作为中初步实现了发展动力由要素和投资驱动向创新驱动转变；工作格局由“北京科技”向“首都科技”转变；工作重心由科研管理向创新服务转变。

二、“十三五”时期的主要目标和重点任务

“十三五”时期，北京科技工作将按照“四个全面”战略布局，牢固树立和贯彻落实“五大发展理念”，适应经济发展新常态，全面落实创新驱动和京津冀协同发展战略，立足全国科技创新中心功能定位，面向国际科技前沿，面向国家战略需求，面向经济社会发展主战场，以全面创新改革为主线，切实担当好科技创新引领者、高端经济增长极、创新创业首选地、文化创新先行区和生态建设示范城“五个责任”。

力争到2020年，全国科技创新中心核心功能进一步强化，适应创新驱动发展的制度环境基本形成，自主创新能力显著增强，技术创新的市场导向机制更加健全，协同创新体系更加高效，以“互联网＋”为代表的新经济初具规模，高精尖经济格局初步建立，创新创业生态进一步优化，京津冀协同创新成效显现。努力建成具有全球影响力的科技创新中心，引领支撑我国进入创新型国家行列。

重点任务：

1. 实施知识创新中心计划，打造全球原始创新策源地

超前部署国际前沿领域攻关，紧紧围绕国家创新战略和首都发展需求，加强应用基础研究，不断优化有利于知识创新的机制环境，将北京打造成为国家自主创新重要源头和全球原始创新主要策源地。

2. 实施技术创新跨越工程，构建国家创新驱动先行区

围绕经济社会发展重大需求，深入实施“北京技术创新行动计划”《〈中国制造2025〉北京行动纲要》，制定2022科技冬奥行动计划。建设一批高精尖产业创新中心和公共技术服务平台，率先形成以创新为引领的新产业体系。以科技支撑破解城市发展难题，增进民生福祉，让人民群众有更多的获得感。

3. 服务区域发展战略，构筑协同创新开放共享新格局

优化创新格局，促进全市各区域精细化、差异化发展。落实“京津冀区域协同发展”战略，形成“北京—津冀”有机衔接、互联互通的合作体系，打造区域协同创新中心。以“长江经济带”等区域发展战略为重点，服务国家创新发展。把握“一带一路”等国际化发展重大机遇，形成全球开放创新核心区。

4. 深化全面创新改革，建成全球创新创业首选地

积极推动中关村新一轮试点改革，打造制度创新升级版。最大限度调动和激发人才的积极性和创造性，建设“国际人才港”。充分放活市场配置资源决定性作用，加快营造公平竞争的市场环境，强化企业技术创新主体地位。加强科技创新法制保障，加快推动政府职能转变和创新治理现代化。

三、2016 年重点工作

2016 年是全面建成小康社会决胜阶段的开局之年，北京科技工作要以全面落实《国家创新驱动发展战略纲要》为主线，以科技创新为核心，更加注重科技创新对供给侧结构性改革的重要支撑，加快实现发展动力转变，促进协调、绿色、开放发展，推动科技成果惠及民生，让全体人民共享发展成果。

（一）着力深化改革，激发体制机制创新

制定全面创新改革"施工图"。发布实施《加强全国科技创新中心建设的总体方案》和本市《"十三五"时期加强全国科技创新中心建设规划》。深入落实京津冀区域全面创新改革试验和本市实施方案，为全国区域协调发展体制机制创新提供经验。贯彻落实国家《深化科技体制改革实施方案》，制定实施本市科技体制改革责任分工和时间表，推进改革举措落地生根。

打造中关村改革升级版。充分发挥中关村改革试验田作用，加快推动新技术新业态准入与监管、商事制度、医药审评审批、人才服务、进境动植物材料检验检疫等改革试点。聚焦创新创业需求和突出问题，积极争取国家部委将涉及中央事权的新的改革措施在北京率先试点，探索系统性、整体性、协同性改革先行先试。

（二）着力夯实基础，提升原始创新能力

做好科技创新"顶天"布局。前瞻部署催生未来变革性技术的重大基础研究，在量子计算、第三代半导体等战略高技术领域开展探索和跨学科研究。全面实施"北京脑科学研究专项"，建设具有全球影响力的脑科学创新中心。支持航空科学与技术等国家实验室开展前沿战略性研究。持续推动重大科技基础设施在京建设，服务引导国家重点实验室、国家工程（技术）研究中心等加大在京布局。聚焦信息、材料、生物、农业、环境和能源等领域关键科学问题，部署开展基础和前沿技术研究。积极对接中科院"率先行动"计划，编制"十三五"时期院市合作推进全国科技创新中心建设行动计划。央地高校协同建设高精尖创新中心，推动科研与应用相互促进、科技创新与人才培养有机结合。支持央企和民营企业建设高水平研发中心，突破关键共性核心技术，在标准制定中发挥主导作用，引领行业技术进步。

积极构建央地协同创新平台。制定中关村科学城五年发展行动计划，聚集产学研创新主体和产业高端要素，集中建设新型特色产业园和技术研究院。编制怀柔科学城建设方案，搭建以大科学装置为核心的大型科技服务平台，建设国家科学中心。制定未来科技城五年行动计划，支持中央企业聚集海外高层次人才，建设代表我国相关产业应用研究技术前沿水平、引领产业转型升级的创新高地。深化首都科技条件平台建设，促进更多的首都创新资源更好地向社会开放、共享。建设中关村军民融合产业园，吸引高端军民两用人才，促进军民融合企业创新创业、技术双向转化，打造军民融合创新示范区。

加速国际人才聚集。加快中关村人才特区建设，落实公安部支持北京创新发展的 20 项出入境管理新政。深入实施《关于深化中关村人才管理改革的若干措施》，扩大人力资源服务业对外开放，完善人才评价等具有国际竞争力的人才发展体制，打造"国际人才港"。实施顶尖人才计划，以需求和任务为导向，面向全球吸引首席科学家、诺贝尔奖获得者等世界级顶尖人才和团队来京发展。借鉴北京生命科学研究所模式，推进与国际接轨的创新人才评价。

（三）着力创新引领，推动高质高效发展

加快构建高精尖经济结构。深入实施"北京技术创新行动计划"和《〈中国制造 2025〉北京行动纲要》，以先导技术引领产业发展。实施新一代信息技术跨越工程，持续支持 5G、未来网络等前沿技术突破。布局智能汽车研发及技术攻关,建设智能汽车试验示范区。推动材料基因组、超导材料、石墨烯等纳米材料、碳基集成电路和第三代半导体关键技术研发,推进纳米科技产业园和第三代半导体创新基地建设。加快轨道交通创新和产业基地建设,推进城际铁路、城市轨道新技术新产品示范应用。抢抓智能制造制高点,推进 3D 打印、智能机器人领域关键技术研发,加快在医疗器械、健康服务等领域推广应用。加快医药高精尖品种开发,培育行业引领型企业。加强主要农作物重大新品种培育,持续推进现代种业"育繁推"一体化体系建设。

完善科技成果"立地"机制。深入落实促进科技成果转化法,实施科技成果转移转化行动。全面总结、系统梳理"十二五"以来的重大科技成果,摸底全市产业园区、基地及工业用地的产业转移、疏解情况,持续培育一批具有较强创新能力的基地,为科技成果转化、孵化、熟化提供空间载体。强化新技术新产品(服务)首发平台建设,深化首购、订购等非招标采购和政府购买服务等方式,促进创新产品的研发和规模化应用。积极开展股权、分红激励等改革,健全促进科技成果转化机制,进一步激发中央在京创新资源的动力和活力。深化北京协同创新研究院对科技成果实行市场化筛选转化机制,在智能机器人、3D 打印、脑科学、石墨烯等领域深入探索高效率成果转化模式。完善科技型中小企业技术创新资金支持机制,探索建立主要由市场评价技术创新项目的模式,更好地支持中小企业创新创业。

以科技破解城市发展难题和改善民生福祉。紧密围绕大气污染治理、污水处理、城市精细化管理、食品安全、市民健康等领域,筛选成熟技术推广应用,同时试点新技术。建立区域空气质量综合调控与决策支持系统,为京津冀区域大气污染联防联控提供支撑。实施首都《十大疾病科技攻关与管理工作(2016—2020 年)》,在疾病预防、诊断、精准医疗等领域形成一批创新性成果并转化应用,打造具有国际影响力的临床医学创新中心。持续推进首都食品质量安全保障行动,实施农产品安全投入品研发、食品生产加工与物流、食品安全智慧监管等科技示范工程,积极创建食品安全城市。建设科技助老服务体系,提高为老服务质量、丰富老年产品、带动养老产(事)业发展。研究制定 2022 科技冬奥行动计划。

积极培育新兴业态。积极促进科技服务业等高端服务业发展。以设计之都建设为龙头,聚焦设计产业自身提升和设计提升产业,培育产业集群。大力发展动漫游戏、视听新媒体、绿色印刷等新兴业态。实施《关于积极推进"互联网 +"行动的实施意见》,聚焦互联网 + 商务、互联网 + 城市交通、互联网 + 教育等"互联网 +"行动的主攻方向,培育基于互联网的新技术、新服务、新模式和新业态。支持研发众包、O2O 众包、服务众包、创意众包等服务平台,建立健全与新业态、新商业模式发展相适应的管理机制及配套政策法规体系,促进分享经济发展。

(四)着力开放合作,加快区域协同发展

推动全市区域统筹发展。围绕首都城市战略定位,优化全市高精尖产业布局,引导各区差异化、特色化、高端化发展,实现疏解与发展相结合。全力建设中关村核心区和亦庄高精尖产业创新中心,深化中关村"一区多园"统筹与融合发展。

加快建设京津冀创新共同体。深化"促联合、促对接、促转化、促市场"机制,推动京津冀协同创新和联动发展。加快推进产业对接协作,打造一批三地有序布局、产学研紧密结合的科技创新企业集团。推动成立京津冀协同发展基金。加快新机场临空经济区、张承生态功能区、天津滨海 - 中关村科技园区等功能承接平台建设,促进产业集群转型升级。

拓展开放合作新格局。落实国家精准扶贫方略,以首都科技服务辐射贫困地区产业发展和民生改善。服务"长江经济带"战略,深化首都科技条件平台合作站和技术市场服务平台模式,促进资源、成果、要素互通互联、有序流动。围绕"一带一路"战略关键节点,推动技术和标准输出,带动产品和服务在海外推广应用。支持有条件的创新主体"抱团出海",引导行业领军企业设立海外研发中心，开展境外技术和品牌收购，打造链接全球创新网络的关键枢纽。办好中国（北京）跨国技术转移大会、2016 年联合国教科文组织创意城市网络北京峰会等品牌性国际会议。以北京市服务业扩大开放综合试点为契机，在高端人才聚集、通关便利化、知识产权保护、技术并购等方面，滚动推出新的先行先试措施。

（五）着力完善生态，构筑创新创业新引擎

推动研发管理向创新服务转变。贯彻落实国家和本市推进大众创业、万众创新的实施意见，进一步提升“中关村大街”品牌影响力。支持产业技术研究院、产业技术创新战略联盟、创新型孵化器等跨区域、跨产业的创新平台建设。鼓励和支持有条件的大型企业发展众创空间，提供专业化创新创业服务。加快推进公共检测服务和科技大数据平台建设，为创新提供专业化公共服务。贯彻落实国务院《关于新形势下加快知识产权强国建设的若干意见》，实行更加严格的知识产权保护。

加快建设国家科技金融创新中心。深入实施《深化改革 加快建设国家科技金融创新中心的意见》。推动国家金融监管部门在中关村设立办事处或分支机构。鼓励民间资本设立民营银行、消费金融公司、融资租赁公司等新型金融服务机构。加快推进转板试点，建设好北京股权交易中心，建立股权登记对接机制。建设中关村互联网金融创新中心，引导天使投资、创业投资、互联网金融等新金融机构健康发展。

完善政府、市场、社会多元创新治理体系。强化企业技术创新主体地位，弘扬企业家精神，建立高层次、常态化的企业技术创新对话、咨询制度。积极推进社会组织有序承接政府转移职能扩大试点，建立完善可负责、可问责的职能转接机制。大力弘扬创新文化，提升传播交流能力和舆论引导能力，让创新在全社会蔚然成风。

（六）着力自身建设，加快建设法治政府

全面推进依法行政。接受人大法律监督和政协民主监督，做好市人大议案审议意见和市政协协商意见办理。支持高水平科技创新智库建设，健全决策机制和程序。持续深化行政审批制度改革，提高服务效率和服务水平。加强科技管理干部队伍建设，提高法治思维和依法履职能力。

加强队伍作风建设。认真学习贯彻《中国共产党廉洁自律准则》和《中国共产党纪律处分条例》，严明党的纪律和规矩。巩固和拓展党的群众路线教育实践活动和“三严三实”专题教育成果，深入贯彻落实中央“八项规定”和本市 15 条实施意见，认真开展“两学一做”学习教育。全面落实党风廉政建设“两个责任”，健全完善廉政风险防控机制，强化对行政权力运行的制约和监督，加大对财政科技经费的监管力度，为全国科技创新中心建设提供坚强有力的保障。

北京市知识产权局“十二五”工作总结及“十三五”工作思路

北京市知识产权局

一、“十二五”时期首都知识产权事业发展回顾

“十二五”时期，在市委、市政府的正确领导下，在国家知识产权局的大力指导下，全市知识产权系统按照创新驱动发展战略和中央对北京市“四个中心”战略定位的总体要求，以实施首都知识产权战略为主线，以知识产权融入经济建设主战场为出发点和落脚点，开拓创新，扎实工作，圆满完成了各项任务。《中国知识产权指数报告2015》显示，北京知识产权综合实力连续六年稳居全国第一。

（一）适应“新常态”，深化谋篇布局，健全工作体制机制

一是知识产权体制机制逐步完善。在市级层面，不断完善知识产权办公会议制度，主管副市长任主持人，成员单位扩展到41个。办公会议办公室每年制定发布《首都知识产权战略实施推进计划》，五年共计完成309项工作项目。在区县层面，16个区全部建立了知识产权统筹协调机制。围绕区域发展战略布局，开展知识产权试点、示范城市和强区工程建设。截至2015年年底，西城、丰台、石景山、通州、大兴、密云6个区成为国家知识产权试点城区，朝阳区、海淀区成为国家知识产权示范城区。

二是知识产权政策体系更加健全。修订发布《北京市专利保护和促进条例》，出台《深入实施首都知识产权战略行动计划（2015—2020年）》《深入实施商标战略推动首都品牌经济发展的意见》《北京技术创新行动计划（2014—2017）》《进一步推动首都知识产权金融服务工作的意见》等一系列政策法规。基本形成了以专利、商标、版权等为核心，以知识产权创造、运用、保护、管理和服务为内容的知识产权政策体系。

（二）发挥资源优势，促进创造运用，服务科技创新中心建设

一是建立了激励充分的知识产权创造体系。建立“以试点促推广普及，以示范促深化发展”的企事业单位知识产权培养体系。实施“在京央企知识产权领先工程”“千件专利企业培植计划”等工程，涌现出京东方、小米等十多家年专利申请超千件的企事业单位。截至2015年年底，本市拥有专利试点示范单位4100家，国家知识产权示范企业27家，约占全国总数的15%；拥有国家知识产权优势企业73家。“十二五”时期，本市专利申请量和授权量累计达到58.8万件和32.3万件，分别是“十一五”时期末的2.8倍和3.2倍。截至2015年年底，全市万人发明专利拥有量达到61.8件，居全国第一。全市有效注册商标达到69.2万余件、中国驰名商标达到220件。拥有平谷大桃、昌平苹果等9个地理标志产品。

二是建立了多元化的知识产权运用体系。积极争取全国知识产权运营公共服务平台落户北

京。设立了总规模10亿元的重点产业知识产权运营基金。深入实施商标战略,推动首都品牌经济发展。深入实施版权交易“远航工程”和“涌泉工程”,有效促进版权市场化。支持社会资本参与知识产权运营,全市知识产权运营机构已达30余家。围绕战略性新兴产业,指导和推动在新能源汽车等领域建立了16家产业知识产权联盟。

(三)围绕创新驱动,提升保护和服务能力,支撑首都结构调整产业升级

一是建立了严格的知识产权保护体系。深化知识产权司法改革,在全国率先成立了知识产权法院。“十二五”期间,全市法院系统共接收各类知识产权案件90519件,审结各类知识产权案件83247件。深入开展“双打”行动,市知识产权局、市公安局、市工商局、市版权局、市文化执法总队等部门加大执法力度,全力营造打击侵权假冒犯罪的高压态势。市知识产权局处理专利侵权案件和假冒专利案件的数量大幅增长,由2011年的75件快速增长到2015年的677件。进驻“京交会”等规模以上展会200多个,开展展会执法。北京12330共接收举报投诉及知识产权咨询累计达19685件次。

二是打造了强大的知识产权服务体系。中关村知识产权和标准化一条街正式启航,百余家知名服务机构集聚发展。专利代理行业持续发展,截至2015年年底,北京市专利代理机构达到371家,执业专利代理人达到5030名,分别占全国总量的29.54%和39.84%。市发展改革委、市经济信息化委、市财政局支持建设了首都知识产权公共信息服务平台。成立中国北京朝阳(设计服务业)知识产权快速维权中心。知识产权纠纷多元调解体系和机制初步建立,12家行业协会成立知识产权纠纷调解组织。北京市知识产权举报投诉服务分中心、工作站达到55家。首都保护知识产权志愿者总人数达1500人。

(四)紧扣中心工作,推进重点区域知识产权工作,深度融入经济社会发展大局

一是推动京津冀知识产权一体化进程不断加快。贯彻落实《京津冀协同发展规划纲要》,在国家知识产权局的指导下,北京、天津、河北三地知识产权局共同起草了《知识产权促进京津冀协同发展合作会商议定书》,探索建立一局三地知识产权合作会商机制。牵头筹备组建京津冀知识产权发展联盟,利用我市知识产权工作的优势资源,辐射带动三地企业提升创新实力。举办由三地知识产权局局长、世界知识产权组织中国办事处主任参加的京津冀知识产权协同发展局长座谈会,规划未来协同发展蓝图。

二是大力推进中关村和经济技术开发区知识产权工作。“十二五”时期,市知识产权局联手中关村管委会实施《中关村知识产权推进计划》,示范区陆续被列为首批国家知识产权服务业集聚发展试验区、国家专利导航产业发展实验区,开展了投融资服务试点、专利保险试点等先行先试工作。“十二五”期间,中关村示范区累计专利申请量达192203件,累计专利授权量达106891件,分别是“十一五”时期的3.3倍和4.4倍。2015年,市知识产权局与北京经济技术开发区管委会联合组建北京经济技术开发区知识产权促进中心,集聚知识产权优势资源落地开发区,全力推动知识产权“三个三”工程。

(五)瞄准国际高端,加强国际交流和文化建设,提升社会影响力

一是积极融入全球竞争体系和规则体系。推动世界知识产权组织中国办事处落户北京。2015年9月9日,王安顺市长代表市政府与世界知识产权组织签署了《关于加强知识产权合作的谅解备忘录》。北京知识产权界与美国、英国等发达国家,以及俄罗斯、以色列等“一带一路”沿线共50余个国家开展了不同形式的交流与合作,在英国、德国等地建立了首都知识产权国际交流基地海外站点。积极开展知识产权海外维权援助,有效支持了小米、联想、京东等创新型企业应对海外纠纷。注重帮助本市企业走向海外,推动北汽福田汽车股份有限公司在巴西申请10年仍悬而未决的商标快速获得批准。

二是知识产权文化体系不断完善。办公会议成员单位利用“4·26”世界知识产权日等重要节点，大力推进知识产权文化建设。召开知识产权保护状况新闻发布会，向社会发布《首都知识产权保护状况白皮书》。市教委、市知识产权局深入推进知识产权进校园工作。市知识产权局探索构建立体化知识产权人才培养体系，在清华大学等5所高校开设知识产权课程，培育知识产权实务人才。与北京工业大学联合组建北京知识产权学院，开展知识产权理论研究。与北京市社会科学院联合建设新型智库。

二、首都知识产权事业发展面临的新形势

（一）充分认识知识产权在科技创新中心建设中的重要作用

王安顺市长在2016年政府工作报告中指出，北京的发展必须把创新摆在发展全局的核心位置，发挥创新激励经济增长的乘数效应。知识产权是实现创新驱动的核心要素和关键环节。做好知识产权工作，是建成全国科技创新中心的重要内容，是构建高精尖产业体系的迫切要求，是提升首都国际竞争力的现实需要。当前知识产权保护状况已经成为衡量城市投资与贸易环境的重要指标，只有做到打击侵权不手软，加强知识产权保护不松懈，深化同世界各国各地区的交流与合作，才能更加适应经济发展的要求，赢得国际社会的信任和尊重，为首都扩大开放营造良好的外部环境，树立首都的良好形象。我们要进一步统一思想，提高认识，更加重视并切实做好知识产权工作，更好地发挥知识产权在知识经济发展中的关键性作用，为首都转型发展提供强大动力。

（二）深刻把握建设知识产权首善之区面临的挑战

2015年12月9日，国务院发布《关于新形势下加快知识产权强国建设的若干意见》。在知识产权强国建设的征程中，建设知识产权首善之区是中央和北京市的共识。首善就是要走在最前列，成为“领头羊”，而且必须具有国际视野，要用国际化的标准来衡量我们的各项工作水准。当前，本市知识产权事业发展中仍然存在一些问题：“大而不强、多而不优”现象仍然存在；有国际影响力的知识产权优势企业还不多；专利技术向外转移转化的数量和知识产权保护水平还有很大提升空间，等等。我们要清醒地看到这些问题，认识到目前的工作手段、举措和成效与知识产权首善之区的标准仍有较大差距，在下一步工作中不断创新、夯实举措，有针对性地去解决。

（三）切实形成共同推动首都知识产权事业科学发展的合力

知识产权包括专利、商标、版权等七大类，涉及知识产权局、工商局、新闻出版广电局等多个职能部门，需要协调的事务比较多，而且各区之间的知识产权发展也很不均衡。推进知识产权事业发展，要以深化科技体制改革为契机，完善首都知识产权办公会议工作机制，加强部门区县间协调配合，形成工作合力，全面提升我市知识产权创造、运用、保护、管理、服务和国际交往能力，为创新主体提供高效便捷的服务。要利用我市知识产权工作的优势地位，积极探索建立与天津、河北的联动工作机制，加快推进京津冀知识产权一体化。

三、“十三五”工作思路和2016年重点工作安排

“十三五”时期，首都知识产权事业牢固树立和贯彻落实创新、协调、绿色、开放、共享的发展理念，以加快建设知识产权强市为主线，以全力服务高精尖经济结构、重点功能区和京津冀创新试验区为三大任务，着力提升国际化和大数据服务两项水平，健全创造、运用、保护、治理、服务和人才六大体系。力争到2020年，成为全国知识产权保护环境的典范、创造运用的龙头、国际交往的窗口、服务资源的高地、治理体系的样板，初步建成知识产权首善之区，为建设具有知识产权全球影响力

的国际化都市奠定坚实基础。

2016年是“十三五”规划的开局之年，也是建设知识产权强国的元年。首都知识产权工作将按照建设全国科技创新中心和构建高精尖经济结构的要求，重点做好以下十个方面工作。

一是落实知识产权强国战略，着力建设知识产权首善之区。落实《国务院关于新形势下加快知识产权强国建设的若干意见》精神，出台《建设知识产权首善之区的意见》。制定年度知识产权战略推进计划，各部门联动合力推进知识产权战略纵深实施。以国家知识产权试点示范城市（城区）和知识产权助推区域经济发展专项工作为抓手，整合资源，分类指导，促进区域自主创新能力提升。

二是贯彻京津冀协同发展精神，着力加快京津冀知识产权一体化进程。探索建立京津冀知识产权会商机制、服务资源共享共建机制、举报投诉和维权援助协作机制、执法维权联动机制以及人才培养机制。加强三地在立案协作、委托取证、联合执法等方面的合作，推进京津冀知识产权协同保护。整合京津冀知识产权服务资源，建立京津冀知识产权发展联盟。

三是充分发挥首都科教资源优势，着力提升知识产权创造水平。探索设立“北京国际创新金奖”，以奖励产生重大经济社会效益，且至少在一个国家获得授权的专利、商标和版权。以千件专利企业培植计划、试点示范企业培育等专项工作为重点，开展国家知识产权示范企业与优势企业培育工作，培育具有国际竞争力的知识产权强企集群。引导“双创”科技企业加强知识产权布局。深入实施小微企业知识产权培育计划，提升小微企业知识产权综合能力。

四是加速推进知识产权向现实生产力转化，着力提升知识产权运用水平。制定北京市重点产业知识产权运营基金管理办法，着力推动基金发挥作用。整合知识产权运营机构力量，推动成立知识产权运营联盟。引导重点产业知识产权联盟根据自身特点和实际需求，构建联盟内知识产权资源利益共享机制，促进知识产权协同运用。以市场需求为导向，推动校企联合开展知识产权创造和产业化应用，鼓励有条件的高校和科研院所建立知识产权转移转化机构。

五是完善知识产权执法体系，着力提升知识产权保护水平。进一步巩固“双打”成果，市知识产权局、市工商局、市版权局、市文化执法总队等部门分工协作，继续加大知识产权违法案件查处力度，净化市场环境。继续做好京交会、科博会等大型展会知识产权保护工作。推动北京市知识产权保护公共服务平台建设。加强对电商的执法监控。完善人民调解、行政调解、司法调解相互衔接的知识产权纠纷多元调解机制，逐步实现重点行业、区域知识产权纠纷预防和调解工作全覆盖。

六是聚焦结构调整产业升级，着力推动重点区域和领域知识产权工作。深入实施《中关村知识产权推进计划》。加大对一区十六园的服务力度。探索在中关村设立知识产权国际注册政策和法律中心。打造中关村知识产权领军企业集群。深入推进北京经济技术开发区知识产权工作，完善知识产权政策体系，打造知识产权基金生态圈，在开发区筑起知识产权发展高地。通过多种途径推动战略性新兴产业知识产权工作，推动战略性新兴产业形成竞争优势。

七是按照服务业扩大开放综合试点要求，着力提升知识产权服务能力。扩大知识产权和标准化一条街进驻规模，提升影响力。培育知识产权服务新兴业态，提高服务业外溢效益，鼓励服务机构向境外发展。落实《进一步推动首都知识产权金融服务工作的意见》精神，完善与投资、信贷、担保、典当、证券、保险等工作领域相结合的知识产权金融服务机制，推动知识产权金融服务新产品开发。

八是服务企业“走出去”，着力加强知识产权国际合作与交流。充分利用世界知识产权组织中国办事处平台开展创新性工作。加强“一带一路”知识产权工作引导，同企业“走出去”目标国家协调，为企业海外发展搭建平台。充分发挥首都知识产权国际交流合作基地作用，引导企业开展知识产权海外布局。开展海外知识产权维权援助工作，为本市企业“走出去”提供知识产权风险分析。

九是努力营造“大众创业、万众创新”氛围,着力推进知识产权文化建设。利用世界知识产权日、科技周等节点开展宣传教育,形成尊重创新的良好氛围。召开新闻发布会,发布首都知识产权保护白皮书。举办创新论坛、创新创业大赛,探索建立首都标志性的知识产权街区和文化长廊。在六个城区和通州区全面开展知识产权进校园工作。打造“北京知识产权”政务微博、政务微信,利用新媒体促进知识产权文化广泛传播。

十是健全体制机制,夯实事业发展基础,着力完善知识产权管理体系。加强首都知识产权公共信息服务平台二期工程建设成果运用。开展以党政领导干部、企事业单位管理人员等为重点的知识产权培训,构建多元化教育培训体系。实施知识产权领军人才工程。深入推进北京知识产权学院与世界知识产权组织(WIPO)学院在人才培养和合作办学方面的项目合作。

北京市教育委员会科研工作2015年工作总结和2016年工作安排

北京市教育委员会科学技术与研究生工作处

一、2015年工作总结

1. 组织完成新一批2011协同创新中心申报评审工作。

加强对北京高校2011协同创新中心的组织指导,完成新一批2011协同创新中心申报评审工作,立项培育8个北京高校协同创新中心,共计在市属高校培育协同创新中心23个。

2. 组织完成新一批北京实验室申报认定工作。

根据《北京市教育委员会关于在高等学校中建设北京实验室的意见》,经宏观专家论证、领域专家评审,完成对北京邮电大学、首都医科大学牵头的2个北京实验室的建设立项工作。

3. 完成“高精尖计划”相关文件制定工作,启动高精尖创新中心建设计划,完成第一批高精尖创新中心认定。

制定印发了《北京高校高精尖创新中心建设计划》《北京高校高精尖创新中心建设管理办法》,完成第一批13个高精尖创新中心的论证与认定工作。组织召开了北京高校高精尖创新中心建设计划启动大会,在宣教处支持下,多家中央和北京市新闻媒体对高精尖计划及其体制机制改革举措进行了详细报道,引起多方好评。

4. 完成了新一批科技成果转化项目评审工作。

紧密围绕国家和北京市社会发展需求,组织实施了2016年度市属高校创新能力提升计划项目和2016年度中央在京高校重大成果转化项目。经立项程序,遴选产生了24项提升计划资助项目和4项重大成果转化项目。项目主要涉及高端装备、节能环保、新材料、电子信息、疾病防治等领域,项目的实施将充分发挥北京高校的社会服务职能,服务民生,助力产业技术升级和经济结构转型。

5. 加强项目管理,完成提升计划项目、重大成果转化项目和北京实验室中期检查工作。

按照项目管理办法,对2013年市属高校提升计划项目、2014年中央高校重大成果转化项目,以及7个北京实验室进行了中期检查。提升计划项目和重大成果转化项目瞄准北京经济社会发展需求,与行业企业、政府部门紧密合作,高校科研成果在解决关键共性技术、为政府科学决策等方面做出了应有贡献,北京实验室创新体制机制在人才培养、科学研究、服务北京方面均取得了良好成绩。

6. 完成哲学社会科学研究基地新增工作。

完成北京大学、北京理工大学、北京第二外国语学院3个北京市哲学社会科学研究基地新增工作。会同北京市哲学社会科学规划办公室,组织专家对北京大学、北京理工大学、北京第二外国语学院等3所高校申报的北京市哲学社会科学研究基地进行评审,并确定立项建设。新增的3家基地分别为:中国化马克思主义发展研究基地、北京经济社会可持续发展研究基地和北京对外文化传播研究基地。

7. 完成科研计划项目和共建科研项目的立项评审工作。

完成2016年度市教委科研计划项目一般项目、社科计划重点项目的申报组织和立项评审工作。经过学校申报和专家评审,最终立项一般项目417项,社科计划重点项目31项。完成2016年度依托科研基地的共建科研项目的申报组织和立项评审工作。组织中央在京高校依托北京市重点实验室、北京市哲学社会科学研究基地、工程研究中心、技术转移中心、大学科技园等科研基地申报共建科研项目,经过专家评审,最终立项89项。

8. 开展了一批北京市哲学社会科学研究基地和北京市重点实验室验收工作。

根据市教委和市社科规划办关于对北京市哲学社会科学研究基地管理的有关规定,为全面检查掌握研究基地三年周期建设的情况,市教委和市社科规划办于2015年3月组织专家组对相关研究基地建设情况进行检查验收,并将验收结果予以公布。

9. 召开了第四届北京市学位委员会第三次会议,表决并通过了北京市学位委员会学科评议组的学士学位授权评审工作。

包括对国家开放大学和北京警察学院两所本科院校及其专业增列为学士学位授权单位和学士学位授权点进行的学科评议组专家评审,对北京工业大学耿丹学院、北京工商大学嘉华学院、北京邮电大学世纪学院、首都师范大学科德学院以及北京第二外国语学院中瑞酒店管理学院等5所独立学院的42个专业的学士学位授予权进行的学科评议组专家评审。

10. 完成了医教协同、临床医学博士培养模式与专科医师规范化培训北京地区试点申请工作。

目前已经初步建立了制度框架,并向教育部做了书面和口头汇报,为下一阶段北京地区首批进入临床医学博士层面5+3+X奠定了教育改革的基础。

11. 开展了北京地区2014年硕士学位论文抽检工作。

以通信评议方式进行,评议涉及124个学位授予单位硕士学位论文共2229篇,共涉及96个一级学科、445个二级学科(含自设二级学科),在全国各博士或硕士学位授予单位聘请同行专家6907人次。初评回收意见总数为6687篇次,回收比例为100%。最终被认定为存在问题的论文有35篇,占抽检论文的1.6%。对出现存在问题论文的市属高校,我们进行了面对面沟通,并且要求学校提出整改措施。

12. 召开了北京地区高校2014年度科技/社科统计年报数据审核会。

完成101所单位统计年报数据汇总工作。完成数据上报教育部、市统计局。编印了《2014年北京地区高等学校科学技术发展报告》,组织编写《2015年北京地区高等学校科学技术发展报告》,分析了北京高校获国家科技进步奖、北京市科技进步奖,“十二五”北京高校科技创新能力情况。

13. 召开了2014年北京高校特色教育资源库建设项目验收会和北京高校特色教育资源库建设项目工作会。

2014年度特色教育资源库建设项目精品资源建设取得新进展。完成了33个特色鲜明的、可持续发展的主题资源包建设。整合了一批高校优质的人文艺术网络教育资源,共计图片12万张、音视频6271个、编写文字230余万字、网页设计8170个;深度挖掘了中国文化特色,原创效果突出;形成了一批精品特色资源建设应用服务模式;培养人才807人,形成了一支分工明确、协同工作的复合型信息资源建设队伍。起草了2016年北京高校特色教育资源库建设项目申报文件和2014年北京高校特色教育资源验收工作简报。

二、2016年重点工作

1. 继续推进北京高校高精尖创新中心建设计划。

不断创新科研管理模式,优化科研组织方式,做好第一批高精尖创新中心建设管理工作,支持高校进一步汇聚国际创新资源和力量,推动新一批高精尖创新中心的认定,服务北京全国科技创新中心建设和高精尖经济结构调整。

2. 启动实施北京高校高精尖项目。

发挥高校人才优势,积极联合国内外创新力量,有效聚集创新要素和资源,实施一批北京高校高精尖项目,培育一批在国内外具有较强影响力的中青年科学家,产出一批重大标志性成果,提高北京高校人才培养、科学研究、社会服务和文化传承创新水平,支撑国家创新驱动发展战略,更好地服务经济社会发展。

3. 启动北京地区高等学校一流大学一流学科建设工作。

引导和支持北京高校优化学科结构,凝练学科发展方向,突出学科建设重点,创新学科组织模式,瞄准世界新兴前沿,建设交叉学科中心,集学科、人才、项目、平台建设于一体,组织开展多学科协同创新,致力于实现重大科学突破、提出重大原创理论、开辟重要学科方向、打造高精尖学科集群,建成国家创新高地。

4. 深化科研管理改革,推进体制机制创新。

优化科研组织模式,支持高校加大基础研究,聚焦国家战略需求,全面提升高校科技创新能力,创新科技人才激励机制,充分激发科研人员创新活力,完善科技评价体系和分类、开放评价机制,以质量和贡献为导向,突出创新成果的科学价值、经济价值和社会贡献,引导科技工作聚焦问题和需求,营造开放包容的创新氛围。

5. 加强科研基地建设,提升科技创新能力。

继续加强北京实验室、协同创新中心、北京市重点实验室等科研基地建设,完善成果转化和技术转移机制,推进高校与科研院所、行业、企业、国际创新力量深度协同,加强高水平科学研究、优势特色学科发展和创新人才培养的紧密结合,整体提升高校的学科建设水平和科技创新能力。

北京市科学技术协会2015年工作总结和2016年工作安排

北京市科学技术协会

一、2015年工作总结

（一）深入学习贯彻中央和市委重大决策部署，自觉用中央精神统领科协工作

坚持把学习贯彻党的十八大和十八届三中、四中、五中全会、党的群团工作会议和习近平总书记系列重要讲话精神作为重要政治任务，认真抓好学习教育和贯彻落实，推动科协工作围绕中心，服务大局。

深入贯彻落实《中共中央关于加强和改进党的群团工作的意见》和党的群团工作会议精神，集中进行学习部署，纳入科协机关、事业单位处以上干部培训和青年干部培训研讨的重要内容，加深理解，提高认识，把思想和行动统一到习近平总书记重要讲话精神上来，以高度的使命感、责任感和满腔热情做好科协工作；研究制定《北京市科学技术协会关于贯彻落实加强和改进党的群团工作的意见的措施》，切实保持和增强科协组织的政治性、先进性、群众性，解决机关化、行政化等突出问题。

深入贯彻落实党的十八届五中全会精神、习近平总书记关于科技创新的系列重要论述，认真组织编制科协事业发展“十三五”规划，以五中全会精神为统领，把“创新、协调、绿色、开放、共享”5个新的发展理念，贯穿到《北京市科协事业发展“十三五”规划》，贯穿到《北京市全民科学素质行动计划纲要实施方案（2016—2020年）》。

深入贯彻落实习近平总书记视察北京重要讲话精神、《京津冀协同发展规划纲要》和《中共北京市委北京市人民政府关于贯彻〈京津冀协同发展规划纲要〉的意见》，不断增强推动京津冀协同发展的政治自觉。研究制定了《市科协党组关于贯彻落实以奋发有为的精神状态全力推动京津冀协同发展意见》，积极推动京津冀三地科协协同创新，签署了京津冀科协科技成果转化平台合作协议，实现三地优势互补、互联互通、资源共享和协同发展，组织京津冀三地学会围绕京津冀协同发展，联合开展学术交流活动。

（二）统筹科协资源，为首都经济社会发展服务

为企业创新驱动发展服务。引导创新要素向企业聚集，推动企业自主创新，新建中国电力工程顾问集团公司等20家院士专家工作站，建站总数达到100家，院士专家服务中心10家，共引进院士148位、专家378位，进行中的合作研发项目292项。新建5家企业创新服务站，推送国外专利信息服务企业由70家增加到273家。举办创新方法培训班6期，来自140多家企业的700多位科技工作者接受培训。成功举办第九届“北京—意大利”科技经贸周活动，中意双方在创新成果、人才、信息和资源等方面交流与合作的参与单位较往年翻一番，达到485家。第四届“创新链接——

国际生物医药与医疗大数据专题研讨会”，围绕一体化经济和大数据时代给生物医药和医疗健康产业带来的发展机遇，推动产业对接与成果转化。组织首都53家企业210个项目参加首届全国科技创新成果博览会，李源潮同志参观展区，对首都企业创新成果给予肯定。

为都市型现代农业服务。充分发挥农口学会和科研单位专家团队优势，组织动员科技社团与都市型现代农业示范基站对接，服务首都新农村建设和农村经济发展。房山基站对接节水农业、设施农业和生态循环农业，打造现代农业展示中心；大兴基站突出农业科技成果推广中心和农业技术咨询中心功能，将成熟的工作模式和经验向京津冀地区推广。科技套餐工程支持科技社团开展科技服务项目205个，重点加强节水科技成果试验以及科技成果示范的标准规范化，促进科技成果集成整合。实施科普惠农兴村计划，奖补农村专业技术协会22个、农村科普示范基地24个、农村科普致富带头人9名、农业科技服务专家9名、专业技术指导员15名。开展“银会合作”，与中国邮政储蓄北京分行达成合作意向，支持农村专业合作组织发展。组织京台两地专家交流探讨都市型现代农业的发展问题，签署京台两地农业科技合作意向协议。举办农民职业技能培训班，为60名农民颁发职业技能鉴定证书。联合市园林绿化局开展乡土专家培训，对全市471名乡土专家进行全面考核，首批认定104名市级乡土专家。

为领导科学决策服务。围绕党和政府科学决策，不断完善以科技思想库、调研课题、科技工作者建议、政协提案人大议案、决策咨询沙龙为主要载体的决策咨询体系，积极开展决策咨询工作。吸纳汇集中央在京资源、科技企业和协会等优质资源单位作为思想库支撑单位。开展对主流舆情网站、科研和高校网站等近300家科技信息网站的不间断跟踪和信息汇集。加强咨询成果数字化工作，将决策咨询沙龙、优秀调研成果等24册5181篇材料转换成电子版，方便决策部门查寻和使用。接受中国科协委托，对“大众创业、万众创新”“基层公共医疗设施建设、使用和管理”两个方面的国务院重大政策措施在北京市落实情况开展第三方评估，圆满完成任务，受到中国科协充分肯定。聚焦京津冀协同发展，组织开展“促进京津冀科技成果转移与产业化的政策研究”等3项创新发展专题调研，完成“京津冀地区重点大气颗粒物污染源空间分布监测研究”等23个思想库调研课题。加强建议提案工作，征集科技工作者建议83项，上报市委、市政府、中国科协16项，建议质量数量明显提高。海淀区科协报送的《关于合理推进北京市出租车管理体制改革的建议》得到张延昆副市长的批示，北京生产力学会报送的《建议出台科技创新政策 协调推进京津冀协同发展》得到市领导重视，提交市政协十二届三次会议的《关于在我市建设“科学公园”的建议》团体提案获得2015年优秀提案奖。同北京市社科联共同举办主题为“科技与文化融合创新——协同助推首都城市战略发展”的高峰论坛，为首都城市战略发展建言献策。与市政协科技委共同举办“推动大众创业，万众创新，建设全国科技创新中心”专题座谈会，邀请市政府领导直接听取科技工作者的意见和建议。

（三）整合科普力量，为提高全民科学素质服务

大力加强科普信息化建设。推动科普方式方法创新，促进传统科普与信息化深度融合，推进科普活动线上线下结合，传统传播方式与新兴传播方式并举。进一步完善由蝌蚪五线谱网站、手机终端、社区数字科普视窗、楼宇电视等载体组成的数字化科普网络体系，推动科普资源有效共享和再利用。蝌蚪五线谱网站日点击量突破13万次，官方微博粉丝数达到38万，微信公众号及自媒体传播平台关注人数达到25万。精心打造每月“科学流言榜”，全年共发布12期117条。依托社区科普益民计划，推动社区全媒体科普视窗、科普网络书屋、虚拟现实体验中心等科普信息化设施建设。北京继续教育网加强对公务员群体科技培训的针对性，340万人次的公务员在网上参加学习培训。“蝌蚪找真相”辟谣团队关于“草莓有毒”的辟谣行动得到了国家网信办领导的肯定，中央电视台进行了跟踪报道。蝌蚪五线谱网站荣获腾讯2015“互联网+科普”峰会评选的十大科普影响力机构

自媒体第一名。

积极发挥主题科普活动作用。以科技周、科普日、科学嘉年华、科普超市行、科学健康人、首都科学讲堂等大型品牌科普活动为重点,以经常性的科普讲座、展览、论坛为补充,实现科普活动不间断。科技周围绕“创新创业,科技惠民”主题,举办大型标志性活动12项、重点活动76项,基层活动2000多项,总受益人数逾186万人次。第五届北京科学嘉年华活动纳入中国科协全国科普日北京主场活动,汇集境外21个国家的37个国际科普组织以及中国的130多家机构的科普项目,突出体现了“互联网+”、科学人文、情景体验、公众参与、节俭实效等五大特点,组织开展活动300余项,观众达10.2万人次。第十七届北京科普之春暨第三届北京农业嘉年华活动在13个郊区县同期开展,助力都市型现代农业发展。以互动展览为主要形式的第三届“科普超市行”开展6站常态化民生科普活动,覆盖人群6万余人次。“科学健康人”项目开展郊区巡诊等活动,直接受益群众达2万余人次。组织实施“百村农民科学素养提升行动”,在平谷等13个区县开展39场讲座,培训农民7800余人。围绕青少年科学素质提升,举办第35届北京青少年科技创新大赛,30余万学生的1859项优秀竞赛作品参加。同时,来自13个国家和我国港澳台地区的34个项目与北京选手同台竞技。2015年还成功举办了第15届北京青少年机器人竞赛、第13届北京青少年科技创新市长奖评选,10名同学获得由王安顺市长签名的证书和奖牌。

科普基础条件建设取得新进展。以科普资源联盟建设为抓手,推进科普事业和科普产业并行发展。2015年科普资源联盟新增成员单位75家(累计176家),整合科普资源14余万件,资源共建共享范围进一步扩大。科普创作专项资金资助13个选题,加大了对原创科普作品的支持力度。组织实施2015年“基层科普行动计划”,16个社区获得“全国科普示范社区”,8名个人获“全国科普惠农兴村带头人”,4个基地获“全国科普惠农兴村先进单位”称号。召开第三届北京国际科学节圆桌会议和2015年国际科普方法研讨会,科普国际化合作机制进一步完善。

全面落实“十二五”科学素质目标。组织召开北京市《全民科学素质纲要》实施工作会,部署2015年重点任务,提出明确要求,加强指导。发挥科协在《纲要》实施中的牵头和综合协调作用,广泛动员各成员单位、区县、高校、科研机构、企业、社会力量,积极开展科普活动。组织实施2015年区县公民科学素质抽样调查,检查共建指标完成情况。在第九次中国公民科学素质调查中,北京市公民具备基本科学素质的比例达到17.56%,相比2010年10%的任务指标大幅度提高,超额完成了市委、市政府《关于深化科技体制改革 加快首都创新体系建设的意见》所确定的2015年“公众科学素质达标率超过12%”的目标,以及中国科协和市政府签署的《落实全民科学素质行动计划纲要共建协议》所确定的13.04%的目标,为完成全国“十二五”全民科学素质6.20%的目标做出重要贡献。

(四)推动平台建设,为更好地发挥科技工作者作用服务

积极搭建学术交流平台。整体规划2015年学会学术工作,为科技工作者搭建不同形式、不同层次的学术交流平台。推动实施“一十百千”学术交流工程,围绕生态环境等民生科技的重点领域以及首都科学发展的关键问题,举办以“创新驱动,协同发展”为主题的第18届北京科技交流学术月,集中举办各类学术活动100余项,立项支持130家科技社团开展学术交流活动388项,学会全年开展各类学术交流活动近千项。立项支持学会开展青年学术交流活动94项,资助青年学者编辑出版学术专著12本,资助青年科技工作者参加国际学术交流53人次。举办第十六届北京青年学术演讲比赛和第十三届北京青年优秀科技论文评选,积极为青年科技人才创造对外交流和自我展示的机会。扎实开展科学道德和学风建设工作,优化人才成长环境。承办首都高校科学道德和学风建设宣讲教育报告会,组织北京地区5450名新入学研究生参加。举办北京市科学道德和学风建设宣讲教育报告会,资助学会举办12场报告会。出版《著名科学家科研诚信和学术风范故事集》

《科学道德和学风建设宣讲教育简明读本》,编写《科学道德和学风建设失范案例集》,免费发放给在校研究生、青年教师和科技工作者。

搭建科技社团承接政府职能平台。积极推进科技社团有序承接政府转移职能,为科技工作者施展才能、发挥作用创造条件。召开由市领导参加的北京科技社团有序承接政府转移职能工作推进会和北京科技社团有序承接政府转移职能工作部署会,科技社团承接政府转移职能成为全市全面深化改革的一项试点,赋予市科协组织推进本市科技社团承接政府转移职能、参与政府购买服务工作的职责。搭建科技社团稳妥有序承接政府转移职能的工作平台,通过平台了解政府部门转出的职能和面向科技类社会组织购买的服务信息。采用社团申报、招投标、评估、答辩等方式,为职能转出部门提供适合的承接社团名单和评估意见。目前,有19个委办局与市科协签署了科技社团承接政府转移职能工作合作协议,有32家科技社团承接了83项政府转移职能及相关任务,有38家科技社团上报拟承接职能85项。

搭建"大众创业 万众创新"支撑平台。依托中关村天合科技成果转化促进中心,组织学会共同建设北京市科协科技成果转化平台,为科技工作者服务创新驱动发展创造条件。目前已有北京中医药学会等54个科技社团同成果转化平台签订了共建协议,50多名由学会推荐的科技工作者经培训成为科技成果转化评估师,一批由学会推荐的成果转化项目进入落地程序。与华夏银行签署战略合作协议,探索银会支持科技工作者创新创业的合作模式。举办首届科技成果转化平台优质项目推介发布会等3个大型项目发布会,集中向京津冀辽地区推介优质科技项目70项,现场收到科技成果转化合作意向155份,对接河北地区企业需求77项,促成京津冀地区高校、科研机构与企业签署合作协议9个,其中北京膜学会提供的技术核心重大项目——"新能源微电网"项目已落地房山区韩村河。成功举办第四届首都大学生科技创新作品与专利成果展示推介会,面向社会展示推介京津冀54所高校大学生的601件科技创新作品,其中20项科技创新作品通过专利申请绿色通道申请专利,3项成果与企业在现场签订合作协议。围绕"创业成就梦想·创新引领未来"主题,举办2015年首都创新驱动发展展示交流活动,150余名企业代表分享创业成功经验,探讨创新创业规律。

搭建民主协商平台。认真落实党的十八届三中、四中全会和中央群团工作会议精神,积极筹划科技工作者参与民主协商工作平台建设。目前已同市政协就协商平台建设达成一致意见,待取得经验后再筹建新的协商平台。

积极宣传、举荐、表彰科技工作者。宣传和弘扬科技工作者在服务发展、创新创业、科学普及中的先进事迹和精神风貌,在《北京科技报》集中宣传了19位优秀青年科学家成长成才事迹。承办中国科协"科技梦·中国梦——中国现代科学家主题展",完成全国16个城市的巡展,参展人数达到51.19万人次。积极开展表彰奖励及评选推荐工作,向中国科协推选北京地区工程院院士候选人5名,推荐第十二届中国青年女科学家奖、第十四届中国青年科技奖等奖项候选人16人,向市奖励办推荐2015年度北京市科学技术奖候选项目1个。组织评选出15名第十八届茅以升北京青年科技奖获奖者。组织开展科协会员日活动,深入基层一线看望慰问科技工作者。

(五)深化自身建设,不断提升科协组织履职能力

加强基层组织建设。按照中央书记处"六个哪里"的要求,加强基层组织建设,重点推进企业科协和园区科协建设,鼓励和支持具备条件的民营科技企业建立科协,巩固和扩大高校、院所科协,不断扩大覆盖面、提高影响力。全年新批准成立中国黄金集团公司等企业科协14家,中关村科技园海淀园科协3家,中国人民大学等高校科协6家,企业科协总数达389家,高校科协达19家。面向企业科协开展建家活动,通过申报和评审,命名10家企业科协为"先进科技工作者之家"。

加强科技社团党建工作。围绕保持和增强科技社团的政治性,积极推进基层党建工作,努力实

现党的组织和党的工作全覆盖。资助25个党建工作小组和党支部开展党建项目，发挥党建工作小组政治核心作用和党支部战斗堡垒作用。召开社会组织党建工作沙龙，着力提高党建工作小组工作能力。组织开展以“三严三实”为主题的系列学习活动，增强党员党性修养。新建北京日化协会等5个学会党支部，11个党建工作小组。

加强对外交流合作。围绕全国科技创新中心和国际交往中心城市定位，结合“一带一路”建设和周边外交需要，不断拓宽对外交流领域，广泛建立和发展与海外科技团体的合作。全年共邀请国外及港澳台、海外华人科技组织团组82个345人次来京交流，组织出访团组21个共132人次，对外交流的范围和领域不断拓展。迄今已与48个国家和地区（含中国港澳台地区）的科技组织建立合作联系，并与其中85家科技组织签署了长期合作协议或备忘录。

加强科协机关自身建设。落实党建责任制，扎实开展“三严三实”专题教育，进行机关党委纪委换届，组织述职评议考核，强化领导班子和干部队伍建设，规范创新人事管理，切实加强机关自身建设，为实现科协事业发展提供坚强保障。落实党组主体责任、纪委监督责任，签订责任书，抓好党风廉政建设。将提升党员意识和发挥“五个表率”作用融入“三严三实”专题教育之中，在深入学习的基础上，广泛听取意见，找准查实“不严不实”问题，召开专题民主生活会和组织生活会，制定整改落实措施，增强领导班子践行“三严三实”的思想自觉和行动自觉。

二、2016年工作安排

“十三五”时期是我国全面建成小康社会的决胜阶段，也是北京市落实首都城市战略定位、加快建设国际一流的和谐宜居之都的关键阶段，做好“十三五”开局启动工作，打好发展基础，对2016年市科协工作提出了更高要求。市科协2016年工作的指导思想是：深入贯彻落实党的十八大和十八届三中、四中、五中全会精神，贯彻落实中央群团工作会议和市委十一届八次、九次全会精神，围绕中央和市委、市政府工作部署，认真履行科协组织的工作职能，努力做好党的群众工作和首都科技工作，团结带领首都科技工作者积极进军科技创新和经济建设主战场，在落实首都城市战略定位、推进京津冀协同发展大局中更加奋发有为。

（一）深入学习贯彻党的十八大、十八届五中全会和习近平总书记系列重要讲话精神

按照“引向深入、推向持久、见到成效”的要求，用多种形式持续开展党的十八届五中全会和中央群团工作会议精神的学习。把学习教育纳入党组中心组、干部培训计划，纳入主题党日、民主生活会，纳入干部队伍的考核管理。深刻领会习近平总书记科技创新思想的丰富内涵和重大的理论创新，不断强化理论武装，增强理论自信、道路自信、制度自信，走中国特色社会主义科技群团发展道路，创新工作思路和方法，把中央和市委要求贯穿到科协各项工作中。

（二）推进实施《北京市科协事业发展“十三五”规划》

《北京市科协事业发展“十三五”规划》（以下简称《规划》），在总结回顾“十二五”期间市科协事业发展成果的基础上，以“创新、协调、绿色、开放、共享”发展理念为引领，衔接北京市“十三五”规划建议提出的目标要求，进一步明确“十三五”时期北京市科协事业发展的目标和任务，是指导今后五年科协事业发展的纲领性文件。要加强《规划》宣传工作，通过北京市科学技术协会网、北京科技报及有关媒体，深入宣传《规划》的重要意义和主要内容。组织专家对《规划》的指导思想、主要目标、重点任务、规划实施与保障进行解读，提高科协干部职工和首都广大科技工作者的思想认识，自觉把中央和市委的重大决策部署同科协系统实际情况相结合，支持、参与“十三五”科协事业的发展。引导各学会、区科协、基层组织，以《规划》为依据，结合本地区、本单位实际，制定相应措施。围绕《规划》落地，加大重大活动的谋划和实施力度，集中精力抓好重点工作，为实现“十三

五”良好开局夯实基础。

(三)继续加强三个创新体系建设,助推北京全国科技创新中心建设

进一步完善科技创新服务支撑体系。继续打造五个创新服务平台,全年拟新建立院士专家工作站20个,增强企业自主创新实力。组织评选优秀院士专家工作站、优秀院士专家服务中心,建设面向院士专家和企业的服务网络体系数据库。新发展国外专利推介服务应用企业200个,培训专利应用工程师和企业高管600人。金桥工程种子资金支持项目不少于30个,带动相关经费不低于2000万元。围绕经济技术开发区全国技术创新中心建设,有针对性地组织学会举办重点学术研究和交流活动,用学术研究引领企业创新,帮助企业解决生产中遇到的关键技术问题,促进科技与经济深度融合。围绕科技创新和国际交往中心建设,推进“海智计划”,加大引智力度,促进一批优秀项目签约落地,服务首都经济社会发展。

进一步完善首都农业科技推广服务体系。加大科技套餐都市型现代农业示范基站建设力度,进一步扩大基站覆盖面,以示范点建设为重点,推动基站功能向下延伸,向津冀地区辐射,促进农业向生态安全转型,解决农业生产带来的土壤、水、大气污染等问题,更好地为农业现代化服务。推动与中国邮政储蓄银行北京分行正式签署合作协议,为农村专业合作组织发展争取金融支持。继续实施“科普惠农兴村计划”,做好申报评审和检查验收工作。

进一步完善决策咨询服务体系。发挥科协在首都新型智库建设中的枢纽作用,建设好、使用好科技思想库。完成16个重点决策咨询课题研究及成果转化,举办20期决策咨询沙龙,特别要在治理雾霾、交通拥堵等群众关注的热点难点问题上发挥好科协智库作用。在中国科协指导下,做好第三方评估工作。继续办好北京自然科学界和社会科学界联席会议高峰论坛、市科协与市政协科技委专题座谈会,推动成立中国科协创新战略研究院京津冀协同创新分院,为京津冀协同创新发挥智力支撑作用。

(四)围绕“十三五”科学素质目标,大力提升科普服务能力

履行北京市《全民科学素质纲要》实施工作办公室职责,全面总结“十二五”时期《纲要》实施工作经验,认真做好表彰奖励工作。将“十三五”北京市《纲要》实施工作目标纳入市“十三五”规划,推动市政府召开“十三五”全民科学素质工作部署会,代表市政府与各区政府签订《落实全民科学素质行动计划纲要共建协议》。指导基层开展科学素质建设,统筹推进“十三五”开局之年提高全民科学素质的各项任务。

坚持科普创新,积极运用“互联网+”思维,重点推动科普信息化建设,提升蝌蚪五线谱新媒体平台科学传播功能,加强移动互联媒体新技术在网络科普资源中的开发与应用。推动建立北京市科协数字内容产业协作中心,充分调动社会力量参与科普信息化建设。继续发布“科学流言榜”,用权威信息解释公众困惑。

增强主题科普活动实效,以青少年、农民、社区居民等为重点人群,以需求为导向精准发力,组织开展群众性、社会性、经常性的科普活动,着力打造科技周、全国科普日、科学嘉年华、青少年科技创新大赛等主题科普活动,充分发挥品牌科普活动在提升公民科学素质中的作用。实施社区科普益民计划和科普惠农兴村计划,探索基层科普长效机制。大力加强科普设施场所建设、科普资源共建共享,促进基本科普服务公平普惠。加强北京科普资源联盟建设,推动科普资源开发与利用。

(五)突出科技人才队伍建设,做好联系服务科技工作者工作

发挥学术交流平台作用,组织实施“一十百千”工程,举办第19届北京科技交流学术月,全年各类学术交流活动不少于1000项,加强学术成果向决策和科普转化工作。支持青年科技人才参与学术活动、资助出版学术专著,支持老年科技工作者开展“五进”科普活动和“四技”服务。举办第十七届北京青年学术演讲比赛决赛。进一步扩大“百强社团”创建规模,精心组织首都高校科学道

德和学风建设宣讲教育活动。

推进科技社团承接政府转移职能，完善平台功能，加强与相关委办局联系沟通，落实转移职能工作合作协议。加强对学会的指导培训，提升承接政府转移职能能力。做好2015年学会承接项目的督促检查，确保取得良好效果。

进一步完善科技成果转化平台建设机制，深入挖掘市场需求与研发成果，促进供需对接，实现科技成果转化落地，实现科技成果产出水平与科技成果产业化水平相匹配。为科技社团培养科技成果转化工程师（T－CAM评价师）100名，提高学会科技成果转化能力。

加强与市政协科技委的合作，充分发挥科协组织在推进协商民主中的重要作用，不断拓宽科技工作者参与民主协商的渠道。

充分发挥科协组织人才推荐通道的作用，继续做好中国工程院院士推荐、茅以升北京青年科技奖、北京优秀青年工程师评选等人才举荐和表彰工作，提升科协组织对首都科技工作者的吸引力、向心力和凝聚力。

（六）全面深化改革，不断提升科协团体建设科学化水平

加强学会组织建设，改革学会治理结构和治理方式，提高依法依章程独立自主开展工作的能力。加大学会党建工作力度，进一步扩大党的组织和党的工作在学会的覆盖面。结合科协职能，在党建工作小组试点开展政治引领作用的研究探索。推动科技类基金会同科技社团在科学普及、服务社会等方面开展合作。

加强对区科协的工作指导，发挥科协大团体的优势，将市科协所属资源同各区科协工作需求对接，支持区科协在区域经济发展和科学普及工作中发挥更大作用。

按照“六个哪里”的要求，继续加强基层组织建设。推动科协组织向企业、高校、农村延伸，拟新成立企业科协10个、高校科协3个。研究完善对基层组织管理、服务、联系的体制机制，加强工作指导。

进一步巩固、拓展与国外和我国港澳台地区科技组织、海外华人科技团体、外国驻华使馆以及国际组织驻京机构的联络与交流。围绕科协重点工作，策划、组织、协调完成相关涉外活动。举办京台青年科学家论坛，开展京台农业技术培训系列活动。

加强机关自身建设，深化“三严三实”专题教育成果，认真落实整改措施，进一步转变作风，努力打造清正廉洁、务实高效的党员干部队伍。高质量做好市科协九大筹备工作，努力建好科技工作者之家。

大事记

2015 年北京科学技术大事记

1　月

9 日,2014 年度国家科学技术奖励大会在北京召开,北京共有 82 个项目获国家科学技术奖,其中包括特等奖 1 项、一等奖 6 项、二等奖 75 项,占全国通用项目获奖总数的 32.3%,比去年提高约 2 个百分点。北京获国家科学技术奖的 82 个项目包括国家自然科学奖 18 项、国家技术发明奖 15 项、国家科技进步奖 49 项。

16 日,全国政协副主席、科技部部长万钢调研北京市创新创业服务体系的建设情况。副市长张工、市科委主任闫傲霜等领导陪同调研。

16 日,市科委与市金融局联合举办了北京市落实国家科技成果转化引导基金推进工作会。市科委相关负责人介绍北京市作为国内股权投资最活跃的地区,成立的 4 只引导基金已对外协议出资 46.25 亿元,设立参股基金 118 只,带动社会资本超 300 亿元。

22 日,首都科技条件平台检测与认证领域中心召开 2015 年工作交流会。截至 2014 年年底,检测与认证领域中心共服务成员单位实现合同总金额 6054 万元。

30 日,"首都科技志愿服务联合会"成立仪式在顺义区马坡镇石家营村举行。十七届中央政治局委员、中国志愿服务联合会会长刘淇向首都科技志愿者代表、市科委主任闫傲霜授旗。

2　月

2 日,市科委召开 2014 年度全委系统工作总结会,回顾了市科委 2014 年在推动科技体制改革、实施北京技术创新行动计划、建设中关村国家自主创新示范区等方面取得的新成果。

7 日,由市科委支持、新兴际华集团研制的 19 台(套)轻型高机动救援系列装备交付市地震应急指挥部使用。

13 日,市科委和首都科技发展战略研究院举行媒体通气会,发布"首都科技创新发展指数研究成果"。根据 2014 年首都科技创新发展指数研究及指标体系,指数测度结果表明,从 2005 年到 2013 年,首都科技创新发展水平不断提高,支撑首都经济社会发展成效显著。首都科技创新发展指数得分从 2005 年的基准分 60 分,增长到 2013 年的 87.96 分,年均增长 3.50 分,科技创新发展总体呈现平稳上升态势。

27 日,市委、市政府举行 2014 年度北京市科学技术奖励大会。中共中央政治局委员、市委书记郭金龙,市委副书记、市长王安顺,科技部党组成员、副部长侯建国,市委常委、常务副市长李士祥,市委常委苟仲文,市人大常委会副主任孙康林,副市长张工,市政协副主席闫仲秋,国家科学技术奖励工作办公室主任邹大挺,市委副秘书长郭广生,市政府副秘书长朱炎,市科委主任闫傲霜,市科委党组书记呼文亮出席。副市长李士祥主持会议。市长王安顺代表市委、市政府在大会上讲话。副市长张工宣读了北京市政府《关于 2014 年度北京市科学技术奖励决定》。会上,有关领导向获奖者颁发了荣誉证书。2014 年共有 220 项科技成果荣获北京市科学技术奖,包括一等奖 30 项、二等奖 60 项、三等奖 130 项。

27 日,市委、市政府召开 2015 年北京市科技工作会议。市委常委苟仲文、副市长张工等出席会议。市科委主任闫傲霜做了题为"把握新定位,适应新常态,为全国科技创新中心建设做出新贡献"的报告。

3 月

9 日,致公党北京市委、致公党云南省委、北京市科委、云南省科技厅四方创新驱动战略合作协议签字仪式在北京举行。四方共同签署了《北京市科学技术委员会 中国致公党北京市委员会 云南省科学技术厅 中国致公党云南省委员会创新驱动战略合作协议》,科技部部长万钢出席签约仪式。

12 日,由市科委支持的新能源汽车科普图书《电动汽车跑起来》正式与大众见面,这是全国第一本集新能源汽车政策、技术、使用等于一体的科普图书。

20 日,北斗航天卫星应用科技集团在北京中关村丰台园挂牌成立。中国卫星导航定位协会、中国位置网服务联盟举办的第二期北斗沙龙同期举行。中国科学院院士孙家栋、姚建铨等参加了此次活动。

23 日,北京市促进众创空间建设推进会在市科委召开。发展众创空间,推进大众创业、万众创新是适应经济新常态、促进经济转型升级和培育新的经济增长点的战略举措。此次推进会明确了支持众创空间发展,推进大众创新创业的政策措施。

24 日,一款 18 米长的巨型纯电动公交车投入北京公交 57 路试运营,最大载客人数可达 143 人。该车是市科委 2012 年立项的科研项目,由北汽福田承担研发工作。新车采用高效水冷永磁同步大扭矩驱动电机,动力充沛;整车充满电仅需 2 小时,同时可更换电池。一次充电在城市路况下运营里程可达到 100 千米以上。该车进行两天的空载试运行,预计 25 日开始进行载客试运营。

4 月

3 日,"跨界合作、协同创新"首都创新大联盟 2015 年度工作会在市科委召开。闪联产业联盟等 22 家联盟获工作贡献奖,住宅科技产业联盟等 20 家联盟获工作参与奖。理事单位、成员联盟,以及新闻媒体代表等 100 余人参加会议。

11 日,北京市科委与天津市科委、河北省科技厅共同召开京津冀钢铁行业节能减排与协同发展座谈会暨京津冀钢铁行业节能减排产业技术创新联盟第一次成员大会,并为"京津冀钢铁行业节能减排产业技术创新联盟"揭牌。联盟整合了 70 余家机构,涵盖京津冀钢铁生产企业、节能减排机构、高校院所及金融机构。

17 日,市科委召开 2015 年北京市科技管理系统政务工作会。会上传达了 2015 年全国科技管理系统政务工作会和 2015 年市政府系统办公室主任会议精神。市科委机关处室、直属单位,以及各区县科委共 100 余人参加会议。

21 日,2015 中国(北京)跨国技术转移大会在北京国际会议中心开幕。大会吸引了近 40 个国家和地区的科技部门高层人士、使馆科技参赞、高校研究机构科研人员、技术转移机构代表、高新技术企业专家等 3000 多人参加,其中国外嘉宾 700 余人。大会邀请 300 多位演讲嘉宾,为全球创新发展、跨国技术转移以及中国的技术创新建言献策。大会征集了 200 多个前沿技术项目,实现 1500 多项次跨国技术供需对接,促成 150 余项合作意向,推动现场项目签约 30 多项。

22日,北京市科委与顺义区政府共同推进全国科技创新中心建设工作会在市科委召开。市科委与顺义区政府签署了《北京国际科技贸易基地建设合作框架协议》,并由科技部、市科委与顺义区政府共同为"北京国际科技贸易基地"揭牌。市科委、顺义区政府以及国家半导体照明工程研发及产业联盟三方共同签署《北京第三代半导体材料及应用联合创新基地建设战略合作框架协议》。

24日,天津自主创新与技术转移发展论坛暨智汇天津国际科技合作洽谈会在北京举行。大会共吸引近40个国家和地区的3000多名代表参加。聚焦创新创业、大气污染防治、未来医学、智能制造等热点话题,组织了29个专场,共征集了500多个前沿技术项目,实现1500多项次供需对接,促成300余项合作意向,推动现场项目签约30多项,签约金额达40亿元以上。

5 月

4日,北京市众创空间集聚区众创空间授牌仪式在中关村创业大街举行,市科委主任闫傲霜、海淀区区长助理丁欣、海淀园管委会常务副主任李长萍等出席会议。会上,与会领导为众创空间集聚区内的36氪、3W咖啡、创业家、天使汇、联想之星、硬创邦等创业服务机构授牌,并与众创空间代表进行交流座谈,听取代表们的创业需求与建议。至此,首批"北京市众创空间"已达25家。

6日,深化院市科技合作、推进全国科技创新中心建设座谈会暨2015年院市科技合作工作小组会召开。中国科学院北京分院院长何岩、副院长马扬和李静,市科委主任闫傲霜、副主任伍建民等领导参加了会议。会上,李静介绍了"十二五"以来院市科技合作工作开展情况。伍建民就北京市建设全国科技创新中心进展情况以及院市合作下一步重点工作做了报告。北京综合研究中心主任姜晓明对院市共建怀柔科教产业园区和国家大科学装置立项进展情况进行了报告。

13日,北京众创空间联盟成立暨首届众创杯中国·北京创新创业大赛启动仪式举行。仪式进行了北京众创空间联盟授牌、首都创业导师志愿服务团授旗,以及众创杯中国·北京首届创新创业大赛启动三项议程。

16日,2015全国科技活动周暨北京科技周主场活动在民族文化宫开幕。中共中央政治局委员、国务院副总理刘延东,中共中央政治局委员、北京市委书记郭金龙,全国政协副主席、科技部部长万钢,全国政协副主席、国家民委主任王正伟等出席开幕式并参观北京科技周主场活动,市科委主任闫傲霜陪同参观。开幕式上,刘延东宣读了国务院总理李克强发来的贺信,并宣布2015年全国科技活动周暨北京科技周启动。本届科技周以"创新创业 科技惠民"为主题,通过大型科普博览的形式,突出民生科技,向公众展示国家和北京地区的创新成果和创业案例,让公众亲身感受科技给人们的生产和生活带来的变化,激发全社会的创新、创业热情。北京科技周主场展览面积6000多平方米,共180余家单位参与,展示近300个项目。

17日,第十八届中国北京国际科技产业博览会落幕。本届科博会主题报告会、展览会、论坛会议、推介交易、网上展示相互呼应,聚焦经济新常态与创新创业热点,生动演绎了"引领科技创新、推动产业发展"的主题,集中展示一大批领先中国乃至领先世界的高新技术和迈向高精尖的产业发展新景观,大力推介了一批成果转化和产业合作的优质引领项目,广泛传播了激励创业、启迪创新发展的新理念、新经验。据不完全统计,本届科博会期间,签署的技术交易、产业合作项目协议总金额822.54亿元。

17日,北京市科委在民族文化宫举行了公众参与创新行动计划(第一季)颁奖仪式。该活动由北京市科委与新华网等单位共同发起的。第一季共征集1000余个创意项目,经过筛选和评审,最终30个最受欢迎的创意项目、创意个人和团队受到表彰。

24日，由北京市科委和贵阳市政府主办的2015京筑创新驱动区域合作年会在贵阳召开。大数据战略重点实验室共建工作领导小组召开第一次会议，北京市科委与贵阳市政府签署共建大数据战略重点实验室协议，首都创业导师志愿服务团的15位创业导师，北京市众创空间、大学科技园、联盟等30余家机构代表，首都科技条件平台17位技术专家，以及贵州省、贵阳市的有关部门、有关高校、研究机构的负责人100余人参加年会。

31日，“北京国家现代农业科技城成果发布系列活动”举行。此次活动展示农科城已有13个现代农业领域科技创新服务联盟，打造生物种业、奶业、生物燃气等11条品牌产业链的成果。其中北京农科城玉米品种开发联合体，使京科968玉米新品种实现了1400万亩（1亩≈666.67平方米）的产业化推广，已成为农业部主推玉米品种；京科、农华和中单系列玉米品种推广面积占全国玉米种植面积的18%。活动还发布了北京种业五星级信用企业名单，签署了4项农业科技城协同创新合作协议。活动期间，集中展示了2000多个蔬菜新品种和100余套农机智能装备、节水装备。

6　月

8日，由中国科技部、意大利教育大学科研部主办，北京市科委、中意技术转移中心承办的“中意科技创新论坛中国日特别专场”活动在意大利兰世博园圣保罗馆举行。“中国日特别专场”活动中，中意双方在中意创新论坛基础上，通过前期洽谈与深入对接，有5个中意技术转移项目达成合作协议并签约。活动吸引了两国政府、高校、研究机构和企业的140余位代表参加。

15日，由市科委支持的科技计划项目“经颅磁刺激仪产品开发及生产工艺研究”通过验收，该项目由北京脑泰科技发展有限公司承担。产品已实现产业化生产，在北京安定医院、北京大学第六医院等多家医院实现销售。该产品的面市，打破了国外同类产品在国内的垄断，并为后续相关磁刺激产品的研发奠定了基础，推动了产业的发展。

23日，市科委发布《北京市科学技术委员会关于促进北京市智能机器人科技创新与成果转化工作的意见》，就智能机器人科技创新和成果转化工作提出部署。《意见》提出的主要目标是：到2020年，掌握一批国际前沿核心技术和制造工艺，研制一批关键零部件，形成完善的智能机器人技术创新体系，支撑北京智能机器人产业协同创新发展。

24日，市科委在市政府新闻办发布《关于加快首都科技服务业发展的实施意见》。发布会上，市科委作为《实施意见》研究制定的牵头单位，联合市财政局、市统计局、市质监局、市知识产权局等相关委办局对《实施意见》进行了解读。到2020年，全市科技服务业收入将达1.5万亿元，科技服务将成为“北京服务”品牌中的制高点。

27日，市科委与北京大学彭练矛教授就碳基集成电路芯片项目的合作签约。由首都科技发展集团投资2500万元，与创业团队共同成立北京华碳元芯电子科技有限责任公司。

7　月

15日，通过市科委科技计划课题“内窥镜超声成像系统及微型高频超声探头研发”的实施，北京华科创智健康科技股份公司在国内首次建立体内高频超声成像技术平台，使我国成为继日本之后国际上第二个全面掌握该项技术的国家。

20日，市科委与房山区政府合作共建的北京科技成果转化（房山）前孵化投资基金签约。

市科委与房山区政府本着优势互补、合作共赢的原则,合作共建北京科技成果转化(房山)前孵化投资基金,基金运营将按照“政府统筹引导、市场化机制运作”的总体思路,主要关注符合首都科技发展方向与房山区产业发展定位的高技术制造业和战略性新兴产业的创新创业企业,重点投向前孵化项目,帮助技术尚处于应用探索研究或预先研究、市场相对不成熟和风险较大的重大科技成果转化项目渡过“死亡谷”阶段。

31 日,北京市科委与解放军总后勤部卫生部共同召开医学科技创新战略合作阶段工作总结会。自市科委与解放军总后勤卫生部签署《共同推进医学科技创新战略合作协议》以来,双方已建立了定期沟通协调的工作机制,围绕“科学研究、人才培养、成果转化、平台建设”四大任务开展相关合作,取得阶段成果。今后,双方将围绕全国科技创新中心建设的战略部署,继续深化合作,推动医学科技成果转化应用,造福百姓。驻京军队医疗机构代表及北京生物医药相关企业代表 100 余人参加会议。

8 月

13 日,市委书记郭金龙、市长王安顺、市委常委苟仲文、副市长隋振江一行到中国国际技术转移中心调研。三年来,中国国际技术转移中心已成功吸引国内外的 120 多家机构入驻,业务拓展至 40 多个国家,成功地促成了 150 多个技术转移项目,带动了中关村西区周边地区业态转型升级的步伐。

21 日,市自然科学基金项目申请接收工作完成,共收到来自中央在京科研单位、市属科研单位及企业等 340 家依托单位的项目申请 6633 项。80% 以上的项目围绕能源环境、城市建设、下一代信息技术、精准医疗等新兴产业和高精尖产业的前沿领域开展研究,体现了市基金项目指南的宏观引导和前瞻部署作用。

26 日,由市科委主办,北京生物技术和新医药产业促进中心、中国农业科学院生物技术研究所、美国加州大学戴维斯分校动物医学学院共同承办的“第八届国际生物技术与农业峰会暨农业生物技术百人讲坛 · 2015”在北京召开。本届峰会以“新常态下农业发展的新机遇”为主题,围绕农业生物技术在籽种产业中的应用、农业产业链发展和食品安全等热点问题展开研讨,同内外产业界、学术界以及相关管理机构的代表共 180 余人参会。

28 日,北京市科委、迁安市政府和京津冀钢铁行业节能减排产业技术创新联盟在北京签署战略合作框架协议。该联盟发布了京津冀钢铁行业节能减排先进技术目录,包括冶金球烧工艺烟气脱硫除尘一体化技术等 20 项先进技术成果。华电(北京)热电有限公司 1 号机组循环水余热利用等 23 个项目获得“2015 年度首都蓝天行动科技示范工程”授牌,项目涵盖冶金、电力行业脱硫脱硝、余热回收发电等多个领域。

9 月

1 日,市科委召开“脑科学研究”专项工作启动会,发布了《北京市科学技术委员会“脑科学研究”专项实施方案》(京科发〔2015〕416 号)。市发展改革委、市经济信息化委、市财政局、市卫生计生委等部门,北京大学、清华大学等高校,中国科学院自动化研究所、计算所等科研院所,以及京东尚科、小米等企业的代表 100 余人参加。

20 日,北京市科委与昆明市政府召开科技合作座谈会。北京市科委主任闫傲霜与昆明市委副书记、市长李文荣代表双方签订《北京市科委、昆明市人民政府科技合作框架协议》。根据合作框架协议,双方将在促进科技资源开放共享与对接合作、推动双方科技成果的转移转化、推动科技文化方面合作、开展科技人才交流合作等方面加强合作。

22日，市新技术新产品（服务）首发平台发布暨众创空间工作推进会在市科委举行。与会领导共同启动了市新技术新产品（服务）首发平台，为众创空间领域首发分平台的京东JD+开放孵化器、创客大爆炸等6家首批成员单位授牌。众创空间领域首发分平台发布了首批18项新技术、新产品。

29日，《北京技术创新行动计划（2014—2017年）》系列成果发布之“先导与优势材料创新发展”专场在市政府新闻办公室举行。作为专项行动计划的牵头组织单位，市科委会同专项项目承担单位发布了“12纳米碳纳米管集成电路CMOS器件研制”等10项先导与优势材料领域国际国内领先成果。

10 月

14日，依托国家重大科技基础设施组建的国家蛋白质科学中心（北京基地）开始试运行。该中心位于中关村生命科学园内，由军事医学科学院、清华大学、北京大学、中科院生物物理研究所等单位共同建设。其重点建设蛋白质组分析系统和功能蛋白质组研究系统，同时建设以生物信息学、蛋白质/抗体制备、生物资源库、模式动物等为核心的支撑系统。该中心还承担了科技部“中国人类蛋白质组计划（CNHPP）”的研究工作。

21日，市科委主办，北京生物技术和新医药产业促进中心承办的第十九届北京国际生物医药产业发展论坛召开。论坛以“聚焦创新、融合发展”为主题，乐普医疗、康辰药业、悦康药业、北陆药业等北京G20企业的代表出席会议。

23日，中国国际技术转移中心在北京市科委和河北省科技厅的指导和支持下成立的中国国际技术转移中心河北分中心正式揭牌。中国国际技术转移中心河北分中心将按照“3+6”的运作模式发展建设。“3”是指搭建“总中心、分中心、地方工作站”三级扁平化服务网络，“6”是指开展“企业需求对接、新技术新产品落地、专利转移交易、国际创新交流、经纪人队伍建设和科技金融服务”等6项重点任务。

26日，来自河北省石家庄市技术转移服务机构的120余名人员通过考试，获得了北京“技术经纪人执业证书”，京津冀地区技术经纪人交流座谈会同时举行。这次活动体现了北京市、河北省促进技术市场共建共享取得了重要进展，也是北京市科委贯彻落实中央《京津冀协同发展规划纲要》和北京市实施意见的重要举措。

28日，《北京技术创新行动计划（2014—2017年）》系列成果发布之“重大疾病科技攻关与管理”专场在市政府新闻办公室举行。市科委作为专项行动计划的牵头组织单位，会同市卫生计生委积极贯彻落实国务院关于开展民生领域政府措施落实情况专项督查的通知精神和市委十一届七次全会、全市上半年经济形势分析会会议精神，加强推动专项实施，形成了系列成果。

29日，市科委主办2015北京－特拉维夫创新大会暨以色列节能环保技术中国巡回展。活动以“中以创新合作发展”为主题，主要由开幕式、嘉宾主题发言、以色列节能环保技术专场B2B对接、中以创业孵化联合体研讨会、中以创新日暨天津市中北镇技术洽谈会五大板块组成。本次会议邀请到来自北京、特拉维夫以及中以两国的政府、大学、科研机构、企业及行业组织的近300名代表出席。

11 月

17日，科技部和意大利教育大学科研部共同主办，北京市科委、中意技术转移中心、意大利科学城、意大利国家研究委员会共同承办的第六届中意创新合作周开幕。本届合作周以"中意携手,创新共赢"为主题,在北京举办的主会场活动吸引了意大利135家机构的200余位代表,以及来自北京、天津、河北、安徽等国内12个省市的200余家中方机构的代表参会。

27—28日,第十九届京港经济合作洽谈会在香港举行,市科委在京港会重大项目签约仪式上与香港科技大学、香港理工大学、香港城市大学三所高校签署了《京港科技创新协同发展战略合作协议》,京港两地将在科技资源开放共享、推进研发合作、开展科技成果转化对接、共同筹建国际交往大学生创新创业孵化平台等方面开展科技合作,标志着京港两地将开启科技创新创业的新航程。

28日,由市科委、市卫生计生委和解放军总后勤部卫生部科技训练局联合主办,北京城市系统工程研究中心承办的第六届重大疾病防治科技创新高峰论坛在北京国家会议中心召开。本届论坛以"合作、创新、发展"为主题,在对"十大疾病科技攻关与管理工作"两期工作成效进行展示的基础上,邀请全国多位知名专家对当前医学科技发展趋势及关键问题进行探讨。论坛内容包括开幕式、大会报告、政府圆桌会议和8个学术分论坛,来自北京地区各大医疗机构和医科院所的院士、专家及科技骨干600余人参会。

12 月

1—2日,由北京市对口支援和经济合作工作领导小组办公室、赤峰市政府共同主办,北京市科委、内蒙古科技厅共同承办的京蒙科技合作推动创新发展赤峰对接会在赤峰市举行。

18日,在科技部火炬中心、北京市科委、天津市科委、河北省科技厅的倡议下,由北京大学科技开发部、北方技术交易市场、河北省科技成果转化服务中心等26家单位发起成立了京津冀技术转移协同创新联盟。联盟首批成员单位102家,涉及新一代信息技术、新材料、节能环保、生物医药、现代农业、高端装备制造等战略性新兴产业,以及提供包括知识产权、投融资、创新创业等服务的社会组织及众创空间。

科技管理与服务

综合管理

【市科委召开党政联席工作会】 1月12日，市科委召开党政联席工作会，全委机关处级及以上领导干部参加，市科委主任闫傲霜、党组书记呼文亮传达了科技部部长万钢在2015年全国科技工作会议上的工作报告精神，并部署市科委2015年科技重点工作任务：一是系统总结"十二五"科技北京发展建设规划实施情况，研究制定"十三五"全国科技创新中心建设规划；二是全面深化科技管理体制改革，加快构建适应科技创新规律、职责清晰、监管有力的新型科技项目和资金管理机制，进一步优化科技创新资源配置；三是深入实施"北京技术创新行动计划"，聚焦能源、高端制造、资源环境等国家重大战略需求，着力推动技术创新和成果转化，发现培育新兴业态、新兴产业，为构建高精尖经济结构提供有效科技支撑；四是强化市委第五巡视组的巡视整改工作，深入推进党风廉政建设责任制，抓好干部队伍和基层党组织建设，形成持续改进作风的长效机制。

（市科委办公室）

【"首都科技创新发展指数2014"发布】 2月13日，市科委和首都科技发展战略研究院举行媒体通气会，发布"首都科技创新发展指数2014"。根据2014年首都科技创新发展指数研究及指标体系，指数测度结果表明，从2005年到2013年，首都科技创新发展水平不断提高，支撑首都经济社会发展成效显著。首都科技创新发展指数得分从2005年的基准分60分，增长到2013年的87.96分，年均增长3.50分，科技创新发展总体呈现平稳上升态势。指数测度结果显示首都科技创新呈现出三个"新亮点"，体现为"四个增长""五个领先"和"六个翻番"。

（市科委法规处）

【2014年度市科学技术奖励大会召开】 2月27日，市委、市政府举行2014年度北京市科学技术奖励大会。中共中央政治局委员、市委书记郭金龙，市委副书记、市长王安顺，科技部党组成员、副部长侯建国，市委常委、常务副市长李士祥，市委常委苟仲文，市人大常委会副主任孙康林，副市长张工，市政协副主席闫仲秋，国家科学技术奖励工作办公室主任邹大挺，市委副秘书长郭广生，市政府副秘书长朱炎，市科委主任闫傲霜，市科委党组书记呼文亮出席。李士祥主持会议。王安顺代表市委、市政府在大会上讲话。张工宣读了市政府《关于2014年度北京市科学技术奖励决定》。会上，有关领导向获奖者颁发了荣誉证书。2014年度市科学技术奖一等奖获得者、首都医科大学附属北京天坛医院副院长王拥军代表获奖人员发言。出席大会的还有各区县和市有关部门负责人，部分市政府专家咨询委员会委员和首都科技发展战略研究院专家，部分高校院所、市属国有企业、高新技术企业、市工程技术研究中心和重点实验室负责人，以及获奖单位代表和个人。2014年共有220项科技成果荣获北京市科学技术奖，包括一等奖30项、二等奖60项、三等奖130项。一批获奖成果为治理"城市病"提供了技术支撑，也涌现出一批引领产业转型升级、具有产业竞争力的高精尖技术成果；获奖成果集中展示了北京科技创新的水平和特点，体现了科技奖励政策在服务国家战略、支撑首都经济社会发展中的激励和导向作用。

（市科委科宣处）

【2015年市科技工作会议召开】 2月27日，市委、市政府召开2015年市科技工作会议。市委常委苟仲文、副市长张工等出席会议。苟仲文主持会议。市科委主任闫傲霜做了题为"把握新定位，适应新常态，为全国科技创新中心建设做出新贡献"的报告。闫傲霜在报告中对2015年全市科技工作的总体思路和重点任务进行了安排部署。副市长张工做了讲话。中央部委、市相关部门、区县、高等学校、科研院所、高新技术企业、市科学技术奖获奖单位、市政府专家咨询委员会、首都科技发展战略研究院、市重点实

验室和工程技术研究中心、新闻单位以及其他有关方面的负责人参加了会议。

（市科委科宣处）

【首批27名科技北京百名领军人才培养工程项目通过验收】 5月26—28日，市科委人事教育处召开首批领军人才项目验收会，邀请行业技术专家、投资专家和人才管理专家组成评委会，由领军人才现场汇报答疑，专家结合项目任务书，对人才项目完成情况和人才成长情况进行综合评价，最终领军人才全部通过评审。专家组对领军人才提出了中肯的建议和更高的希望。首批27名领军人才带领团队开展行业重大关键技术攻关，涌现出一大批自主创新的重大科技成果，如交控科技总裁郜春海带领团队自主创新CBTC系统，成为继西门子、阿尔斯通、泰雷兹后，第四个掌握该项核心技术并顺利开通应用于实际工程的公司；天坛医院副院长王拥军带领团队在国内率先探索并创建了急性脑血管病的一站式检查模式及溶栓急救应答模式；中科院化学所新材料实验室主任宋延林带领团队引领印刷产业向“绿色化、功能化、立体化、器件化”发展，印制的电子门卡在APEC会议应用；联想集团副总裁、首席设计师姚映佳带领团队在先进制造工艺与材料开发应用产出方面取得重大突破，获得红点2013年度最佳设计团队。

（市科委人事处）

计划实施

【北京纯电专用车补贴每辆车不超13.5万元】 3月31日，市财政局、科委、经济信息化委等五部门联合发表《关于购买纯电动专用车有关财政政策的通知》。通知指出，邮政、物流、环卫等纯电动专用车辆，在取得北京市车辆登记牌照后，可申请享受北京市纯电动专用车财政补助。补助标准为：在中央补贴基础上，北京邮政、物流、环卫等纯电动专用车补助按中央标准1:1确定，具体为，按电池总容量计算，2015年每千瓦时补贴1800元，每辆车补贴总额不超过13.5万元。

【《北京市关于推动科技金融创新支持科学研究机构科技成果转化和产业化的实施办法》发布】 6月4日，市金融工作局、市科委等6家单位联合制定了《北京市关于推动科技金融创新支持科学研究机构科技成果转化和产业化的实施办法》。该办法旨在鼓励和引导金融资本和社会资本加强对科研事业单位、高等学校的科研机构、各类企业和社会组织中的科研机构在科技成果转化和产业化过程中的融资支持，优化北京市科技金融服务环境。该办法共分九章十八条，内容包括鼓励金融机构、投资机构、专业性及综合性科技金融服务机构，在天使投资和创业投资、科技贷款、融资担保、融资租赁、科技保险、多层次资本市场和中介服务等方面开展创新，为科研机构科技成果转化和产业化提供服务和支持。

（市科委法规处）

【《北京市关于大力推进大众创业 万众创新的实施意见》发布】 10月19日，市科委、市发展改革委会同有关部门研究制定的《北京市关于大力推进大众创业 万众创新的实施意见》以市政府名义正式发布实施。10月21日，市科委、市发展改革委、市经济信息化委、市财政局、中关村管委会共同在中关村创业大街举行新闻发布会，对《实施意见》进行解读。市科委委员刘晖介绍了北京市众创空间的发展情况，并重点介绍了《实施意见》中对于促进众创空间发展的政策措施。众创空间是适应网络化时代创新创业特点的新型创业服务机构，是创意、创业、创新、创造与各类资源相结合的空间。北京市众创空间起步早、发展快、模式新，已经成为北京市服务早期创业的重要载体和推动北京市大众创业、万众创新的有力抓手，对持续优化北京市创新创业生态环境、激发全社会创新创业活力、加速科技成果转移转化、培育经济发展新动能具有重要意义。

（市科委高新处）

【市科委与香港三所大学签署战略合作协议】 11月27—28日，第十九届京港经济合作洽谈会在香港举行。北京市科委在京港会重大项目签约仪式上与香港科技大学、香港理工大学、香港城市大学三所高校签署了《京港科技创新协同发展战略合作协议》，京港两地将在“科技资源开放共享、推进研发合作、开展科技成果转化对接、共同筹建国际交往大学生创新创业孵化平台”等方面开展科技合作，标志着京港两地将开启科技创新创业的新航程。

（市科委科宣处）

【“重大科研基础设施和大型科研仪器向社会开放”政策解读暨研讨会召开】 12月22日，市科委在北京联合大学召开“落实《国务院关于国家重大科研基础设施和大型科研仪器向社会开放的意见》政策解读暨研讨会”。国家科技基础条件平台中心、市科委的领导，北京联合大学、北科院基地等50家成员单位代表近80人参加了会议。会上，国家科技基础条件平台中心领导主要从法人单位、考核评估体系和奖惩机制、大型科学仪器查重评议机制、科技资源调查等方面对70号文进行了政策解读，市科委领导介绍了北京地区落实70号文的情况。随后，与会成员单位交流研讨了北京地区如何落实70号文及对条件平台2016年工作的意见和建议。北科院、北建院、北京工大、北京市农林科学院等基地，开发区工作站以及北京联合大学的代表在会上进行了发言。

（市科委条财处　北京技术交易促进中心）

辅助决策

【深化院市科技合作、推进全国科技创新中心建设座谈会召开】 5月6日，深化院市科技合作、推进全国科技创新中心建设座谈会暨2015年院市科技合作工作小组会召开。中国科学院北京分院院长何岩、副院长马扬和李静，市科委主任闫傲霜、副主任伍建民等参加了会议。会上，李静介绍了“十二五”以来院市科技合作工作开展情况。伍建民就北京市建设全国科技创新中心进展情况以及院市合作下一步重点工作做了报告。北京综合研究中心主任姜晓明对院市共建怀柔科教产业园区和国家大科学装置立项进展情况进行了报告。

（市科委重大办）

【市人大常委会主任杜德印调研议案办理工作】 5月22日，市人大常委会主任杜德印一行就“深化体制机制改革，推进全国科技创新中心建设”议案办理进行督办调研，代表们首先走访北京小米公司，听取了公司负责人创业发展情况汇报，体验解小米系列智能产品，并考察公司客户服务平台运作情况。代表们听取了市科委关于坚持和强化首都全国科技创新核心功能和北京技术市场发展情况、市科研院关于发挥生力军和突击队作用、推进全国科技创新中心建设情况汇报。代表们分别从政府、高校院所和企业在全国科技创新中心应发挥的作用，以及深化体制机制改革等角度，踊跃发言并提出意见和建议。

（市科委法规处）

【市人大教科文卫体委员会调研生物医药产业发展】 7月3日，市人大教科文卫体办公室组织部分委员和代表赴北京康辰药业股份有限公司就“深化体制机制改革，推进全国科技创新中心建设”议案办理工作进行调研并座谈。会上，北京生物技术和新医药产业促进中心介绍了北京生物医药产业发展情况。

（市科委生物医药处）

【市人大就议案办理工作调研高端装备制造产业】 7月14日，市人大教科文卫体委员会和市人大财经委员会组织部分市人大代表赴中航工业北京航空制造工程研究所就“深化体制机制改革，推进全国科技创新中心建设”议案办理工作调研高端装备制造产业并座谈。

（市科委法规处、电装处　北京生产力促进中心）

【加强全国科技创新中心建设座谈会召开】 年内，市科委就进一步坚持和强化全国科技创新中心建设召开座谈会，邀请来自国务院发展研究中心、中国科学院科技政策与管理科学研究所、中国科学技术信息研究所、中国科学技术发展战略研究院等单位的专家建言献策。市科委党组书记呼文亮主持座谈会。市科委法规处介绍了北京市加强全国科技创新中心建设的总体考虑和初步设想,计划处介绍了北京市"十三五"时期加强全国科技创新中心建设规划的主要内容。与会专家针对当前首都发展面临的新形势和新任务,围绕"十三五"时期全国科技创新中心建设的原始创新、产业发展、资源聚集、空间格局、体制改革等方面提出相关建议。与会专家认为,面向"十三五",北京要充分发挥中央资源的主力军作用,依托自身优势,搭建立体化的央地合作平台,强化央地对接合作;要描绘北京未来产业发展的方向和格局,把握产业链高端环节,突出高精尖特色,大力发展虚拟经济、飞地经济等占用空间较小的经济模式,打造新经济产业亮点,率先形成创新驱动发展的引领和支撑模式;要充分发挥国际交往中心的优势,提高全球高端人才聚集力度,推进人才国际化发展;要提升服务水平,"筑巢引凤",打造宜居宜业的创新环境,使北京成为创新创业者的乐园和科学家的精神家园;要面向"一带一路""长江经济带"等重大国家战略,找准抓手,谋划高端协同创新网络建设,提升战略视野。

(市科委科宣处)

科技条件

【北京软件产品质量检测检验中心应急响应安保任务】 7月,为应对2015年的黑客大战,北京软件产品质量检测检验中心的安全测试工程师参与了市网安大队的应急值守工作,连续两个夜间对市公安系统近40个网站进行了漏洞扫描及渗透测试工作,并在后续安全工作中多次完成网安大队布置的紧急测试任务。为完成"世界田径锦标赛"和"反法西斯战争胜利阅兵"两项重大安保任务,中心配合北京市网安大队做好全市重要信息系统和重点网站的安全保卫工作,3天内完成了包括市政管理、医疗、文化宣传、教育、企业等各种类型的50个网站的漏洞验证测试工作,共验证高危漏洞40余个,市网安大队对应检测工作给予肯定。8月,中心获得市网安大队颁发的"世界反法西斯战争胜利70周年"和"世界田径锦标赛"安保活动的"技术支持单位"授牌。

(北京软件产品质量检测检验中心)

【市科技创新基地积极对接国家创新平台】
10月14日,3个市重点实验室入选第三批企业国家重点实验室,分别是依托北京矿冶研究总院组建的矿冶过程自动控制技术国家重点实验室、依托北京东方雨虹防水技术股份有限公司组建的特种功能防水材料国家重点实验室和依托国网智能电网研究院组建的先进输电技术国家重点实验室。科技创新基地科研技术水平得到了进一步提高,同时为国家创新平台的发展奠定了良好基础。

(北京技术交易促进中心)

【国家蛋白质科学中心(北京基地)试运行】
10月14日,依托国家重大科技基础设施组建的国家蛋白质科学中心(北京基地)正式开始试运行。副市长隋振江、解放军总后勤部副部长李书章、中科院副院长张亚平,中央单位和市属单位以及军事医学科学院等建设单位的负责人出席活动。市科委党组成员、北京科技协作中心主任季小兵代表北京市科委出席活动。该中心位于中关村生命科学园内,由军事医学科学院、清华大学、北京大学、中科院生物物理研究所等单位共同建设。其重点建设蛋白质组分析系统和功能蛋白质组研究系统,同时建设以生物信息学、蛋白质/抗体制备、生物资源库、模式动物等为核心的支撑系统。该中心还承担了科技部"中国人类蛋白质组计划(CNHPP)"项目的研究工作。该中心大楼面积近4万平方米,拥有高通量、高精度的蛋白质组研究平台、蛋白质功能分析平台、生物信息学平台、转化医学平台以及实验动物中心、生物样本库等系列配套设施,形成系统完善的蛋白质研究体系,主要开展蛋白质组学、代谢组学、蛋白质功能等创新研究。

（市科委条财处）

【首都科技条件平台助力国产科学仪器企业发展】 10月27日，由市科委首都科技条件平台科学仪器开发培育项目立项支持的5家企业荣获了“BCEIA金奖”，获奖企业有北京先驱威锋技术开发有限公司、北京中科科仪股份有限公司、钢研纳克检测技术有限公司、北京瑞利分析仪器有限公司、北京海光仪器有限公司。该项目实现了首都科技条件平台对国产科学仪器企业的成功助力。首都科技条件平台科学仪器开发培育项目充分利用平台资源优势，调动各类开放实验室、工程中心、企业对研发及成果转化的积极性，并主动引导各类主体的产研用结合以及规范管理，至今共动员首都科技条件平台国家级、市级重点实验室、工程中心235家次，仪器研发生产企业机构等325家次参与培育项目，支持立项62个。同期开展的国产仪器验证与综合评价项目，旨在建立一套适用于国产仪器的综合评价体系，目前已组织了6家实验室，为2家企业提供了验评服务，推进了国产仪器的质量提升。

（市科委条财处）

【北京国际医药临床研发平台（CRO平台）工作总结会召开】 11月5日，北京国际医药临床研发平台（CRO平台）2015年工作总结会召开，来自京区37家药物临床试验机构与5家生物医药企业的100余名专家与代表参加了会议。为解决北京生物医药企业“临床试验难”问题，自2010年起，市科委发挥政府引导作用，启动了“北京国际医药临床研发平台（CRO平台）”专项，采用后补贴资助方式，激励北京药物临床试验机构积极承接北京企业项目，加快新药临床试验的进程和效率。该项工作实施6年来，药物临床试验机构服务北京企业的积极性越来越高。2015年共有26家机构达到后补贴标准，比2014年增长了18%；药物临床试验机构服务北京企业项目数436项，总金额6595万元。同时，市科委牵头主办了多场培训会，药物临床试验机构和企业600余人参加；搭建的全国首个“I期临床研究志愿者数据库”，经过1年的运行，目前有19家成员单位，开展临床试验100余项，筛选受试者2000余人。会上，药物临床试验机构与企业就产品细节进行了交流，部分品种已初步达成合作意向。此外，与会专家就建设“区域伦理委员会”议题进行了交流与讨论。

（市科委生物医药处）

科技服务

【北京测试服务业发展高峰论坛召开】 1月6日，由北京市科委支持、首都创新大联盟副理事单位北京材料分析测试服务联盟主办、北京新材料发展中心承办的北京测试服务业发展高峰论坛在京仪大酒店召开。本届论坛结合推动检测行业重组整合、加快科技服务业发展的大背景，以“整合、互联、突破”为主题，探讨和分享新历史机遇下检测机构的整合发展，以互联网和科技金融为突破口的创新发展机遇，旨在促进材料测试服务行业的集团式发展。

（市科委双新处）

【举办政府购买社会组织服务项目申报培训】 1月14日，市科协在科技活动中心举办政府购买社会组织服务项目申报培训。学会部从实际操作的层面详细地为参会人员介绍了申报社工委项目的注意事项，明确了“主责单位”和“项目申报单位”的概念，介绍了近3年科技社团项目申报及经费审批情况，对科技社团项目申报方向等给出了建议。

（市科协）

【北京市新技术新产品（服务）认定政策培训会召开】 2月5日，为贯彻落实《关于印发〈北京市新技术新产品（服务）认定管理办法〉的通知》（京科发〔2014〕622号）、《北京市财政局关于印发〈中关村国家自主创新示范区新技术新产品政府首购和订购实施细则〉的通知》(京财采购〔2015〕43号)等文件的规定,北京科技政策法规宣讲团联合北京科技协作咨询服务中心、北京中关村高新技术企业协会、4G联盟共同举办北京市新技术新产品(服务)认定政策培训会。来自相关园区、协会和联盟的200余家高新技术企业的代表出席会议。会上,北京科技协作咨询服务中心围绕2015年北京市新技术新产品(服务)认定政策的新变化、申报流程和注意事项等内容进行了解读,并与参会企业进行了交流。

(市科委法规处)

【企业研究开发费用加计扣除政策培训会召开】 2月5日,市科委联合海淀园管委会、北京中关村高新技术企业协会和4G联盟共同举办企业研究开发费用加计扣除政策培训会。来自相关园区、协会和联盟的700余家高新技术企业的代表出席会议。会上,国税八所和北京科技协作中心分别就加计扣除工作的政策、操作流程、国税备案以及科技项目鉴定等内容进行了详细解读,并与参会企业的代表进行了深入交流。

(市科委法规处)

【科技类社会组织发展能力建设培训会召开】 4月9日,市科委北京科技政策法规宣讲团与市民政局和市科学技术评价研究所共同召开2015年北京市科技类社会组织发展能力建设培训会(中关村产业技术联盟专场)。来自中关村37家产业技术联盟的50余名工作人员参加培训。本次培训旨在通过专家授课、案例分析、经验交流等方式,进一步提升科技类社会组织规范化建设水平、发展服务能力和科技创新能力。

(市科委法规处　生物中心)

【北京市科技新星协同创新论坛活动举行】 4月19日,北京市科技新星大师讲堂与新材料、新器件与生物检测协同创新论坛举行,110余名科技新星和相关领域专家学者参加了论坛。来自新材料、新器件与生物检测领域的14位专家学者围绕电分析化学与生物传感、稀土发光材料、微流控技术以及生物医学工程技术应用等议题做详细报告;7名新星入选人员分别从半导体材料、稀土发光材料、生物医学检测、光学监测以及食品安全检测应用等方面做报告。

(市科委人事处)

【北京科技政策宣讲团走进国家纳米科学中心】 4月22日,市科委联合国家纳米科学中心共同举办中科院北京分院协作二片区北京科技政策宣讲会。50多名来自国家纳米科学中心和中科院北京分院二片区的化学所、电工所、文献情报中心等单位,以及北京交通大学、北大方正集团、同仁堂研究院等高校和企业的代表参会。国家纳米科学中心党委书记刘洪海、市科委法规处处长杨仁全、市自然基金办主任王红等出席会议。参会人员表示,通过本次会议,不但深入学习了相关科技政策,而且充分了解国家和北京市科技改革的重大举措,有助于在新机遇面前把握新定位,适应新常态,推动双方开展全方位、多层次的院市合作。

(市自然基金办)

【创新资金和科技人才政策培训会召开】 4月29日,市科委北京科技政策法规宣讲团联合清华科技园、北京中关村高新技术企业协会及中关村科技服务业产业联盟共同召开北京市科技型中小企业促进专项(创新资金)、科技新星计划和科技北京百名领军人才培养工程政策培训会。来自相关园区、协会和联盟的400余名企业负责人参加培训。会上,北京科技政策法规宣讲团介绍了宣讲团的基本情况以及提供的各项服务,围绕2015年北京市科技型中小企业促进专项政策的整体考虑、政策变化、申报流程、申报材料以及常见问题进行了解读。

(市科委法规处)

【科技服务进农联与科普知识慧农民活动举行】 5月5日,市科委农村中心、市农业专业合作社联合会、昌平区科委在第三届北京农业嘉年华精品厅联合开展了“科技服务进农联——科普行主题活动”。市农业专业合作社联合会、农民专业合作社等10个远郊区县近30家合作社代表共50余人出席了此次活动。活动中,主办方向5家农民专业合作社代表赠送了图书及鸡苗、蔬菜籽种。12396农村科技服务热线专家现场发放了宣传资料,向社员讲解12396热线的功能。

(市科委农村中心)

【科技文化产业政策专题培训举行】 5月6日,市科委北京科技政策法规宣讲团联合北京动漫游戏产业联盟共同组织"2015年北京市动漫游戏企业高管培训班(第三期):科技文化产业政策专题培训",来自北京动漫游戏产业联盟以及首都科技文化产业的100余家企业代表参会。会上,市科委以"紧抓一个产业,围绕四大环节,促进科技文化深度融合"为题,围绕北京市促进科技文化产业和设计产业发展的相关政策和举措进行了解读。

(市科委法规处、文科处)

【市科技计划项目预算评审政策培训会召开】 5月7日,市科委北京科技政策法规宣讲团联合4G联盟共同召开北京市科技计划项目2015年预算评审政策培训会。来自4G联盟及相关市科技计划项目(课题)承担单位的300余人参会。会上,市科委分别就2015年北京市财政经费管理政策和预算编制要点以及2015年北京市财政经费管理和审计要点等重点内容进行了解读。

(市科委法规处)

【举办"从投资角度看政府如何引导创新创业"讲座】 5月8日,"从投资角度看政府如何引导创新创业"讲座暨"科技管理干部素质提升工程"系列讲座举行。参会者针对创业投资项目的管理流程、投资项目的筛选评价和科技部门组织项目的体会,与主讲嘉宾进行了交流互动。

(市科委人事处、人才交流中心)

【"创新融合 协同发展"交流活动举行】 5月12日,2015年领军人才、科技新星"创新融合 协同发展"系列主题交流活动启动。领军人才、科技新星等40余人参会。

(市科委人事处、人才交流中心)

【市基金会五届十五次常务工作会议召开】 6月3日,市自然科学基金委五届十五次常务工作会议召开。市基金委副主任杨伟光、陈力工、李云伏、李锦涛出席会议,杨伟光主持会议。会议通过了市基金委工作要点、基金项目指南编制工作报告及项目指南(送审稿)、市基金项目暨市教委科技发展计划重点项目工作方案、基金项目申请人管理规定修订工作报告、2015年度京津冀基础研究合作专项会议评审工作方案及对外合作交流活动基金工作方案。

(市自然基金办)

【推动首都文化创意产业发展政策法规宣讲会召开】 6月5日,市科委北京科技政策法规宣讲团联合海淀区文化创意产业协会共同召开推动首都文化创意产业发展政策法规宣讲会"。来自海淀区文化创意产业协会会员单位的百余名企业负责人参会。会上,市科委分别围绕国家和市科技体制改革工作以及支持企业发展的科技政策、支持科技文化融合和设计产业发展的相关政策进行了解读。

(市科委法规处)

【助力企业融资政策宣讲会召开】 6月11日,市科委北京科技政策法规宣讲团联合中国银行北京分行中小企业部、中关村高新技术企业协会、中关村新兴科技服务业产业联盟和清华科技园,召开北京科技政策法规宣讲团助力企业融资政策宣讲会,为企业提供金融政策辅导。活动共吸引了全市100余家企业的160余位相关负责人参加。

(市科委法规处)

【助力中关村高端人才创新创业】 6月12日,市科委北京科技政策法规宣讲团联合中关村人才协会和中关村高端人才创业基地共同举办技术合同认定登记培训及促进企业发展的科技政策、科技人才政策解读会。会上,北京技术市场管理办公室、市科委法规处以及市科委人事处分别围绕企业关注的技术合同认定登记相关政策与网上操作、支持企业发展的科技政策以及科技人才政策等内容进行解读。

(市科委法规处)

【举办依法行政培训班】 6月23日,市科委举办以"简政放权优化服务 更好发挥全国科技创新中心作用"为题的全年第一期依法行政培训班。培训班从对全国科技创新中心的认识与思考、十八届四中全会布置的六项重大任务、国家和市有关简政放权优化服务部署、市科委简政放权优化服务情况等4个方面为大家上了一堂法治课。市科委系统领导干部、相关工作人员及区县科委机关负责人和技术市场负责人共百余人参加本次培训。此外,本次培训班还组织了执法资格考试,市科委、区县科委近20名学员参加相关科目的考试。

(市科委法规处)

【"百家重点实验室进千家企业"对接会召开】 6月25日,市科委农村中心召开首都科技条件平台现代农业领域中心"百家重点实验室进千家企业"对接会。现代农业领域中的农业企业和重点实验室及工程中心的代表50余人参加了对接会。

(市科委农村处、农村中心)

【北京协同创新研究院工作模式研讨会召开】 9月11日,市科委联合海淀区等区县、行业的专家、院士和企业代表等50余人举行了北京协同创新研究院工作模式研讨会。通过研讨学习北京协同创新研究院的发展模式,进一步推动以科技创新为核心的全面创新。北京协同创新研究院院长、北京大学创新研究院院长、工学院副院长王荸祥出席会议,并就北京协同创新研究院的发展理念、发展模式、发展进展等向与会人员做了介绍。

(市科委电装处)

【举办战略性新兴产业与文化创意产业发展论坛】 9月22日,市科委北京科技政策法规宣讲团与市科协和北京数字科普协会共同举办战略性新兴产业与文化创意产业发展论坛,从事和关注文化创意相关产业的专家、学者,北京数字科普协会会员,中科院网络科普联盟成员,工艺美术行业、新媒体行业、数字设计、文化创意等方面的高等院校、科研院所和企业等100余人出席会议。

(市科委法规处)

【科技类民办非企业单位科技政策宣讲会召开】 11月19日,北京科技政策法规宣讲团与市科学技术评价研究所共同召开科技类民办非企业单位科技政策宣讲会。近百名来自北京市及中关村地区科技类民办非企业单位的负责人和业务骨干参加会议。会上,相关专家分别围绕科技服务业发展专项政策、北京科技政策法规、中关村科技园区社会组织发展专项、社会组织发展政策财务管理等内容进行了解读,并进行了现场答疑。

(市科委法规处)

【技术合同登记交流座谈会召开】 11月25日,北京科技政策法规宣讲团与北京中关村高新技术企业协会共同召开技术合同登记交流座谈会。中国铁建股份有限公司、市政工程研究院、三聚环保、南天软件等20余家企业的代表参加座谈会。

(市科委法规处)

【市可持续发展实验区建设与发展培训班召开】 12月15日,市科委举办"北京市可持续发展实验区建设与发展培训班"。16区科委和各实验区主管领导及负责人近60人参加了为期一天的培训。培训班旨在推进北京市可持续发展实验区建设,总结实验区建设成果,明确新时期实验区工作的形势、要求及任务,发挥实验区在区域经济社会协调发展、社会民生改善和科技成果转化应用中的辐射引领和示范带动作用。

(市可持续发展科技促进中心)

【建设全国科技创新中心科技领军人才交流座谈会召开】 12月17日,市科委召开北京市科技北京百名领军人才培养工程入选人员代表座谈会,就北京建设全国科技创新中心、促进京津冀协同发展,以及营造人才成长环境等方面内容进行座谈。

(市科委人事处)

【2016年度京津冀基础研究合作专项指南编制研讨会召开】 12月29日,京津冀三地科技管理部门组织领域专家召开2016年度京津冀基础研究合作专项指南编制研讨会。天津市科委副主任贾堤、北京市基金委副主任杨伟光、京津冀三地主管自然科学基金的负责人、三地城际轨道交通领域的专家参加会议。按照面向高精尖产业结构构建、同时兼顾大城市病问题解决的原则,三方提出合作专项第二期专题选择城际轨道交通领域并达成了共识。三方前期分别

调研了相关优势单位，多次组织专家论证，提出了初步建议。会上，京津冀城际铁路投资有限公司、中铁第六勘察设计院集团公司的专家介绍了该领域发展过程中的行业需求，并进行了研讨。

（市自然基金办）

【北京软件产品质量检测检验中心获信息安全等级保护测评机构推荐证书】 年内，北京软件产品质量检测检验中心获得北京市信息安全等级保护工作协调小组办公室推荐，成为信息安全等级保护测评机构，并列入全国等级保护测评机构推荐目录，推荐编号为“京－(13)”。今后，检测中心将依据国家信息安全等级保护制度规定，从事等级测评等信息安全服务，按照有关管理规范和技术标准，对非涉及国家秘密信息系统安全等级保护状况进行检测评估的活动。

（北京软件产品质量检测检验中心）

研究与开发

基础研究

【市实验动物标准化技术委员会成立】 1月15日，市科委召开北京市实验动物标准化技术委员会成立大会暨第一次全体委员会。新成立的标准化技术委员会由35名实验动物领域权威技术专家及管理专家组成，秘书处设在市实验动物管理办公室。会上，全体委员集体讨论通过了标准化技术委员会章程、5年工作计划及秘书处工作细则。

（市动管办）

【基础研究成果助跑市科技奖】 2月27日，市委、市政府举行2014年度市科学技术奖励大会，共有220项科技成果荣获北京市科学技术奖，包括一等奖30项、二等奖60项、三等奖130项。在一、二等奖获奖团队中共有45人承担过市自然科学基金项目，获奖排序在前3位的人员达25人，共涉及36项获奖项目，占获一、二等奖项目总数的40%。如获得一等奖的“新型太阳能高效热利用技术的研发与产业化(2014能-1-004)”获奖者赵耀华教授承担的北京市自然科学基金重点项目“高效太阳能集热与光伏热电联产技术及其关键热科学问题研究(3121002)”，提出了新型平板太阳能集热器与高效光伏电池的热电联供系统的传热性能与系统优化方法。

（市自然基金办）

【第七届北京实验动物科学国际论坛会议召开】 7月14日，由市实验动物管理办公室、中国实验动物学会、北京实验动物学学会和首都医科大学主办，北京实验动物行业协会承办，山东新华医疗器械股份有限公司协办的2015年(第七届)北京实验动物科学国际论坛在京召开。来自美国、西班牙、法国、英国、日本和中国内地的300多位实验动物学者进行了学术交流。本届论坛以“标准化——实验动物工作永恒的追求”为主题，对实验动物管理法规与标准、实验动物环境控制与质量监管、实验动物福利与动物实验伦理审查规范，以及实验动物资源共享方法等议题进行广泛深入的探讨。

（市科委生物医药处）

【首批市基金委—三元联合资助试点项目正式立项】 9月，市基金委—三元联合资助试点10项申请项目得到批准，资助总经费300万元。资助项目呈现如下特点：一是有效凝聚了中央单位优势科技资源，中央单位承担8个项目，搭建了三元公司同三甲医院和国家级专业检测机构联合开展研究的平台，形成了多学科联合攻关的良好工作局面；二是吸引了高层次研究团队参与，资助项目负责人杨慧霞、赵扬玉、李凤琴、储晓刚等学科带头人及其团队，实现企业外部人才、智力和科技资源对行业的科技支撑；三是项目预期研究结果明晰，项目围绕肠道微生态与母婴健康、母乳成分与婴幼儿健康评价、乳品品质及安全评价等方面开展研究，将促进母婴医学、营养、食品检验学等多学科交叉研究的开展，为婴幼儿配方乳粉的研制提供技术和理论支撑。

（市自然基金办）

【丙肝候选药物研究取得进展】 年内，由中国医学科学院医药生物技术研究所宋丹青教授承担的市自然科学基金重点项目“细胞作用机制N-取代苦参酸衍生物结构优化及抗乙/丙肝活性研究”(项目编号:7121009)取得重大研究成果。该项目以拥有自主知识产权、全新结构骨架的抗HCV化合物N-对甲氧苄基苦参酸IMB122为先导物，针对其分子中的多个结构片段开展了较为系统的结构修饰与优化，筛选出优异候选物IMB144化合物。试验表明，IMB144具有良好的药代动力学特征以及较高的安全性，有较高的成药性。IMB144的作用机制与目前临床上使用的抗HCV药物完全不同，主要是在转录后通过下调胞内热应激同源蛋白(Hsc70)表达量，从而达到干扰成熟HCV颗粒的组装，减少HCV病毒的释放，继而发挥抗HCV作用。IMB144的研发成功，理论上可进一步发展与扩充“细胞作用机制抗病毒药物”的新理论与新策略，改变长期以病原为靶的抗病毒理论;实际运用上提供一个不易诱导病毒耐药的候选物,适宜于 HCV 患者长期服用;与临床 HCV 治疗药物形成互补,为缓解或克服抗 HCV 药物耐药难题提供一个全新策略与组分。

(市自然基金办)

【京津冀基础研究合作专项设立】 年内,为进一步落实《京津冀协同创新发展战略研究和基础研究合作框架协议》,京津冀三地基金办(基础处)围绕协议中的重点任务,各出资 100 万元,设立"南水北调对京津冀受水区生态环境影响及调控机制研究"合作专项。三地共接收申请 87 项,资助 15 项,实现了北京经费支持中央单位研究合作地区科学问题的突破,形成了三地科研单位的实质性研究合作,吸引了清华大学等高水平中央单位和地方水务研究单位的积极参与。资助项目紧密围绕南水北调来水对京津冀典型受水区地表水生态水文过程、地下水和生态社会效应的影响及其调控机制形成了三个项目群。

(市自然基金办)

社会发展科技

【市各级科技部门围绕可持续发展实验区建设开展研讨】 1 月 21 日,市科委组织西城区、石景山区、怀柔区、门头沟区、丰台区、密云县、延庆县等 7 个区县科委,以及王佐镇、旧县镇、穆家峪镇、大城子镇和榆树庄村等 5 个镇、村的市级实验区,召开市可持续发展实验区建设工作座谈会。会议由市科委副主任张光连主持。会上,西城区、石景山区、怀柔区的 3 个国家级实验区重点汇报了近年来以模式、机制创新、示范项目带动,推进区域可持续发展的经验;门头沟区汇报了申报争创国家级实验区的成果及下一步实施国家实验区规划的措施;王佐镇、穆家峪镇、榆树庄村汇报了基层开展实验区建设的经验与感受。针对未来实验区的发展,各实验区均表示将进一步结合区域特点,研究新形势下的可持续理念,以科技集成示范推动实验区发展,并建议市科委除了在科技计划中安排经费支持外,还应该强化智力支持、政策指导、交流培训等资源支持。

(市科委社发处)

【北京重大科技成果轻型高机动救援系列装备交付使用】 2 月 7 日,由市科委支持、新兴际华集团研制的轻型高机动救援系列装备交付北京市地震应急指挥部使用。此次交付使用的 19 台(套)装备,是新兴际华集团引入部队高机动机械化的工程装备技术和作战理念,采用东风猛士底盘,对国内原有救援装备进行改造,形成的智能化轻型高机动救援装备。此批装备是国务院办公厅"加快应急产业发展"重大国家战略实施以来首批交付使用的应急救援关键装备,涵盖搜索勘察指挥、紧急通行保障、技术救援装备、医疗卫生保障、水资源保障、火灾处置、后勤保障 7 个系列,可在发生地震、火灾、水灾等大型灾害时,提供通讯指挥、抢险破障、技术救援人员装备运送、医疗救护、消防灭火、大功率排水以及后勤保障等作业。此批装备将纳入北京市应急保障体系,不仅可以服务于北京,也可辐射其他省市,是央地合作模式新的探索,也是市相关部门共同加速科技成果转化应用新的尝试。

(市科委重大办)

【市科委与故宫博物院全面战略合作签约仪式举行】 2 月 10 日,市科委与故宫博物院关于共同推动首都重大科技创新成果向故宫博物院转移转化的合作协议签约仪式在故宫举行。市科委主任闫傲霜和故宫博物院院长单霁翔代表双方签署合作协议。市科委与故宫博物院在科技提升文化事业创新能力方面具有较好的合作基础,前期已与故宫合作开展面向文物保护修复的多维信息获取与应用系统研究,围绕故宫文物保护修复科技需求,研究文物三维图像重建、文物信息无损获取、缺陷评估技术,文物修复过程的多维记录,应用于故宫文物保护与修复,取得了良好的效果。市科委与故宫将在合作协议的框架内,加强务实合作,以故宫文物保护修复中面临的重大问题为需求，加强技术集成创新，提升文物保护修复能力和技术水平；以虚拟仿真、新一代信息技术为基础，提升故宫文物的数字化进程；用科技支撑“平安故宫”，以防雷、防火、防盗、防震、防踩踏为技术主攻点，强化故宫安全保卫工作的技术支撑，提高安保高技术人才的智力支持；以建设智能化、数字化的现代博物馆为目的，推动新技术新产品（服务）在故宫北院区建设中应用。

（市科委文科处）

【安全生产科技工作座谈会召开】 2月28日，市安监局局长张树森带队就安全生产科技工作与市科委进行专题座谈。市科委主任闫傲霜、副主任张光连及相关处室的负责人参加座谈。张树森介绍了安全生产科技工作现状、设想及需求，表示下一步将重点开展加强科技成果转化应用、征集新装备、新产品、新技术、促进人才培养等多项工作。闫傲霜强调科技部门与行业主管部门的联合，是推动成果转化落地及推广应用的有效动力，并要求双方共同开展深入梳理现有成果、筛选科研团队、制订年度计划等细化工作，全面做好科技支撑、服务工作。

（市科委社发处）

【京津冀钢铁行业节能减排产业技术创新联盟成立】 4月11日，市科委与天津市科委、河北省科技厅共同召开京津冀钢铁行业节能减排与协同发展座谈会暨京津冀钢铁行业节能减排产业技术创新联盟第一次成员大会，共同为“京津冀钢铁行业节能减排产业技术创新联盟”揭牌。该联盟包括70余家机构，涵盖京津冀钢铁生产企业、节能减排机构、高校院所及金融机构。联盟将以科技促进产业聚集，着力搭建“政产学研金用”产业融合发展平台，促进科技成果在京津冀区域的快速产出、转移、落地和产业化，实现钢铁行业产品升级、资源综合利用以及污染排放达标治理，打造一条京津冀钢铁行业的生态价值链。

（市科委社发处）

【市科委主任闫傲霜调研唐人坊公司】 6月11日，市科委主任闫傲霜到北京唐人坊文化发展有限公司调研，参观了人偶展示间、制作间，并听取了人偶制作过程的汇报。闫傲霜主任表示，要鼓励民族文化及手工艺术与科技结合，推动中国少数民族文化走向世界。唐人坊注重产学研一体化，2011年参与投资兴办了贵州盛华职业学院民族文化传承中心，招收少数民族有美术基础的贫困家庭女孩儿学习传统文化、基础美学、现代文化艺术学，提供就业机会。目前，来自传承中心的第一批毕业生已在北京唐人坊实习工作。

（市科委文科处）

【市领导会见联合国教科文组织总干事一行】 9月4日，市科委主任闫傲霜陪同市长王安顺、副市长隋振江会见了到访的联合国教科文组织总干事伊琳娜·博科娃一行。第37届联合国教科文组织大会主席、教育部副部长郝平，联合国教科文组织教育助理总干事唐虔，中国联合国教科文组织全委会秘书长杜越、北京市政府外办主任赵会民参加会见。王安顺首先对联合国教科文组织支持北京建设“设计之都”表示衷心感谢，同时提出北京市申请建立联合国教科文组织国际创意与可持续发展中心，希望就此获得博科娃总干事的支持。博科娃肯定了联合国教科文组织高级顾问关于该中心的可行性研究报告，希望能够通过2015年举办的联合国教科文组织执行局会议和大会的批准，同时感谢近年来北京市对联合国教科文组织相关工作的支持。

（市科委文科处）

【北京启动建设全球首个国际创意与可持续发展中心】 12月13日，联合国教科文组织国际创意与可持续发展中心筹备研讨会在京举行。市科委主任闫傲霜、联合国教科文组织大会主席斯坦利·穆图姆巴·西玛塔、文化助理总干事弗朗西斯科·班德林、中国联合国教科文组织全国委员会秘书长杜越等出席研讨会开幕式并致辞。开幕式上，弗朗西斯科·班德林向闫傲霜正式移交了创建联合国教科文组织国际创意与可持续发展中心的协定。来自中国、意大利、德国、澳大利亚、南非、法国等10余个国家的30余位专家和代表出席研讨会，重点就如何将中心发展与落实2030年可持续发展议程、

"一带一路"战略和"互联网+"战略相结合进行了讨论。

（市科委文科处）

【北京交控具有自主知识产权的CBTC取得新进展】 年内，北京交控科技有限公司在市场取得新突破，先后中标贵阳、乌鲁木齐两地首条地铁线信号系统工程。诞生于北京科技计划重大项目成果的互联互通CBTC系统技术中标重庆城市轨道交通项目，项目实施后将实现3条线路间的互联互通。该公司还与北京京津城际公司联合启动了基于车车通信的列车运行控制系统研究，作为CBTC系统技术的进步，成本将降为目前CBTC系统的一半，特别适用于长距离、大区段、高密度的城际轨道交通，应用前景广阔。

（市科委社发处）

农业科技

【北京农科城通州园"四大科技引擎"打造国家"种子硅谷"】 1月29日，北京农科城通州国际种业科技园区物联网集成与应用平台一期工程建设完成，实现育种环境数据采集、专家远程科研会商等7项功能；以分子标记技术和测序为核心的高通量育种研发平台一期已投入使用，分子标记能力最高60万份/天；建设作物种质资源平台，总储备能力达120万份，为种质资源基因挖掘和规模化开发利用提供全过程服务；注册北京国际种业科技成果交易中心，开展育种专利、基因元件等产权交易的托管、价值评估、金融和法律服务等增值业务，有力助推国家"种子硅谷"建设。

（市科委农村处）

【北京生态创意农业服务联盟成立】 5月22日，北京生态创意农业服务联盟成立大会在北京鹅和鸭农庄召开。市科委农村中心、台湾荞品农业科技发展有限公司、清尚设计研究院、中华网、北京农商银行，以及部分区县科委、农业企业、休闲农庄、家庭农场的负责人等近100人出席了成立大会。该联盟是由市星火科技培训中心、北京三元农业有限公司、北京鹅和鸭农庄有限责任公司、北京阿卡农庄、北京呀路古热带植物园等10家单位发起并牵头建立的公益性、合作性组织。

（市科委农村处、农村中心）

【京津冀农科院将共建协同创新中心】 5月26日，北京市农林科学院、天津市农业科学院、河北省农林科学院签署协议，共建京津冀农业科技协同创新中心。中心建设以京津冀三家农科院为主体，以推动京津冀农业产业结构调整、优化升级和协同发展为目标，围绕现代农业全局性重大战略、共性技术难题和区域性农业产业发展关键技术问题，联合区域内优势科技资源，在生物种业、生态环境、信息技术、精品农业、休闲农业、农业规划、农业信息化等方面联合攻关，探索协同创新机制与模式，提高创新能力和水平，建设一批农业示范生产基地，加速科技成果转化落地，支撑京津冀区域现代农业和城乡一体化建设。

（市科委农村处）

【北京农科城5周年成果发布】 5月31日，中国农村技术开发中心、市科委、市农委和通州区政府等单位共同举办北京国家现代农业科技城成果发布系列活动。相关政府部门负责人、农业龙头企业代表、科研院校专家等300余人参加了此次活动。通过信息、金融两大平台建设，北京农科城在引领现代农业方面成效显著：已初步建成全国农业科技数据源中心、服务源中心，为30多个省市提供冷链物流、农情监测、物联网技术等服务，与80余个国家农业科技园区实现联网。建立以社会资本为主体，以基金群建设为主要形式的农业科技金融服务体系，发起成立国家农业科技园区协同创新战略联盟基金。

（市科委农村处、农村中心）

【走进北京农科城"农科通"系列服务产品】 7月3日，通州区张家湾镇小耕垡村的北京瑞正园农业园区举行了"北京农科城'农科通'系列服务产品观摩培训会"。来自市农林科学院信息所和北京农信通科技有限公司的专家为广大农民带来丰富的农业信息化产品。“农科通”系列服务产品是市科技计划项目“北京农科城‘农科通’系列服务产品研发与应用”课题的研究成果，做到了农业科技信息的“入户随人”，满足了首都涉农群体和“一城两区百园”对农业信息资源的需求，以促进农业增效、农民增收。

（市科委农村处）

【鲜食玉米新品种荣获北方鲜食玉米大会一等奖】 7月9—11日，2015北方鲜食玉米大会暨种植业新品种推介会在天津市武清区举行。来自全国各地的200余家鲜穗收购商、种子企业、包装企业、机械收获企业，京津冀沪渝和天津周边市县区种子管理部门及300余家种子经营户、农业专业合作社、种植大户等近1000人参会。美国孟山都、先正达、圣尼斯，北京华奥农科玉、中农斯达、天津中天大地、南宁桂福园等国内外知名种子企业53家参加品种种植展示，鲜食玉米品种展示达233个。北京市农林科学院玉米研究中心展示了12个最新的鲜食玉米新品种，其中选育的京科糯569、农科甜601在品种展示中表现突出，果穗大、品质优、口感好，被北方鲜食玉米大会评选为一等奖。

（市科委农村处）

【科技助力2015北京世界马铃薯大会】 7月28—30日，市科委组织了一批创新科技成果参展“2015世界马铃薯大会”，自主育成的3个彩色马铃薯新品种（系），不仅综合性状优良、花青素及多酚含量丰富，而且产量提高了20%，抗氧化活性物质高于一般彩色品种69%，花青素是一般彩色品种的17.6倍，同时实现了产品大小、颜色、用途的系列化；建立规模化、集约化的马铃薯微型薯繁育新模式，在延庆建设马铃薯新品种示范展示基地，每年培养脱毒苗4500万株，繁育微型薯1亿粒，在河北、内蒙古等地示范推广10万亩。

（市科委农村处）

【京津冀菜篮子科技保障工作成效初显】 7月29日，北京农科城发挥资源优势，在京津冀建立蔬菜安全生产示范基地13个，总面积7万亩，推广安全生产、绿色防控技术20项，已累计供京蔬菜20万吨。在京津冀建立的9个鲜切蔬菜基地，鲜切蔬菜加工总量达到1万余吨，农民累计增收7300万元。开通了100辆便民配送流通车，为北京市200个规模以上社区提供安全蔬菜配送服务。

（市科委农村处）

【种子信息可追溯系统提升企业信息化管理水平】 8月6日，由顺义区科委和北京顺鑫控股集团有限公司共同承担的市科委科技计划项目“玉米种子信息可追溯智能管理系统的开发与应用”课题通过验收。该课题以提高玉米种子信息可追溯能力为目标，通过升级改造种子全自动包装生产线，开发完善种子信息可追溯管理系统，实现了与企业营销系统的集成。系统在顺鑫国际种业加工生产车间及200余个销售网点得到应用，实现了生产、仓储、营销各环节数据实时交互，提高了企业生产效率和信息化管理水平，为推动种子行业信息化管理、实现种子信息全程可追溯起到示范带动作用。

（市科委农村处、农村中心）

【北京农科城优质农产品电商对接会举行】 8月18日，由北京现代农业科技创新服务联盟主办，北京农信通科技有限责任公司、北京顺丰电子商务有限公司和北京市农民专业合作社联合会共同承办的北京农科城优质农产品电商对接会在京召开，会议共同探讨生鲜农产品线上线下融合发展的运营模式，探索合作共赢的新机制。来自京津冀地区的65家农产品生产企业和5家农产品电商企业代表100多人参加了对接会。“聚农宝”“顺丰优选”“本来生活”“沱沱公社”“豆果网”“智农宝”等六大农产品电商平台分别介绍了各自销售服务平台线上线下的营销模式，并与参会的农产品生产企业进行合作洽谈，共达成合作意向36项；举行了“聚农宝”平台启动仪式和农信通、顺丰优选与合作企业的签约仪式。

（市科委农村处、农村中心）

【第七届中国社会农业大会在顺义召开】 11月19日，由国际社区支持农业联盟参与主办的第七届中国社会农业（CSA）大会在顺义召开，来自20多个国家的生态农业实践先锋、学者与国内众多的开拓者共同探讨了食品安全、农业可持续发展、农业观光旅游、乡村建设和参与式保障、CSA生产经营等议题，寻求城乡关系重建、市民与耕者平等之道。在生产环节以“资源节约、环境友好”的农业生产方式为主，在流通环节强调“从农场到餐桌”整个环节的生态化和短链化，其形式主要包括会员制宅配的农场、农夫市场、消费者合作社、观光农业等。

（市科委农村处）

【北京现代农业科技创新服务联盟企业落户内蒙古察右前旗】　12月3日，北京现代农业科技创新服务联盟成员企业北京凯达恒业农业科技开发有限公司与内蒙古察右前旗政府正式签约，总投资5亿元的马铃薯深加工项目落户察右前旗。此次落户察右前旗的马铃薯深加工项目，主要生产速冻薯条和VF(真空、低温、油浴、脱水工艺)薯类产品。

（市科委农村处）

【全科农技员首届“兴农杯”技能大赛举行】　12月10日，市农林科学院与大兴区农村工作委员会共同举办了“第一届‘兴农杯’全科农技员知识技能竞赛”。市农林科学院信息所对大兴区全科农技员进行应时应季培训后，以知识竞赛和技能比拼的形式检验培训效果，旨在打破传统科技推广服务体系面临的网破、线断、人散的不良现状，全面推进村级全科农技员队伍建设，开创农业科技服务新局面。来自大兴区长子营、庞各庄、采育、青云店等9个农业乡镇的代表队27名选手，进行知识技能方面的比拼。经过必答题、抢答题和穴盘播种实操3个阶段的激烈角逐，最终长子营镇代表队力压群雄夺得一等奖，青云店镇、榆垡镇和庞各庄镇代表队获得二等奖。

（市科委农村处、农村中心）

【科技“三下乡”集中示范活动举办】　12月24日，市科委组织12396北京新农村科技服务热线，在大兴区礼贤镇黎明村文化活动中心参加了由市委宣传部等部门共同举办的2016年度北京市文化科技卫生“三下乡”启动仪式集中示范活动。活动中，12396热线工作人员就热线的服务内容、功能和服务方式向用户进行了推介，发放了宣传材料300余份，向文化活动中心和农户赠送了科普图书和蔬菜种子。

（市科委农村处）

高新技术及其产业

电子信息技术

【"数字文物的水印保护关键技术"课题启动】 4月27日，市科技新星计划交叉学科合作项目——"数字文物的水印保护关键技术"课题启动会召开。该课题主要针对文物三维模型的数字水印关键技术进行研究，将为文物三维模型的版权问题提供技术上的解决方案，对文物数字化相关成果的应用具有重要意义。

（市科委人事处）

【市科委部署机器人科技创新与成果转化】 6月16日，市科委发布《关于促进北京市智能机器人科技创新与成果转化工作的意见》，部署智能机器人科技创新和成果转化工作，首都地区将打造中国智能机器人技术创新高地。《意见》明确指出，将充分发挥机器人技术创新，在构建首都高精尖经济结构中发挥支撑引领作用，推动产业转型升级。根据《意见》提出的目标，2020年将掌握一批国际前沿核心技术和制造工艺，研制一批关键零部件，形成完善的智能机器人技术创新体系，支撑北京智能机器人产业协同创新发展。市科委有关负责人表示，北京智能机器人科技创新与成果转化将不断提升制造业装备自动化、网络化、智能化水平。大力发展智能机器人技术，对发挥首都创新资源作用、构建高精尖经济结构、加快全国科技创新中心建设、加快服务制造强国建设具有重要意义。

（市科委电装处）

【"脑科学研究"专项工作启动会召开】 9月1日，市科委召开"脑科学研究"专项工作启动会，发布《北京市科学技术委员会"脑科学研究"专项实施方案》（京科发〔2015〕416号）。副市长隋振江出席并发表讲话，工信部副部长怀进鹏、市科委主任闫傲霜、党组书记呼文亮等领导出席会议。会上，军事医学科学院研究员范明介绍了"脑认知与脑医学"领域研究情况，北京大学黄铁军教授介绍了"脑认知与类脑计算"领域研究情况。市科委为怀进鹏、强伯勤院士、薛其坤院士、李德毅院士、高文院士等20余位"脑科学研究"专项指导组专家发放了聘书。市发展改革委、市经济信息化委、市财政局等部门，北京大学、清华大学、北京师范大学等单位100余人参加会议。

（市科委电装处、生物医药处）

【智能机器人科技创新发展专家研讨会召开】 年内，为推动北京智能机器人技术创新发展，市科委召开专家研讨会，市科委主任闫傲霜、副主任郑焕敏出席，来自北京航空航天大学、北京理工大学、北京大学、中国科学院自动化所、机科发展科技股份有限公司等10余位专家参加研讨。研讨会上，专家们围绕全国科技创新中心建设、京津冀协同创新发展和"十三五"规划制定等工作，结合市科委发布的《关于促进北京市智能机器人科技创新与成果转化工作的意见》进行讨论。北京航空航天大学王田苗教授等与会专家一致认为，北京具有发展服务机器人的优势，应着力于以下几个方面：一是加强人机共融、人机安全、人工智能、微纳设计制造等相关前沿基础研究；二是立足全国科技创新中心定位，加强智能机器人的国际合作、京津冀协同创新、工业设计与制造中心建设，推动形成相关服务模式，促进成果转化落地；三是以应用带动技术进步，探索研究科技成果的应用模式，推动医疗机器人更好地服务人民健康生活。

（市科委电装处）

【LED DBR 溅射设备样机研制成功】 年内，北京北方微电子基地设备工艺研究中心有限责任公司承担的"LED DBR 溅射设备样机研制"课题通过验收。课题组以企业为主体，通过集成创新和产学研用相结合的运作模式，以工艺指导设备研发的方针，充分利用"十一五"PVD项目实施过程中积累的现有技术基础，集成创新突破 LED DBR PVD 多膜层交叉沉积等工艺技术，完成α机、β机以及商业机型的研制。该设备可应用于 LED 领域 DBR 制备，实现我国 LED 领域 PVD 设备制造水平与国际先进水平的同步，并且推动半导体关键零部件和关键技术配套产业的技术水平和产业发展，从而大力推动我国从地区到国家的工业和经济发展，促进半导体制造装备业可持续性、跨越式的发展。

（市科委电装处）

【喷墨数字印刷机研制完成】 年内，由北京北大方正电子有限公司、北京方正印捷数码技术有限公司共同承担的“喷墨数字印刷机研制”课题，突破了喷墨数字高速印刷、高精度分辨率等关键技术，开发出两款高端喷墨印刷机（P5000E、H500S）。P5000E主要面向书刊、文件及报业印刷市场，能够降低库存，节能环保。H500S主要面向高速可变数据印刷市场，为快速消费品实现“一品一码”功能的二维码印刷提供技术保证，在产品溯源、防伪等领域实现互联网+包装产业、消费品产业的紧密结合。课题成果已在人民日报印刷厂、天津环球印务等30家厂商投入使用，实现销售额7000余万元。课题的实施实现了高速喷墨数字印刷机的批量生产，满足了我国印刷产业的实际需求，对促进我国传统印刷向数字印刷转型升级起到推动作用。

（市科委电装处）

【高精度3D人像自助快速建模平台建设显成效】 年内，由北京北科光大信息技术股份有限公司与北京大学、北京上拓科技有限公司等单位共同开展“基于照片的高精度3D人像自助快速建模平台”建设，平台上线后已完成建模任务近4000个。该成果突破了多维度稠密点云计算、多图像校验与精确匹配、二次开发接口快速对接等关键技术，通过相机阵集成的一键抓拍可实现全自动自助3D建模，无须任何人工干预。也可通过在线上传人像照片，在50分钟内自动生成人像3D模型，精度可达百万面片数以上，与国外Autodesk公司处于同等水平，生成的人像3D模型已满足目前3D打印精度要求。课题的实施为3D打印行业提供了低成本快速建模技术，可广泛用于3D人像馆、文化创意、工业数据建模等领域，促进3D打印技术应用。

（市科委电装处）

先进制造技术

【液质三重四极杆串联质谱仪取得突破】 3月20日，市科委支持北京普析通用仪器有限责任公司承担的“液质三重四极杆串联质谱仪研制”项目通过专家验收。该项目攻克了离子源及接口、离子分离汇聚、加速碰撞室等关键技术，研制出液质三重四极杆串联质谱仪样机，并申请了14项专利，其中1项国际发明专利、4项国家发明专利，完成了25项食品安全应用方法的开发工作，为我国食品安全等领域提供有效的检测手段。

（市科委电装处）

【水下焊接及切割智能装备工程样机在京研制完成】 3月30日，市科委支持北京石油化工学院、北京市京海换热设备制造有限公司承担的“水下焊接及切割智能装备工程样机研制”课题通过专家验收。课题采用水下移动机器人磁吸式四轮双驱动机构及其协同控制方法，攻克了水下作业机器人在大型构件上全位置移动行走关键技术，提出并建立了水下局部干法焊接及切割双作业模式，实现了200米水深以内的焊接及切割作业，获得作业关键工艺参数，并在用户现场完成水下焊接实验。课题的完成对形成水下焊接及切割智能装备奠定了良好的技术基础，在水下工程的建设、维护、应急维修等领域具有推广应用价值。

（市科委电装处、生产力促进中心）

【200kW微型燃气轮机发电站样机系统研制完成】 4月8日，市科委支持，航天科工海鹰集团有限公司“200kW微型燃气轮机发电站样机系统”项目完成并通过专家验收。该项目突破了回热器自动化加工工艺、高速高精度电机驱动控制、动压空气轴承设计及试验、多系统集成控制等核心技术，实现了原理样机集成，应用智能化运行、管理和诊断技术，采用能量控制方式实现样机高效、稳定运行。项目成果在

分布式供能、移动式电源等领域有广阔的应用前景，将带动产业链上下游发展，推动分布式能源产业升级。

（市科委电装处）

【“精机工程”一批成果亮相十四届机床展】 5月7日，北京数控装备创新联盟赴“第十四届中国国际机床展览会（北京）”（CIMT 2015）展示了“精机工程”的一批成果。“精机工程”骨干单位北京北一机床股份有限公司、北京第二机床厂有限公司、北京广宇大成数控机床有限公司、北京市电加工研究所等一批单位展示了优势成果。其中高精度数控立式磨床、超精密铣床、B2－K1018双砂轮架数控随动式曲轴磨床、B2－K089数控车轴磨床的一些功能部件充分体现了“精细工程”的实施效果。

（市科委电装处）

【国产经颅磁刺激仪产品上市销售】 6月15日，由市科委支持的科技计划项目“经颅磁刺激仪产品开发及生产工艺研究”通过验收。该项目由北京脑泰科技发展有限公司承担。经颅磁刺激是利用磁信号无衰减地透过颅骨刺激大脑神经，实际应用中并不局限于刺激脑部，也可刺激外周神经肌肉，因此临床上还可应用于神经心理科（抑郁症、精分症）、康复科、儿科（脑瘫等）的治疗。产品已实现产业化生产，在北京安定医院、北京大学第六医院等多家医院销售。该产品的面市，打破了国外同类产品在国内的垄断，并为后续相关磁刺激产品的研发奠定了基础，推动产业的发展。

（市科委生物医药处）

【“体内高频超声内窥镜系统”研制成功】 7月15日，北京华科创智健康科技股份公司通过市科委科技计划课题“内窥镜超声成像系统及微型高频超声探头研发”的实施，在国内首次建立体内高频超声成像技术平台，使我国成为继日本之后国际上第二个全面掌握该技术的国家。该系统分为两种频率，分别为12兆赫、20兆赫，使用直径仅2.6毫米的微型高频超声探头，制成内窥镜超声成像系统样机，掌握了内窥镜超声成像技术与算法，可实现对胃黏膜下2～5厘米超声成像，图像质量接近国际领先水平，对胃癌、食管癌等消化道肿瘤的早期发现具有重要的临床价值。

（市科委生物医药处）

【慢性肾脏病矿物质与骨代谢异常（CKD－MBD）规范化诊治普及与推广启动】 9月16日，市科委与中日友好医院、航天中心医院共同举办的慢性肾脏病矿物质与骨代谢异常（CKD－MBD）规范化诊治普及与推广培训班暨课题启动会在航天中心医院举行，470余位医务人员参会。“慢性肾脏病矿物质与骨异常规范化诊治普及与推广”课题主要针对目前国内CKD－MBD诊治水平参差不齐的现状，拟在京津冀基层医疗机构开展CKD－MBD规范化诊疗推广工作，以提高基层慢性病规范化诊疗水平。

（市科委生物医药处）

【第十八届京台科技论坛——智能机器人产业发展专题论坛举行】 10月19日，智能机器人产业技术创新联盟带领北京生产力促进中心、中国电子信息产业发展研究院、北京大学等联盟成员单位赴台参加第十八届京台科技论坛——智能机器人产业发展专题论坛。围绕工业4.0、中国制造2025、机器换人等热门主题，论坛以创新应用为前提，以智能机器人的两岸产业合作为依托，针对自动化控制、智能工厂、智能医疗、智慧农业、智慧仓储、机器手臂、3D打印等领域交流讨论。论坛上两地约20余家单位签署产业发展策略联盟协议，为两岸在智能机器人产业领域开展深度合作打下坚实的基础。

（市科委双新处）

【裸眼3D显示装置取得成果】 年内，市科委支持北京邮电大学承担的“裸眼3D显示装置研制”课题通过专家验收。课题研制了用于液晶和投影的三维光学显示屏，结合人眼视觉特点，系统开展了密集视点三维空间信息采集，两视点转多视点的实时处理、校正、同步、显示机理以及实现方法等研究，提出了融合深度的数字断层的显示方法，并获得了丰富的学术成果：申请发明专利18项，获得专利2项、软件著作权2项，国际和国内邀请报告4次，发表SCI、EI检索论文25篇。

（市科委电装处、生产力促进中心）

生物工程与新医药技术

【“首都临床特色应用研究”专项组织工作完成】 1月8日，市科委生物医药处面向所有申报单位召开专项组织工作通报会，78家医疗机构的科研负责人、400余名课题负责人和科研管理人员出席会议。组织工作通报会对2015年度的专项申报、评审及立项情况和评审结果进行了通报。“首都特色”专项自2014年9月26日发布指南，各单位共组织申报课题715项，经过专家评审，立项课题218项，其中重点课题23项、特色课题195项，中标率为30.5%，较上年提高3个百分点。立项课题培训会对218项立项课题的负责人、课题组成员和科管人员，就专项课题组织管理方式、任务书填报、经费预算编制原则等相关内容进行了培训和答疑。

（市科委生物医药处）

【北京收获六成医疗卫生领域国家科学技术进步奖】 1月9日，2014年度国家科学技术奖励大会召开，北京医疗卫生领域共有11个项目获得2014年国家科学技术进步奖，占医疗卫生领域科学技术进步奖获奖总数（18项）的61%，并收获了唯一的一等奖，彰显北京市在全国医学科技发展中的整体优势。自2010年起，市科委联合市卫生计生委根据发病率、死亡率、疾病负担以及科技发挥作用等多方面因素遴选出影响首都市民健康的十类重大疾病，并集聚北京地区百余名医学专家智慧，制定了北京十大疾病中长期科技攻关实施方案（2010—2020年）。

（市科委生物医药处）

【迈康斯德与中国科学院生物物理所签署合作协议】 1月29日，ABO联盟成员迈康斯德与中国科学院生物物理所阎锡蕴教授签署合作协议，双方联合开发基于肿瘤血管内皮标志分子CD146的抗体药物，并共享产品在全球市场销售的利润分成。CD146是阎锡蕴课题组在世界上首次发现并实验验证的新靶点，并在致死率最高、最容易发生复发转移的三阴性乳腺癌中呈现高表达，将成为治疗乳腺癌的有效治疗靶点和新药开发途径。此次合作是ABO联盟在构建符合国际标准的技术服务平台的基础上，以技术平台带动重大自主创新产品产业化的又一举措。

（市科委生物医药处）

【“十大疾病科技攻关与管理工作”斩获三成医疗卫生领域市科技奖】 2月27日，市科学技术奖励大会召开。220项科技成果获得2014年北京市科学技术进步奖，医疗卫生领域获得36项奖励，其中，通过“十大疾病科技攻关与管理工作”所取得的研究成果获得奖励12项，斩获了三成的医疗卫生领域北京市科学技术进步奖奖项。12项奖励中，获得一等奖的有2项，分别是北京积水潭医院等单位完成的“基于影像导航和机器人技术的智能骨科手术体系研究及临床应用”和首都医科大学附属北京天坛医院等单位完成的“缺血性脑血管病医疗质量评价与防治优化体系的建立和临床应用”。

（市科委生物医药处）

【创新医疗器械院企成果对接平台成立】 3月5日，为落实市科委与解放军总后勤部卫生部的《共同推进医学科技创新战略合作协议》，推进科技成果更好地转化应用，双方共同举办了“北京市创新医疗产品临床评价应用基地”对接会，解放军总医院、海军总医院、空军总医院等11家驻京部队医院及北京品驰医疗设备有限公司等6家北京生物医药企业共100余人参会。

（市科委生物医药处）

【第二届“首都特色·创新驱动临床研究”论坛召开】 7月5日，市科委与协和医院共同举办了第二届“首都特色·创新驱动临床研究”论坛，北京地区83家医院的院领导、科研管理人员和临床医生近600人参会。本届论坛以“创新驱动临床研究”为主题，包括成果的展览展示、论坛开幕式暨《2014“首都临床特色应用研究”专项汇编》发布、临床研究方法学专题培训3个方面的内容。会上发放了《2014“首都临床特色应用研究”专项汇编》。

（市科委生物医药处）

【第十九届北京国际生物医药产业发展论坛召开】 10月21日，市科委主办、北京生物医药中心承办的第十九届北京国际生物医药产业发展论坛召开。论坛以“聚焦创新、融合发展”为主题，云南沃森生物、扬子江药业、药华集团、美年大健康集团等国内优秀G20企业代表出席会议。

（市科委生物医药处）

【北京生物医药产业跨越发展工程（G20）高峰论坛召开】 10月22日，在市科委举办的第十九届北京国际生物医药产业发展论坛上，召开了北京生物医药产业跨越发展工程（G20）高峰论坛，这是自2010年G20工程实施以来，连续第六年举办G20高峰论坛。G20高研班等企业家代表共百余人参会。会议分别从“老药新用，整合全球资源创新”“创新大品种培育大企业”，以及“从细分领域切入，选择适合本土化创新发展之路”角度，以自身企业为例分享企业发展经验。

（市科委生物医药处）

【“重大疾病科技攻关与管理”专项成果新闻发布会举行】 10月28日，《北京技术创新行动计划（2014—2017年）》系列成果发布之“重大疾病科技攻关与管理”专场在市政府新闻发布厅举行。专项实施以来，市科委支持并推动了200余个项目（课题），以首都市民健康需求为导向，重点研发一批预防、诊断、治疗、康复新技术新产品，形成一批具有国际影响力的创新性成果，带动北京及国家医学科技发展，为医疗体制改革顺利实施，市民健康明显改善提供科技支撑。

（市科委生物医药处）

【解放军医院与北京医药企业开展成果转化对接】 10月29日，市科委协助解放军总医院举办转化医学高峰论坛。解放军总医院筛选出全院10余个科室的40余项科研成果与近20家北京医药企业交流对接。此次论坛汇聚了一批顶尖的医疗机构、医药企业、移动互联网企业、金融投资机构代表，围绕健康产业搭建了跨专业、跨地区资源整合、优势互补的交流合作平台，为发挥首都科技资源优势，加快高精尖医药创新成果转化起到了重大推动作用。

（市科委生物医药处）

【第六届重大疾病防治科技创新高峰论坛召开】 11月28日，由市科委、市卫生计生委和解放军总后勤部卫生部科技训练局联合主办，北京城市系统工程研究中心承办的第六届重大疾病防治科技创新高峰论坛在北京国家会议中心召开。本届论坛以“合作、创新、发展”为主题，通过成果展示、视频播放、专家寄语、学术交流等多种方式对“十大疾病科技攻关与管理工作”两期工作成效进行展示，来自北京地区各大医疗机构和医科院所的院士、专家及科技骨干等600余人参与。本次论坛公布了“2015年度首都十大疾病科技攻关重大科技进展”名单，包括5项惠民型重大科技进展和5项创新型重大科技进展。

（市科委生物医药处）

【重大新药品种获国家新药专项推荐优先审评】 年内，国家卫生计生委首次以公示的形式，拟推荐18个专项支持的药物成为优先审评品种，其中有6个品种分别属于泰德制药、甘李药业、百济神州等市重点企业以及军事医学科学院等科研机构所有。这些品种具有创新性强、成熟度高、未来市场需求大等特点，表明新药研发水平处于全国领先行列。

（市科委生物医药处）

新材料与新能源技术

【封装用硅铝复合材料研制完成】 1月4日，由北京北科德瑞冶金工程技术有限公司和北京科技大学共同承担的课题“封装用硅铝复合材料研制”通过市科委组织的专家验收。高硅铝复合材料具有轻质、低膨胀、高导热等优异性能，是目前大功率高密度电子器件封装主流材料，在航空航天电子装备领域市场需求旺盛。目前制备高硅铝复合材料的喷射沉积专利技术为英国公司所有，价格昂贵，存在禁运风险。研制出具有自主知识产权的高硅铝复合材料对于提升我国关键电子装备材料应用水平、打破国外技术封锁、推动相关技术进步具有意义。

（市科委双新处　北京新材料发展中心）

【北京纳米领域获国家科技奖励项目数连续4年领跑全国】 1月9日，2014年度国家科学技术奖励大会召开，北京纳米领域共有8个项目获得国家自然科学奖二等奖，占全国纳米领域项目通用项目获奖总数（15项）的53%，至此，北京纳米领域获奖项目数已连续4年位居全国第一，彰显了北京市在全国纳米科技领域自主创新方面的突出优势。2014年，全市在碳纳米管可控生长、超长碳纳米管制备等40余项纳米原始技术创新方面获得重大突破，在国际上引起广泛关注；纳米产业园新增入园项目21项，预计新增总投资24.95亿元。

（市科委双新处）

【“高性能铜铝复合材料连铸直接成形技术与应用”获奖】 1月9日，市科委支持课题“高性能铜铝复合材料连铸直接成形技术与应用”获得2014年度国家科学技术发明二等奖。市科委从2007年开始持续支持开展铜铝复合材料基础理论和关键技术研究、小试制备技术研究、开展100毫米以上大规格铜包铝电力扁排中试技术研究，取得阶段性重大突破。申请发明专利22项，其中已获授权12项，主持制定新材料国家标准2项，获得国家技术奖励16项。目前，该技术已在发电、输变电和电控配电设备等领域获得规模应用，专利技术已转让给4家企业，建成年产千吨级生产线4条，在建万吨级生产线2条，取得显著的社会和经济效益。

（市科委双新处）

【纳米绿色地铁票卡研制完成】 3月27日，由北京轨道交通路网管理有限公司、北京中科纳通电子技术有限公司承担的市科技计划课题“纳米材料绿色地铁票卡示范应用研究”通过专家组验收。通过课题实施，中科纳通公司通过对纳米复合银浆和印刷天线基底材料的研究，选定绿色地铁票层合工艺，研制出绿色地铁票卡，形成绿色地铁票材料、设计、制造、测试、应用完整的技术工艺和知识产权。目前该票卡已通过路网公司地铁模拟闸机测试，并完成了20万张绿色地铁票卡的示范应用研究。

（市科委双新处）

【富勒醇纳米抗肿瘤材料理论研究取得突破】 3月4日，在市科委先导与优势材料创新专项支持下，中国科学院高能所在富勒醇纳米抗肿瘤材料理论研究方面取得突破。中国科学院研究团队在研究富勒醇含氧基团的种类和自由基阴离子性质的结构起源的基础上，通过计算不同合成条件下富勒醇的生成机制和含氧基团的结构特征，预测了实验条件和富勒醇产物结构相关性。这些成果对理解富勒醇的化学结构和性质，合成条件和结构的关系，以及其生物医药应用具有重要意义，相关成果发表在 *Chemical Science* 和 *Nanoscale* 杂志上，并分别作为封面、封底报道。

（市科委双新处　北京新材料发展中心）

【清华大学研制成功DNA水凝胶3D打印材料】 3月8日，在市科委先导与优势材料专项的支持下，清华大学化学系研制出可应用于活细胞3D打印的DNA水凝胶材料。该成果被2月26日出版的《自然》（*Nature*）作为研究亮点报道关注，《自然》评价该材料是“一种非常有前景的打印三维组织和人工器官的材料”。据悉，水凝胶因其高含水量和类似于细胞外基质的特点，是三维组织打印和人工器官制备的首选基材，也因此成为化学、材料和生命医学领域研究的热点。

（市科委双新处　北京新材料发展中心）

【北京大学研制成功10纳米碳纳米管CMOS器件】 4月1日，在市科委先导与优势材料创新发展专项支持下，北京大学彭练矛教授团队在全世界范围内首次研制出10纳米碳纳米管CMOS器件。与同尺寸硅基器件相比，该器件速度是其5倍，而功耗仅为1/5，并在世界上首次制备出含有100个晶体管的碳纳米管集成电路。课题的研究成果表明在10纳米以下技术节点，碳纳米管CMOS器件相对于硅基CMOS器件具有巨大优势，这将大大增强研究机构和芯片公司对碳纳米管电子学的信心，为2020年之后的集成电路技术的发展和选择奠定重要基础。

（市科委双新处　北京新材料发展中心）

【国产化碳化硅及其应用产业链打通】 4月7日，由国家电网智能电网研究院牵头，中国科学院半导体所、中国科学院物理所等联合承担的市科委重大项目“1200V/20A碳化硅二极管研发”通过专家验收。通过项目实施，北京地区实现了碳化硅从单晶材料制备、外延材料生长到二极管芯片研制及其在电力系统应用验证的全链条国产化，并形成了年产能2万片4英寸（1英寸≈0.025米）SiC晶片，30片4英寸外延片，年产10万只SiC二极管及1万只碳化硅模块的小批量生产能力，国产碳化硅器件已经初步通过光伏逆变器的应用验证。该项目累计形成了发明专利13项，发表科技论文8篇，其中SCI检索4篇。

（市科委双新处　北京新材料发展中心）

【北京第三代半导体材料及应用联合创新基地建设取得重要阶段性进展】 5月25日，市科委、顺义区政府、国家半导体照明联盟联合举行北京第三代半导体材料及应用联合创新基地共建工作会。会上，荷兰代尔夫特理工大学与顺义区政府签署战略合作框架协议，同时举行了第三代半导体联合创新创业孵化中心揭牌仪式。国家半导体照明联盟秘书长、科技部第三代半导体重点专项总体组专家，科技部半导体照明重点专项总体组、首都创新大联盟各成员联盟、第三代半导体领域企业代表100人参加会议。

（市科委双新处　北京新材料发展中心）

【碳基集成电路芯片产业化项目落地北京】 5月27日，市科委与北京大学彭练矛教授就碳基集成电路芯片项目签约合作，由首都科技发展集团投资2500万元，与创业团队共同成立北京华碳元芯电子科技有限责任公司。市科委实施纳米科技产业跃升工程以来，已累计支持40余项纳米科技成果在京产业化。团队研发的10纳米碳纳米管CMOS器件是目前所有新材料和新结构器件中，唯一一个性能超过英特尔14纳米硅基CMOS器件的，石墨烯等其他所有技术都无法达到这个高度。

（市科委双新处　北京新材料发展中心）

【纯电动客车相关政策解读会召开】 8月10日，市科委会同市财政局、市经济信息化委、市交通委在市科委召开纯电动客车相关政策解读会。《北京市关于购买纯电动客车有关财政政策的通知》于7月23日正式发布，这是首次针对购买纯电动大型客车实施的财政补贴。任何车企只要纳入国家《节能与新能源汽车示范推广应用工程推荐车型目录》和《免征车辆购置税的新能源汽车车型目录》，完成企业和产品备案，即可在京销售。同时，凡满足交通行业相关规定的运营企业均可购置、运营纯电动客车。市财政局相关负责人表示，自2015年8月1日至2017年12月31日，符合北京市产品技术、安全及售后服务等要求并在京上牌照的纯电动客车，即可申请享受财政补助。补助标准将根据中央加地方1∶1的补贴标准确定。其中，2015年根据客车长度进行补助。如车身为6～8米的客车，将享受每辆30万元补贴，车身为8～10米的将享受每辆40万元的补贴。

（市科委双新处）

【首届北京国际“纳米之星”新材料创业大赛决赛举行】 8月18日，在市科委指导下，首届众创杯中国·北京创新创业大赛新材料、新能源及节能环保主题赛暨北京国际“纳米之星”新材料创业大赛决赛在怀柔雁栖开发区的北京纳米科技产业园举行。经过激烈角逐，决赛共评选出北京赛区新材料/纳米科技、新能源/节能环保两个组别“众创杯”一、二、三等奖（各1名），并将按排序和分配名额依次晋级第四届中国创新创业大赛全国行业决赛；同时新材料/纳米科技组还分别评选出“纳米之星”企业、团队一、二、三等奖，以及技术领先奖、商业模式奖、投资价值奖等“纳米之星”单项奖。本届大赛报名项目共212个。经过专家网上初评，有108个项目进入半决赛，经过6场角逐，共有35

个项目进入决赛。

（市科委双新处　北京新材料发展中心）

【北京碳基集成电路成果受外媒关注】 12月20日，英国《自然》杂志发布《2015中国自然指数》，北京、上海和南京成为中国三大科研中心，碳基集成电路成果作为对北京自然指数有重大贡献的2项代表性工作之一被亮点报道，被评价为“北京大学构建的碳纳米管器件和集成电路，成为计算处理器的未来”。在市科委的长期培育和支持下，北京大学团队历时10年先后攻克碳纳米管材料制备、设备研制、器件集成等核心技术，开发出5纳米的单个碳纳米管CMOS器件，实现5微米工艺上百个器件规模的集成，目前已建成世界上唯一可以制造10纳米碳纳米管CMOS器件的集成电路的实验室。

（市科委双新处　北京新材料发展中心）

【未来科技城首个“千人计划”专家参股的混合所有制企业注册成立】 年内，神华集团北京低碳清洁能源研究所采用混合所有制模式组建神华（北京）新材料科技有限公司，注册资金1200万元，由神华集团控股80%，低碳所“千人计划”两位专家现金出资占股20%。创业期间，神华低碳所将为“千人计划”专家提供带薪创业等支持保障，强化人才竞争力，激发研发人员的创新精神和创业热情。

（许宏霞）

【纳米联盟组织召开理事（扩大）会议】 年内，北京纳米科技产业创新联盟召开理事（扩大）会议暨技术委员会、产业委员会联席沙龙，联盟理事长单位、理事单位、成员单位代表等近50人参加会议。会议听取、审议了《北京纳米科技产业创新联盟2014年工作总结》，发布了国内纳米创新创业第一平台的联盟门户网站纳创网和纳米联盟微信公众号北京纳米在线，举行了北京纳米科技产业沙龙活动，联盟成员单位碧水源公司与泰纳科公司、首创纳米与中科纳通签订了合作协议。

（市科委双新处　北京新材料发展中心）

【电动汽车移动充电宝研制完成】 年内，市科委针对部分无固定停车位、电力增容难的老旧小区及旅游景点等不具备安装充电桩的地区，引导电池厂商、充电桩生产企业共同参与，开展电动汽车用移动充电宝的研制与示范应用。截至年底，已有普莱德电池公司、盟固利电池公司、富电科技公司等多家企业完成了车用移动充电宝的研制工作。充电宝占地约1平方米，高约1米，重量为200～300千克，带电量为20～40千瓦时，可为电动汽车提供慢充及快充（17.5千瓦）服务。

（市科委双新处）

【石墨烯宽光谱高敏光电器件在京研制完成】 年内，由北京大学承担的市科技计划课题“石墨烯宽光谱高敏光电器件研制”通过专家组验收。北京大学化学与分子工程学院实现了高载流子迁移率4英寸晶圆石墨烯材料制备，并基于该材料研制出石墨烯宽光谱高敏光电探测器件。该器件实现了从紫外到中红外波段的宽光谱光电响应，同时具有极高的光响应灵敏度和光响应速度，技术指标处于世界领先水平。该项研究成果为石墨烯宽光谱成像器件研制提供了新的解决方案。

（市科委双新处　北京新材料发展中心）

知识产权

专利管理与服务

【新型抗生素知识产权联盟专利池构建工作沟通会举行】 2月2日，市知识产权局举办新型抗生素知识产权联盟专利池构建工作沟通会。市知识产权局副局长周砚、产业促进处负责人出席会议。会议围绕市新型抗生素知识产权联盟如何进一步梳理优化专利国际化布局、构建专利池、实现专利池商业价值等问题进行研讨和沟通。周砚提出要进一步明确专利池构建的工作目标、实现专利池价值的战略规划和建立专利融合型技术标准等建议。

（市知识产权局产业促进处）

【知识产权服务机构工作会召开】 2月6日，首都知识产权服务机构工作会召开。副市长戴均良出席并讲话。市知识产权局局长汪洪，国家知识产权局条法司副司长董铮出席会议。市知识产权局副局长王淑贤主持会议。全市相关委办局负责人、知识产权服务业机构代表以及媒体记者共计200余人参加会议。会上，汪洪做了题为"加快知识产权服务创新和升级 为建设全国科技创新中心服务"的报告。报告指出，截至2014年年底，全市共有专利代理机构307家，占全国专利代理机构总量的27.96%，共有执业专利代理人4143名，占全国执业专利代理人总数的39.41%，专利代理行业发展态势良好。随后，王淑贤宣读了《加快发展首都知识产权服务业的实施意见》以及北京市第一批知识产权服务品牌机构培育单位名单。会议还对北京三友知识产权代理有限公司等10家北京市优秀专利代理机构和杜晶等10位北京市优秀专利代理人进行了表彰。戴均良副市长对我市知识产权服务业发展给予肯定。

（市知识产权局专利管理处）

【知识产权服务业协会成立】 4月8日，首都知识产权服务业协会成立大会在京召开。国家知识产权局规划发展司司长龚亚麟、市知识产权局局长汪洪出席会议并讲话。会议由市知识产权局副局长李钟主持。首都知识产权服务业150余名会员参加大会。会上审议通过了协会《章程》以及《会费收取和管理办法》，并投票选举了新一届理事会、监事会，李强当选协会会长。李强表示，协会作为全国首个知识产权服务业的社团组织，今后将在政府主管部门的指导下，建立并推行知识产权服务业行业的自律规范、服务标准和职业操守；利用网络等多种手段，将首都优质知识产权服务资源介绍给更多的国内外市场主体；还将搭建首都知识产权人才引进平台，吸引人才向首都知识产权服务业聚集。

（首都知识产权服务业协会）

【北京经济技术开发区知识产权促进中心揭牌成立】 5月12日，由市知识产权局和北京经济技术开发区管委会共同组建的北京经济技术开发区知识产权促进中心正式成立。市委常委、副市长戴均良，市知识产权局局长汪洪，大兴区委书记、开发区工委书记李长友，开发区工委副书记、管委会主任梁胜出席会议。市知识产权局副局长王淑贤主持会议。会上，开发区管委会副主任绳立成从专利质量、专利企业培育、知识产权发展环境等6个方面介绍了开发区知识产权总体情况；从构建六位一体的知识产权创新链条、创建知识产权国际交流合作引领区、打造知识产权保护环境示范区、推进"三个三"工程等5个方面介绍了下一步开发区知识产权工作重点。汪洪局长、梁胜主任分别代表北京市知识产权局与北京经济技术开发区管委会签署《共建北京经济技术开发区知识产权促进中心合作协议》。

（市知识产权服务中心）

【专利巡审助益北京中小企业创新创业】 11月12日，由市知识产权局和国家知识产权局审查业务管理部共同推动的市中小企业发明专利巡回审查活动拉开帷幕。这是在国家知识产权局支持下，北京市推动实施的知识产权融入和服务大众创业、万众创新，促进中小微企业创新驱动和创业发展的务实举措。国家知识产权局审查业务管理部副部长冯小兵和市知识产权局副局长周砚出席启动会并讲话。在这次发明专利巡回审查活动中，共有7家中小企业的30件发明专利申请进行巡回审查，这些发明专利申请主要涵盖了材料、电学、光电、通信和生物医药等5个领域。

（市知识产权局产业促进处）

【促进首都知识产权服务业发展工作联席会议召开】 12月1日，市知识产权局召开促进首都知识产权服务业发展工作联席会议。市知识产权局副局长李钟出席会议并讲话。市发展改革委、市科委、市商务委、市工商局、市版权局、首都知识产权服务业协会等单位相关负责人参加会议。会上，各相关单位汇报了首都知识产权服务业发展规划推进计划完成情况，对2016年度推进计划提出建议。李钟指出，知识产权服务业是北京构建高精尖经济结构的坚强支撑，是创新驱动发展的重要支柱，是第三产业的重要组成部分。近年来，市委、市政府高度重视知识产权服务业发展，但是当前知识产权服务业的经济价值尚未完全体现。下一步要做好3项重点工作：一是做好顶层设计，结合京津冀全面创新改革试验区建设做好先行先试；二是推动知识产权服务业集聚发展，形成规模，做好知识产权要素一条街建设；三是继续加强知识产权服务人才培养，特别是要适应"一带一路"战略需要，加大国际化人才培养力度。希望各相关单位高度重视，明确责任，加强配合，共同推动知识产权服务业规划的落实。

（市知识产权局专利管理处）

专利保护

【专利导航工作推进会召开】 1月5日，为深入推进国家专利导航试点工程，市知识产权局召开专利导航工作推进会。市知识产权局副局长周砚出席会议。来自首批国家专利导航（运营）试点企业、重点产业知识产权联盟以及部分专利示范企业等16个单位的代表参加会议。会上，市知识产权局产业促进处负责人就国家专利导航试点工程在我市推动实施的总体情况、专利导航产业发展专项工作主要思路和有关措施进行了介绍。国家电网公司、航天科工集团、同方威视技术股份有限公司、北汽福田汽车股份有限公司等国家专利导航（运营）试点企业知识产权工作负责人分别介绍了各自在专利导航、运营试点期间的工作推进情况。会议还就下一步在知识产权联盟和企业层面开展专利导航试点、运用专利导航手段促进产业创新驱动和科学化发展，以及加大对外宣传力度等进行了布置。

（市知识产权局产业促进处）

【全市专利行政委托执法工作会召开】 1月22—23日，市知识产权局召开2014年全市专利行政委托执法工作会暨专利执法培训。市知识产权局副局长潘新胜出席会议并讲话。全市16个区县知识产权局负责人和相关执法人员共计80人参加会议。会议总结了2014年专利行政委托执法工作，对2015年工作进行了部署。会上给各区县配发了移动执法装备。会后，市法制办处长王明东做了行政处罚法专题讲座。潘新胜对2014年全市专利行政委托执法工作给予肯定。他指出，当前知识产权保护工作已成为各级领导和广大民众关注的焦点，专利行政执法工作要适应"新常态"，调整思路、创新举措、积极作为。

（市知识产权局专利执法处）

【知识产权执法进驻中国（北京）国际建筑装饰及材料博览会】 3月13—16日，第二十二届中国（北京）国际建筑装饰及材料博览会在京举行。市知识产权局执法处会同12330、区县知识产权局执法人员进驻展会，开展知识产权执法。期间，展会知识产权保护办公室共解答参展商咨询35件，发放宣传资料500份。共接收专利侵权投诉22件，查处假冒专利20件，执法人员按照《北京市展会知识产权保护办法》的相关规定及展会知识产权纠纷投诉处理程序进行了处理。

（市知识产权局专利执法处）

【市知识产权局推动建立新一代抗生素专利池】 4 月 22 日，市知识产权局组织北京新型抗生素知识产权联盟举行新一代抗生素专利池构建签约仪式暨战略合作启动会，全市首个专利池——新一代抗生素专利池正式建立并投入战略运作。市知识产权局副局长周砚，国家知识产权局专利管理司、专利局医药生物发明审查部、市经济信息化委、市卫生计划生委相关负责人出席启动会。会上，新一代抗生素专利发明人丘小庆教授、联盟主要成员单位畿科联生物技术研究（北京）有限责任公司负责人分别就新一代抗生素技术原理与应用领域、专利池的构建与运作思路进行了介绍。联盟成员单位签署了新一代抗生素专利池构建及战略合作协议。周砚指出，希望新型抗生素产业知识产权联盟发挥专利池战略运作在产业创新驱动中的支撑作用，为抗生素产业转型升级注入新动力和新活力；希望知识产权服务机构充分发挥专业优势，投入专门力量促进联盟专利池有效运作，实现专利价值最大化。

（市知识产权局产业促进处）

【推动新三板上市企业知识产权扶助工作】 7 月 20 日，市知识产权局与北京商务联合会共同举办北京新三板上市企业知识产权管理与战略运用扶助工作交流会。市知识产权局副局长周砚、北京商务联合会秘书长曹磊出席会议。会上，曹磊介绍了北京商务联搭建企业创新发展商务资源支撑平台并推动该平台有效运行，促进企业创新驱动发展的工作情况。全市 10 余家中小企业知识产权托管机构的负责人参加会议，简要介绍了各自开展中小企业知识产权托管扶助工作的情况及主要特点，并就如何更好地为新三板上市企业、创业企业和其他创新型中小企业提供知识产权挖掘布局、资源管理、战略运用等托管扶助进行了研讨和业务交流。

（市知识产权局产业促进处）

【知识产权服务标准化国际交流会召开】 9 月 7 日，由国家知识产权局、国家标准委指导，中国标准化研究院主办，中关村知识产权促进局、首都知识产权服务业协会承办的 2015 年知识产权服务标准化国际交流会在京召开。国家知识产权局副局长甘绍宁、国家标准化管理委员会副主任崔钢、中国标准化研究院院长马林聪等出席开幕式并致辞。来自地方知识产权局、全国知识产权服务业集聚发展试验区、知识产权服务机构、科研机构、企业、高校、协会的 270 余名代表参会。交流会上，国内外 10 余名专家、学者分别围绕美国、德国标准化体系，欧洲服务标准化，中国标准化改革，专利信息分析师标准化培养，我国知识产权服务标准的现状、发展与思考等主题展开演讲；来自北京中关村、江苏大学、首都知识产权服务业协会、康信知识产权代理公司等单位的有关负责人介绍了国内知识产权服务标准有关工作的有益经验。以知识产权服务标准化为主题的国际交流会在国内尚属首次举办。

（中关村知识产权促进局）

【市重点产业知识产权运营基金正式成立】 12 月 31 日，市重点产业知识产权运营基金设立发布会在北京经济技术开发区举行。副市长隋振江出席发布会并讲话。市知识产权局局长汪洪、巡视员王淑贤，大兴区区长、北京经济技术开发区工委副书记谈绪祥，开发区管委会常务副主任王合生出席会议。发布会由北京市财政局副局长王婴主持。会上，汪洪介绍了基金设立情况，基金出资人代表进行现场签约，与会领导共同按下启动球，基金正式成立。市重点产业知识产权运营基金是我国首支由中央、地方财政共同出资引导、发起设立的知识产权运营基金，也是迄今为止国内资金规模最大的知识产权运营基金。基金采取有限合伙的形式，存续期为 10 年，计划规模 10 亿元，基金首期重点关注移动互联网和生物医药两个领域。市发展改革委、市经济信息化委、市卫生计生委、市工商局、市食品药品监管局、中关村管委会、市中医药管理局等涉及移动互联网、生物医药相关部门的主管负责人，各区县知识产权局、中关村一区十六园主要负责人，移动互联网、生物医药企业代表以及相关知识产权运营机构、知识产权服务机构的代表共计 200 余人参加会议。

（市知识产权局）

知识产权统筹协调

【天津市知识产权局来北京市知识产权局开展工作交流】 3月13日，天津市知识产权局副局长王成一行来北京市知识产权局开展工作交流，并调研中关村国家知识产权制度示范园区工作。北京市知识产权局副局长周砚出席座谈会。座谈会上，中关村知识产权促进局负责人介绍了中关村知识产权推进工作思路、举措和主要成效。双方就中关村专利导航产业发展实验区、知识产权服务业集聚发展试验区、投融资服务试点等重点工作进行了探讨。王成表示，中关村知识产权先行先试工作成效显著，走在全国前列，对天津市“一区二十一园”的建设有很好的借鉴和参考作用。周砚介绍了中关村国家知识产权制度示范园区成立的背景情况以及下一步的重点工作，希望北京和天津两个兄弟省局能够发挥各自优势，紧密合作，在知识产权领域共同推进京津冀协同发展。

（中关村知识产权促进局）

【首都知识产权国际交流合作基地工作会召开】 3月25日，市知识产权局召开首都知识产权国际交流合作基地工作会。市知识产权局副局长潘新胜参加会议并讲话。市知识产权局国际交流合作处、首都知识产权国际交流合作基地依托单位的负责人及代表参加会议。会上，来自北京外国语大学、北京经济技术开发区、中关村海淀园及北汽福田的代表就各自基地建设、未来工作设想等进行了交流。同时，市知识产权局在同方威视技术股份有限公司新设立一家国际交流合作基地，至此，基地已发展为5家。

（市知识产权局国际交流合作处）

【湖北省知识产权代表团来北京市知识产权局开展工作交流】 8月21日，湖北省知识产权局局长张彦林、国家知识产权局专利局专利审查协作湖北中心总审查师朱宁带队到北京市知识产权局开展工作交流。北京市知识产权局局长汪洪和副局长李钟陪同调研。代表团先后到北京合享新创信息科技有限公司、路浩知识产权联盟、北京知识产权运营管理有限公司等服务机构，与企业负责人围绕支持知识产权服务业集聚发展、推动知识产权转化运用等工作进行了深入交流，并到中关村展示中心、中关村创业大街围绕支持创新创业进行了实地走访。

（市知识产权局）

【京台智慧财产权论坛暨京台知识产权合作备忘录签署仪式举行】 10月30日，京台科技论坛——智慧财产权分论坛暨京台知识产权合作备忘录签署仪式在台北举行。北京市知识产权局局长汪洪、台湾工业总会秘书长蔡练生、台湾“智慧财产局”局长王美花出席活动并致辞。来自市知识产权局、市高法、北京海关、北京知识产权法院、顺义区知识产权局、有关企业的代表以及台湾行业协会、企业界的代表近200人参加活动。在活动开幕式上，汪洪指出，北京和台湾都面临“转变经济发展方式、推动经济转型升级”的重要任务，深化京台在创新和知识产权领域的交流与合作，符合双方的共同诉求。蔡练生表示，双方的合作将有助于相互交流有益经验，为两地企业发展提供有力支持。随后，汪洪与蔡练生分别代表北京知识产权保护协会及台湾工业总会签署了知识产权合作备忘录，以促进双方在人员交流、信息共享、企业服务等方面开展更加务实的合作，揭开了京台两地知识产权合作的新篇章。签约结束后，来自京台两地的知识产权专家围绕“创新、知识产权运用及保护”这一主题进行交流。汪洪局长做了“知识产权释放能量 中关村打造创新尖峰”的主题演讲。市高法知识产权庭庭长杨柏勇发表了“北京市高院专利诉讼审理之挑战与因应”的主题演讲。来自台湾的数位专家分别介绍了台湾在创新、知识产权运用及保护等方面的经验和体会。

（市知识产权局国际交流合作处）

质量技术监督

标准化

【中关村标准化推动会召开】 1月8日，2015年中关村标准化推动会召开。工信部、国家标准委相关部门领导，中关村管委会、市质监局负责人，中关村标准创新试点企业和联盟、中关村各分园区、各区县质监局代表近300人参加会议。会上，国家标准委、工信部规划司、工信部电子知识产权中心有关负责人和专家就国家标准化体系建设、制造业变革与制造强国建设、标准与知识产权协同创新发展等主题发表了演讲。中关村管委会总结了2014年中关村标准化工作及成效，部署了2015年工作。联盟标准推进成果初显，国家半导体照明工程研发及产业联盟（CSAS）、WAPI产业联盟等6家产业联盟共计发布联盟标准32项。

（市质监局标准化处）

【北京市实验动物标准化技术委员会成立】 1月16日，北京市实验动物标准化技术委员会成立大会暨第一次全体委员一次全体会议召开。来自政府部门、科研院所、高校、企业等单位的35位委员参加会议。市实验动物标准化技术委员会是从事标准的起草、技术审查等工作的技术组织，对首都标准化战略纲要的实施，对实现本专业领域的科技成果规模化、标准化生产，具有十分重要的推动和保障作用。第一届北京市实验动物标准化技术委员会任期5年，秘书处承担单位为北京市实验动物管理办公室，主要负责全市实验动物领域标准制修订工作。市实验动物标准化技术委员会将在市质监局的统一管理和指导下开展工作，并接受市科委的业务指导。

（市质监局标准化处）

【市百项安全生产地方标准项目启动】 1月30日，市百项安全生产地方标准编制动员会召开，市安全生产委员会成员单位和地方标准编制单位代表参加会议。会上，对百项地标的有关工作做了部署，要求各行业主管部门要切实发挥主体作用，重视发挥专业技术机构和专家的作用，广泛吸收社会各界意见，切实加强标准制定、实施和监督，力求取得实效，并表示市质监局将和市安监局密切配合，推动安全生产标准化工作再上新台阶。

（市质监局标准化处）

【《供热锅炉综合能源消耗限额》等42项地方标准发布】 2月，市质监局批准发布《供热锅炉综合能源消耗限额》等42项地方标准，标准的发布和实施将进一步推进节能、交通等城市管理服务工作。2012年，经市政府批准，市发展改革委、市质监局、市财政局启动北京市百项节能标准建设工作。本次发布的《供热锅炉综合能源消耗限额》《移动通信基站能效分级》《商场、超市能源消耗限额》《电梯节能监测》等节能标准，使百项节能标准累计发布70项。交通是首都发展的重大问题，也是加强首都城市管理服务标准化建设的重点领域。本次发布了《公交专用车道设置规范》《市政交通一卡通技术规范》《轨道交通联网收费系统技术要求》《城市轨道交通安全运营管理规范》等交通地方标准。

（市质监局标准化处）

【公共信息图形符号标识标志普及推广宣传片播出】 2月，首都标准化委员会办公室和市质监局宣教中心牵头设计制作的公共信息图形符号标识标志普及推广宣传片在全市移动电视和楼宇电视播出。公共信息图形符号是图像化的无声语言，是一个城市文明程度的“名片”。《公共图形符号 方便你我生活》宣传片和15集《图形符号标志标识宣教动画片》在全市1.8万辆公交移动电视平台及覆盖全市50多家市委办局的办公楼宇电视播出。根据央视市场研究提供的播出监测报告，两个宣传片已连续在公交移动电视及楼宇电视播放33天，共计播放85次。

（市质监局标准化处）

【中关村企业主导的IEEE1888成为全球首个能源互联网国际标准】 3月2日，国际标准化组织ISO/IEC正式发布文件，由中关村企业天地互连主导的IEEE 1888标准通过ISO/IEC最后一轮投票，成为全球能源互联网产业首个ISO/IEC国际标准。2月10日，基于IEEE 1888国际标准的全国智慧能源公共服务云平台启动，北京、山东、湖北、浙江、广东、四川、福建、甘肃、广东省佛山市等9个区域性分平台签约成立。通过云平台将打通智慧能源产业链，能源互联网初具雏形。全国智慧能源公共服务云平台将对全国能源数据进行存储积累，打破能源数据壁垒，实现能源数据共享，减少数据资源浪费，通过挖掘数据价值，为全国能源生产、消费单位提供互联网化服务支撑，也为政府购买第三方服务创造条件。

（市质监局标准化处
中关村标准创新服务中心）

【国际标准化知识讲座举行】 3月18日，中关村标准创新服务中心与中关村软件园人才服务平台共同举办国际标准化知识讲座。会上电气和电子工程师协会（IEEE）标准协会主席布鲁斯·克雷默（Bruce Kraemer）做了“标准引导技术创新”主题演讲，他介绍了IEEE在信息、通信、技术（简称ICT）领域技术动向及标准项目，并从IEEE的角度对目前热门的新兴技术领域做了展望。IEEE标准协会中国区标准经理赵盟和IEEE标准协会全球策略经理孙敬分别介绍了IEEE标准协会以及IEEE标准协会中的产业联系。中关村标准创新试点企业、市区质监局、中关村管委会和分园区100多人出席讲座。

（市质监局标准化处）

【《省际道路客运站经营服务规范》等22项地方标准发布】 4月，市质监局批准发布《省际道路客运站经营服务规范》等22项地方标准，涉及城市管理与公共服务、节能环保、公共安全、农业和园林绿化等领域。在城市管理与公共服务领域，发布《省际道路客运站经营服务规范》《社会服务一卡通（北京通）卡片技术规范》《牌匾标识设置规范》等8项标准。在节能环保领域，发布《清洁生产评价指标体系 汽车整车制造业》等3项节能标准。在公共安全领域，发布《实验室危险化学品安全管理规范》等4项标准。在农业和园林绿化领域，发布《农业标准化基地等级划分与评定》《地理标志产品 张家湾葡萄（张湾葡萄）》等7项标准。

（市质监局标准化处）

【《公共建筑节能设计标准》等7项工程建设标准发布】 5月，市质监局、市规划委发布《公共建筑节能设计标准》《公共租赁住房内装设计模数协调标准》《住宅全装修设计标准》等3项地方标准，市质监局、市住建委发布《房屋结构综合安全性鉴定标准》《公共建筑节能评价标准》《农村既有单层住宅建筑综合改造技术规程》《超长大体积混凝土结构跳仓法技术规程》等4项地方标准。2015年工程建设地方标准累计已发布9项。

（市质监局标准化处）

【全国伴侣动物（宠物）标准化技术委员会召开工作会】 5月，全国伴侣动物（宠物）标准化技术委员会（SAC/TC 541）召开2015年工作会，49位委员参加会议。会上，专家进行了研讨和论证，筛选导盲犬、犬猫收容、伴侣动物用品等社会重点关注领域相关标准16项，经委员投票表决，11个项目最终通过，将申报国家标准立项。会议总结了2014年工作，确定了2015年工作计划和拟申报国家标准的立项项目。

（市质监局标准化处　市标准化研究院）

【5项污染物排放地方标准发布】 5月，市质监局、市环保局发布了《炼油与石油化学工业大气污染物排放标准》《木质家具制造业大气污染物排放标准》《污染物排放标准印刷业挥发性有机物排放标准》《锅炉大气污染物排放标准》《火葬场大气污染物排放标准》5项污染物排放标准，5项标准于7月1日起正式实施。《锅炉大气污染物排放标准》《炼油与石油化学工业大气污染物排放标准》是对2007年发布实施地方标准的修订，对氮氧化物、颗粒物等指标有更严格的要求。《印刷业挥发性有机物排放标准》《木质家具制造业大气污染物排放标准》按照《北京市大气污染防治条例》相关规定，首次从源头到末端全过程控制污染物排放。这4项标准都是列入《北京市2013—2017年清洁空气行动计划重点任务分解 2015年工作措施》

的地方标准制定项目。《火葬场大气污染物排放标准》将促进殡葬生态文明建设，有效减少遗体火化、遗物祭品焚烧产生的“烟”和“味”对周边环境的影响。这些标准的发布实施将为促进北京空气质量的改善提供技术支撑。

（市质监局标准化处）

【京津冀首次发布区域协同地方标准】 6月1日，京津冀首批区域协同地方标准发布会在北京会议中心召开。会上，北京市、天津市和河北省共同组织制定、分别发布了《电子不停车收费系统路侧单元应用技术规范》《老年护理常见风险防控要求》地方标准。这是京津冀三地发布的首批区域协同地方标准。《电子不停车收费系统路侧单元应用技术规范》地方标准在现行国家标准和交通运输部相关技术要求的基础上，结合京津冀区域的应用需求、特点和实践经验，对路侧单元的基本构成、通信协议、应用技术要求、环境条件等方面进行了细化及提升。《老年护理常见风险防控要求》地方标准对临床老年护理工作中常见风险提出较为系统、完善、可行的防控要求，为临床提供了科学的指导依据，有利于指导京津冀区域各级医疗机构开展老年护理常见风险的防控工作。

（市质监局标准化处）

【4项取水定额标准发布】 7月，按照《北京市节约用水办法》的相关规定，经市政府批准，市质监局发布《高尔夫球场取水定额》《滑雪场取水定额》《公共生活取水定额 第8部分：商场》《公共生活取水定额 第9部分：餐饮》4项地方标准。为加强节约用水管理，科学合理利用水资源，建设节水型社会，近年来，市水务局组织编制了学校、饭店、医院等9项公共生活取水定额标准。商场、餐饮2项取水定额是《公共生活取水定额》系列标准的组成部分。系列标准的实施将有助于规范公共服务行业用水行为，为北京市节约用水管理提供科学依据。高尔夫球场、滑雪场2项行业取水定额标准对提高特殊行业的用水效率，促进非常规水资源的利用以及提高行业用水的水平具有指导作用。

（市质监局标准化处）

计　量

【行业计量发展研讨会召开】 1月28日，市质监局召开全市各行业计量授权站观摩座谈会，全市电力、石化、化工、纺织、邮政、铁路、航空等行业的13家计量授权站相关负责人出席会议。会上，与会代表就计量授权范围内的履职情况、行业发展情况、工作建议和行业“十三五”规划进行了汇报和交流。市质监局计量监督处负责人要求，各计量授权单位要积极谋划计量工作，开展对关键测试技术的研究，加强对行业计量检测技术的跟踪，强化对行业、产业链的计量检测服务。会议期间，参会代表现场参观了北京市电力公司的单相电能表、三相电能表检测实验室和电能表全性能实验室。

（市质监局计量处）

【2015年计量工作会议召开】 3月，市质监局召开2015年计量工作会议，市质监局计量处、各区县局、分局、华北大区办公室、市计量院和各计量授权单位有关负责人出席会议。会议总结了2014年全市计量工作在谋划计量战略发展、创建诚信计量体系、发挥能源计量基础作用、强化计量科技创新、优化计量行政许可和创新计量宣传活动六大方面取得的工作成绩，结合贯彻落实市政府计量发展规划实施意见，分析了当前计量工作面临的挑战，部署了2015年全市计量工作。

（市质监局计量处）

【绿色光源产业测试中心初步建成】 4月，经国家认可委考核，北京计量检测科学研究院获LED产品领域七大类项目的CNAS检测资质，具备了对LED等绿色光源产业的一站式计量检测能力，绿色光源产业测试中心初步建成。北京计量院绿色光源产业测试中心是目前全国计量系统中最大的绿色光源实验室，能够对照明器具主要评价指标进行综合评价和组合检测，同时进行系统测试评价，在工程照明的检测上，可对建筑物和特殊景观元素、商业步行街、广场、广告与标识等室外景观灯和光污染进行评价和测试。绿色光源产业测试中心还可为北京市光源产品的能效计量提供准确可靠的数据，为手机、平板电脑等LED产品特有的视网膜蓝光污染提供科学测量和系统评价。

（市质监局计量处和计量院）

【京津冀三地质监部门开展检验检测机构资质认定工作对接合作】 4月，京津冀三地质监部门召开实验室资质认定协作管理第二次联席会议，三地质监部门资质认定主管处室负责人参加了会议。会上，与会人员就进一步开展检验检测资质管理互联互通、能力验证对接协作、评审专家共建共享、培训资源要素双向流动等方面工作达成共识。会议明确了2015年共同对接合作的4项主要工作：一是加强食品检验检测机构能力验证；二是尝试开展实验室资质认定互查；三是研究制定《能力验证实施细则》；四是统一现场评审流程和尺度。

（市质监局科技和认证监管处）

【华北大区2015年动态汽车衡计量比对工作启动】 6月8日，华北大区2015年动态汽车衡计量比对工作在北京启动，市质监局计量处，京、津、冀、晋和内蒙古5个省、自治区、直辖市的计量院相关负责人参加了启动仪式。通过计量比对活动，华北5个省、自治区、直辖市将在技术要求、管理方式等方面对新安装和再用的动态汽车衡统一技术指标和计量性能要求，消除各地在实施动态汽车衡检定时的人员操作误差、计量偏差过大等风险隐患；有利于进一步强化公路联合执法，降低区域性计量风险发生的概率；有利于发挥计量在交通领域的基础保障作用，维护交通运输安全领域的计量秩序。按照比对活动结果，京津冀三地将签发“关于统一京津冀三地动态汽车衡检定合格允许偏差认定范围及有关计量投诉处理程序的指导意见”，在京津冀三地统一执行，进一步深化三地计量工作的协同发展。

（市质监局计量处）

【中关村示范区获批创建“国家公共检验检测服务平台示范区”】 7月，国家认监委批复，同意中关村科技园区管委会创建“国家公共检验检测服务平台示范区”。国家认监委已批复上海市闸北区政府、宁波国家高新技术产业开发区、苏州市吴中区人民政府、重庆新区两江管委会、中关村科技园区管理委员会共5个国家公共检验检测服务平台示范区。

（市质监局科技和认证监管处、科技发展中心）

【国家卫星导航定位与授时产业计量测试中心通过验收】 8月19日，由市计量检测科学研究院筹建的国家卫星导航定位与授时产业计量测试中心圆满通过国家质检总局组织的现场验收，成为全国质监系统第一家通过验收的产业计量中心。验收专家组一致认为北京市计量检测科学研究院筹建的国家卫星导航定位与授时产业计量测试中心完成了任务书中所列的筹建目标，符合《计量发展规划（2013—2020年）》构建“三全一前”产业计量体系要求，在计量测试服务能力建设、计量科技创新服务能力和技术管理运行等软硬件建设方面取得了成绩，中心运行管理严谨规范，创新效果显著，在服务产业发展中将发挥重要的支撑和引领作用。

（市质监局计量处和计量院）

产品质量监督

【“3·15”市质监局质量安全志愿服务活动走进宏志中学】 3月15日，国际消费者权益日当天，市质监局与东城区地坛社区居委会、北京宏志中学，开展了质量安全知识进社区、进学校志愿服务活动。市质监局机关团委、宣教中心负责人，200余位社区居民、宏志中学在校学生、中央及市属10余家媒体记者参加了活动。通过PPT讲解、实物介绍、电梯模型演示、展板说明、互动问答、现场演示等多种形式，为在校学生和社区居民带去了内容丰富、专业实用的作弊秤辨识、家电节能技巧和安全乘用电梯常识。课堂上,3 位质量专家和学生、社区居民互动交流。质量课堂开始前,现场播放了一系列有关电梯安全乘坐、生活图型符号使用的宣教动画片和计量、标准工作宣传片。北京质监大学生志愿者向参与群众发放了《质量安全知识手册》等宣传材料。

(市质监局科技和认证监管处)

【食品检验机构取证评审员岗前培训工作开展】 3 月,为进一步加强资质认定评审队伍建设,市质监局开展了北京市食品检验机构取证评审员岗前培训。本市新获证的评审员共计 54 人参加了培训。授课讲师对评审工作流程、评审员管理办法、职责范围、评审常见问题和注意事项及市质监局有关规定做了详细讲解,并结合具体案例对《实验室资质认定评审准则》《食品检验机构资质认定评审准则》关键条款进行了解读。

(市质监局科技和认证监管处)

【平谷区被授予首批国家地理标志产品保护示范区,平谷大桃获中欧“10 + 10”地理标志互认项目中方产品】 4 月 16—17 日,国家质检总局在河南省郑州市举行中外地理标志工作会。会上,北京市平谷区被国家质检总局授予首批国家地理标志产品保护示范区,平谷大桃获中欧“10 + 10”地理标志互认项目中方产品。近年来,平谷大桃示范区探索出一条符合平谷地区实际的地理标志保护体系,集法律法规体系、标准化体系、产品质量保障体系、质量追溯体系四大体系于一身。四大体系支撑平谷大桃地理标志产品成了平谷区的一张权威名片,既保持了产品质量的地域特色,又成了抢滩国内国际市场的一张“绿卡”。

(市质监局科技和认证监管处)

【两单位成为全国第一批质检科普基地】 5 月 15 日,全国“质检科技周”启动仪式暨国家质检科普基地授牌仪式在合肥举行。启动仪式上,北京两家单位——市产品质量监督检验院和海淀区质检所被国家质检总局授予全国质检科普基地称号,成为首批获得认定的“质检科普基地”。质检院科普基地建设室内 3750 平方米、室外 5390 平方米,设立科普宣传栏 500 平方米,科普读物 10000 余本。为有效开展科普活动,专门成立科普活动领导小组,从场所、设施、人员、经费、制度等方面进行了安排,全方位保证了科普基地工作开展。海淀区质检所认真贯彻落实“科技兴检”战略方针,搭建食品、化妆品科研和检测技术平台,强化产品质量安全监管的技术支撑及保障能力,不断创新和突破,以一流设备,一流人才,一流管理,一流业绩,打造一流的研究型检验实验室。

(市质监局科技和认证监管处、科技发展中心)

高校科技

【“蝌蚪科学乐园”走进小学课堂】 5月6日，科学家进校园——“蝌蚪科学乐园”走进平谷区第八小学和第二小学的课堂。蝌蚪科学乐园（kids. kedo. gov. cn）是北京市科协主办的“科学家进校园”系列活动内容之一，主要是依托蝌蚪五线谱科普网站资源，同时充分发挥北京市科协专家资源优势，采用先进的互联网学习模式，与校内科技教育紧密结合，充分满足小学生阅读、视听、动手、交流、分享等需求，打造了一个适合青少年的网络科普学习交流平台。蝌蚪科学乐园内容丰富，包括小蝌蚪科学课、互动社区、十万小达人、益智游戏、提问问答、小小成果展等栏目。

（北京青少年科技中心）

【北京市第二十中学师生走进工程院】 5月15日，来自二十中的180余名师生走进工程院，与院士近距离接触，感受工程科技的魅力。师生们首先观看了中国工程院专题片《天命》，对中国工程院的历史沿革有了初步了解。随后，空气动力学、航空航天飞行器设计专家、中国工程院院士李椿萱为广大师生带来了“航空航天飞行器及空气动力学简介”的科普报告。李椿院士详细地讲解了航空航天技术的分类及意义，航空航天飞行器的分类、应用及设计，空气动力学在飞行器工程技术中的应用，飞行器动力学研究等问题。李椿院士还向同学们介绍了北京航空航天大学的航空航天工程科学专业和空气动力学专业以及目前国内外航空航天事业的前景，鼓励青少年提升知识的广度和深度、打好基础，将来积极投身祖国航空航天事业。讲座后，同学们与院士进行了互动交流。随后，同学们参观了中国工程科技成就展、院士展馆、院士书画社、联合国教科文组织国际工程科技知识中心、节能科技示范楼等，进一步感受了我国工程科技成就的魅力。

（北京青少年科技中心）

【北京景山学校师生走进工程院】 5月22日，来自北京景山学校的200余名师生走进工程院，与院士近距离接触。师生们首先观看了中国工程院专题片《天命》，了解了中国工程院的历史沿革和院士们的感人事迹。随后，我国林学及生态学专家、中国工程院原副院长沈国舫院士为广大师生做了“生态系统、生态保护和生态工程”的科普讲座。讲座中，沈国舫院士介绍了生态、生态学和生态系统的相关概念，生态学科的发展和分支学科，生态保护和建设，以及我国的生态工程。沈国舫院士提醒大家，在享受生态系统所带来的效益时不要忘记与生态系统和谐相处，保持生态系统的可持续发展，鼓励同学们积极投身到生态建设者的行列中。讲座后，同学们参观了中国工程科技成就展、院士展馆、院士书画社、联合国教科文组织国际工程科技知识中心、节能科技示范楼等，进一步感受了我国工程科技成就的魅力。

（北京青少年科技中心）

【陈经纶中学嘉铭分校师生走进工程院】 6月26日，陈经纶中学嘉铭分校150余名师生走进工程院。师生们首先分组参观了中国工程科技成就展、院士书画社、节能科技示范楼等，直观了解和感受了我国的工程科技成就的魅力。随后，我国建筑设计领域的权威专家、中国工程院院士何镜堂以“漫谈成才之路”为主题，为师生做了报告。何镜堂院士指出，“学会做人，勤奋好学，保持科学创新精神以及锻炼健康体魄”是成才的基本功，并以自己的设计作品为案例，具体剖析了有关内容，与同学们分享了众多奋斗经验与体会。报告结束后，同学们积极与何院士互动，向院士提出了建筑设计的思路来源、奋斗动力等问题。

（北京青少年科技中心）

【2015年青少年高校科学营全面开营】 7月19日，在北京大学邱德拔体育馆，2100名来自内地31个省、自治区、直辖市和新疆生产建设兵团，以及香港、澳门、台湾地区的优秀高中学生共同参加2015年高校科学营北京营开营式。中国科协党组书记、常务副主席、书记处第一书记尚勇，教育部副部长刘利民，北京市副市长隋振江，中国科协党组成员、书记处书记徐延豪，北京大学党委书记朱善璐，北京大学党委副书记叶静漪，中国科学院院士、北京大学教授严纯华等出席开营式。仪式由北京市科协党组书

记、常务副主席夏强主持。

（北京青少年科技中心）

【第十六届北京青年学术演讲比赛决赛举行】 10月20日，由北京市科协主办、北京科技社团服务中心承办、北京自然辩证法研究会协办的"用劳动创造托起科技梦想——第十六届北京青年学术演讲比赛决赛"在中国人民大学国学馆举行。北京市科协党组成员、副主席田文出席本次活动。来自科技社团、企业科协、院校科协的代表，部分初赛、复赛选手以及首都高校的青年科技工作者200余人到现场观摩比赛。本次大赛邀请到中国人民大学教授、中国自然辩证法研究会副理事长刘大椿，北京市农林科学院研究员裘季燕，北京科技大学教授、北京腐蚀与防护学会常务理事何积铨，首都医科大学教授、中关村肿瘤微创产业创新战略联盟副秘书长陈晓玲，中国人民大学图书馆多媒体信息部主任李伶5位专家评委，以及北京科技记者编辑协会理事长黄天祥、北京科技报总编童庆安、北京日报评论部主任毛晓刚、北京电视台科教频道副主任陈晔和北京人民广播电台新闻台副台长张洪力5位媒体评委。他们为24位选手的现场表现做了评判，并在赛事结束后为本次比赛做了点评。比赛设初赛、复赛和决赛3个环节，共有24位选手从800余名参赛选手中脱颖而出，晋级决赛。经过激烈的角逐，产生一等奖3名、二等奖6名、三等奖9名以及优秀奖6名。比赛结束后，市科协将开展一系列后续推广活动，充分发挥青年学术演讲比赛平台的作用，促进青年科技工作者更积极、更广泛地参与传播科学知识、科学理念、科学思想的活动，做科学文化的传承者、科技创新的实践者、科学传播的志愿者。

（北京科技社团服务中心）

合作与交流

国内合作与交流

【京滇启动创新驱动战略合作】 3月9日，致公党北京市委、致公党云南省委、北京市科委、云南省科技厅四方创新驱动战略合作协议签字仪式在北京举行。此次签约是致公党地方组织和科技部门加强合作的创新之举，是北京、云南贯彻落实创新驱动发展战略和"一带一路"发展战略的重要举措，对北京建设全国科技创新中心、建设面向西南开放的云南桥头堡和全面建成小康社会将产生更加积极的推动作用，对京滇两地致公党地方组织更好地发挥参政议政作用也将产生更加积极的影响。

（市科委科宣处）

【石家庄市科技合作工作协调会召开】 3月11日，市科委副主任张光连、委员王建新共同主持召开石家庄市科技合作工作协调会。会上要求各领域负责处室、中心，基于石家庄市相关产业现状，在充分与石家庄市沟通的情况下，凝练项目，争取形成几个可执行的合作项目，并在2015年进行实施，推动科技合作工作有序开展。

（市科委办公室）

【中国北方农业科技成果博览会举行】 3月27—29日，市科委委员王建新带队参加2015赤峰·中国北方农业科技成果博览会暨全国农高会新丝绸之路创新品牌展示交易会。市科委组织北京农业科技创新服务联盟近30家企业参加了本届农博会，展示百余项新技术、新品种、新产品及新装备，接待各类咨询4000余人次。农博会期间，王建新一行实地调研了赤峰饲料、电商及种业龙头企业。同时，北京市科委与内蒙古自治区科技厅、赤峰市政府共同召开京蒙（赤峰）科技合作洽谈会，北京市科委王建新委员、内蒙古自治区科技厅副巡视员云涛、赤峰市委常委杨东起出席了会议并讲话。洽谈会上，来自赤峰的36家企业与北京的22家企业代表进行了合作洽谈，双方就合作需求、成果转化、产业对接进行了交流，30家企业初步达成合作意向。

（市科委办公室、农村中心）

【京蒙区域科技合作工作座谈会召开】 4月1日，京蒙区域科技合作工作座谈会在北京召开。王建新委员与市支援合作办副主任崔洪涛、北京现代农业科技创新服务联盟秘书长李志军、昌平区科委书记李万佰及京蒙相关合作企业就京蒙科技合作情况及下一步工作思路展开交流。

（市科委办公室、农村中心）

【红星奖受邀参展第四届苏州创博会】 4月10—12日，红星奖作为联合国教科文组织创意城市网络设计之都北京的重要展示平台，受苏州文化创意设计产业交易博览会邀请，参加了第四届中国苏州文化创意设计产业交易博览会。红星奖携10余件获奖产品亮相本次创博会，其中包括获得2014年红星奖金奖的iHealth健康智能硬件等精选产品。

（市科委文科处）

【京保科技合作框架协议签约仪式举行】 4月25日，北京市科委与保定市政府在保定签订科技合作框架协议。北京市科委按照北京市委、市政府的整体部署，开放首都科技资源，推动首都科技成果向河北转移转化，促进京冀协同创新。

（市科委办公室）

【京筑科技合作工作座谈会召开】 4月27日，贵阳市科技局党组书记、局长帅江一行赴北京市科委，与北京市科委委员王建新座谈京筑科技合作。双方回顾了2013年以来京筑科技合作的进展情况，沟通了贵阳市政府和北京市科委主要领导的近期指示精神，围绕即将召开的京筑创新驱动区域合作年会，分别阐述了活动设想，并就年会活动的整体方案初步达成共识。

（市科委办公室　市科技信息中心）

【拉萨市科技人才培训班开班】 5月5日，拉萨市科技人才培训班在北京正式开班。来自拉萨市科技系统的20人参加培训。此次培训在形式上既有理论学习又有实地考察，通过培训，使学员们更新了知识、开拓了视野、沟通交流了思想，进一步提高了在推进科技创新、加大对外开放、依靠科技创新发展等方面的组织管理能力。北京市科委委员王建新出席开班仪式。

（市科委办公室）

【农科城网络服务中心合作推进石家庄园区建设】 6月12日，由河北省科技厅、北京农科城网络服务中心、中国农村技术开发中心和石家庄市科技局主办的石家庄市农业科技园区工作推进会暨河北石家庄国家农业科技园与北京农科城网络服务中心战略合作签约仪式在石家庄市举行。北京农科城网络服务中心、中国农村技术开发中心和几十家省级、市级农业科技园区负责人代表出席签约仪式。

（市科委农村处、农村中心）

【京黑科技合作工作座谈会召开】 8月4日，黑龙江省科技厅厅长杨廷双一行赴北京市科委，调研北京市科委推进京津冀协同发展战略实施进展及相关工作经验，并与北京市科委党组书记呼文亮交流京黑科技合作工作。

（市科委办公室）

【京津冀食品工作者研讨三地食品工业协同发展】 8月25日，由北京市科协主办、北京食品学会承办的为期2天的京津冀食品行业协同发展沙龙在河北邢台隆尧县东方食品城举行。京津冀的食品工作者研讨了三地食品工业协同发展事宜。北京市科协副主席刘晓勘、河北省科协副主席许顺斗、河北省食品工业协会会长姚奎章分别致辞。三地有关单位30余人参加研讨。与会者聚焦京津冀食品产业发展总体规划，对三地食品行业的现状、面临的困难及发展中亟待解决的问题、三地食品产业发展的布局、优先发展的项目，及如何扩大产业集中度、企业规模等，进行了分析探讨、提出建议，并对三地合作发展事宜达成了共识。北京食品学会、北京食品协会、天津市食品工业协会、河北省食品工业协会与河北省隆尧县政府共同签订了“食品行业协同发展合作协议”。

（市科协）

【北京市科委、迁安市政府和钢铁联盟签署战略合作框架协议】 8月28日，北京市科委、迁安市政府和京津冀钢铁行业节能减排产业技术创新联盟在北京签署战略合作框架协议。来自迁安市钢铁企业、钢铁联盟会员单位、金融机构的代表100余人参加了签约仪式等活动。钢铁联盟发布了京津冀钢铁行业节能减排先进技术目录，包括冶金球烧工艺烟气脱硫除尘一体化技术等20项先进技术成果。华电（北京）热电有限公司1号机组循环水余热利用等23个项目获得“2015年度首都蓝天行动科技示范工程”授牌，涵盖冶金、电力行业脱硫脱硝、余热回收发电等多个领域。

（市科委社发处）

【北京市科委与致公党云南省委商谈京滇科技合作】 8月28日，北京市科委主任闫傲霜与致公党云南省委主委李嵘在市科委就落实四方协议及与缅甸开展科技合作等相关事宜进行了座谈。双方初步商定于9月20日在昆明市举办2015年京滇科技创新驱动区域合作活动。会上，双方就活动主要内容达成共识，并决定双方尽快形成工作方案，与协议各方沟通、洽商，协调推动，加快落实。北京科技协作中心主任季小兵、北京市科委委员王建新、致公党云南省委秘书长杨萍和常委高波、缅甸金固投资发展有限公司董事长杨钏玉出席座谈会。

（市科委办公室）

【北京市科委与黑龙江省科技厅共同谋划京黑农业科技合作】 9月7日，北京市科委主任闫傲霜、党组书记呼文亮与黑龙江省科技厅厅长杨廷双一行进行座谈交流，沟通京黑两地农业科技合作。北京市科委向黑龙江省科技厅介绍了北京国家现代农业科技城的发展理念和模式，在智能化农业机械、信息网络、种业等方面发挥首都科技的辐射带动作用，促进京黑两地科技合作。北京市科委委员张虹、王建新，黑龙江省科技厅常务副厅长张长斌，以及双方相关处室负责人出席调研和座谈。

（市科委办公室）

【2015北京—黑龙江创新驱动区域合作活动举行】 11月8日，北京市科委与黑龙江省科技厅共同举办的“2015北京—黑龙江创新驱动区域合作活动”在哈尔滨举行。北京市科委党组

书记呼文亮带领首都创业导师代表，首都创新大联盟及成员单位、北京国际技术转移机构、首都农业科研院所和科技企业等30余家机构代表出席活动。黑龙江省副省长胡亚枫、省政府副秘书长齐峰、黑龙江省科技厅厅长杨廷双，黑龙江省相关联盟、科研院所、企业等200余位代表参加大会。活动上，双方签订了《北京市科委、黑龙江省科技厅战略合作框架协议》《首都科技条件平台京黑合作站和北京技术市场京黑服务平台联合共建协议》《京黑国际技术转移合作协议》等5项协议，开启了京黑两地科技合作的崭新里程。北京市科委将围绕现代农业园区、高端装备制造、技术成果转移、对外科技合作等方面与黑龙江省加强合作。

（市科委办公室）

【"中国国际技术转移中心大同合作中心"揭牌】 11月14—15日，北京市科委与大同市政府开展京同创新驱动区域合作活动。北京市科委主任闫傲霜与大同市委书记张吉福，大同市委副书记、代市长马彦平围绕京同科技合作进行座谈，双方签订科技合作框架协议，共同为"中国国际技术转移中心大同合作中心"揭牌。首都科技企业、联盟等30余家机构代表，以及大同市相关企业代表100余人参加活动。

（市科委办公室）

【京津冀协同发展项目落地定州】 11月23日，京津冀协同发展项目落地定州签约仪式在定州市举行，北京16个技术转移项目签约，技术转移意向合同额2.95亿元。北京市科委副主任伍建民，定州市委副书记、市长李军辉，定州市副市长李永侃，北京技术交易促进中心主任黄平等参加了签约仪式。

（市科委办公室　北京技术交易促进中心）

【京蒙科技合作推动创新发展赤峰对接会召开】 12月1—2日，京蒙科技合作推动创新发展赤峰对接会在赤峰市召开。会上，参会领导为京蒙合作现代农业技术转移赤峰工作站和北京技术市场协会赤峰工作站揭牌。京蒙科技企业通过2天的洽谈和对接，双方在良种培育与示范、病虫害生物防治、安全投入品推广、特色农产品销售、技术转移合作等方面达成26项协议，推动京蒙科技合作落到实处，实现了双方的互惠互利。

（市科委办公室、农村处、农村中心）

【京津冀技术转移协同创新联盟成立】 12月18日，在科技部火炬中心、北京市科委、天津市科委、河北省科技厅的倡议下，由北京大学科技开发部、北方技术交易市场、河北省科技成果转化服务中心等26家单位发起成立京津冀技术转移协同创新联盟。联盟首批成员单位102家，涉及新一代信息技术、新材料、节能环保、生物医药、现代农业、高端装备制造等战略性新兴产业，以及提供包括知识产权、投融资、创新创业等服务的社会组织及众创空间。北京市科委委员王建新出席活动并讲话。

（市科委办公室）

【京台合作创新平台探索"1带3"模式】 年内，由市政府台湾事务办公室、市科委农村中心、北京生物技术和新医药产业促进中心共同承担的"京台合作创新平台建设"课题，成功打造京台科技创新"1带3"模式，即"一个大联盟，三个分平台"，建立了"会议引动、企业主导、政府推动"的发展机制，形成了由京台大企业、创新型企业、行业协会及产业推动机构、产业研究机构组成的集线上线下、会上会下为一体的多维度创新合作格局，促进了京台技术转移中心网络平台建设。通过虚拟的技术交易市场和B2B系统，提供一站式入口网站与线上资料库服务，并积极吸纳台资企业参与研发，打造了京台休闲农庄示范基地。

（市科委农村处农村中心）

国际合作与交流

【国际科技创新理念与成果推广研讨会举行】 1月27日，由市科委、中国银行主办的国际科技创新理念与成果推广研讨会——中欧科技型中小企业创新合作在北京国际会议中心举行。

会议围绕“国际创新理念与欧洲创新合作机会”“中欧中小企业科技创新合作展望”“中国中小企业‘走出去’实践与思考”3个专题进行了研讨。

（市科委国际合作处）

【俄罗斯费德洛夫科技学院眼显微外科到访北京同仁医院】 3月11日，俄罗斯费德洛夫科技学院眼显微外科到访北京国际科技合作基地联盟成员单位北京同仁医院，双方就眼科合作进行了深入交流。中俄医院这一合作是北京国际科技合作基地联盟通过驻外科技外交官服务平台达成的。联盟秘书处已通过科技外交官服务平台为联盟成员单位推介了9批共82个项目。

（市科委国际合作处）

【中国—丹麦文化创意产业交流研讨会在北京举行】 3月24日，中国—丹麦文化创意产业交流研讨会在北京举行。研讨会由北京生产力促进中心、中欧生产力中心及丹麦尼堡市政府共同举办。北京市科委委员刘晖、中国生产力促进中心协会秘书长刘玉兰、丹麦驻华大使裴德盛、丹麦尼堡市副市长埃里克·克里斯蒂安森、丹麦欧登塞市副市长布莱恩·迪博诺，以及来自两国的40多家文化创意及投融资企业代表参加了会议，与会代表就中丹两国企业创新合作、中国—丹麦文化创意产业发展等问题进行了交流研讨，中丹双方代表达成了初步共识。下一步，北京生产力促进中心将联合中欧生产力中心，积极推动中丹两国企业开展创新创业合作，整合资源、搭建平台，推动两国在文化创意领域互通优质资源，实现共同发展。

（北京生产力促进中心）

【中英技术转移创新联盟（SUTIA）成立大会暨主题论坛召开】 4月20日，中英技术转移创新联盟（SUTIA）成立大会暨主题论坛召开。中英技术转移创新联盟将集聚中英科技创新资源，建立创新伙伴关系，共同推动制度创新、模式创新、联合创新，为中英合作开辟更加广阔的天地，进一步深化两国在多领域的交流与合作。

（市科委国际合作处　北京技术交易促进中心）

【亚欧科技创新合作促进可持续发展研讨会召开】 4月21—22日，由中国、新加坡和希腊三国共同提议，亚欧基金赞助的亚欧科技创新合作促进可持续发展研讨会在北京召开。来自新加坡、意大利、法国、澳大利亚等27个亚欧国家以及亚欧基金会的60余位代表参会。研讨会由科技部和外交部共同主办，北京市科委承办。北京市科委向与会代表介绍了《亚欧科技创新合作中心建设草案》。代表们讨论了第10届亚欧峰会上提出的“建立亚欧科技创新合作中心，构筑创新发展的大平台”的倡议，对《亚欧科技创新合作中心建设草案》反响热烈，决定由中国牵头建设亚欧科技创新合作中心。

（市科委国际合作处）

【2015中国（北京）跨国技术转移大会召开】 4月21—23日，由科技部、北京市政府共同主办，市科委承办的2015中国（北京）跨国技术转移大会在北京国际会议中心举行。大会吸引了美国、加拿大、意大利、韩国、以色列等近40个国家的政府创新部门代表，主要技术转移机构负责人，知名大学专家，IBM、微软等世界500强企业研发负责人，以及来自国内29个省、自治区、直辖市的约3000名代表参加。本届大会围绕“跨国合作、跨界融合、跨越发展”主题进行布局，策划组织了近30个专场活动。其中包括金融、人才、法律等要素专场；中加、中意、中欧、中英等国别专场；节能环保、生物医药、电子信息和现代农业等重点领域专场。大会还对空气污染治理、未来医学、3D打印、智能制造等热点话题进行深入研讨，引导和汇聚一批跨国技术转移项目，促进对接并推动技术项目在中国落地。

（市科委国际合作处）

【中美创新论坛暨中美技术转移专场成果丰硕】 4月23日，在市科委的指导下，由创新科技国际联盟负责的2015中国（北京）跨国技术转移大会——中美创新论坛暨中美技术转移专场在北京国际会议中心举行。来自中美两国科技部门、地方政府、学术界、商界的百余位嘉宾同聚一堂，分享创新理念，签订合作协议，就“清洁能源的发展趋势”与“互联网时代的国际合作与技术转移模式探讨”开展交流。

（市科委国际合作处）

【2015 亚太地区中小企业创新服务链联盟论坛暨技术转移项目推介会在北京召开】 5月6日，在科技部国际合作司、火炬高技术产业开发中心，中国太平洋经济合作全国委员会，中国科学技术交流中心和北京市科委的指导下，由中国生产力促进中心协会主办、北京生产力促进中心等单位承办的2015 亚太地区中小企业创新服务链联盟论坛暨技术转移项目推介会在北京召开。来自全国各地近300家生产力促进中心的代表参会。会议以“互联互通、跨界创新、合作共赢”为主题，启动亚太地区中小企业创新服务链联盟创建，以提高科技中介服务的水平，提升产学研合作紧密度，加快高校、科技机构和企业之间的技术流动，通过网络式服务平台，积极推动技术搜寻、评估、传播和投资，实现联盟内的有效联系和资源共享。

（市科委国际合作处　北京生产力促进中心）

【亚欧科技创新合作中心建设推进会举行】 7月16日，亚欧科技创新合作中心秘书处在市科委召开工作推进会。中心秘书长、市科委副主任朱世龙、国际科技合作处处长陈刚、北京技术交易促进中心主任黄平、北京市科学技术开发交流中心主任曲宏、北京市国际科学技术合作协会会长熊正株等参加会议。亚欧科技创新合作中心由中国、新加坡和希腊三国共同提议建设，中心秘书处设在北京市科委。

（亚欧科技创新合作中心）

【北京国际科学节圆桌会议】 9月19日，第三届北京国际科学节圆桌会议在中国科技馆召开，来自中国、德国、法国、埃及、土耳其等18个国家及地区的27位科学节组织代表参加会议，其中有13个科学节组织首次派代表参加会议。9家机构代表签署了合作谅解备忘录，累计签署合作谅解备忘录的科学节机构达到24家。借助圆桌会议这个平台，各个科学节组织之间开展了互访和交流并积极推进项目合作。2015年，签署合作谅解备忘录的15家机构互访次数共计25次。

（市科协）

【2015 北京—特拉维夫创新大会暨以色列节能环保技术中国巡回展举行】 10月29日，由北京市科委主办，北京特拉维夫创新中心和北京高创天成国际企业孵化器有限公司共同承办的2015 北京—特拉维夫创新大会暨以色列节能环保技术中国巡回展举行。本次大会以“中以创新合作发展”为主题，主要由开幕式、嘉宾主题发言、以色列节能环保技术专场 B2B 对接、中以创业孵化联合体研讨会、中以创新日暨天津市中北镇技术洽谈会五大板块组成。本次会议邀请到来自北京、特拉维夫以及中以两国的政府、大学、科研机构、企业及行业组织等近300名代表出席。大会期间，共计32家以色列企业及机构的代表携带40余项先进技术来华寻求合作。大会共进行了300多项次的 B2B 对接洽谈，一些项目达成了初步合作意向。

（市科委国际合作处）

【2015 北京—安大略科技创新论坛在北京举行】 11月13日，由北京市科委和加拿大安大略省研究与创新厅共同主办，创为信国际技术咨询（北京）有限公司和北京—安大略科技创新合作中心共同承办，加拿大驻华大使馆等机构协办的2015 北京—安大略科技创新论坛在北京举行。本次论坛以“科技经济融合、创新合作共赢”为主题，邀请来自加拿大的30多家企业和机构，以及北京和国内各省、自治区、直辖市的高技术企业、科研机构、大学院校等共300余名代表出席。来自加拿大安大略省的企业及机构携80余项先进技术来华寻求合作。论坛期间，共进行了170多项次的 B2B 对接洽谈，洽谈双方就一些项目达成了初步合作意向。在签约仪式上，安大略卓越中心、中加天使联盟、500px、视觉中国集团等企业分组进行了项目签约。其中，视觉中国集团将为安大略科创企业500px 注资800万加元，双方将在中国成立合资企业，共同开拓中国市场。

（市科委国际合作处）

【第六届中意创新合作周在北京开幕】 11月17日，由中国科技部和意大利教育大学科研部共同主办，北京市科委、中意技术转移中心、意大利科学城、意大利国家研究委员会共同承办的第六届中意创新合作周在北京开幕。本届合作周以“中意携手,创新共赢”为主题,聚焦中国和意大利创新合作的关键技术领域、创新创业的核心资源,通过高端论坛、分领域圆桌会议、项目对接、创新成果展览展示以及园区、机构访问等形式,促进中意双方展开深入交流与务实合作。在北京举办的主会场吸引了意大利135家机构的200余位代表以及来自北京、天津、河北、安徽等国内12个省、自治区、直辖市的200余家中方机构代表参会。

（市科委国际合作处）

【中韩新能源汽车合作研讨会在北京召开】
12月16日,由北京市科委和韩国驻华大使馆共同主办,韩国电动车协会、中国汽车工业协会、华夏幸福基业、中韩企业合作创新中心共同承办的中韩新能源汽车合作研讨会于北京凯宾斯基酒店召开。来自韩国电动车协会、清华大学、北汽集团、国际技术转移协作网络(ITTN)等中韩近30家学界与工商界机构的近100名代表出席了会议。

（市科委国际合作处）

科学技术普及

城乡科普

【市安全监管局科学技术协会正式成立】 1月29日，北京市安全生产监督管理局科学技术协会成立大会在市安全生产科学技术研究院召开。市科协副主席周立军、市安全监管局副局长贾太保，以及局属事业单位、局属社团组织、区县安全监管局代表出席会议。会上，市科协科普部部长阎仁浩宣读了《关于同意成立北京市安全生产监督管理局科学技术协会的批复》，市安全生产科学技术研究院院长贾秋霞做筹备工作报告。全体代表审议并通过了《北京市安全生产监督管理局科学技术协会章程》，表决通过了第一届委员会委员名单，并选举产生了科协主席、副主席、秘书长。

（市科协）

【昌平区、顺义区首批科普体验厅建成】 3月17日，市科委农村中心对昌平区永安社区、回龙观村，顺义区万科城市花园社区等4家科普社区的科普体验厅建设进行检查。这4家科普体验厅是昌平区、顺义区科委2013年实施的第一批科技体验厅，根据市科委关于科普体验厅建设的要求，农村中心承担其对接指导服务工作。在科普体验厅建设过程中，农村中心组织专家进行了方案策划和展品遴选，分别设计出以“体验科技，快乐成长”“快乐我参与，健康你我他”“体验低碳科技，创建绿色家园”“体验科技，时尚养生”为主题的科普体验厅。

（市科委农村处、农村中心）

【“科学健康人”巡诊班车服务郊区百姓健康】 3月18日，“科学健康人”健康班车郊区巡诊活动来到北京最北端——古北口镇，北京药理学会等相关学会组织来自安贞医院和宣武医院的8位专家为郊区百姓送上健康服务。学会邀请心血管、骨科和中医的3位专家在古北口社区卫生服务中心与基层医生进行同台问诊，通过实际病案帮助基层医生提升能力。由心血管疾病、老年医学和药理学的5位专家在村委会的报告厅开展健康讲座、义诊和科普宣传等活动，向百姓传播健康理念，个性化处理百姓病案，并发放了健康科普材料。

（北京科技社团服务中心）

【“科学健康人”项目举办服务科技工作者专场讲座】 3月20日，“科学健康人”项目——健康“大家谈”服务科技工作者专场讲座在市科协举行。活动邀请了北京针灸学会专家、北京中医药大学教授、北京市非物质文化遗产保护项目“程氏针灸”第四代传承人程凯做题为“小穴位，大健康——身体的妙药，你知道吗?”的健康讲座。150名来自市科协所属学会的专家、负责人和科协机关、事业单位的工作人员参加活动。程凯为听众传授了通过穴位来预防感冒、抗抑郁、抗焦虑、去火、醒神和安眠的实用手法。北京针灸学会秘书长黄毅配合讲座内容，帮助听众纠正动作、找准穴位。“科学健康人”项目由市科协组织26家涉医科技社团围绕百姓健康需求联合提供科技服务。

（北京科技社团服务中心）

【获奖科学家走进延庆二中】 6月15日，获奖科学家进校园系列活动走进了延庆二中，市科学技术奖一等奖获得者、华新绿源环保产业发展有限公司的苑杰老师为学生做了题为“让电子废弃物‘变废为宝’”的科普报告，300余名初中一年级的师生参加。

（市奖励办）

【第二届“健康科学100分”微信互动平台正式上线】 9月25日，由市科委主办，北京科技报社承办的大型健康微信互动平台活动——第二届“健康科学100分”正式上线。该平台构建由权威医学专家精心筛选包括心脑血管、糖尿病、妇产等10余个疾病领域的健康防治知识题库，采取趣味竞答的活动方式，提高大众的参与热情，增强参与者的健康素养。2014年首届“健康科学100分”活动历时90天，覆盖人群近15万人，为打造新媒体传播平台品牌“健康科学100分”取得了良好的开端。

（市科委生物医药处）

【2016年科普惠农兴村计划、社区科普益民计划申报评审会召开】　9月29日,2016年北京市科普惠农兴村计划、社区科普益民计划申报评审会召开。来自中国科协、中国青少年科技辅导员协会、中国科学院大学、市经济信息化委、市农林科学院、市农技协等单位的专家组成评审组,对全市16个区县上报的两个计划材料进行了集中评审。专家组认为大多数申报项目符合相关要求和规定,经过评审材料、小组会商、综合评议等环节,对所有申报项目严格评议,并对相关项目提出了整改意见,最终确定了2016年北京市科普惠农兴村计划和社区科普益民计划的推荐项目。

（北京科普发展中心）

【区县全民科学素质纲要实施工作会召开】10月21日—22日,区县全民科学素质纲要实施工作会在延庆召开,市科协党组成员、副主席刘晓勘,16个区县科协的主要领导、分管纲要工作领导、联络处室负责人和相关人员70多人参加会议。会议首先简要回顾了全年纲要实施工作进展情况,并对下一阶段纲要实施工作重点任务进行了部署。中国科普研究所科学素质研究室主任何薇对2015年中国公民科学素质调查概况与主要结果进行解读,讲解了公民科学素质概念的演化、指标意义、数据如何获得等方面内容,介绍了公民科学素质的基本内涵,对公民科学素质调查的概况、技术说明等进行了简要介绍。市统计局社情民意中心项目经理庞芳讲解了北京市公民科学素质抽样调查服务方案,介绍研究设计思路、调查实施方案、数据采集流程及质量控制、服务团队等,详细说明了区县公民科学素质抽样调查入户安排。北京科技报社总编辑童庆安介绍了北京科技报社开展的科普信息化工作,以及如何通过"互联网+科学融合传播"等方式提升公民科学素养。16个区县科协的主要领导分别汇报了本区县科协组织机构、区县科协工作现状以及下一步工作思路。

（市科协）

【市园林绿化局(首都绿化办)举办科普知识竞赛】　10月27日,由市科协和市人力社保局共同主办的市园林局2015年公务员科学素质知识竞赛活动在市园林局干部培训基地举行,共180余人参加竞赛活动。本次比赛主要围绕园林系统专业知识开展,比赛分为3组,通过初赛,每组选拔出6人参加决赛,比赛环节分为抢答和必答两种形式,抢答答对一题给该组加10分,必答答对一题给该组加20分,分数多的组最终获胜。经过角逐,第三组获得了全胜,成绩遥遥领先,获得了证书和奖励。

（市科技进修学院）

【2015年公务员科学素质大讲堂举行】　10月23日,市科协和市人力社保局在门头沟区行政学院举办了2015年北京市公务员科学素质大讲堂,邀请国家行政学院法学部副主任杨伟东教授做了题为"坚持科学行政,力促法治政府建设"的讲座,全区百余名公务员参加培训。坚持科学依法行政,促进法治政府建设,是当前法治建设当中的一个重要问题,针对这一问题,杨教授系统地阐述了依法行政的内涵和目标、依法行政的意义、依法行政的制度结构、依法行政的基本要求以及如何科学依法行政,引导公职人员切实增强依法行政理念,不断提高法治意识和依法行政能力,助推法治门头沟建设。

（市科技进修学院）

【北京科普产业发展研讨会】　12月10日,由市科协主办,北京科普资源联盟秘书处、朝阳区科协承办的2015年北京科普产业发展研讨会在汉能控股集团有限公司总部召开。北京科普发展中心副主任严俊主持会议。研讨会邀请中国科协科普部科普信息化处处长邓帆、科普产品国家地方联合工程研究中心北京分中心副主任包明明、果壳网科学人主编吴欧、朝阳区科协主席杨绍磊、汉能清洁能源展示中心馆长王新宇,围绕科普信息化、企业科普模式研究、基层科普产业、"十三五"科普产业发展规划等主题,采用研讨交流形式,共同探索北京地区科普产业发展新路径。来自北京科普场馆联盟、科普信息化联盟和科普产业联盟以及科研院所、科学传播企业的科普工作者、科普爱好者近百余人参加了研讨。

（市科协）

【北京科普创作出版专项资金资助】　年内,经征集、初审、初评、答辩指导和终评工作，共16个选题获得北京科普创作出版专项资金资助。其中，《林下书香》获得2015年“第五届中华优秀出版物奖图书奖”国家级一等奖、“第三届中国科普作家协会优秀科普作品银奖”省部级二等奖；商务印书馆出版的《时蔬小话》获评2014年“大众喜爱的50本好书”；《看不见的森林：林中自然笔记》获评2014年“中国好书”和2015年“中国书业年度评选翻译奖”；《神奇科学》获评2015年“全国优秀科普作品”。

（市科协）

青少年科普工作

【顺义区青少年走进中国工程院】 3月20日，市科委农村中心与顺义区科委、市农林科学院信息中心共同组织顺义杨镇一中高一、高二部分班级师生180余人到中国工程院开展“领工程院士风采，观工程科技成就”科技实践活动。学生们先在中国工程院大厅与院士们合影留念，之后在报告厅观看了专题片《天命》，由此了解工程科技的相关知识，领略许多工程科技专家学者的风采。中国工程院院士、“长征”号火箭总设计师兼总指挥龙乐豪做了“我与中国航天”的报告，报告就我国航天事业的发展和他本人的经历，讲述了鲜为人知的故事，并向学校赠送了纪念册和《天命》光盘，鼓励青少年努力学习、报效国家。

（市科委农村处、农村中心）

【微电影《热线，红线》获奖】 6月23日，在市机关第二届青年技能大赛总结展示会上，由市农林科学院农业科技信息研究所拍摄制作的微电影《热线，红线》获得二等奖。北京市机关青年技能大赛由中共北京市委市直属机关工作委员会主办，本次大赛的主题是“改革建新功 共筑中国梦”。《热线，红线》是一部“三农”题材的微电影，为了宣传推广12396新农村科技服务热线，总结经验、显示成效，该微电影全部由市农林科学院农业科技信息研究所职工自编、自导、自演，反映了科技服务热线在京郊农民增收致富过程中发挥的巨大作用。

（市科委农村处、农村中心）

【青少年高校科学营北京营香港营员走进中国工程院】 7月20日，青少年高校科学营北京营100名香港营员来到中国工程院参观。营员们观看了中国工程院宣传片《天命》，了解了中国工程院创办、发展的历史，认识到其在我国工程技术界的重要作用。院士们不计名利，在岗位上默默奉献的精神深深感动了同学们。此次，院方邀请我国玉米遗传育种专家戴景瑞院士为营员们做了转基因技术的讲座，并向大家赠送了纪录片光盘和纪念册。随后，营员们参观了中国工程院内的中国工程科技成就展、院士展馆、联合国教科文组织国际工程科技知识中心、院士书画展厅、节能科技楼一层大厅及展示屏、楼顶光伏项目。

（北京青少年科技中心）

【北京实现中国青少年机器人竞赛四连冠】 7月25日，第十五届中国青少年机器人竞赛在内蒙古自治区鄂尔多斯市落下帷幕，北京代表队以16金10银10铜的成绩连续第四年位列金牌榜首位。共有来自全国30个省、自治区、直辖市、新疆生产建设兵团和澳门特别行政区的502支队伍、约1500名选手参赛。北京队共选派36支队伍、101名学生、36名指导教练参加了全部5个项目的比赛。丰台区科协被评为优秀组织单位，第十五中学南口学校被评为优秀学校。北京学生活动管理中心的梁玉军老师、北京教育学院附属中学的强薇老师、北京市西城区青少年科技馆的牛琦老师被评为优秀教练员。

（北京青少年科技中心）

【第30届全国青少年科技创新大赛闭幕】 8月23日，第30届全国青少年科技创新大赛颁奖典礼暨“太空奥秘”分享会在香港亚洲博览馆举行，历时4天的大赛落下帷幕。全国政协副主席、中国科协主席韩启德，教育部副部长郝平，中联办副主任仇鸿等出席。中国航天员聂海胜、刘旺与青少年分享了太空生活体验并寄语。本届大赛中，北京代表队学生项目获得一等奖13项（其中科技创新项目10项、创意项目3项）、二等奖8项（其中科技创新项目7项、创意项目1项）。东城区崇文青少年科技馆陈晓玲老师和北京市宣武青少年科学技术馆毕欣老师荣获“十佳科技辅导员”称号，科技辅导员创新成果项目获得一等奖4项、二等奖7项。本届大赛共有483个青少年科技创新项目、1331个青少年科技创意项目和651个科技辅导员科技创新项目参加全国阶段比赛，其中，184个青少年科技创新项目、105个科技辅导员科技创新项目和47个青少年科技创意项目参加终评。同时，来自印度、德国、瑞典、丹麦、泰国、韩国、巴西、日本等12个国家的57名国外青少年受邀参加了终评阶段的展示和交流活动。

（李佳熹）

【关爱鲁甸在京学生系列活动启动】 9月26日，关爱鲁甸在京学生系列活动在北大附属实验学校启动。活动为云南鲁甸2014年“8·3”地震灾区来京学习的36名学生送去了关爱。北京市人大常委会副主任、致公党北京市委主委李昭玲，北京市科委主任、致公党北京市委副主委闫傲霜，致公党云南省委主委李嵘出席活动。活动期间，主办方将结合学校教学计划和学生的具体需求开展捐赠科普图书、参观科普教育基地、参观李可染画院、与在京大学生互动交流和重点帮扶特困学生等5项活动。启动仪式上，出席活动的领导共同向15名学生代表捐赠了科普系列图书及学习用品。

（北京科技协作中心　市科委办公室）

【第四届首都大学生科技创新作品与专利成果展示推介会校园行活动举行】 10月28日，首都经济贸易大学举办了第四届首都大学生科技创新作品与专利成果展示推介会校园行专场活动，现场80余名大学生聆听了讲座。专场活动由资深创业导师就“创业——给理想插上飞翔的翅膀”主题做了演讲，以自身创业初期遇到的产品、销售、管理等方面的问题以及创业中需注意的事项为出发点，结合自己对创业成功的理解，旁征博引，帮助学生树立正确的创业动机与心态，鼓励大学生勇敢创新、追逐梦想。随后的提问环节就同学们提出的创业初期融资问题进行了交流。市保护知识产权举报投诉服务中心的老师就专利申请流程等事项为同学们进行详细讲解。高校校园行系列活动是第四届首都大学生科技创新作品与专利成果展示推介会在主会场活动以外设立的分场活动。

（北京科技咨询中心）

【“大学生如何任性职场”专场活动】 11月4日，第四届首都大学生科技创新作品与专利成果展示推介会校园行活动在北京财贸职业学院举行。本次校园专场活动由北京科技咨询中心与北京财贸职业学院校团委联合举办，以“大学生如何任性职场”为主题，吸引了百余名大学生到场参与。

（市科协）

【“如何迈出成功创业的第一步”讲座召开】 11月10日，第四届首都大学生科技创新作品与专利成果展示推介会走进中国科学院大学怀柔校区。本次专场活动由北京科技咨询中心与共青团中国科学院大学委员会联合举办，以“如何迈出成功创业的第一步”为主题。创业导师与同学分享了创业感悟，通过回顾自己作为“北漂”“草根”的创业之路，老师提出创业者需要“掌握客户心理需求，适时扩大商业成果”“不要被暂时的失败吓倒，要转变思路寻找新的商机”，引起同学们的共鸣。在互动问答环节的话题涉及大学生创业政策、创业融资方式及互联网+创业现状等。

（北京科技咨询中心）

【第十四届“北京青少年科技创新市长奖”终评答辩举行】 12月25日，第十四届“北京青少年科技创新市长奖”终评答辩在北京科技活动中心举行。本届参与终评答辩的项目涉及动物学、植物学、化学、生物化学、社会科学、物理学、环境科学、工程学、计算机、地球与空间科学十大学科。选手们介绍了自己的课题，阐述了对科学研究的认识及参与科技活动的感受，通过PPT、照片、视频等形式展示了个人特长和才能，展现出首都青少年的科技和人文风采。答辩结束后，评审会委员与青少年共同合影留念，并对各候选人进行综合评议，投票产生新一届“北京青少年科技创新市长奖”获得者。

（北京青少年科技中心）

重点科普活动

【市全民科学素质纲要实施工作会召开】 4月30日，市全民科学素质纲要实施工作会召开。市全民科学素质纲要实施工作办公室各成员单位负责人、各区县政府全民科学素质工作主管领导、各区县全民科学素质纲要实施工作办公室（科协）负责人出席会议。会议由市政府副秘书长马林主持，市委常委、副市长戴均良出席会议。会议播放了《2014年北京市〈全民科学素质行动计划纲要〉实施工作纪实》专题片；市教委、怀柔区政府分别做典型发言；市纲要实施办公室主任、市科协党组书记、常务副主席夏强部署了市《全民科学素质纲要》实施工作重点任务。

（市科协）

【2015年市科普工作联席会议召开】 5月8日，2015年市科普工作联席会议在市政府召开，联席会议41家成员单位及16个区县政府的负责人参加了会议。根据对联席会议成员单位及区县的统计，开展全国科技活动周暨北京科技周、全国科普日等国家级和市级大型科普活动40余项，参加人数累计近3000万人次。

（市科委科宣处）

【2015年全国科技活动周暨北京科技周主场活动举行】 5月16日，2015全国科技活动周暨北京科技周主场活动在民族文化宫开幕。中共中央政治局委员、国务院副总理刘延东，中共中央政治局委员、北京市委书记郭金龙，全国政协副主席、科技部部长万钢，全国政协副主席、国家民委主任王正伟等领导出席开幕式并参观北京科技周主场活动，市科委主任闫傲霜陪同参观。开幕式上，刘延东宣读了国务院总理李克强发来的贺信，并宣布2015年全国科技活动周暨北京科技周启动。市科委党组书记呼文亮，副主任朱世龙、伍建民，委员王建新参加开幕式活动。本届科技周以“创新创业 科技惠民”为主题，通过大型科普博览的形式，突出民生科技，向公众展示国家和北京地区的创新成果和创业案例，让公众亲身感受科技给人们的生产和生活带来的变化，激发全社会的创新创业热情。2015年北京科技周主场展览面积6000多平方米，以“众创大道”为展示主线，以众创空间、科技创意坊、创造我发明、科普体验厅、电动汽车、纳米小屋六大板块为主要内容，采取模拟场景风格设计，从不同层面充分展现“创新创业 科技惠民”的主题。主场共180余家单位参与，展示近300个项目。

（市科委科宣处）

【2014年度北京地区科普统计数据发布】 12月25日，市科委发布了2014年度北京地区科普统计数据。统计数据表明，科普经费筹集额继续位居全国前列，科普人员增减平稳，科技场馆建设稳步增长，科普传播形式多样，以科技活动周为代表的群众性科普活动产生了广泛的社会影响。首都科普事业继续保持平稳发展。本次统计工作由北京市科委组织，统计范围为北京地区的中央国务院部门、市属委办局、人民团体和16个区县，共回收有效调查表1586份。据统计，2014年北京地区全社会科普经费筹集额21.74亿元，比2013年增加了0.47亿元，居全国各省、自治区、直辖市前列。其中，政府拨款14.98亿元，占全部科普经费筹集额的68.91%，分别比2013年减少0.44亿元、3.59个百分点。科普专项经费9.90亿元，比2013年增加0.58亿元；人均科普专项经费由2013年的44.07元（2013年北京常住人口2114.8万）增加到46.01元（2014年北京常住人口2151.6万）。按2014年剔除中央在京单位后的科普专项经费4.84亿元计算的人均科普专项经费为22.49元，居全国各省、自治区、直辖市前列。

2014年社会捐赠0.97亿元，比2013年增加0.71亿元。北京地区科普场馆建设稳步增加。截至2014年年底，北京地区共有建筑面积在500平方米以上的科普场馆101个，比2013年增加9个。在这些场馆中，科技馆31个，比2013年增加9个，科学技术博物馆70个，与2013年持平；北京地区科技馆、科学技术博物馆建筑面积109.78万平方米，展厅面积47.61万平方米，分别比2013年增加4.73万平方米、5.47万平方米；每万人拥有科普场馆建筑面积510.22平方米，每万人拥有科普场馆展厅面积221.28平方米，分别比2013年增加45.3平方米、31.48平方米。科技馆、科学技术博物馆年参观人数1594.12万人次；科普场馆基建支出共计2.57亿元，比2013年的2.25亿元增加0.32亿元。青少年科技馆（站）11个，建筑面积4.86万平方米、展厅面积0.64万平方米，参观人数为17.51万人次。北京地区共有科普画廊3231个，比2013年减少934个。城市社区科普（技）活动专用室1014个，比2013年增加40个。农村科普（技）活动场地1839个，比2013年减少289个。科普宣传专用车82辆，比2013年减少26辆。2014年北京地区出版科普图书3605种，比2013年减少144种，占全国出版科普图书种数的42.38%（全国8507种），比2013年减少2.11个百分点。年出版总册数2795.43万册，占全国年出版科普图书总量6160.03万册的45.38%；出版科普期刊68种，年出版总册数1378.83万册；出版科普（技）音像制品71种，光盘发行总量24.45万张；年发行科技类报纸2189.56万份；电台、电视台播出科普（技）节目时间1.97万小时；科普网站184个；共发放科普读物和资料3495.6万份。2014年北京地区共举办科普（技）讲座4.89万次，听众559.86万人次；举办科普（技）专题展览4835次，观展3968.52万人次；举办科普（技）竞赛3035次，6498.41万人次参与竞赛；组织青少年科技兴趣小组3310个，参加人数35.06万人次；举办实用技术培训1.85万次，101.36万人次接受培训。2014年科技活动周共投入经费2637.67万元，比2013年增加619.28万元，其中，政府拨款2091.76万元；科技周期间，举办科普专题活动3672次，吸引5841.1万人次参与。大学、科研机构向社会开放569个，49.42万人次参观；举办1000人以上的重大科普活动605次。2014年，北京地区拥有科普人员4.17万人，每万人口拥用科普人员19.38人。其中，科普兼职人员3.46万人（占82.97%），科普专职人员0.71万人（占17.03%），女性2.26万人（占54.2%），农村科普人员4804人（占11.5%），科普创作人员1132人（占2.71%）。兼职科普人员年度实际投入工作量48440人月，人均投入工作量1.4个月。注册科普志愿者2.07万人。

（市科委科宣处）

区县科技

东城区

【两家单位获市众创空间认定】 3月23日，市推进众创空间建设推进会在市科委召开。东城区两家单位获得首批市众创空间认定和授牌。此次授牌的众创空间，空间承载能力强、资源聚集度高、服务模式新，形成了创业投资、硬件平台、教育培训、投融资对接等一批特色鲜明的服务模式，涉及移动互联网、创意设计、智能硬件等多个领域。

（刘金静）

【知识产权专题培训会召开】 4月16日，为进一步增强知识产权执法人员的法律意识，开阔法律视野，促进东城区知识产权执法工作的开展，东城区知识产权工作领导小组办公室联合东城区打击侵犯知识产权和制售假冒伪劣商品工作领导小组办公室举办知识产权专题培训会。区知识产权局、区商务委、区工商分局等30个成员单位主管领导及业务科室负责人参加培训。培训邀请北京外国语大学法学院副教授李晓辉博士做题为“后trips时代的知识产权保护机制”的讲座，李晓辉从“trips及其执法机制”“后trips时代的知识产权保护机制的变化”“后trips时代的知识产权保护执法措施的超越及应对”等方面予以讲解。

（刘金静）

【开展知识产权宣传活动】 4月23日，在第十五个世界知识产权日来临之际，东城区2015年知识产权宣传活动在北京最古老、最具特色街巷之一的南锣鼓巷举行。区知识产权局、区法院知识产权庭、区文化委、区工商分局、区商务委、区司法局等东城区知识产权工作领导小组成员单位负责人30余人参加了主题为“建设知识产权强国 支撑创新驱动发展”的现场宣传咨询服务活动。北京12330、东城区分中心、南锣鼓巷工作站、交道口司法所及九三学社东城区委的律师社员参加了宣传活动。活动共发放《北京市举报假冒专利行为奖励办法（试行）》《创业知识产权宝典》《商标注册指导书》《知识产权漫画读本问答》《知识产权诉讼知识问答》等10余种，近6000余份知识产权宣传材料，开展了专利申请、举报假冒专利奖励、商标注册、版权登记、知识产权诉讼知识、知识产权问题的咨询解答。九三学社东城区委的律师、区法院知识产权庭的法官与到南锣鼓巷游览的德国律师就知识产权保护相关内容进行了互动交流。

（刘金静）

【区科技计划项目专家评审会召开】 5月13日和15日，东城区科委召开2015年区级科技计划项目专家评审会。专家评审会分综合组、电子信息组、生物医药及医疗器械3组进行，每组由3位技术专家和1位管理专家、1位财务专家组成，共对47个项目进行了评审。2015年区科技项目在征集时重点强调了科技查新和项目可行性研究报告，评审时突出了项目的现实意义、技术创新和成果转化应用等重点，并结合绩效考评前置进行了有益的探索。

（刘金静）

【两家社区科普体验厅通过验收】 7月17日，由市科委、东城区科委和东城区东花市街道办事处共同投资创建的两个社区科普体验厅——东花市街道枣苑社区科普体验厅和广渠门外南里社区科普体验厅，通过了市科委组织的专家验收。枣苑社区科普体验厅以新型防灾减灾为主题，通过互动性和趣味性较强的灭火模拟体验系统、心肺复苏体验系统、地震灾后模拟逃生系统等的演示，让社区居民掌握正确的灭火方法、急救方法，以及相关的科普知识。广渠门外南里社区科普体验厅以环保科普体验为主题，由环保科技展示、互动体验、示范服务系统等3个部分组成。东城区还有东华门街道银闸社区、民安社区3个科普体验厅正在创建过程中。

（刘金静）

【推进“双创”工作协调会召开】 10月23

日，为贯彻落实国务院《关于大力推进大众创业 万众创新若干政策措施的意见》以及《北京市关于大力推进大众创业 万众创新发展的实施意见》，由东城区科委牵头，区发展改革委、东城园等20余家单位，召开东城区编制起草小组工作协调会。区科委对《实施意见》主要内容做了导读，并对东城区整体工作进行部署。全区一定要形成合力，拿出符合东城实际、切实可行、具有创新性、可落地的落实意见，形成"大众创业 万众创新"的良好社会环境。

（刘金静）

【科技政策法规培训会举行】 11月18日，为进一步规范科技计划项目申报和组织实施，拓宽企业融资渠道，东城区科委举办科技政策法规培训会，邀请专家就如何申报科技项目以及企业投资融资、众创空间等内容进行讲解，并解答企业提出的问题。现场还进行了培训服务对象满意度问卷调查。东城区50多家科技企业的70余人参加了此次培训会。

（刘金静）

【视联动力中标浙江电子政务视联网项目】 11月，总额达4亿元的浙江电子政务视联网项目完成招标，三大运营商借助东城区科技企业——北京视联动力国际信息技术有限公司的独家技术竞标成功。基于视联动力的创新技术，浙江电子政务视联网建设项目将成为中国首个不基于西方主流科技的创新通信网络，实现近6000个点横向覆盖所有政府机构、纵向覆盖省市县乡一体化的互联互通高清视频通信，实时高清视频交换技术——V2V视联网技术，以及基于该技术针对政府、企业、医疗（医院）、教育（学校）、公园（景区）、场馆等局域网环境下最先进的统一视频解决方案。近年来，公司成功申报近百项专利，成为东城区专利大户。

（刘金静）

【东城区众创空间建设工作研讨会召开】 12月2日，为贯彻落实《北京市人民政府关于大力推进大众创业 万众创新的实施意见》，完善促进创新创业的体制机制，研究推进全区众创空间建设发展的政策措施，加快打造东城区创新创业的生态环境，促进众创空间更好地发挥市场作用。由区科委牵头，聚焦东城区众创空间的未来发展，进行交流研讨。东城区提出了企业发展中遇到的实际问题，以及诸如工商注册、资金、人才、政策、落地空间、服务平台和联盟建设等方面的政策建议。

（刘金静）

【南馆公园科普体验厅通过验收】 12月9日，由市科委、东城区科委共同资助创建的的南馆公园（民安社区）科普体验厅，通过市科委组织的专家验收。在南馆公园科普体验厅创建工作中，东城区科委积极组织、多方协调、全程督导，南馆公园管理处认真落实、边创建边组织了10余场各类科普活动。南馆公园科普体验厅，在原低碳小屋的基础上，通过建设节能减排互动展示系统、城市中水市政虚拟演示系统和"智能低碳家庭"互动展示系统，使民安社区环保科普体验厅初具规模，也进一步提升了低碳小屋的科普能力，为提升广大社区居民的环保意识和科学素质发挥了重要作用。东城区全年共建设完成3家社区科普体验厅并通过验收，分别是东花市街道枣苑社区科普体验厅和广渠门外南里社区科普体验厅、南馆公园科普体验厅。

（刘金静）

【2012—2014年度东城区科学技术奖励会议召开】 12月30日，东城区科委召开科技奖励会议，表彰2012—2014年度东城区科技创新成果。东城区科委党组书记邱少军宣读了《北京市东城区人民政府关于2012—2014年度东城区科学技术奖励的通报》，授予北京同仁堂股份有限公司研发的"巴戟天寡糖胶囊产业化研究"1项科技成果北京市东城区科学技术奖特等奖；授予北京国能普华环保工程技术有限公司研发的"碎煤加压气化废水处理技术"等3项科技成果北京市东城区科学技术奖一等奖；授予北京起重运输机械设计研究院研发的"通用型桥式起重机轻量化设计技术及应用"等9项科技成果北京市东城区科学技术奖二等奖；授予北京市第六医院研发的"急性缺血性卒中

患者脑微出血相关因素分析”等12项科技成果北京市东城区科学技术奖三等奖。

（刘金静）

西城区

【科技专项通过验收】 3月21日，市科委组织专家对西城区科委、西城区生产力促进中心、西城区统计局等单位共同承担的区县科技专项“西城区区域经济与社会发展决策支持系统建设研究与示范”课题进行结题验收。该项目包含“西城区区域经济与社会建设指标体系及特色功能区评价标准研究”“西城区区域经济与社会发展决策支持系统”“西城区基层社会事业可持续发展对策研究”“西城区科技协调员体系建设及模式创新研究”“北京市西城区科技金融发展研究”5个子课题。课题形成研究报告6份、标准2个，发表科技论文1篇。截至年底，“西城区区域经济与社会发展决策支持系统”的成果已经得到应用。

（闫　肃）

【民生“‘安居管家’综合养老服务平台的建设与应用”项目获立项】 3月31日，由西城区展览路街道办事处承担的2014年度区县科技专项“‘安居管家’综合养老服务平台的建设与应用”课题实施方案，通过了市科委组织的专家组的论证，获得立项。该项目重点针对养老服务对象在日常生活、医疗等方面的需求，采用互联网、移动互联网等现代通信技术，通过线上线下相结合的O2O服务模式，及时有效地提供服务，建立从家庭到社区、再到医院的完善的居家养老一体化服务体系，促进养老服务工作的社会化、标准化。

（闫　肃）

【开展天文科普活动】 4月4日，西城区科委与北京天文馆共同组织西城区小学师生、家长等70多名天文爱好者，到河北省怀来县小南辛堡镇天文观测基地，实地开展“月全食”天文观测活动。天文科普专家组织天文爱好者们利用天文望远镜进行跟踪观测，结合星体位置，讲解银河系星座和太阳系行星的方位特征、运行规律，以及与地球自然现象之间的关系等知识。在基地教室，通过知识讲座、现场答疑、有奖竞赛、模型拼装等形式，对天文爱好者们进行天文基础知识培训。

（闫　肃）

【区县科技专项通过验收】 4月10日，市科委组织专家对西城区科委、西城区生产力促进中心共同承担的2013年度区县科技专项“西城区公共区域与重点行业科技支撑服务能力建设示范及社区科技管理模式研究”课题进行结题验收。该项目包含“‘商、旅、居’公共区域客流应急疏散系统规划及示范实施”“钢铁现货实时交易系统海量数据处理研发及示范应用”和“科技社区建设模式研究”3个子课题。课题研究历时1年多，形成研究报告3份、发表科技论文3篇，成果已经得到应用，为区域经济社会发展提供决策支撑。

（闫　肃）

【知识产权宣传周活动】 4月20—27日，区知识产权局联合西城区工商分局、西城区文委、知识产权信息中心、北京12330工作站等单位，进行知识产权宣传周活动。举办“商标使用风险提示”“商标品牌宣讲”和“ 企业专利信息利用能力提升”培训会。向大栅栏琉璃厂地区老字号企业、马连道茶城、福建茶叶商会、动物园世纪天乐市场和区内科技企业发放知识产权宣传资料，现场解答咨询。在西单、德胜门地区大型户外显示屏滚动播放“首都知识产权战略五周年”宣传片。西城区文委执法队向北京儿童医院捐赠了价值3.5万元的数千册正版图书。

（闫　肃）

【12330金丰和服务工作站成立】 4月21日，西城12330金丰和工作站正式成立，进一步完善了西城区知识产权公共服务平台，这是自普天德胜工作站、康华伟业工作站之后的第三个工作站。与北京12330（北京市保护知识产权举报投诉服务中心）西城分中心一并形成了西

城区知识产权保护“1+3”服务模式。通过在科技企业孵化器建立知识产权保护服务工作站,帮助企业预防和处理知识产权纠纷。

（闫 肃）

【“十三五”科技规划前期研究结题验收】 5月7日,西城区科委承担的“北京建设全国科技创新中心——‘十三五’时期西城区的战略措施研究”以及“‘十三五’时期西城区科技事业发展的思路及措施研究”两项课题通过结题验收。两个课题立足于北京建设全国科技创新中心的功能定位,提出了西城区作为首都功能核心区,参与建设全国科技创新中心过程中的战略定位和总体思路,形成了“十三五”时期科技创新支撑西城区经济社会发展的总体目标、主要任务和保障措施,为下一步形成“十三五”时期西城区科技发展规划提供重要支撑。副区长陈宁、区“十三五”规划领导小组办公室、西城园管委会相关领导参加了会议。

（闫 肃）

【组织参加第18届科博会】 5月13—17日,第18届中国北京国际科技产业博览会在中国国际展览中心举行。西城区展团以“智慧西城,创造美好生活”为主题,组织了智慧城市整体解决方案、智慧医疗、智慧家居、智慧识别、智慧设备、智慧平台等领域内13家有代表性的驻区高新技术企业参展,介绍西城区科技企业在推动智慧城市建设中发挥的作用。西城区展台总体布局突出“智慧”和“创新”,配合图文、多媒体、项目互动等多种形式展示智慧西城建设成就。

（闫 肃）

【能源环保领域高新技术企业对接交流会举行】 5月21日,首都科技条件平台西城工作站与首都科技条件平台军民融合领域中心和首都科技条件平台能源环保领域中心共同举办了西城区能源环保领域高新技术企业对接交流会。能源环保领域高新技术企业的负责人和技术主管40余人出席会议。会上,与会者就“环保产业发展趋势”“流体动力纳米分散技术在节能环保领域的应用”“传感器在节能环保领域的应用”“保利集团外贸产品资源库征集说明及新技术新产品军品军贸应用推广平台”等内容进行互动交流。首都科技条件平台西城工作站集成政产学研用等各方创新资源,为“军转民”和“民参军”技术及产品融合、服务高新技术企业搭建平台。

（闫 肃）

【知识产权人民调解初显成效】 6月11日,北京茶业企业商会知识产权纠纷人民调解委员会成立,是西城区知识产权局推荐的北京市首批知识产权纠纷人民调解委员会。年内,该商会接到区人民法院委托的9件关于杭州市西湖龙井茶协会诉马连道9家商户侵犯“西湖龙井”商标权的案件,通过调解,促成西湖龙井茶协会与8家茶叶商户达成和解。同时商会通过微博、微信等平台及时发布相关知识产权风险提示,有效发挥了知识产权人民调解组织作用。

（闫 肃）

【区科技和信息化委员会成立】 6月15日,北京市西城区科技和信息化委员会正式挂牌成立。区科信委是在整合区科委和区政府信息办的职责、机构、编制的基础上组建的正处级区政府部门,主要负责西城区科技发展、知识产权及信息产业发展等工作。市经济信息化委副主任王学军、市科委委员刘晖、区长王少峰出席并讲话。区委常委、常务副区长苏东、副区长陈宁为科信委揭牌。区委常委、组织部部长章冬梅主持会议。

（闫 肃）

【组织参加首届智博会】 7月10—12日,首届中国智慧城市国际博览会在北京展览馆举行。西城区展团以“打造智慧城市样板”为主题,从智慧政府、智慧民生、智慧产业三大展题切入,全方位、综合性地展示西城区智慧城市发展成果。展出以实物展示、互动体验为主,主要注重展示的科技感、智能化、时尚度,以及参观者的直观感受。副区长陈宁参加中国智慧城市国际博览会高峰论坛时指出,西城区已经逐步明确了智慧城市的概念,并搭建了三层云和五大领域的智慧西城基本框架。希望能够通过此次智博会寻求到更多的合作机会,不断完善智慧城市服务功能。展会期间,国家发展改革委副主任胡祖才到西城展台参观。

（闫 肃）

【西城区获批国家试点城市】 11月23日，西城区获国家知识产权局批准为国家知识产权试点城市，试点时限自2015年11月至2018年11月。西城区一直坚持政府主导，加强政策导向，把促进知识产权融入区域经济发展作为主攻方向，以增强自主创新能力为目标，积极推进国家知识产权战略。

（闫 肃）

【专利申请及授权量增长】 截至11月底，西城区共申请专利18802件，其中申请发明专利10011件，占申请总量的53.2%；企业申请16493件，占申请总量的87.7%。授权专利13579件，其中授权发明专利3558件。

（闫 肃）

【“内联升”知识产权维权终诉胜利】 年内，最高法院合议庭对“内联升”与“福联升”商标异议案件进行审查，最终驳回“福联升”的再审申请，维持原判，“内联升”最终胜诉。此次最高法院的判决是最终判决，有效地制止“傍名牌”和“搭便车”等侵权行为，老字号企业知识产权维权取得胜利。2014年，北京市高级人民法院对“内联升”与“福联升”商标异议案件进行公开审理，“内联升”在审理中胜诉，“福联升”不服判决，上诉至最高法院。2015年高院最终做出公正裁决。

（闫 肃）

【世界产权组织考察中国办事处】 年内，世界知识产权组织（WIPO）总干事弗朗西斯·高锐到位于西城区的WIPO中国办事处进行考察。市长王安顺会见高锐总干事，并共同签署《中华人民共和国北京市人民政府与世界知识产权组织关于加强知识产权合作的谅解备忘录》，双方一致同意将在创新型城市建设、知识产权运用和保护、人才培养与国际化水平提升等方面开展务实交流与合作，以巩固和提升北京科技创新中心和国际交往中心的地位。

（闫 肃）

【技术成交情况】 年内，西城区输出技术合同6157项，输出总额为158.1亿元，同比增长21.8%。西城区吸纳技术合同6232项，吸纳总额为247.5亿元。

（闫 肃）

【办理专利费用减缓证明】 年内，西城区知识产权局共办理专利费用减缓证明手续1332份。其中发明572份，实用新型589份，外观设计171份。企业申请899份，占申请总数的67.5%。

（闫 肃）

【区科技计划项目申报】 年内，西城区科委组织申报科技计划项目，围绕电子信息、光机电一体化、生物医药、新材料、新能源与环境保护等领域，确定支持项目25项，支持金额420万元。

（闫 肃）

【企业信用及投融资体系建设】 年内，西城区59家企业通过中关村科技担保公司获得115项贷款担保，担保金额8.5亿元。

（闫 肃）

【年度可持续发展项目开展】 年内，西城区科信委围绕公共卫生与健康促进、科技支撑社会建设、区域创新能力培育等领域开展科技项目示范，确定31项可持续发展项目，支持金额1469万元。

（闫 肃）

【建设科技条件平台工作站】 年内，首都科技条件平台西城工作站建立起动态的科技需求征集渠道，搭建供需对接合作交流平台，开展“首都科技创新券”的宣传和征集工作。截至年底，工作站成员总数达到91家，新增20家。帮助3家企业申请到15万元创新券。

（闫 肃）

【开展科技政策培训】 年内，西城区科信委与西城区生产力促进中心主办5场西城区科技企业培训会。针对科技企业，围绕所得税汇算清缴、企业研发费用加计扣除政策、中关村融资担保优惠政策及申请程序、千鹰展翼服务方案、中关村信用星级评定政策、税收优惠政策、两化融合评估诊断和对标引导工作、专利资助相关政策、知识产权举报投诉与维权援助、技术市场税收优惠和奖励政策、新三板上市政策、《首都科技创新券实施管理办法（试行）》解读等内容，邀请市相关部门的主管领导及相关领域的专家进行讲解和答疑。来自西城区300余家科技企业和科研院所的管理人员、技术骨干及财务人员千余人次参加培训。

（闫　肃）

【科技人才资助申报】 年内，西城区科委组织开展西城区优秀人才培养资助项目推荐申报工作。经评审，6个项目获得资助，资助金额为30万元。

（闫　肃）

海淀区

【海淀区与腾讯科技公司签署持续发展框架协议】 1月7日，海淀区与腾讯科技（北京）有限公司签署持续发展框架协议。海淀区与腾讯公司签订的框架协议中，腾讯公司计划在海淀区深化核心业务、投入更多新业务，与海淀区开展多方面合作，开展科技创新驱动，促进区域持续发展。腾讯公司在中关村核心区有大量的业务，积极参与中关村的持续发展，与海淀区在科技创新方面进行新的合作，实现共赢。

（海淀区科委）

【海淀区农业科技示范园授牌会召开】 1月9日，为落实“科技兴农”工程，经海淀区农业科技示范园认定评审会审议通过和网上公示，海淀园向海淀区生态循环农业科技示范园等15个园区授予“海淀区农业科技示范园”，并进行了农业新技术新产品对接。会议公布了首批海淀区农业科技示范园名单并颁发铜牌合影留念；来自区组培室、区农科所、四季青镇的代表介绍了2015年度项目准备情况；各乡镇介绍了2014年度农技推广项目验收工作准备情况。

（海淀区科委）

【中关村公信卫星应用技术产业联盟成立】 1月10日，中关村公信卫星应用技术产业联盟在中关村成立。经过30多年的发展，我国卫星应用产业从技术到市场均实现快速增长，卫星应用产业方兴未艾，在此背景下，卫星公司、运营商、设备制造商、系统集成商和研究单位自发成立了中关村公信卫星应用技术产业联盟。以自主创新为主导，以产学研相结合为契机，打造卫星应用协同发展公共服务平台，这对于进一步推动卫星应用产业又好又快地发展具有深远意义。

（海淀区科委）

【“企业院士专家工作站”授牌仪式举行】 1月20日，市科协、海淀园管委会、海淀区科协召开2015年海淀园“企业院士专家工作站”授牌仪式暨“打造科技开放合作平台，实施创新驱动发展”座谈会，为3家企业院士专家工作站授牌，同时就核心区产学研机制构建工作进行座谈，推动园区内多元主体协同创新，帮助企业利用海淀高校院所众多、高端人才聚集的优势，以事业聚揽人才。海淀园目前已经初步形成了以院士专家工作站、博士后科研工作站、博士后（青年英才）创新实践基地、校企合作人才培养基地等为主的梯队式高层次人才引进与培养平台。

（海淀区科委）

【中关村智慧环境产业联盟成立】 1月23日，中关村智慧环境产业联盟在北京成立。联盟由北京百灵天地、北京高能时代等43家企业、3家科研院所和1家行业联盟组成，其中包括7家上市公司。联盟成员均来自中关村致力于环境污染治理运营、规划设计、工程建设、环境监测检测、环境贸易和金融、生态修复治理、节能节水技术、再生资源利用、智慧能源投资运营、互联网信息技术等全产业链的企业、学术机构和行业组织。会员单位覆盖地区已经由中关村扩大到京津冀、长三角等地区。联盟将通过技术和市场的结合，打造综合技术、产融结合、联盟平台三位一体的模式，向企业和政府提供一条龙服务和环境全产业链一站式解决方案。

（海淀区科委）

【中关村集成电路设计产业园挂牌】 1月30日，中关村集成电路设计产业园在北航科技园致真大厦挂牌，紫光集团收购展讯通信与锐迪科微电子后在北京整合的新的芯片设计总部落户该产业园。为加快推动首都高精尖经济结构的构建，促进中关村集成电路设计产业跨越式发展，中关村管委会会同海淀区联合设立中关村集成电路设计产业园。该园区的集成电路设计人才、团队和企业，成为中关村集成电路产业发展的重要平台和载体。中关村集成电路设计产业园分为两期，一期设在已经建成的北京航空航天大学致真大厦（A座、B座），建筑面积近10万平方米；二期设在中关村1号，面积近20万平方米，2016年完成建设。

（海淀区科委）

【信威集团重大项目落户海淀】 2月5日，海淀区政府与北京信威通信科技集团股份有限公司及其关联企业签署战略合作备忘录。信威集团及关联企业规划将各自重大产业项目适时在海淀区落地发展。本次签约预示着信威集团将继续在海淀区政府支持下，以信威集团总部为基础和依托，在现有通信产业的基础上继续做强做大，大力发展卫星通信、特种通信等高科技产业，力争建成多个具有国际竞争力的国家级产业基地。同时，信威集团还将继续发挥民营资本的创新引领作用，形成具有国际影响的品牌效应，努力为海淀区建设具有全球影响力的科技创新中心做出更大的贡献。

（海淀区科委）

【全国智慧能源公共服务云平台启动】 2月10日，全国智慧能源公共服务云平台在北京中关村亦庄园区正式启动。该平台是一个为智慧能源产业服务的第三方公共服务云平台，将应用IPv6、Html5等技术，发挥云计算、大数据平台的优势，通过整合全国各行业、区域的能源数据，组织公共资源，提供数据存储、实时监测、可视化、数据分析、风险控制、能效管理等服务。接入平台的地区、企业的水电气热等能源消耗效率等信息将能够实时监控、可视化分析并进行科学的控制管理。与此同时，山东、北京、湖北、浙江、广东、四川、福建、甘肃8个分联盟和分平台也在现场正式签约成立，将联盟向全国扩展，全国智慧能源公共服务云平台也将逐步在以上地区搭建分布式平台节点，此举措必将加速中国智慧能源的全面实施部署。国家发展改革委、国家质检总局、工信部、中国光华科技基金会、中关村管委会等相关部委和机构的领导，节能减排、低碳经济以及互联网和通信行业的专家及相关企业代表出席了启动仪式。

（海淀区科委）

【北京协同创新园在海淀区揭牌】 4月23日，北京协同创新研究院与苏家坨镇签署合作框架协议，共建北京协同创新园。海淀区委书记隋振江，区委副书记、代区长于军，副区长龚宗元参加了园区建设启动暨签约仪式，并为北京协同创新园揭牌，30多家拟入驻企业进行了集体签约。北京协同创新研究院是由北京大学、清华大学、北京航空航天大学等13家大学及科研机构共建的开放式、集团式先进技术研究机构，此次与苏家坨镇共建北京协同创新园，目的在于更好地发挥研究院的创新优势，加快科技势能转化为经济动能。创新园占地600亩（1亩≈667平方米），总建筑面积约60万平方米，建成后将聚集200家高端科研、教育及产业机构。

（海淀区科委）

【“中关村数字健康产业联盟”揭牌】 4月24日，中关村数字健康产业联盟”揭牌成立。各级领导、合作单位、投资机构及创业者近200余人到会。中关村数字健康产业联盟是由众多医疗健康、智能硬件、移动互联网、投资等多领域跨界机构和著名专家共同发起，联盟以科技创新为指导，围绕数字健康产业发展和服务模式建设，开展数字健康技术研发、服务体系创新、临床应用试点、融资服务、成果转化等工作，积极推动数字健康领域的交流合作和行业发展。依托中关村移动医疗、可穿戴智能硬件、医疗机器人、基因测序与健康产业链等产学研资创等机构，努力将中关村打造成数字健康产业的中心，进而推动全国数字健康产业的发展。

（海淀区科委）

【中关村软件园荣获科技部“创新人才培养示范基地”称号】 4月，科技部官网公布了33个创新人才培养示范基地名单，中关村软件园入选并荣获“创新人才培养示范基地”称号。中关村软件园入选创新人才培养示范基地后，将为园区对接科技部创新人才培养计划以及高端人才服务工作起到积极的推动作用。

（海淀区科委）

【北京协同创新研究院与保定签约】 5月18日，北京协同创新研究院与保定市政府共同签署《协同创新合作协议》，共建北京协同创新研究院保定分院，共建技术转移中心，共建投资基金，共建北京协同创新园保定分园，以及支持共建固态照明研究中心。同时，北京协同创新研究院、北京大学创新研究院、保定金阳光能源装备有限公司、石家庄厚土房地产开发有限公司就推动国内芯片领域制备装备技术项目签署合作协议，就LED芯片关键装备、AIN陶瓷散热基板等项目展开产业化合作。

（海淀区科委）

【大唐半导体荣获2015年度国家金卡工程“金蚂蚁奖”】 6月11日，在国家金卡工程协调领导小组办公室主办的2015年度国家金卡工程“金蚂蚁奖”颁奖仪式上，海淀区集成电路设计重点企业大唐半导体（旗下大唐微电子公司）DMT－CBS－CE3D3双界面金融安全芯片系列产品，获得2015年度国家金卡工程“金蚂蚁奖”（创新产品奖）的荣誉称号。DMT－CBS－CE3D3双界面金融安全芯片系列产品使用最新的130纳米工艺制作，拥有高安全、高性能、低功耗的32位CPU内核，配置大容量80K EEPROM和320KB ROM程序存储空间，支持JAVA平台技术，可方便用户扩展多个应用程序，十分符合当前“一芯多用，一芯通用”的市场需求。该芯片系列产品满足国际、国内金融和行业应用的多种认证及标准规范，可为金融支付、公共服务、公共交通和高安全行业增值服务等多领域用户提供服务。

（海淀区科委）

【海淀智能硬件敏捷制造协同服务平台梦工场启动】 6月23日，北京智造工坊科技有限公司在中关村国家自主创新示范区展示中心举办中关村智能硬件梦工场启动仪式。中关村管委会主任郭洪、副主任宣鸿，海淀区代区长于军、副区长孟景伟参加活动，共同启动中关村智能硬件敏捷制造协同服务平台。据介绍，梦工场是北京首家重装孵化器，也是全国第一家具备智能硬件工业制造全产业链的协同服务平台。

（海淀区科委）

【“关根法”落户中关村】 6月28日，活化自体淋巴细胞疗法正式落户中关村。中关村企业北京龙宝科技发展有限公司与日本的Lymphotec Inc. 正式签约，双方将就癌症（肝癌及胶质母细胞瘤）患者的活化自体淋巴细胞疗法预防术后复发效果进行共同研究。

（海淀区科委）

【中关村核心区举行“先进核能材料与物理北京市重点实验室”揭牌仪式】 7月27日，在中关村核心区的北京航空航天大学举行“先进核能材料与物理北京市重点实验室”揭牌仪式暨第一次学术委员会会议。重点实验室学术委员会主任、北京航空航天大学校长徐惠彬院士，北京市科委法规处处长杨仁全，校长助理、科学技术研究院院长唐文忠，实验室管理办公室主任刘刚，重点实验室学术委员会副主任王天民教授，中国科技大学万元熙院士等领导、学术委员会委员、实验室成员40余人出席了揭牌仪式。实验室面向先进核能国家重大战略需求，开展未来先进核能材料的基础与应用基础研究，建设核极端条件下的材料与部件行为、新型核能材料开发与设计、核能材料相关基础物理问题等3个研究方向，实现从材料的辐照行为、辐照机制、结构性能到抗辐照材料设计开发的全链条研究，为解决北京市以至全国的能源与环境问题做出贡献。

（海淀区科委）

【中关村高成长企业TOP100颁奖典礼在北京举行，海淀区多家企业上榜】 7月29日，北京中关村高新技术协会主办的2015中关村高成长企业TOP 100颁奖典礼在北京市金源饭店举行。市科委汤健、中关村管委会孙晓峰等出席会议。

（海淀区科委）

【中国科学院—阿里巴巴共同成立量子计算实验室揭牌】 7月30日下午,阿里巴巴集团旗下阿里云宣布联合中国科学院成立一个全新的实验室,共同开展在量子信息科学领域的前瞻性研究,研制量子计算机。该实验室将面向国内外延揽掌握核心技术、处于创新能力高峰的拔尖人才,打造中国量子计算研究的"梦之队"。该实验室也有望迅速建设成为在量子计算技术领域具有世界一流水平和重要国际影响力的人才培养和聚集高地、科学研究高地和技术积累高地。

(海淀区科委)

【中关村海淀园留学人员创业园产业基地落户沧州渤海新区】 8月3日,北京(海淀)留学人员创业园与沧州市渤海新区在中关村创业大厦签署战略合作框架协议,共同打造北京科创园渤海新区产业基地。双方将按照共建、共管、共赢协同发展的理念,打破地区利益观念束缚,发挥北京科创园的科创、人才、技术及渤海新区的区位、交通、配套、政策等优势,实现合理分工协作,齐心协力推进北京科创园渤海新区产业基地建设,打造京津冀协同发展的示范基地,实现优势互补、错位发展、合作共赢。

(海淀区科委)

【8家科技企业入孵秦皇岛"e谷创想空间"】 8月10日,中关村海淀园秦皇岛分园举行了"e谷创想空间"启动暨项目签约仪式,3万平方米的"e谷创想空间"正式营业。e谷创想空间于2005年在中关村海淀园诞生,10年间已先后在北京、天津、河北、山东、山西、浙江等运营管理了9个基地和产业园区,累计孵化面积30万平方米,创造就业岗位12800个。

(海淀区科委)

【千方科技与浪潮集团签署战略合作协议】 8月17日,北京千方科技股份有限公司与浪潮集团有限公司在北京签署战略合作协议,正式达成战略合作伙伴关系。双方分别为国内智能交通行业领军企业,行业领先的云服务、大数据、信息系统设备提供商。

(海淀区科委)

【海淀创业园举办中关村"三三会"】 8月19日,由中关村科技园区管委会主办,北京中关村留学人员创业园协会协办,海淀留创园、国际孵化器、首师大留创园、京仪留创园共同承办的中关村留学人员精品项目推介会("三三会")举行。此次中关村"三三会"专场共有42个项目入选精品项目集,其中精选9家创业企业参加路演,另有64家投资机构以及来自留创企业的100多名代表参会。由于项目质量高,多家投资机构在"三三会"现场对多个项目流露投资意向,并在会后进行了深度沟通和交流。

(海淀区科委)

【北京大数据研究院揭牌】 8月27日,北京大数据研究院揭牌仪式在北京大学英杰交流中心举行。副市长隋振江、北京大学校长林建华、工信部信息化和软件服务司副司长陈英、中关村管委会主任郭洪、海淀区政府代区长于军、北京工业大学党委书记郑吉春、中国科学院院士鄂维南,市政府相关部门、海淀区政府、北京大学、北京工业大学有关负责人等出席揭牌仪式。中关村管委会、海淀区政府、北京大学和北京工业大学共同签署四方框架协议。研究院的主要研究方向包括交通大数据、金融大数据、移动互联网大数据、医疗大数据等方面,整合分析资源,支撑决策与产业发展。该研究院拟设置理事会、实验室等部门,包括150多个岗位。

(海淀区科委)

【北京大学科技园与天津武清区签署战略合作协议】 8月31日,北京大学科技园与天津市武清区政府签署《共建北京大学(武清)科技园战略合作协议》。北京大学科技园总裁陈庚、天津市武清区下朱庄街道工委书记杨来增代表双方签约。北京大学科技园董事长张兆东,北京大学科技园副总裁冯建新,天津武清区人大常委会主任韩胜军,武清区副区长曲富海等出席签约仪式。为服务京津冀一体化国家战略,促进天津市科技型创新创业,加快地区产业结构与产品成果的升级与发展,北京大学科技园与天津武清区政府发挥自身优势、协同合作,共建北京大学(武清)科技园,落户下朱庄科技创新社区。依托于北京大学科技园强大的品牌优势和园区运营经验，园区首期建设科技企业孵化器，运营面积为2.3万平方米，双方将共同搭建科技人才引进、创新企业培育、产业结构升级的服务型平台。此次合作是继与宝坻区共建北京大学京津科技园后，与天津市展开的第二次战略合作，是北大科技园在服务京津冀协同发展战略方面迈进的重要一步，再次书写校地合作、协同创新的发展新篇章。

（海淀区科委）

【“互联网＋”创新创业邀请赛启动】　9月8日，2015年度“互联网＋”创新创业邀请赛在中关村国家自主创新示范区展示中心召开盛大启动仪式。海淀区副区长李宏、中国工程院孙九林院士、中关村管委会产业处副处长郑衍松、天津市东丽区合作交流办主任储玉明和副主任傅晟等出席了启动仪式。本次大赛由中关村管委会、海淀区政府等部门指导，中关村大数据安全产业联盟与中关村海兴战略性新兴产业促进会等单位共同主办，中国科学院北京国家技术转移中心、中国智慧能源产业技术创新战略联盟、中关村智能硬件梦工场、中关村物联网产业联盟、中关村移动互联网产业联盟、北京市海淀区文化创意产业协会、中关村新型智慧城镇化产业联盟等数十家海淀区专业机构共同承办，面向全国（重点围绕京津冀地区）进行项目征集和评选，覆盖“7＋1”个产业方向：智慧能源、智能硬件、智慧社区、智慧健康、现代农业、工业互联网、文化科技融合、技术成果专场等。

（海淀区科委）

【国内首个开放系统产业联盟成立】　9月15日，由曙光信息产业股份有限公司发起的“关键业务开放系统产业联盟”在北京成立。这是在传统封闭式架构日渐式微、X86平台时代已经到来的大背景下，国内成立的首个开放系统产业联盟。面向企业对开放平台建设的需要，联盟汇聚了包括英特尔（中国）、红帽、甲骨文（中国）、威睿信息技术、中国惠普等在内的国内IT产业链的骨干企业，各方协定将以“联合、互惠、发展”为原则共建基于开放平台的生态链。英特尔开放的IA架构平台强大的处理器特性和优化工具，结合业界主流影响力的红帽Linux操作系统、全球数据库领域的领导者Oracle数据库、VMware数据中心虚拟化解决方案，以及曙光和惠普在高端服务器产品上的合作等，都为平台的迁移提供了强有力的保障。

（海淀区科委）

【国际科技园区协会世界大会举行】　9月22—25日，第32届国际科技园区协会世界大会（IASP）在北京国家会议中心举行。本届大会是中关村国家自主创新示范区继1995年和2005年后第三次承办。大会主题为“国际科技园区与创新区域：新技术、新产业、新社区”。在各国越发重视创新对可持续发展的支撑作用的背景下，在科技园区向构建创新社区、完善创新生态系统转型的过程中，本届大会将从“技术”“产业”和“社区”3个元素参与协同创新的角度分析科技园区和创新区域在全球深度变革时代的作用和价值，共同分享创新创业生态系统建设的体会，绘制未来发展的路线图。

（海淀区科委）

【海淀区再增24家众创空间】　9月22日，北京市新技术新产品（服务）首发平台发布暨众创空间工作推进会在市科委召开。会议公布第二批北京市众创空间40家挂牌单位名单，海淀区有24家单位入选，占北京市的60%。

（海淀区科委）

【健康大数据产业技术创新战略联盟成立】　10月25日，健康大数据产业技术创新战略联盟在北京成立，并发布了《国民健康宣言》。健康大数据产业技术创新战略联盟旨在构建国家顶级大健康创新战略智库，制定国家顶级健康大数据标准体系，创立国家顶级健康大产业融合平台。未来，该联盟将重点推进以下工作：开展大数据相关的国家战略、政策和规划研究；开展健康大数据理论研究和技术开发；编制和推广健康大数据相关标准规范体系；搭建国家大数据共享与监控平台；推进产业生态系统不断完善；促进信息交流与国际合作；培养人才队伍；孵化科技与产业创新项目。

（海淀区科委）

朝阳区

【高校联盟活动召开】 1月20日,朝阳区—高校发展合作联盟秘书处组织了对北京工业大学科技成果展的参观活动,来自朝阳区水务局、区安监局等行政管理部门,中国传媒大学、循环经济产业园、奥林匹克森林公园等区内10余家企事业单位的70余人参观了北京工业大学科技成果展。

(李小骏)

【高新企业政策宣讲会召开】 1月22日,朝阳区生产力促进中心与中关村光电产业协会共同组织了面向高新企业的科技创新政策宣讲会。全国人大环资委专家穆治霖、工信部节能司节能处副处长鲁章敖、市经济信息化委软件处副处长仝海威、节能环保处副处长谢光德、市科委高新处李宪政,市商务委、中关村管委会以及中关村社会组织联合会、联盟促进会等单位负责及企业代表150余人出席了会议。

(李小骏)

【科技三下乡活动召开】 2月9—11日,朝阳区科委分别到十八里店、南磨房和金盏3个乡,为农村居民送科普图书、期刊,向百姓宣传最新的科学知识、科技动态,以及与百姓生活密切相关的科学常识。

(李小骏)

【首都科技条件平台对接会陆续召开】 3月20日,市科委召开首都科技条件平台2014年度总结暨2015年工作部署会。朝阳区两家条件平台基地单位——能源环保领域中心、中国建材总院研发实验服务基地,以及朝阳区生产力促进中心副主任韩娇等4人分别获得表彰。6月3日,朝阳区科委与中国科学院研发试验服务基地、中国建材总院研发试验服务基地共同举办了首都科技条件平台“百家实验室进千家企业”科技需求对接交流会。6月5日,朝阳区科委生产力促进中心与朝阳工作站、科技金融领域中心共同召开2015年首都科技条件平台朝阳工作站与科技金融领域中心科技金融工作对接会。7月1日,首都科技条件平台朝阳工作站与中国建材总院研发试验服务基地,在中国建材总院主楼报告厅共同召开“百家实验室进千家企业”科技需求对接交流会,朝阳区生产力促进中心和建材院负责人以及首都科技创新券管理办公室刘罡、新材料领域中心王俊芳与近20家企业代表参加了此次对接会。

(李小骏)

【市级众创空间成员单位不断增加】 3月23日,市科委组织召开北京市促进众创空间建设推进会,朝阳区融创动力科技文化创意产业基地、极地国际创新中心2家孵化机构被认定为首批10家市级众创空间成员单位并授牌。3月27日,市科委主任闫傲霜、委员刘晖、高新处处长汤健一行到朝阳区正东集团所在地(751园区),调研了市级众创空间——极地创新中心。9月22日,市科委召开众创空间工作会,为新入选的40家众创空间正式授牌。经评审授予优客工场等40家机构“北京市众创空间”称号,有7家来自朝阳区。

(李小骏)

【科普宣传活动】 3月24日,朝阳区科委与朝阳区气象局在来广营地区举办了一场以“气候行动在朝阳”为主题的社区科普服务活动,来广营地区居民200余人参加了活动。11月18日,“牵手蓝天”环保公益活动走进朝阳区管庄新天地社区,该活动由北京市科委与北京电视台新闻频道主办,北京市新材料中心、朝阳区科委和管庄乡政府共同承办,新天地社区居民50余人参加了活动。9月23日,由北京市科委与北京电视台新闻频道共同启动的“牵手蓝天”环保公益活动走进朝阳区机场街道西平街社区科普体验厅,来自对外经济贸易大学附属中学机场分校的师生40余人参加了活动。

(李小骏)

【科普统计工作】 5—7月,按照科技部《关于开展2014年度全国科普统计的通知》和市科委《关于开展2014年度北京地区全国科普统计的通知》要求,朝阳区科委加强宣传和分类辅导,组织区内教委、组织部、宣传部、农委、文化委、街乡、科普基地等200余个单位及直属机构参加2014年度科普数据统计工作，并完成数据的收集、汇总、录入工作。截至2014年年底，全区共有专、兼职科普人员2625人，科普经费筹集额7430万元，举办科普（技）讲座6600余次，受众超过62万人次。

（李小骏）

【科技孵化体系建设工作推进会召开】 12月21日，望京生命科学孵化器成立暨朝阳区科技孵化体系建设工作推进会在望京科技园召开。科技部火炬中心、市科委、中关村管委会的领导出席，参加会议的还有区委组织部、区发展改革委、区科委、区文创办、区金融办、电子城管委会、区工商局、区行政服务中心等部门相关负责人，以及重点孵化园区、机构和在孵企业代表。副区长梁洁主持会议。

（李小骏）

【科普体验厅项目建设通过验收】 年内，社区科普体验厅项目建设工作全部完成，并通过专家验收。朝阳区科委积极组织推荐各街乡、社区参加市级科普体验厅的申报，经过实地考察、积极组织、精心策划，最终朝阳区机场街道西平街社区、管庄地区新天地社区、呼家楼街道核桃园社区、来广营乡茉藜园社区和绣菊园社区等5个社区获批成为北京市社区首批科普体验厅，数量居全市之首。

（李小骏）

丰台区

【"三下乡"活动拉开帷幕】 2月5日，丰台区文化、科技、卫生"三下乡"活动启动仪式在王佐镇佃起村文化大院举行。启动仪式由丰台区副区长狄涛主持，四大班子领导出席了活动。丰台区科委副主任魏欣亚出席启动仪式并向农民和学生代表赠送科普图书、科普光盘和学习文具。活动中，丰台区科委为农民准备的与生产、生活息息相关的科普图书、科普光盘以及《科技丰台》、健康饮食、果树栽培等资料受到与会者的欢迎。

（王元军）

【丰台区科技馆开展气象日科普宣传活动】 3月20日，丰台区科技馆与丰台区气象局共同邀请200余名长安新城小学师生走进区气象局开展气候知识科普宣传。师生们首先认真聆听了科技工作人员对天气现象、预警信息发布、气象观测等气象业务的介绍，了解了风雨雷电是怎样形成的、遇到暴雨雷电天气时我们应该如何防范危险、为什么气象部门能提早知道天气变化情况等问题。随后，同学们浏览了30块"气象防灾减灾避险指南"展板。最后，师生们在科技工作人员的带领下，参观了气象观测场、天气会商室、天气预报节目制作室，认识了风向标、百叶箱、雨量器、蒸发器、地温计等观测仪器及使用方法。

（刘美玲）

【科普统计工作培训会举行】 4月9日，丰台区科委在圣地苑宾馆四层会议室举办科普统计工作培训会，全区22个委办局、21个街乡镇、13家市级科普教育基地的70余名科普工作统计人员出席会议。会上，市科普联席会议办公室高级工程师肖健对这次2014年度全国科普工作统计的要求做了细致的讲解。北京大学科学传播中心朱效民教授就"中国公民科学素养调查过程、结果与反思"等问题做了宣讲。

（王元军）

【"三严三实"专题教育党课报告会举行】 6月19日，丰台区科委党组书记、主任朱京宁以"进一步强化'三严三实'思想教育，为建设'科技创新中心'奠定坚实思想基础"为题，给区科委系统全体党员干部上了一堂专题党课。

（丰台区科委）

【专利管理工作实务培训班】 7月27日，丰台区科委（知识产权局）在丰台区科技馆举办了丰台区2015年企业专利管理工作实务及专利转化支持申报培训班，共有70余名企业代表参加。本次培训邀请了北京市知识产权局执法处陈健，以“企业专利侵权纠纷应对”为主题，从专业的角度为大家梳理了专利侵权保护涉及的法律法规，并介绍了企业遭遇侵权或被诉侵权时可以选择的途径；北京天达知识产权代理事务所的侯永帅老师详细解读了专利申请、审查、保护相关的法律法规，专利检索，以及企业建立专利管理基本工作体系等内容；产权科在培训班上向参会企业进一步阐述了丰台区专利转化支持政策所支持的项目类型、申报流程、所需提交的材料以及后续如何验收等内容，针对今年新出台的申报书模板，详细说明了其中每一部分的填写要求，并对现场企业的提问逐一进行了解答。

（丰台区科委）

【“机器人项目”在丰台签约落户】 8月12日，“机器人项目”签约仪式在中国南车二七车辆厂举行。丰台区副区长张婕、丰台区科委主任朱京宁、丰台区经济信息化委主任吴神赋、丰台区投资促进局局长郭晓一、丰台园区管委会副主任熊飞、北京建筑大学资产经营管理有限公司总经理丛小密、中国南车二七车辆厂党委书记史硕致、常务副总经理安卫出席了此次签约仪式。签约仪式上，北京建筑大学、中国南车二七车辆厂共同签署“机器人项目”战略合作协议；北京建筑大学、中国南车二七车辆厂与北京乾华投资有限公司共同签署“机器人产业基金战略合作协议”。

（丰台区科委）

【安全系列科普活动走进丰台八中中海校区】 9月14日，丰台区科技馆在丰台八中中海校区开展了安全系列科普宣传活动。初中一年级的全体师生参加了活动。本次首先由绿野救援队队长田啸做了“火灾安全与预防踩踏”的讲座，结合自身救援经历，让同学们掌握危险来临时的自救与互救方法，认识到危险来临时冷静应对的重要作用。随后，科技馆向丰台八中中海分校赠送了《遇险自救攻略》《青少年灾害防范自救系列——火神肆虐·火灾的防范自救》等科普图书200余册。另外，科技馆与北京巨国科技有限公司合作，向学校赠送2部高楼逃生缓降器，让同学们平时参与练习，掌握高楼火灾逃生的方法。

（田凤兰）

【丰台工作站首都科技创新券宣传周活动结束】 9月21日，根据市科委创新券管理办公室部署，丰台工作站结合丰台区发展实际及区域特点，启动了“首都科技创新券政策宣讲暨丰台科技政策解读”宣传周活动。丰台工作站发挥区内科技企业孵化器较多，小微企业比较集中的优势，选择进入科技企业孵化器为企业进行宣讲，目的就是要让更多的小微企业和法人机构更方便地了解、掌握科技政策，了解创新券这项新的政策，掌握创新券的申报条件、操作流程和使用规则。

（丰台区科委）

【专利转化项目答辩评审暨项目路演活动开展】 10月27日，丰台区2015年专利转化项目答辩评审暨项目路演在丰台区众创空间——贝壳菁汇举行。专利转化项目技术评审专家以及浦发银行丰台支行、交通银行丰台支行、中技华软知识产权基金管理有限公司等机构参与了活动。经过两年的探索，丰台区知识产权局逐渐形成了“政府投入项目带动专利转化、专利运营与社会金融资本无缝对接”的新模式。答辩现场，1家参评企业与相关金融机构达成了初步的合作意向。

（丰台区知识产权局）

【中国科学院“智能”新技术孵育转化中心落地丰台】 12月18日，中国科学院“智能”新技术孵育转化中心项目路演在丰台科技园管委会举行。丰台区副区长、中关村丰台园管委会主任张婕，丰台区区科委主任朱京宁，以及中国科学院自动化所、丰台区发展改革委、丰台区经济信息化委、丰台区投促局、丰台区科技园各处室、丰科建公司等单位负责人参加此次路演会。此次路演的目的是研究探讨中国科学院“智能”新技术孵育转化中心落户丰台的可行性，并对项目进行评价。

（丰台区科委）

石景山区

【京西创业公社获得首批“北京市众创空间”称号】 3月23日,在市科委召开的北京市推进众创空间建设推进会上,石景山新型创业服务机构——京西创业公社获得首批“北京市众创空间”称号。创业公社自2013年成立以来,坚持“基地+基金”“政策+市场”“股权+债权”“孵化+投行”特色运营理念,为创业家和企业提供“孵化基地、政策申请、组合金融、产业资源导入”等一站式全产业链服务,形成了产业与金融相结合的创新创业服务模式,运营着中关村雏鹰人才基地(石景山)、腾讯创业基地(北京)等多个公共服务平台。2015年创业公社成为中关村创新型孵化器。

(李 成)

【暴风科技创业板上市】 3月24日,园区企业北京暴风科技股份有限公司正式登陆深圳证券交易所A股创业板,证券简称“暴风科技”,代码为“300431”,常务副区长文献出席公司上市敲钟仪式。此次创业板上市是暴风科技成功转型的标志,为下一步公司规模迅速扩张奠定基础。园区累计17家企业上市,其中7家企业登陆创业板,展现出园区创新驱动发展的良好局面。

(罗耀玲)

【国家高新技术企业认定及政策培训会举行】 3月25日,石景山园区管委会在石景山区创新平台举办国家高新技术企业认定及政策培训会,100余家新入园企业及重点企业参加培训。此次培训除详细解读国家高新技术企业认定办法外,园区党工委还介绍了园区非公企业党建及人才工作。石景山区人力社保局、中关村科创高新技术转移促进会、区残联分别介绍了人才引进、国家科技成果评价、残疾人就业保障金政策和安置残疾人就业等相关政策。

(耿 璐)

【石景山区与微软(中国)有限公司签署战略合作备忘录】 3月25日,石景山区政府与微软(中国)有限公司签署了战略合作备忘录,宣布双方合作的“微软技术实践中心”“石景山互联网游戏创业平台”落户中关村石景山园并投入运营。这标志着双方在携手推进互联网游戏产业创新发展方面迈出了坚实的一步,也标志着双方在合力打造一流的创业生态环境方面进入了实施阶段。中关村管委会、市经济信息化委、市科委、市文资办以及石景山区政府相关领导,微软全球副总裁兼大中华区首席运营官等参加签约启动仪式。

(付 琦)

【国家高新技术企业申报】 3—5月,科委园区通过园区讲堂宣讲、重点企业跟踪培训、重点产业单独辅导等方式,鼓励石景山区企业积极申报2015年国家高新技术企业认定。通过辅导,第一批25家企业通过初审。其中电子信息类企业15家,高新技术改造传统产业企业3家,高技术服务业企业3家,新能源类企业2家,其他类2家。

(张 旭)

【新首钢高端产业综合服务区纳入国家智慧城市2014年度新增试点范围】 4月9日,住房城乡建设部、科学技术部共同发布《关于公布国家智慧城市2014年度试点名单的通知》,将新首钢高端产业综合服务区纳入国家智慧城市2014年度新增试点范围。

(张玉霞)

【新云东方工业成立】 7月1日,北京新云东方工业技术有限公司注册成立,由北京新云东方系统科技有限责任公司出资并占99%的股份,厂址在首钢微电子公司厂区。该公司是IBM授权的国内最大规模的生产制造工厂,从IBM引进芯片、板卡、各种配件,以及全套装配制造技术,主要负责建立完整的生产配套体系,为“自主可控,安全可信”的高端计算产业链建立基础生产制造平台,年产中端服务器10000台,高端服务器1000台,年总产值超过3.5亿美元。

(张玉霞)

【“车载燃油智能净化器节能减排”项目通过科技成果评价】 7月2日，北京怦动泰科环保科技有限公司在中国科技会堂举行新闻发布会，公布该公司研发的“车载燃油智能净化器节能减排”项目通过了科技成果评价。清华大学、北京航空航天大学、国家环境污染控制中心、科技部火炬中心、中国环保产业协会、中国化工学会新材料专业委员会的专家，认定该公司的科研成果达到同类技术先进水平。中国清洁空气联盟、石景山生产力促进中心及企业专业人员等出席了发布会。

（齐雪丹）

【“创新创业石景山”启航工程和“石创20条”配套政策发布】 7月8日，石景山区发布“创新创业石景山”启航工程和“石创20条”配套政策。“创新创业石景山”启航工程主要实施创业人才集聚工程、创业载体拓展工程、创业金融升级工程、创业服务优化工程、国际资源整合工程、创业政策助推工程、创业文化培育工程等七大工程，发挥市场对创新资源地配置，打造“创新创业石景山”品牌。“石创20条”配套政策主要从支持创业服务机构和载体能力建设、引导金融机构投资和服务创业企业、完善相关配套服务、营造创新创业氛围4个方面给予支持，将大众创新创业与“全面深度转型、高端绿色发展”战略部署紧密结合，加快建设低成本便利化的众创空间，整合创新创业核心要素，推广升级创业服务，打造石景山创业要素集聚、创业活力迸发、创业环境包容的创新创业生态系统。

（李　成）

【易华录e+创客孵化中心揭牌成立】 7月30日，北京易华录信息技术股份有限公司e+创客孵化中心在中国华录大厦正式成立，标志着易华录公司以产业技术创新为核心的创客空间，正式宣布扬帆启航。该创客中心一期面积约700平方米，由北京易华录信息技术股份有限公司建设运营。

（李　成）

【区科技馆组织科普进社区活动】 8月6日，为了让更多的青少年了解动画片制作的知识及其背后秘密，石景山区科技馆的青少年科普夏令营活动走进老山街道，为40余名青少年带去一场生动有趣的动画知识讲座。老师将互动体验与讲课相结合，在介绍定格动画的制作流程和近几年发展状况的同时，穿插中外优秀定格动画片的片段进行欣赏，加深了大家对动画制作的认识。最后，在老师的带领下，同学们自拍自导，共同完成了一部16秒钟的定格动画作品《奇特的空调》。

（裴菊芳）

【科普进校园，创新促发展】 10月12日，石景山区科委与北京图腾教育咨询有限公司在石景山区华奥学校共同举行了“科普进校园，创新促发展”的科普知识进校园活动，为这所进城务工子弟学校捐赠了价值5000元的科普图书，并为学生们带去了一堂机器人科普课程，受到在校师生的欢迎。科普图书包含国学成语、文史地理、生命教育、励志科技等20多个种类，涉及多个领域。这次活动是对“科普惠民生、创新促发展”主题活动的进一步深化，是全面落实开展科普“五进”活动（即进机关、进学校、进社区、进企业、进军营）的重要内容之一，是提升进城务工子弟学校学生科技素养的一个具体行动。

（裴菊芳）

【光伏超级充电站举行开工仪式】 10月20日，光伏超级充电站由北京首钢自动化信息技术有限公司和北京富电科技有限公司合作，采用PPP模式建设运营，总投资1500万元，将建成50根充电桩，预计年底投入使用。充电站整个建筑的能源提供全部由太阳能完成，达到电力完全自给自足，具备每天为80辆电动车充电的能力，实现了绿色能源的全生命周期利用。充电站运用了包括低碳技术、无线网络技术、新材料技术等共计21项“互联网+”技术。

（何　源）

【石景山双创周活动亮点纷呈】 10月23日，以“创业创新－汇聚发展新动能”为主题的首届“全国大众创业 万众创新活动周”落幕。石景山园重点创新创业企业北京囡宝科技有限公司、北京华清信安科技有限公司获选在“双创周”主会场展示，其创新产品Kisslink（吻路由）、新一代智能安全网关广受好评。“双创周”期间，石景山园设立分会场，举行了“石景山互联网游戏创业平台”创业技能培训、移动互联网创新思维培训、石景山园创新创业展示交流活动等多场活动。

（李　成）

【区科学技术奖评审委员会评审会议召开】 11月4日，石景山区召开2014年度科学技术奖评审委员会评审会议。石景山区委常委、常务副区长文献参加会议。会议共评审出拟奖项目27项，其中一等奖3项、二等奖7项、三等奖17项。评审结果于会后在石景山区科委官网进行为期15天的公示。

（石桂莲）

【石景山科技服务业产业联盟成立】 11月20日，石景山科技服务业产业联盟成立。该联盟是由科技咨询、金融服务、法律咨询、审计咨询、技术服务、投资管理、知识产权服务、代办服务、人才服务、科技培训等30余家专业科技机构和一批科技型企业共同发起的社团组织。

（耿　璐）

【“石景山国家可持续发展实验区”专家验收汇报会召开】 12月2日，科技部国家可持续发展实验区办公室和北京市科委可持续发展实验区管理办公室组织检查组实地考察了石景山创新服务平台、创业公社、北京市第九中学、新首钢高端产业综合服务区，听取了石景山区建设国家可持续发展实验区工作汇报，观看了实验区总结宣传片，并就实验区建设进行了提问和座谈。石景山区委常委、副区长文献出席会议。检查组对石景山区建设国家可持续发展实验区所取得的成绩给予肯定。检查组建议石景山区加强总结提炼实验区建设经验和特色，继续加大宣传，持续提升区域可持续发展能力。石景山区建设国家可持续发展实验区领导小组部分成员单位参加会议。

（王鹤乾）

【2家创业服务机构获首批国家级众创空间认定】 12月23日，石景山区常青藤创业园和石谷轻文化产业孵育基地获得首批国家级众创空间认定，纳入国家级科技企业孵化器管理服务体系。

（李　成）

【2家企业进入“2015德勤—中关村高科技高成长20强”】 年内，由中关村产业技术联盟促进会和德勤中国共同主办的“2015德勤—中关村高科技高成长20强”评选榜单发布。石景山区企业北京亿心宜行汽车技术开发服务有限公司（e代驾）和北京易华录信息技术股份有限公司凭借近3年连续高速增长的骄人业绩入选，其中e代驾预计本年收入近3亿元，以3年平均收入增长超40倍的成绩位列20强榜首。

（王　震　罗耀玲）

【27项科技成果获得区科学技术奖励】 年内，经公开征集、形式审查、专业评审、评审委员会评审、公示、区政府批准等程序，2014年度石景山区科学技术奖励工作圆满完成，共有27项成果获奖，其中一等奖3项、二等奖7项、三等奖17项。获奖项目累计获得专利、软件著作权等自主知识产权100余项，90%以上的科技成果已实现转化和产业化，并广泛应用于保险、通信、城市建设、生态环境、医疗卫生等各个领域，服务于国家重大科技工程，成果应用直接惠及民生。获奖的27家单位中，国家高新技术企业13家，上市企业3家，国家、北京市重点实验室8家，北京市工程技术研究中心4家，国家、北京市企业技术中心5家，2014年收入过亿元企业12家。

（李　成）

【3家企业被认定为中关村开放实验室】 年内，石景山区国家无线电监测中心检测中心、北京首钢自动化信息技术有限公司、首钢环境产业有限公司等3家单位被认定为第九批中关村开放实验室并挂牌。石景山区已有中关村开放实验室7家，可开展各类科技资源开放、共享及技术创新合作，为企业提供分析、检测认证、技术研发等服务，帮助企业解决研发和技术难题，

有助于推进产学研结合，提升企业自主创新能力。

（石桂莲）

【助推京西创投公司首获科技部中小企业创业引导基金】 年内，石景山区生产力促进中心的“科技管家”平台助推北京京西创投基金管理有限公司获得科技部科技型中小企业创业引导基金8000万元。该基金将用于引导创业投资机构向初创期科技型中小企业投资，为石景山区中小企业发展提供科技金融产品，为企业争取更多的服务资源。

（齐雪丹）

【多家企业的技术获得2014年度“中国好技术”称号】 年内，中国生产力促进中心协会举行2014年度中国好技术竞赛及产业化服务活动，石景山区北京源信天地光电科技有限公司（子公司）、湖南源信光电科技有限公司的“高清全景摄像头”，COMLAB（北京）通信系统设备有限公司的“GSM－S光纤直放站”，西尼亚（北京）环境科技有限公司的“新型养殖海水处理系统”，北京迪生动画科技有限公司的“迪生MOCO定格动画运动轨道拍摄系统”，北京畅游时代数码技术有限公司的“CYCLONE II3D游戏引擎软件”荣获2014年度“中国好技术”称号。

（齐雪丹）

大兴区

【“中国智造”机器人创投大赛启动】 8月29日，由大兴区政府、北京经济技术开发区管委会主办的“中国智造”机器人创投大赛启动仪式在北京亦庄开发区博大大厦开幕。大兴区副区长谢冠超、区科委主任苏荣、开发区科技局局长李宏，以及一些专家院士等出席本次启动仪式。

（大兴区科委）

【2015中国设计节新闻发布暨“设计兴”吉祥物征集启动仪式举行】 9月11日，2015中国设计节新闻发布暨“设计兴”吉祥物征集启动仪式在大兴宾馆举行。大兴区副区长谢冠超，区科委、区委宣传部、北京光华设计发展基金会、嘉乐世纪有限公司等部门负责人，25家新闻媒体及10余家设计企业及高校的代表出席发布会。

（大兴区科委）

【京津冀设计产业联盟成立大会在北京召开】 9月24日，在北京市科委、天津市工信委、河北省工信厅的支持下，京津冀60家相关促进机构、园区、企业、院所和高校等单位组成的京津冀设计产业联盟成立大会，在北京大兴星光梅地亚酒店召开。

（大兴区科委）

【北京大兴民营科技企业联合会第一次代表大会召开】 9月25日，北京大兴民营科技企业联合会第一次代表大会在大兴宾馆召开。该联合会的前身是北京市大兴区民营科技企业促进会。根据国家、北京市有关政策要求，民促会需要改制并与政府机关脱钩。民促会改制后，要实现自主管理、独立运行和自主发展。大兴区领导及国家、北京市相关协会、大兴区相关委办局、原民促会会员企业、新区范围内新会员企业、相关中介服务机构会员单位负责人、媒体人员120多人出席大会。大会选举出协会新一届领导班子。

（大兴区科委）

【新区众创空间授牌仪式举行】 10月20日，以“全国大众创业 万众创新活动周”为契机，在北京经济技术开发区京津冀（亦庄）全球路演中心举行了新区众创空间授牌仪式，大兴区政府、开发区管委会共同为新区12家区级众创空间授牌。其中，大兴区4家，分别是奥宇创客＋、创e工场、格雷众创园、中科电商谷5U孵化器。

（大兴区科委）

【2015中国设计节举行】 11月18日，由大兴区政府、开发区管委会、北京光华设计发展基金会、北京工业设计促进中心共同主办的2015中

国设计节开幕。活动为期2天,国内外知名设计专家、企业围绕京津冀发展论坛、新航城、新设计论坛、红星奖及设计体验之旅等系列主题,开展设计产业签约落地、产业需求发布、创新发展论坛等活动。副市长隋振江,市经济信息化委主任张伯旭、市科委主任闫傲霜,以及新区领导李长友、谈绪祥、梁胜、绳立成、赵雅娟、沈洁、喻华峰、谢冠超参加活动。

(市科委文科处 大兴区科委)

【"DRC建筑工业设计大厦"项目签约】 11月18日,"DRC建筑工业设计大厦"项目签约,由北京DRC工业设计创意产业基地与北京奥宇模板有限公司共建,定位为中国建筑工业设计总部基地。目前,已启动建设工业4.0产品验证中心、3D打印展示体验中心等平台,改造工程将于12月份完工。

(市科委文科处 大兴区科委)

【中关村企业信用促进会大兴工作平台成立】 年内,由大兴区科委、区经济信息化委及区金融办携手中关村企业信用促进会联合成立。该平台通过政府和第三方评估机构为入会企业信用背书担保,对推进区内企业信用体系建设及培育全区企业信用环境发挥重要作用。

(大兴区科委)

【新区3家企业获得"北京市众创空间"挂牌公示】 年内,市科委公示了第二批"北京市众创空间"挂牌企业名单,鼎石天元投资(北京)有限公司、汇龙森欧洲科技(北京)有限公司和锋创科技发展(北京)有限公司3家新区企业获得公示。

(大兴区科委)

【新区6家企业获得2015年度北京市科学技术奖励】 年内,北京云电英纳超导电力技术有限公司的"饱和铁心型超导限流器的关键技术研究"项目获得一等奖,数码辰星科技发展(北京)有限公司的"符合国际DCI规范的2K/4K数字电影放映服务器关键技术研发与应用"项目获得二等奖,易美芯光(北京)科技有限公司等4家企业获得三等奖。

(大兴区科委)

房山区

【"赛木节能低碳整体房屋关键技术研究与应用"课题通过市科委验收】 1月15日,"赛木节能低碳整体房屋关键技术研究与应用"课题通过市科委验收。由北京恒通创新赛木科技股份有限公司承担,是市委、市政府重点工作及区县政府应急项目预启动项目课题针对节能低碳整体房屋关键技术,对高填充木塑复合墙板、合成树脂瓦、木塑门窗发泡型材的生产技术、制备工艺进行了创新性研究,解决了材料、设备工艺及应用等技术难题,申请了4项国家发明专利,授权1项实用新型专利和6项外观设计专利。通过该课题的实施,建成2个示范工程,即房山区十渡镇马安村灾后安置房600套,以及总建筑面积214616平方米的韩村河服装城产业基地框架结构车间工程。

(王文伟)

【建成2家市级社区科普体验厅】 3月,房山区西潞街道西潞园社区的"我们的家"科普体验厅和周口店镇娄子水村的蜂文化科普体验厅建成并通过市科委验收。两个体验厅分别以"现代网络技术在人们家居生活中的应用"及"蜂文化及生物科学知识"为主题,运用新科技手段和交互体验式的展示方法,普及科学知识,开展一系列贴近生活、贴近公众、贴近实际的科普活动。体验厅向居民和游客开放后,受到广泛好评,达到了丰富社区居民生活、提高社区居民科学素质、推动创建和谐社区的目的。

(徐璐璐)

【正式组建"北京科技成果转化(房山)前孵化投资基金"】 7月20日,房山区政府与市科委签约,双方合作共建"北京科技成果转化(房山)前孵化投资基金"。基金运营采用有限合伙的组织形式,按照"政府统筹指导、市场化机制运作"的总体思路执行,注册资本为2亿元(首期由北京首都科技发展集团有限公司代表北京市科委出资5000万元、北京市房山区城市投资发展有限责任公司代表房山区政府出资5000万元,共计1亿元的资金已到位)。基金投向重点关注符合北京首都科技发展方向与房山区产业发展定位的高技术制造业和战略性新兴产业的创新创业企业,并择优重点投向前孵化期,关注早期和部分中后期项目,着重帮助“技术尚处于应用探索研究或预先研究阶段,市场相对还不成熟、风险较大的重大科技转化项目”跨越科技成果转化的“死亡谷”阶段,实现从“技术团队”到“法人实体”的转变的孵化培育过程。首批投资项目安贞医院先天性胎儿心脏病筛查项目和北京理工雷科雷达装备研究院项目已在房山区完成注册。

(李晓明)

【优客工场、三维六度获批“北京市众创空间”称号】 9月18日,优客工场(北京)创业投资有限公司和三维六度(北京)科技股份有限公司投资兴建的“优客工场”“三维六度”众创空间,被北京市科委、北京众创空间联盟共同授予“北京市众创空间”称号。

(李晓明)

【中粮智慧农场落成投入使用】 10月20日,中粮智慧农场在房山区琉璃河镇北京农业生态谷落成并投入使用。中粮智慧农场规划为“一心六园”。“一心”即智慧农业中心,应用7项世界领先技术、11项国内领先技术以及9项中国农科院专利技术,建成全球第一个高度集成人工光植物工厂、食用菌工厂、多层叶菜工厂、新能源、节水农业、循环农业、智能化等技术的农业综合体。“六园”包括花田漫步、牧场悠歌、乡野记忆、田园拾萃、林间采薇、伊甸寻芳6个各具特色的主题区域,将欧式农场元素运用其中,人们既可以最直观地体验到现代农业科技的魅力,又能置身于田园农趣中。

(王文伟)

【房山国家农业科技园区获得科技部批准】 12月29日,由北京现代农业示范区房山园管理委员会承担建设的房山国家农业科技园区获得科技部批准。该园区以北京农业生态谷为核心区,以房山区琉璃河等重点乡镇为示范区,辐射带动周边区及河北省廊坊、保定等。通过房山国家农业科技园区建设,将引进示范20项示范技术;科技贡献率核心区增长10%,示范区增长5%;整个园区服务体系覆盖率和良种覆盖率均达100%;加快城乡一体化进程,城镇化率达到73%。通过孵化和引进,到2018年,核心区内企业将达到50家以上,直接为社会提供近4万个就业岗位,示范带动周边地区农民5万人以上,辐射带动农民10万人以上,促进核心区农民增收15%。

(王文伟)

【元素核合成中的关键科学问题研究获得北京市科技奖】 年内,由中国原子能科学研究院取得的技术研究成果“元素核合成中的关键科学问题研究”获得北京市科学技术奖三等奖。该研究成果系统地发展了天体核反应实验研究方法,为研究元素核合成中的关键科学问题提供了重要的核反应、核衰变与元素丰度数据。

(王文伟)

【新增3家市级科普教育基地】 年内,房山区防震减灾科普教育基地、芦西园、蜂文化科普体验厅3家单位被市科委命名为“北京市科普教育基地”并授牌。房山区市级科普教育基地累计达到14家。

(徐璐璐)

【房山科普之旅活动项目实施】 年内,房山科普之旅活动项目通过整合房山区科普旅游资源,设计出一条独具房山特色的科普旅游线路,推出一系列以“科普之旅”为主题的互动活动,包括周口店北京人遗址“穿越70万年”为主题的互动体验厅、京郊避暑胜地坡峰岭景区以及蜂文化科普体验厅等游览内容。通过科普性、互动性为特色的体感科普游戏、动手制作项目等体验式科普活动,并将其与周边科普资源进行紧密嫁接,既打造了房山区特色科普旅游品牌,又面向广大游客普及了科学知识、传播了科学思想和科学方法,有效地提升了房山区科普活动的组织能力。

(徐璐璐)

【首都科技条件平台房山工作站平稳运行】 年内,房山工作站新发展成员单位34家,累计达到189家;聚集省部级以上资质的重点实验室、检测机构4家,面向社会开放的仪器设备89台套,价值1897.02万元;新增科技管理与技术专家11位,累计达到126位;编制印刷了《科技创新政策法规选编》,开展了3期200多人次的科技创新政策宣讲培训;挖掘企业在科研仪器设备、技术项目、专业人才、资金、科技政策等方面的科技需求36项。通过联合北京大学研发实验服务基地、中国科学院研发实验服务基地和北京科技大学研发实验服务基地,举办了三次"专场对接"和多次"一对一"的科技需求对接交流活动,促成企业与科研院所、高等学校间达成合作意向10多项。同时,为区内7家企业落实了43.5万元的科技创新券支持。

(李晓明)

【中关村房山园高端化发展势头强劲】 年内,中关村房山园入驻规模以上高新技术企业72家,实现总收入196亿元,实现税费9.7亿元。北京高端制造业基地步入科技研发创新引领新阶段,企业总数达到19家,投产企业7家。光环新网等高端项目入住,长安汽车、京西重工、乐利荣、金鹏达等企业健康发展。长安汽车产能达到17.4万辆,实现税收12.4亿元,带动就业3889人,新能源汽车成为自主品牌的风向标。石化新材料基地建成投产项目达52项,生态园区创建、绿色发展、创新发展趋势和经济效益初步显现。农业生态谷已被科技部批准为国家农业科技园区,中粮智慧农场已建成开园,7大板块集成了27项行业领先技术,走在国内农业科技发展的前列。高教园区智慧城市引领作用初步显现。中关村房山园已初步成为房山区发展高新技术产业和培育优势产业的重要基地。

(王文伟)

【创新创业环境得到优化】 年内,房山区委、区政府先后出台了《关于加快科技创新的支持办法》《房山区支持众创空间发展的实施意见》《房山区创业投资引导基金管理实施细则》《房山区引进高层次人才、创新创业人才(团队)支持办法》等6个方面的创新扶持政策,搭建了行政服务、科技、金融、产业对接、基础设施建设等8个创新发展服务平台;为企业提供"五个一"保姆式服务,即一处创业场所、一套公租住宅、一个牌照指标、一笔创投资金、一张优先服务卡;设立了10亿元创投引导基金和2亿元科技成果转化前孵化基金。通过全方位政策集成,房山区高端要素的集聚能力显著增强。

(王文伟)

门头沟区

【区科学技术进步奖、科技成果推广奖评审工作结束】 4月2—3日,门头沟区科委组织专家对2013年以来门头沟区科学技术进步、科技成果推广项目进行了评审。2015年度门头沟区共有60个项目申请评选门头沟区科学技术进步奖,8个项目申请评选门头沟区科技成果推广奖,涉及电子信息、医药卫生、环境治理、机械、农业等多个技术领域。评选出科学技术进步奖17项,其中:一等奖1项,为北京金鸿泰科技有限公司的"光伏电站群综合监控运行管理平台"项目;二等奖5项,为北京市门头沟区医院的"内镜下三线减张法矫正鼻中隔偏曲"等;三等奖11项,为北京明航科技发展有限公司的"多计算机系统通用平台"等。初步评选出科技成果推广奖三等奖2项,为北京灵之秀文化发展有限公司的"酸枣芽茶新品研制及扩大规模试制推广项目"等,一、二等奖本年度空缺。

(苏宇声)

【能源自循环农村办公系统建成并投入使用】 4月3日,妙峰山镇水峪嘴村村办公楼分布式太阳能发电系统并网并投入使用,标志着门头沟区首家分布式太阳能发电系统、北京市首家以分布式太阳能发电为能源供给、应用地源热泵技术进行供暖制冷的能源自循环农村办公系统改造成功并投入使用。

(苏宇声)

【门头沟区获批国家可持续发展实验区】 10月,科技部发布《科技部关于2014年度创建国家可持续发展实验区名单和2014年度国家可持续发展实验区通过验收名单的通知》(国科发社〔2015〕309号),其中门头沟区作为北京市唯一参加此次评审的区县,名列全国29个实验区之中;也是继怀柔区之后,北京市第二个成为国家可持续发展实验区的郊区县。

(苏宇声)

【门头沟区通过市级可持续发展实验区验收】 年内,市科委发布《北京市科学技术委员会关于门头沟区市级可持续发展实验区建设验收合格的函》(京科函〔2015〕553号),门头沟区2012年创建的"北京市可持续发展实验区",经过4年的实验区建设,通过验收。以可持续发展战略基本原则和科学发展观为指导,形成了统一的发展理念和行动,区域可持续发展工作扎实推进,并在《门头沟区国家可持续发展实验区建设规划(2014—2018)》的指引下,成功创建国家可持续发展实验区 。

(苏宇声)

【全区82家高新技术企业完成年度备案】 年内,门头沟区82家高新技术企业完成年度备案,涉及领域为电子信息技术27家、高技术改造传统产业23家、生物与新医药技术9家、资源与环境技术8家、新材料技术6家、高技术服务业5家、新能源与节能技术4家。这82家高新技术企业2014年度获得发明专利授权30项、实用新型专利195项、外观设计专利32项、软件著作权241项;大专以上学历9306人,占从业人数的41.21 %;研究开发人员3934人,占职工总数的17.42%;高新技术产品(服务)收入89.47亿元,占企业销售收入的83.7 %。

(苏宇声)

【区科委与市环科院开展对接工作】 年内,门头沟区科委领导和国家生态修复基地与市环科院生态所开展对接交流,并在以下方面达成共识:一是拟在灵山生态修复地区合作建设生态监测站点,率先从生态共建方面破局京津冀一体化发展;二是共同就门头沟区生态修复模式调研与比较筛选开展合作,并就相关领域共同包装申报科技项目,助力生态新区建设工作;三是通过市环科院专家指导开展碳汇交易的方式,进一步提升门头沟区特色果品的美誉度;四是利用北京市环境科学保护研究院在生态环境监测等方面的技术优势,有效提升科技项目的科研深度和成果产出效率,强化科学研究的持续性。

(苏宇声)

密云区(县)

【"加强科技创新驱动,主动适应经济发展新常态"培训会召开】 1月15日,密云县科委邀请市科委法规处处长杨仁全、中关村产业促进处处长张宇蕾,针对"新常态下,如何加速产业和政策的有效对接,加强运用创新驱动,促进经济社会的稳步发展"进行专题讲解。县科委、县投资促进局、县经济开发区等单位相关领导110余人参加了此次培训。

(宋立荣)

【技术合同相关政策培训会召开】 1月29日,技术合同认定及登记相关政策培训班开班,首都科技创新券管理办公室、北京大学研发实验服务基地、北京市技术市场管理办公室的相关负责人分别就首都科技创新券的政策、北京大学的科技资源、技术合同的政策及登记流程进行了系统讲解。来自县域内44家企业的80余人参加了此次培训。

(赵 亮)

【涉农电商经验交流会举行】 4月21日,密云县科委在澳德集团酒通网体验馆举办"密云涉农电商企业经验交流暨农业科技示范(特色农产品)基地"对接会,科技示范基地、涉农电商等26家单位参加对接会。会上,5家涉农电商企业代表对网店运营推广经验进行了分享,并对农产品采购标准进行了详细的描述;8家涉农企业(合作社)代表向大家介绍各自的特色农产品和下一步开展电商业务的思路和想法。

（赵红霞）

【科普行活动举行】 5月19日，在鼓楼街道向阳西社区，科技救援构建社区网络——密云县科委2015科普行活动举行，来自各社区的30名居民参加了此次活动。活动中，北京红十字会急救培训讲师对判断、呼救、救援、评估等院前急救4项基本技术理论知识进行讲解，现场演示了求助、判断等基本技法，并手把手传授给社区居民。

（李大轩）

【科技金融政策宣讲会召开】 6月4日，密云县科委举办"为科技插上金融的翅膀——融团服务"宣讲会。会上，启迪创投、南京银行、广发证券、北大纵横管理咨询机构等"融团"成员进行宣讲，现场针对处于不同发展阶段的企业提供量身定制的、个性化的服务；市科技金融促进会、北京银行、建设银行中关村分行、江苏银行北京分行4家投融资机构，开展银行特色融资产品宣讲。90余家科技型企业的150多位代表参加了本次培训。

（宋立荣）

【科技创新领军人才座谈会召开】 6月12日，密云县科委召开科技创新领军人才座谈会，首批被评定为"科技创新领军人才"的30名人才参加会议。会上，密云县委常委、组织部部长、县人才工作领导小组副组长兼办公室主任刘颖对人才工作提出4点具体要求，进一步改善人才发展环境，推动密云形成"大众创业，万众创新"的良好氛围。

（冯晓丹）

【组织"百家重点实验室进千家企业"对接会】 6月17日，首都科技条件平台密云工作站与北京市农林科学院实验服务基地共同组织"百家重点实验室进千家企业"农业企业专场对接会。来自北京农业信息技术研究中心的几位专家与相关企业进行了交流，走访了金超利通和天葡庄园两家企业，针对企业的具体情况和需求提出了建议。

（赵　亮）

【协同创新平台交流座谈会召开】 7月24日，密云县科委召开加强创新体系建设、打造协同创新平台交流座谈会。会上，北京协同创新研究院院长王荸祥介绍了北京市协同创新研究院、协同创新联盟及企业协同创新的模式；北京高技术创业服务中心副主任刘志广宣讲全市众创空间发展情况；清华启迪之星孵化器副总经理王永瑞介绍孵化器管理模式及运营情况；微软开放技术有限公司资深项目经理陈岭、中关村生命科学园生物医药孵化器原总经理吴玫涵、虫洞创业之家联合创始人平庆超，分别介绍了企业协同创新发展情况。42家国家高新技术企业及25家农业龙头企业负责人，10余个县直部门主要领导参加此次会议。

（张怀东）

【北京智能装备协同创新中心揭牌成立】 10月10日，市科委与密云县政府共建的北京智能装备协同创新中心揭牌成立，市科委领导闫傲霜、郑焕敏、季小兵，北京科技大学校长张欣欣和密云县领导汪先永、王海臣共同为中心揭牌。中心先期规划设立北京超同步智能装备协同创新分中心和北京炎黄文远超精密研究院协同创新分中心，围绕高端装备制造等领域，开展新能源汽车电机驱动系统等六大项104个子课题的研究。同时，协同政产学研各方资源，合力构建智能装备制造的创新机制与模式，共同开展智能装备制造领域共性、关键技术的攻关，促进产业链上下游企业集聚，加快县内战略性新兴产业发展。

（张怀东）

【建成专业蜜蜂科普场馆】 11月，全市首家专业蜜蜂科普场馆在太师屯镇龙潭沟村建成。场馆使用面积1600平方米，分为蜜蜂科普知识概论、蜜蜂科普知识展览及互动、蜂产品DIY、蜂产品展示及销售4个区域，重点面向全县青少年学生团体宣传普及蜜蜂科普知识。

（董　敏）

【举办创新服务体系建设政策培训】 12月22日，密云区科委邀请技术市场和首都科技条件平台的5位专家为区内50余家科技型企业进行创新服务体系建设政策培训。培训内容包括技术合同认定及登记流程、技术市场促进科技成果转化政策、技术合同减免税操作实务和清华大学高端装备研究院情况等。

（赵　亮）

【超同步智能装备产业园奠基】 12月28日，超同步智能装备产业园举行奠基仪式，密云区区长潘临珠出席仪式并致辞，市科委党组书记呼文亮，北京科技大学校长张欣欣，北京科技协作中心主任季小兵，中国机床工具工业协会特邀理事长于成廷、数控系统分会理事长陈吉红，区领导杨珊、李光辉一同参加活动，沈阳、山东、江苏、云南等数控、精密机床领域40余家龙头企业参加活动。园区将围绕智能装备制造、工业机器人和新能源汽车等领域，推进区内企业做大做强的同时，吸引更多企业入驻，打造集研发、生产、销售、服务于一体的大型产业发展集群。

（焦　扬）

【推广生物防治技术应用】 年内，密云区科委促成北京市农林科学院与北京春播科技有限公司合作建设"天敌昆虫繁育与生产应用"示范基地，共同研发天敌昆虫繁育技术4项，并在十里堡镇建设蔬菜昆虫天敌良种繁育车间，培育丽蚜小蜂、智利小植绥螨等天敌40万只，示范应用有机蔬菜基地100亩（1亩≈667平方米），减少农药使用250千克，生产有机蔬菜35000千克。

（魏长山）

【产业技术服务队取得实效】 年内，密云区内板栗、葡萄、养蜂、苹果、草莓5支农业主导产业技术服务队累计开展技术培训60余期、技术服务33次，获得技术收入300万元，带动农民增收2800万元，户均增收1.2万元，初步形成"专家+农把式+市场化运作"的农业科技服务模式。

（王子萌）

【建立专家资源库】 年内，密云区科委建立由中国农业大学、北京市农林科学院等科研院所的62位农业专家组成的专家资源库。通过发放专家名单、宣传12396农业咨询热线以及农业专家QQ群等服务平台的方式，让涉农企业和普通农户享受专家技术指导，并且邀请13位专家参与密云当地12个农业重点科技项目。

（张建芳）

【技术合同成交额】 年内，共有234项科技成果通过技术市场实现转化，实现技术合同成交额4.66亿元，主要集中在先进制造、电子信息、节能环保和生物医药4个领域。其中，102家企业吸纳技术成果及服务173项，实现技术合同成交额2.66亿元，同比增长12.7%，合同类型以技术服务为主；19家企业输出科技成果及服务61项，实现技术合同成交额2亿元，同比增长4.7%，合同类型以技术研发为主。

（赵　亮）

【高新技术企业上市】 年内，北京康华远景科技有限公司、雷蒙德（北京）科技股份有限公司、北京雅迪力特航空新材料股份公司和北京世纪微熵科技（股份）有限公司4家高新技术企业在"新三板"挂牌上市。

（李　杰）

【启动未来网络产业园建设】 年内，未来网络项目、车联网项目、中交信通项目、大地云网创业项目相继引入，并注册成立北京云未网络技术研究院有限公司、联通智网科技有限公司、中交信通网络科技有限公司、大地云网公司，为未来网络产业园建设奠定了基础。

（亓建强）

怀柔区

【开展科普之春活动】 3—5月，怀柔区共开展各类科普活动近100次，展出科普宣传展板200多块，印发各类科普宣传资料和宣传品近10万余份，送电影下乡近120场、培训农村劳动力7.82万人次。

（王五山）

【科技政策培训会召开】 4月16日，怀柔区科委举办了怀柔区2015年度科技政策培训会。

来自60余家高新技术企业、科技型企业、有研发费用加计扣除需求的企业的相关负责人和财务人员100余人参加了培训会。

（温成启）

【知识产权培训下企业】 4月18日，两位知识产权资深律师来到怀柔区福田戴姆勒汽车有限公司，为企业的一线技术人员培训知识产权知识。从汽车领域的知识产权管理与保护，到专利申请的撰写实务，两位律师由浅入深，以生动的案例为基础，讲授了专利的相关知识，提高了企业一线技术人员的专利保护意识及撰写能力。

（怀　苗）

【世界知识产权日培训】 4月22日，怀柔区知识产权局与12330雁栖工作站联合开展了世界知识产权日培训。邀请国家知识产权局初审及流程管理部谢辉老师和弘泉知识产权代理事务所逯长明老师为园区企业做了专利申请操作流程和高新技术企业知识产权保护与运用的讲解。共有62家园区企业参加培训。培训结束后，企业代表观看了知识产权宣传展板。

（怀　苗）

【“沉浸式火灾逃生训练虚拟现实装置示范与推广”项目通过验收】 4月23日，区级科技计划项目“沉浸式火灾逃生训练虚拟现实装置示范与推广”项目通过专家验收。该项目研发完成沉浸式火灾逃生训练虚拟现实装置，并生产出可移动训练装置2套，在50多个单位及学校进行了训练展示和宣传教育，并通过大量的训练展示经验，制作完成一套相对完善的防灾宣教手册；通过开展大量培训工作，使社区及企事业单位更好地了解了火灾逃生相关知识与技能，提高了全民防灾减灾的意识。

（闫　斌）

【“联东U谷”项目签约入驻怀柔纳米产业园】 4月30日，怀柔雁栖开发区与联东集团正式签署合作协议，“联东U谷”项目正式入驻怀柔纳米科技产业园。该项目的引入不仅为企业，特别是中小型实体企业提供了产业发展平台的整体开发和持续运营的解决方案，同时还为开发区带来土地集约化、产城融合化、产业集聚化、税收持续化和退出机制市场化等显著效益。

（王立冬）

【编印科普知识宣传手册】 4月，怀柔区编印了5万份《合理防灾，科学减灾》科普知识宣传手册。该手册详细分析了地震、泥石流、暴雨、山洪、高温、雷电、火灾和部分公共安全危机的成因，有针对性地介绍了灾难发生时的预防预警、应急要点、避险措施和自救知识。

（王五山）

【开展科技周活动】 5月，开展了以“创新创业、科技惠民”为主题的科技活动周暨科普游园活动。活动期间参观者超过1.5万人次，日均超3000人次参观互动。

（王五山）

【龙山街道南华园四区社区科普体验厅建设】 5月，南华园四区社区科普体验厅建成，项目投资80余万元，展示内容包括急救、灾情报警体验、火灾逃生、家庭厨房安全、食品安全、4D动感教室、科普实验、3D科普展板等，运用大光电科技、影像技术，以互动体验的方式将安全科普教育的知识灌输给参观者。

（王五山）

【开展科普之夏活动】 7—9月，在怀柔区迎宾路北环岛大星发超市首次举行“科普超市行”活动暨科普之夏启动仪式。活动期间，共开展科普讲座、科普参观50余场，居民、学生参与人数达到4000余人次；发放科普宣传品5000余份。

（王五山）

【北京国际“纳米之星”新材料创业大赛决赛举行】 8月18日，首届众创杯中国·北京创新创业大赛新材料、新能源与节能环保主题赛暨北京国际“纳米之星”新材料创业大赛决赛在北京纳米科技产业园所在的怀柔雁栖开发区举行。大赛自4月15日启动报名，报名项目212个，其中报名企业132个、团队80个，多个外地和国外团队报名参赛。

（王立冬）

【高新技术企业认定申报】 年内，怀柔区新申报高新技术企业31家。截至12月底，已经有6家企业获得了国家高新技术企业证书，另有25

家企业已经通过市科委公示。当年,全区高新技术企业总保有量达到 119 家,排名生态涵养区第一。

(温成启)

【高新技术企业复审工作】 年内,怀柔区有 47 家高新技术企业需要复审。其中,37 家企业通过科技部、北京市科委的审批,拿到了高新技术企业复审证书,占全部复审企业的78.7%。

(温成启)

【都市型现代农业示范基站建设工作】 年内,基站主要开展了 12 个项目,并在庙城学校实施了京科系列鲜食玉米品种对比项目,种植了 10 多种鲜食玉米,让学生更直观地观察、了解玉米的生长过程,以及不同玉米品种的具体区别。

(王五山)

平谷区

【"百进千"对接交流会召开】 6 月 12 日,平谷区科委与北京科学仪器装备协作中心、北京大学研发实验服务基地以及清华大学研发实验服务基地共同召开两场"百家重点实验室进千家企业"对接会,利用首都科技条件平台资源优势与企业需求进行对接,推动产学研合作,促成实验室与企业合作共赢,推进平台由资源聚集向资源服务转化。

(李　征)

【实施 2015 年科技项目】 年内,平谷区科委规划并组织实施了市级绿色通道科技项目 1 项、区级科技项目 6 项、区县科技专项 1 项,为全区科技进步与创新提供有力保障。

(李　征)

【国家星火计划项目通过验收】 年内,平谷区果品产业协会承担的国家星火计划项目"桃新品种轻简化栽培关键技术研究与示范"通过了市科委组织的专家验收。该项目引进了水蜜桃系列品种 8 个,通过对新品种的生物学特性、生态适应性及商品性进行了综合评价,筛选出红清水、新川中岛、加纳岩、清水白桃 4 个适宜平谷区发展种植的水蜜桃品种,可溶性固形物含量均达 14% 以上;开展了桃轻简化栽培关键技术的研究,确定了矮化密植(1 米 ×3 米),独干树形;应用了拿枝软化、改良土壤、培肥地力等综合配套技术。建立了 200 亩(1 亩≈667 平方米)示范园,通过示范带动,在全区推广面积达 1000 亩。

(李　征)

【2015 年区县专项立项】 年内,平谷区科委与平谷区植物保护站等单位共同承担的 2015 年区县科技专项"平谷区高密植果园病虫害绿色防控科技示范工程"正式立项。该项目将建立绿色防控核心示范区 900 亩,充分发挥高密植果园便于机械化作业的优势,通过应用农业防治、生物防控、理化诱控、化学防治等综合措施防控病虫害;同时,通过喷施叶面肥、施用发酵腐熟有机肥等措施提高树体抗性,从而达到联防联治、绿色防控的目的,使高密植园区内病虫害发生率降低,综合防治效果达到 85% 以上,确保示范区农产品农药残留不超标,实现化学农药减量和切实提高农产品质量安全,促进果农增收,助推平谷区生态绿谷、幸福平谷建设。

(李　征)

顺义区

【提升全民科学素质行动电视大赛落幕】 9 月 19 日,顺义区提升全民科学素质行动电视大赛在牛栏山一中举行。本次活动由顺义区科委、顺义区科协、顺义区广电中心共同主办。顺义区提升全民科学素质行动电视大赛从 6 月份启动,全区 6 个街道、19 个乡镇的 25 个家庭代表队参加了初赛和复赛,最终南法信镇、赵全营镇、南彩镇、马坡镇和李桥镇 5 支代表队进入了决赛。南彩镇荣获一等奖，李桥镇、马坡镇获得二等奖，南法信镇和赵全营镇获得三等奖。

（闫兆东）

【扎实推进“百家创新型科技企业培育计划”】 年内，顺义区按照“百家创新型科技企业培育计划”实施进度要求，继续深入开展国家级高新技术企业认定工作，不断壮大区域自主创新主体规模，通过集中培训和深入企业一对一辅导，提高服务质量和水平。年内，顺义区获得科技部认定的国家级高新技术企业达到224家。

（闫兆东）

【广泛开展科普宣传】 年内，顺义区围绕“科普之春”“科技周”活动主题，积极协调各镇、街道及各学会，举办“2015年全国科普日”“顺义区科普进社区”“顺义区暑期科普季”等科普宣传活动64场、科普展览2次，发放科普口袋书、低碳生活等宣传资料30万份。

（闫兆东）

【科研机构建设取得新突破】 年内，顺义区累计发展市级研发机构24家、北京市重点实验室2家、北京市工程技术研究中心5家。临空国际获批北京市战略性新兴产业科技成果转化基地。北京东方雨虹防水技术股份有限公司的“特种功能防水材料国家重点实验室”获批（科技部）企业国家重点实验室，实现顺义区国家重点实验室零的突破。

（闫兆东）

【顺义区技术合同成交额突破10亿元】 年内，顺义区共完成技术合同登记531项，实现技术合同成交额10.02亿元，同比增长100%，历史上首次突破10亿元大关。自2013年顺义区“1+3”科技创新政策颁布以来，在区科技创新资金的引导下，顺义区技术合同成交额从2013年的2.9亿元增长到2014年的5.05亿元，并于2015年首次突破10亿元。技术合同成交额的持续快速增长显示区内企业创新的意愿、活跃度和能力都得到有效提升，科技成果转化能力和水平不断增强。

（闫兆东）

通州区

【2015年通州区科技周活动】 5月15日，以“创新创业，科技惠民”为主题的2015年通州区科技周活动在通州区罗斯福购物中心正式拉开帷幕。区科委组织花仙子、II－imavgine科学空间等市级科普基地以及国家电网共产党员服务队通州供电公司分队、北京仙源食品酿造有限公司等企事业单位参与活动；组织社区居民参观辖区内市级科普基地，通过实物展示、互动体验、现场参观等多种形式，向公众开展科普宣传。

（任中平　李　牧）

【通州区2015年科技创新高级研修班开班】 12月15日，通州区科委、通州区委党校共同举办通州区2015年科技创新高级研修班，邀请专家就京津冀协同发展、科技政策解读、“十三五”北京市科技规划、当代世界科技发展趋势、智慧城市5个方面进行授课。来自全区各委办局、乡镇街道及园区的60余名科技工作主管领导及工作人员参加研修。

（毕　铮　郐奇洋）

【高新技术企业服务工作】 年内，通州区342家国家高新技术企业进行年检统计、企业自查和年度信息备案，49家企业参加高新技术企业复审，99家企业进行高新技术企业认定申报，30家已至有效期的高新技术企业参加重新认定。

（郭华杰）

【推进首都科技条件平台通州工作站建设】 年内，顺义区科委与首都科技条件平台的领域中心、基地联合组织供需对接活动，协助开展“百家重点实验室进千家企业”活动，对接成功的典型5个，服务企业数量122家，新增成员单位22家，新增科技人才15名，聚集需求35项。工作站成员单位达67家。

（郭华杰）

【深化科技孵化器建设】 年内，通州区科委深入科技企业孵化器宣传国家、市和区级相关支持政策，邀请北京市创业孵育协会专家到通州区孵化器调研指导工作，针对孵化器的建设现状和发展难题等进行座谈交流。立项支持符合初创期支持条件的方和正圆科技企业孵化器，支持“方和正圆科技企业孵化器科研检测中心建设”项目资金20万元。立项支持大学科技园后期运营，支持北京物资学院“智慧物流科技成果转化及孵化”项目资金50万元。

（郭华杰）

【技术合同认定登记】 年内，通州区科委结合科技政策法规培训，积极开展技术转让相关政策法规宣传培训，发放《技术合同认定登记须知》《技术合同认定登记基本条件》和国家、北京市有关技术市场的优惠政策等宣传材料600余册；深入企业开展技术合同认定登记需求调研，对区内未登记技术合同的部分企业进行统计调查，挖掘未登记技术合同企业技术性收入存量，开展面对面、有针对性的辅导服务。全区认定登记技术合同成交总额达到71.57亿元。

（耿大乐）

【开展科技政策法规宣传】 年内，通州区科委深入街道、企业、园区，广泛开展科技政策法规宣传、培训；深入开展“法律六进”、“12·4”法制宣传日宣传活动。全年组织科技政策培训15次，参加人员500余人次。

（康连元）

【“一核五区”专家顾问团工作】 年内，通州区科委组织开展“一核五区”专家顾问团工作，设立专家顾问团专项资金200万元；协助园区与专家对接，文化旅游区、宋庄文化创意集聚区、国际医疗服务区、国际种业科技园、开发区南区、国家环保园区等分别与顾问专家就园区项目开展了深度合作。

（康连元）

【发布实施鼓励科技创新“1+6”系列政策】 年内，通州区科委研究制定创新驱动发展“1+6”系列政策。“1”即通州区委区政府发布的《关于实施创新驱动发展战略加快北京城市副中心建设的意见》；“6”即通州区政府出台的《通州区支持科技创新暂行办法》，通州区科委出台的《通州区支持科技创新暂行办法申报指南》《通州区科技计划项目管理办法》和《通州区科技创新人才资助与奖励工作指南》，通州区知识产权局出台的《北京市通州区专利实施项目管理办法》，通州区人才工作领导小组办公室出台的《通州区“一核五区”专家顾问团工作暂行办法》。“1+6”系列政策的出台为通州区全面实施创新驱动发展战略提供了政策依据，为加快北京行政副中心建设和区域发展提供了内生动力，构建了科学有效的科技创新支撑体系。

（鲁新龙）

【支撑引领全区经济社会协调发展】 年内，通州区科委引入专家评价机制，结合全区经济社会发展情况，确定了2015年立项支持的55个项目。在项目带动下，企业技术创新的主体地位进一步增强，生态环境持续改善得到保障，科技与文化融合发展得到促进，技术创新对新兴产业培育和低碳经济发展的重要作用得到体现，重点功能区及园区的科技服务水平得到提升，社会建设和民生事业得到发展。

（鲁新龙）

【科技促进镇域发展取得新突破】 年内，通州区科委与张家湾镇政府签署科技创新引领镇域发展合作框架协议，双方充分利用各自资源优势，广泛开展技术、项目、人才、信息、成果等方面的合作，依靠科技创新驱动，促进张家湾镇经济社会发展。通州区科委在张家湾镇工业、农业、文化、科技服务业等领域给予全面的支持，为将张家湾镇打造成为通州区“产业创新增长强镇”和“新型城镇化实验区”，建设“漕运古镇幸福张家湾”提供了有力的科技支撑。

（鲁新龙）

【通州区东直门医院东区健康科普信息服务平台投入使用】 年内，“通州区东直门医院东区健康科普信息服务平台建设”项目实施，在北京中医药大学东直门医院东区建成并投入使用。平台由健康科普信息服务基础设施、配套的科普传播内容及支撑系统运行的医疗健康信息管理系统组成，综合运用传统传播模式与现代化信息手段，为医院搭建起医疗健康多媒体科普传播体系，广泛宣传通俗易懂、趣味性强、形式多样的健康科普信息资源，以更新颖便捷的阅读方式吸引公众的关注，提高患者学习健康科普知识的热情。项目的实施有效地增加了公民获取健康知识的途径，提高了居民自身医疗健康知识的储备，对营造医院健康科普的良好氛围、提升通州区健康科普信息化水平、促进通州区公众健康素质的提高具有积极作用。

（任中平　李　牧）

【“携手蓝天 自由呼吸”清洁空气行动科普示范街区建成】 年内，通州区科委、通州区财政局与新华街道共同建设通州区首个以“远离雾霾，清洁空气”为主题的大型户外科普示范街区。以新华街道国防广场和如意路为载体，集大型智能化即时监测科普主题形象标识系统、创新型数字化全媒体科普画廊、清洁空气行动科普互动体验设施、智能化空气净化互动体验空间等多种互动体验设施为一体，在基层打造开展大气污染防治，公众认知 PM2.5 科普宣传的有效平台和载体。

（任中平　崔伟侠）

【通州区科普教育基地展教能力提升】 年内，通州区科委、通州区财政局共同开展市级科普基地能力建设，在中国民兵陈列馆现有科普资源的基础上，建设数字影像馆以及相应的科普软件平台和资源库，应用影视、互动、动画、声效等动态元素，通过多媒体影像的形式增强参观者的学习体验。通过对民兵武器陈列馆进行数字化建设，创新了科普教育基地展教方法，有效提升了陈列馆现有科普资源的利用率；通过深入解读中国民兵武器装备陈列馆各种馆藏资源的历史发展等科普知识，对参观者进行更丰富的国防科普教育，增强民众的爱国意识。

（任中平　崔伟侠）

【建设创新型全体验式社区科普活动站】 年内，通州区科委、通州区财政局与马驹桥成人学校、张家湾成人学校、潞城镇紫荆园社区共同建设体验式科普活动站，以科学生活为建设主题，围绕“防灾减灾、健康养生、公共安全”等百姓关心关注的热点问题，涵盖“科学生活大讲堂”“科普书吧”“科学影吧”“互动体验科普设施”四大主体板块，通过动眼观察、动手体验、动耳聆听、动脑思考的体验模式建成集科普宣教、科技培训、科普阅览、互动体验四大功能为一体的社区科普活动场所。项目的实施，进一步完善了基层科普服务体系，使百姓直接体验和感受到科学的乐趣，营造良好的科普氛围，加强科普宣传功效，推进基层科普宣传群众化、社会化和常态化。

（任中平　崔伟侠）

【创新型科普社区科普能力提升】 年内，通州区科委、通州区财政局为新华西街、黄厂铺等创新型科普社区进行科普能力提升，添置便携体验式科普互动展品、配置科普画廊展板，进一步推进创新型科普社区科普基础设施建设，推动社区科普工作管理体系的健全及制度的完善，拓展科普资源的科普功能，进一步扩大社区科普传播范围，吸引更多公众参与科学生活，提高广大公众的科学生活意识，营造社区学科学、用科学的良好科普氛围。

（任中平　崔伟侠）

【通州区社区科普体验厅建设完成】 年内，通州区科委大力推进社区科普体验厅建设，北苑街道新华西街社区、于家务乡北辛店村、梨园镇公庄村、张家湾镇小北关村科普体验厅建设完成。体验厅融合高科技人机互动、情景体验和艺术化展示等多种形式，围绕防灾减灾、低碳生活、疾病预防和食品安全等普通百姓关注的热点问题，配置了“科学影吧”“科普书吧”“农机科普”40 余件科普互动体验设施，改进了科普教育方式，提升了科普教育质量，多角度、全方位推进科学普及工作，创新性打造公众身边的科普活动场馆，进一步拉近了公众与科技的距离，为公众的科学素质提高发挥了积极的作用，推进区域化科普事业的创新发展。

（任中平　李　牧）

【通州区益民科普主题巡展活动】 年内，通州区科委分别在新华街道国防广场、中仓街道西上园社区和永顺镇运乔嘉园社区举行通州区益民科普主题巡展活动。科普巡展活动以“生态・健康・安全”为主题，结合运用展板展示、文艺表演、多媒体播放、咨询讲解和资料发放等多种形式，向社区居民开展科普宣传，普及科学知识。活动受到社区居民一致好评，达到了科普服务民生的目的。

（任中平　李　牧）

【拓宽科技宣传渠道】　年内，通州区科委拓宽科技宣传渠道，依托电视、报纸、网络等新闻媒体加大科技宣传力度，制作科技宣传片，开通微信公众平台，在《通州时讯》定期发布科技信息，广泛宣传通州区贯彻落实科技政策的新举措、区域科技创新体系建设的新亮点、企业科技创新的新成果。

（毕　铮　邬奇洋）

【紧密型12330“1＋X”体系建设】　年内，新建了12330光机电一体化产业基地工作站，通州区已经拥有4家工作站；每季度召开一次分中心、工作站例会，进一步加强工作站的统筹协调和工作指导；建立分中心与工作站联动机制，联络员深入各工作站了解情况，做好政策咨询指导工作；建立项目经费保障机制，针对各工作站实际，对重点工作项目给予一定资金支持。

（宋　薇）

昌平区

【科普行进企业】　1月14日，昌平区科委配合市科委、市农村中心组织的科普行进企业暨科技“三下乡”活动，在昌平区天安农业发展有限公司举行。活动邀请北京市农林科学院蔬菜所李武教授做“蔬菜采后贮藏保鲜技术”知识讲座，市科委农村中心现场赠送科普书籍40余册及各类瓜菜种子500袋。

（昌平区科委）

【油莎豆制生物燃油示范基地落户昌平】　1月17日，油莎豆制生物燃油示范基地签约仪式在昌平区科委会议室举行，这标志着北京市首个油莎豆制新型生物柴油研发科普推广示范基地正式落户昌平区。

（昌平区科委）

【第十届青少年科技创新大赛颁奖活动举行】
4月18日，第十届昌平区青少年科技创新大赛颁奖活动在昌平二中回龙观校区举行。本届大赛由昌平区科协、昌平区教委、昌平区科委、中关村科技园昌平园、中国石油大学理学院和昌平区校外教育协会共同主办，活动持续一年，大赛内容包括发明创造、科学论文、科技实践活动和科学幻想绘画4种形式，分为竞赛项目和展示项目，共吸引全区30多所学校的1000多名学生参加。

（昌平区科委）

【2015年度北京市科学技术奖励申报】　5月5日，按照市科委奖励办要求，昌平区科委共推荐13项成果申报2015年度北京市科学技术奖励。包括中国华能集团清洁能源技术研究院在内的未来科技城入驻企业申报数量大幅提升，占总申报数量的50%，体现了未来科技城在昌平区功能定位中的核心地位。

（昌平区科委）

【北京电影学院科技园承办国际性论坛】　5月27日，由国家发展改革委和文化部主办的2015首届国际文化产业投资洽谈会在北京国家会议中心开幕。国际影视文化产业发展与投融资论坛作为洽谈会主题论坛在其间召开。论坛由北京电影学院和中国城市文化产业发展联盟主办，北京电影学院影视文化产业创新园承办。

（昌平区科委）

【企业与地方创新产业对接会召开】　6月4日，昌平区科委主任李雪红组织科技部农村中心副处长胡春华、科技部赴河北魏县挂职干部韩红旗、魏县科技局与商务局领导以及神雾公司负责人一同座谈，为昌平神雾公司的发展和河北魏县的创新产业相互对接、共谋发展深入交换意见，助力京津冀协同发展。

（昌平区科委）

【科普行进社区】　6月5日，昌平区科委组织“告别白内障、关注眼健康”主题科普活动日走进东关南里社区，为80余位社区居民讲解爱眼常识，提供免费眼科疾病筛查，发放《科技在我身边》等科普书籍100册。爱博诺德(北京)医疗科技有限公司的临床医学专家介绍了最先进的白内障人工晶状体技术。

(昌平区科委)

【东华原孵化器项目启动】 6月11日,"北京东华原生物信息科技孵化器"项目在中关村科技园区昌平园正式启动。东华原作为我区大健康产业联盟的重要组成部分,其生物信息科技孵化器的启动,符合"大众创业,万众创新"的时代要求,其健康体检设备及健康小屋项目也符合"互联网+"的发展趋势,孵化器的启动对昌平区大健康产业联盟的发展将起到推进作用。

(昌平区科委)

【科技企业融资上市服务会召开】 6—7月,区科委与厚德九九(北京)投资基金管理有限公司、杭州银行北京昌平支行、渤海银行北京分行签订的战略合作框架协议,分3次召开昌平区重点科技企业融资上市服务会,昌平区科委书记李万佰出席会议并做讲话。昌平区科委召开企业上市融资推动会,旨在帮助企业提高竞争优势和竞争实力,引导和鼓励企业通过上市融资谋求更大的发展,实现资源要素优化配置,增强企业发展潜力和后劲。共有100家昌平区重点科技企业参加会议。

(昌平区科委)

【2015年度北京市科技奖初审名单】 7月24日,市奖励办公布了通过2015年度北京市科技奖励初审的成果名单,由昌平区科委推荐的"线聚光直接蒸汽式太阳能热发电装置研制""锅炉低NOx燃烧控制与优化运行关键技术的研究及应用""能量功率兼顾型锂离子动力电池系统的开发与应用技术""发电厂烟气二氧化碳捕集技术研发与应用""一种治疗咳嗽变异型哮喘类疾病的中药新药研究开发与临床应用""煎药室智能控制系统开发及应用"6项成果通过北京市科技奖励初审,这也是近年来由昌平区科委推荐并通过初审数量最多的一年,并且在各区县科委推荐的成果通过初审数量中排名第二。

(昌平区科委)

【军民共建参观高新技术企业】 8月11日,昌平区科委与驻昌平区某部队开展军民共建活动,赴昌平区两家国家高新技术企业参观学习。在北京泰宁科创雨水利用技术股份有限公司展示基地,深入学习习总书记关于"加强海绵城市建设"的讲话精神和雨水回收利用方式。在北方天途航空技术发展(北京)有限公司,参观民用无人机研发、装配、展示,探索高科技在无人机领域的应用前景。通过此次军民共建活动,纪念中国人民抗日战争暨世界反法西斯战争胜利70周年,助力昌平区科技创新中心建设。

(昌平区科委)

【大闸蟹科普惠民活动】 9月21日,由昌平区科委与东营市海洋与渔业局共同举办的第二届"喜迎国庆,科技惠民——昌平大闸蟹暨黄河口名优水产品大型科普惠民活动"在昌平区龙母庄和秀水渔村举行。经过4年多的大闸蟹池塘循环水养殖模式试验和精心培育,昌平区解决了大闸蟹北方越冬及幼体繁育等关键性技术难题,育苗和养殖都取得成功,让市民们可以吃上安全、放心、味美、价廉的本地产大闸蟹。

(昌平区科委)

【各项任务指标完成情况】 年内,昌平区科委完成折子工程6项,办理人大代表建议和提案4项,完成为民办实事1项。全年共登记技术合同1586份,完成技术合同额63.5亿元。全区有国家级高新技术企业610家。

(昌平区科委)

【科技政策执行情况】 年内,昌平区科委共受理昌平区科技创新支持政策339个项目,拟支持资金8797.7413万元,其中申报"昌平区产业转型升级政策"资金158.2万元,申报"昌平区科技创新支持政策"资金8639.5413万元,兑现2014年第二批科技创新政策资金3568万元。

(昌平区科委)

【孵化器建设】 年内,昌平区科委备案孵化器企业26家,孵化面积68万平方米,累计孵化企业1600余家。全年,新增科技企业孵化器4家,新培育上市企业2家。

(昌平区科委)

【大学科技园建设情况】 年内,7 个大学科技园共入驻企业 414 家,总注册资金 16.85 亿元,总经营面积 36249 平方米,总就业人数 4418 人。

(昌平区科委)

【首都科技条件平台昌平站工作情况】 年内,平台吸收成员单位 28 家,开放科技人才 21 位,征集科技需求 42 项,服务企业 60 多家,实现合同金额 804 万元。

(昌平区科委)

【能源科技产业基地】 年内,昌平区科委积极落实昌平区政府与市科委签订的"共建北京能源科技产业基地框架协议",抽调专人启动昌平能源科技产业基地摸底调研工作,梳理昌平能源科技企业基础数据,形成《昌平区能源科技产业初步分析报告》《关于区政府与市科委共同出资促进昌平能源科技产业提质增效的请示》。

(昌平区科委)

【青少年科普行】 年内,昌平区科委全面落实《全民科学素质行动计划纲要》和《昌平区"十二五"时期科学技术普及发展规划》,充分利用昌平区科普场馆、驻昌高校及高新技术企业的丰富资源,拓展科普的渠道和形式,着力培养我区青少年科学精神和创新意识,落实区政府 2015 年为民办实事工程。年内,共组织 7000 名中小学生走进科技企业、高等院校、科普场馆。

(昌平区科委)

【科技人才工作】 "十二五"期间,昌平区科委积极推进科技人才工作"一二三四"工程。一是落实一个政策——昌平区科技创新政策,广泛吸引海内外高层次人才到昌平创新创业;二是完善两个体系,通过政府顾问体系和科技协调员队伍体系,促进区域科技创新人才队伍建设;三是搭建 3 个载体,以大学科技园、青年创业园、大学生社会实践基地为载体,为科技创新人才提供良好平台;四是开展 4 项服务,通过对未来科技城、科研机构、高新技术企业和科技中介组织提供个性化服务,畅通科技人才沟通交流渠道。

(昌平区科委)

延庆区(县)

【世葡会项目通过验收】 3 月 16 日,延庆县果品服务中心承担的"葡萄优新品种引进及产业化开发""延庆葡萄安全生产追溯体系建设与物流配送技术集成应用""高端葡萄酒产品开发及产业科技服务体系建设"3 个课题通过市科委验收。

(罗 振)

【陶艺科普体验厅建设项目通过验收】 6 月 1 日,延庆县旧县镇盆窑村科普体验厅建设项目通过市科委结题验收。该项目以"传承独山陶艺、宣传陶艺文化、普及陶艺知识"为主题,开展公众陶艺科普体验活动。

(罗 振)

【科普教育活动】 年内,区科委组织开展科普活动 30 次, 300 人参观北京科技周主场活动;组织开展科普之旅,1 万人次参观科普教育基地;完成延庆县基地进社区科普宣讲活动 20 次;完成自行车"环境保护、低碳生活"等科普宣传主题骑行活动 5 次;培训世葡会相关内容 3 期。以长城博物馆、延庆世界地质公园为重点,开展科普宣传活动 15 次,更新展板 100 块。

(罗 振)

【9 家企业通过高新技术企业认定】 年内,北京明邦运通国际运输服务有限公司、北京方诚智盛生物科技有限公司等 9 家企业通过市科委高新技术企业认定,成为延庆第八批高新技术企业。

(罗 振)

【科研项目首获市科学技术奖一等奖】 年内,中材科技风电叶片股份有限公司申报的"低风速低载荷 1.5MW 风电叶片研发及产业化"和"高精度兆瓦级风电叶片模具技术研究及批量应用"2 个项目分获北京市科学技术奖一等奖和三等奖。

(罗 振)

政策法规选

北京市2013—2017年清洁空气行动计划重点任务分解2015年工作措施

京政办发〔2015〕7号

各区县人民政府,市政府各委办局,各市属机构:

《北京市2013—2017年清洁空气行动计划》和84项重点任务发布实施以来,各区县、各部门按照市委、市政府的决策部署,全面推进各项措施落实,空气质量进一步改善,但与国家标准和市民期望相比仍有较大差距,大气污染防治形势依然十分严峻。为加快首都空气质量改善步伐,切实完成2015年工作任务,经市政府同意,现将《北京市2013—2017年清洁空气行动计划重点任务分解2015年工作措施》印发给你们,并就有关事项通知如下。

一、高度重视,形成合力。各区县、各部门要深入贯彻落实习近平总书记系列重要讲话和对北京工作的重要指示精神,将思想认识进一步统一到市委、市政府的重大决策部署上来,勇于担当,主动作为,形成"全市一盘棋"的整体合力,以更大的决心、更高的标准、更严的要求,坚决打好大气污染防治攻坚战,全力以赴确保实现2015年全市细颗粒物年均浓度同比下降5%左右的目标。

二、落实责任,真抓实干。各区县、各部门要切实担负起属地和行业监管责任,按照"抓早、抓严、抓实"的要求,进一步细化任务,明确路线图、时间表、责任人,加大力度,破解难题,确保各项措施取得实效。特别是要突出抓好减排、管理、应急、联防等方面的工作,重点推进柴油车整治、农村散煤治理、空气重污染应急、网格化管理等任务落实,确保早完成、早见效。

三、综合治理,强化监督。各区县、各部门要进一步发挥经济、法律、行政、科技等手段的作用,多措并举,综合施策,不断提高治理能力和管理水平。要充分发挥媒体和群众的监督作用,依法加大对环境违法行为的查处和曝光力度,积极引导社会公众广泛参与,着力营造"同呼吸、共责任、齐努力"的良好氛围。

四、加强督查,严格追责。市环保局、市政府督查室、市监察局等部门要严格督查、严格考核、严格问责。市大气污染综合治理领导小组办公室要加强统筹,及时协调解决重大问题,定期通报任务落实情况。市政府将组织对各责任单位年度目标任务完成情况进行考核,对因工作不力、行政效率低下、履职缺位等导致未完成年度目标任务的,将严格依纪依法追究责任。

附件:北京市2013—2017年清洁空气行动计划重点任务分解2015年工作措施(略)

北京市人民政府办公厅

2015年2月9日

北京市人民政府关于印发《北京市推进文化创意和设计服务与相关产业融合发展行动计划(2015—2020年)》的通知

京政发〔2015〕20号

各区县人民政府,市政府各委办局,各市属机构:

现将《北京市推进文化创意和设计服务与相关产业融合发展行动计划(2015—2020年)》印发给你们,请结合实际认真贯彻落实。

北京市人民政府

2015年4月7日

附件:

北京市推进文化创意和设计服务与相关产业融合发展行动计划(2015—2020年)

为深入贯彻落实《国务院关于推进文化创意和设计服务与相关产业融合发展的若干意见》(国发〔2014〕10号)精神,进一步加强全国文化中心、科技创新中心建设,更好适应文化创意和设计服务在经济社会各领域各行业呈现出的多向交互融合发展态势,加快构建高精尖经济结构,结合本市实际,特制订以下行动计划。

一、总体要求

(一)指导思想

深入贯彻落实党的十八大和十八届三中、四中全会精神,深入学习贯彻习近平总书记系列重要讲话和对北京工作的重要指示精神,坚持和强化首都城市战略定位,以"创意北京"为统领,以文化创意为核心,以市场需求为导向,以改革创新为动力,积极营造大众创业、万众创新的浓厚氛围,着力推动文化创意和设计服务与高端制造业、建筑业、商务服务业、信息业、旅游业、农业和体育产业等重点领域融合发展,促进相关产业转型升级,加快发展新型业态,更好满足人民群众日益增长的物质文化需求,为建设国际一流的和谐宜居之都贡献力量。

(二)基本原则

——市场主导,政府推动。充分发挥市场在资源配置中的决定性作用,更好地发挥政府的促进推动作用，强化以企业为主体的协同创新，推进文化创意和设计服务与相关产业深度融合。

——文化传承，科技支撑。传承历史文脉，丰富创意设计内涵，拓展文化遗产传承保护利用途径。强化科技创新，增强创意设计转化应用能力，创造具有北京特色的现代新产品，实现文化价值和实用价值的有机统一。

——创意引领，创新驱动。把创意创新摆在更加突出的位置，通过文化植入、创意融入和设计提升，推动内容创新、业态创新和制度创新，促进文化创意和设计服务产业化、专业化、品牌化发展。

（三）发展目标

到2020年，基本形成文化创意和设计服务与相关产业高水平、深层次、宽领域的融合发展格局，培养一批高素质领军人才，培育一批具有核心竞争力、辐射力、带动力的重点企业，打造一批具有北京特色和国际影响力的品牌，建设一批运营有序、差异发展、协作支撑的产业融合发展示范区。文化创意和设计服务的先导产业作用更加突出，对全市经济发展的贡献率显著提升，为实施创新驱动发展战略、促进经济提质增效升级发挥重要作用。

二、重点任务

（一）文化创意产业提质行动

把提升文化创意和设计服务水平作为推动融合发展的基础，通过结构优化、内容创新和培育需求，增强渗透力、辐射力和带动力。

1. 推动产业结构优化升级。认真落实《北京市人民政府关于印发〈北京市文化创意产业功能区建设发展规划（2014—2020年）〉和〈北京市文化创意产业提升规划（2014—2020年）〉的通知》（京政发〔2014〕13号），加强特色文化产业发展，构建现代文化创意产业体系。以中关村国家自主创新示范区为重点，加快推动20个文化创意产业功能区建设，进一步集聚文化人才、技术、资本等创新要素资源，促进产业紧密协作、共同发展。以CBD－定福庄国际传媒产业走廊为核心承载空间，建设国家文化产业创新实验区。加大对广告业发展的指导力度，加快北京国家广告产业园区建设步伐，大力发展广告设计，提升广告业与影视、动漫、会展等产业融合发展水平。推动传统文化产业优化升级，加强舞美设计创意和舞台技术装备创新，促进工艺美术品与现代科技、时尚元素融合，提升附加值。

2. 激发创意设计活力。鼓励文化创意产业功能区管理机构、协（商、学）会、企业等单位搭建创意设计公共服务平台，积极促进创意设计多元化、多渠道发展。提升中国设计红星奖评选等品牌活动影响力。推广中国北京出版创意产业园区改革创新经验，促进图书策划、内容创作和出版服务分工协作，实现业态升级。支持广告、传媒等企业建立文化研究中心、创意实验室等机构，提升创意设计水平。鼓励利用众筹方式，推广“联合创作、联合出版”，激发大众创作活力。

3. 扩大文化消费规模。深入实施文化消费品牌引领战略，打造一批主题鲜明的文化消费品牌活动。以办好北京惠民文化消费季为契机，不断完善北京文化惠民卡的文化消费市场引导、商户联合营销、综合信息服务、行业监测分析等功能，培育文化消费理念，引领文化消费方向。按照产业融合发展新趋势，完善文化设施布局和功能，拓展文化消费新空间，大力促进文化消费。规范互联网文化消费新业态，培育新的文化消费增长点。

（二）数字内容产业提速行动

坚持科技创新与文化创新相结合，加强文化创意与信息服务的互动支撑，加快培育双向深度融合的新型业态。

1. 推动文化产品与服务的数字化进程。深入推动文化消费与信息消费融合，加快推进文化产品和服务生产、传播、消费的数字化进程，拓展新媒体文化消费。围绕数字游戏、数字音乐、数字影视等重点领域,创新新兴网络文化服务模式,促进动漫游戏、广播影视等产业优化升级。持续推进北京国家数字出版基地等重点项目建设,集聚优势资源,推动数字技术、网络运营与传统出版业融合发展。加强博物馆、图书馆、文化馆等公共文化设施数字化建设,提高科技化服务水平。

2. 培育数字内容产业新业态。加大数字内容全产业链整合力度,加强设计、制造、营销、消费等各环节的衔接,加快新技术的研发,创新商业模式,培育文化与科技双向深度融合的新型业态。全面推进三网融合,加强通讯设备制造、网络运营、内容服务单位间的互动合作,推广交互式网络电视、视频点播、手机电视等创新型业务,推动智慧社区、智慧家庭建设。

(三)旅游文化内涵开发行动

赋予旅游产业更多文化内涵,促进文化与旅游资源整合、业态融合,积极推动参与式、体验式特色旅游发展,提升旅游内涵质量。

1. 丰富文化旅游业态。加强对长城、颐和园等文化遗产的保护利用,推进衍生产品和旅游项目综合开发。深入挖掘传统文化旅游资源,提供特色鲜明的京味文化主题旅游产品和服务。依托工业遗产、高校院所、生态农业等资源,加强创意开发设计,发展工业体验游、学术科教游、养生保健游等特色主题旅游。

2. 建设文化旅游景区。融合现代科技文化,加快推进北京环球主题公园、密云古北水镇等特色文化旅游项目建设;依托历史文化资源,加大"三山五园"、大运河、卢沟桥等经典历史文化资源的保护利用,开辟旅游新空间。支持旅游景区拓展体验性、互动性的特色文化增值服务,完善配套基础设施,提升旅游休闲消费水平。

3. 完善文化旅游服务。依托北京旅游商品设计大赛,大力开发推广"北京礼物"。支持文化旅游企业跨行业、跨领域兼并重组,打造文化旅游品牌企业。整合旅游信息服务资源,加快建设智慧旅游服务体系,积极发展个性化、定制化旅游服务。提升北京国际旅游节、北京国际旅游博览会等品牌活动影响力,办好文化旅游精品活动。

(四)教育服务业态培育行动

积极提供文化艺术教育服务,加强文教产品创意开发和应用,积极培育开放式、社会化教育服务业态。

1. 扩大文化艺术教育服务范围。优化学校文化教育课程设置,促进艺术类高等院校与中小学、社区和企业合作,推动传统艺术、高雅艺术进校园、进社区、进企业。统筹社会教育资源,加强科普基地、公共文化机构和市民学校、老年大学等教育机构建设。通过加强文化艺术教育,提高市民人文素养,培育文化消费观念,激发对创意和设计服务产品的消费热情。

2. 培育教育服务新产品、新业态。强化信息技术应用,开发推广智能化教学软件、多媒体教学工具等新型教辅设备,丰富文教产品种类。开发运用互联网多媒体教学资源,加强远程教育公共服务体系建设,培育线上线下相融合的教育新模式。引导教育培训围绕家政服务、考试辅导、职业培训等市场需求,发展专业化、细分化的教育培训产业体系。加强创意设计职业教育,引导社会力量投入文化创意教育领域。

(五)体育产业空间拓展行动

深入挖掘体育运动文化内涵,发挥体育产业和体育事业良性互动作用,以创办精品赛事为核心,促进体育产业体系更加完善。

1. 办好精品体育赛事。鼓励社会力量参与举办中国网球公开赛、北京马拉松等重大赛事活动,积极引进国际精品赛事,提高赛事运营市场化水平,推动与体育赛事相关版权的开发利用。以足球、篮球、排球三大球为切入点,加快发展普及性广、关注度高、市场空间大的集体运动项目,支持发展健身跑、健步走、自行车赛等群众喜闻乐见的健身休闲项目,引导大众体育消费。

2. 培育体育产业新业态。鼓励开发和推广创意型体育器材、体育用品和衍生产品，运用新工艺、新材料、新技术，提高体育产品科技含量。丰富体育产业内容，促进体育旅游、体育传媒、体育会展等相关业态发展，支持制造、信息、食品药品等企业开发体育领域产品和服务。

（六）城市文化品位提升行动

坚持以人为本，注重传承创新，加强首都城市规划建设的文化元素融入，营造充满活力与创意的和谐宜居环境。

1. 加强规划设计创意引导。及时修订相关规范和标准，增加文化内涵、环境保护等要素的比重，提高城乡规划、景观风貌规划和建筑装饰设计水平。加强对新建公共建筑的技术审查，引导规划设计绿色建筑。支持规划、设计、施工和研发等领域企业组建产业联盟，提高行业资质管理标准。

2. 提升城乡规划建设创意水平。深入挖掘北京文化内涵，注重在城市建筑设计中体现文化元素。推动城市园林绿化和养护服务市场化改革，发展创意园艺。突出节能环保的建筑设计理念，以集成设计带动建筑装饰材料等相关产业创新升级。加快建设一批绿色生态示范城区和镇村，营造和谐宜居的城乡生态环境。

3. 拓展城乡公共文化空间。传承历史文脉，创新保护利用模式和政策，鼓励社会力量参与对胡同、四合院、古村落等历史文化资源的修缮与利用。加大对博物馆、图书馆、文化馆等公共文化设施的投入，推动基本公共文化服务标准化建设。积极引领城乡群众文化活动，促进文化演艺活动社区化、生活化，弘扬主旋律，激发正能量。

（七）文化金融服务创新行动

创新文化金融产品，完善服务体系，通过优化配置金融资源促进产业融合，争创国家文化金融示范区。

1. 创新文化金融服务产品。鼓励金融机构创新提供文化金融综合服务，通过信用担保、融资租赁等多种方式支持文化创意和设计服务企业发展，积极开展无形资产抵（质）押贷款业务，拓宽贷款抵（质）押物范围。加快推进北京保险产业园建设，鼓励保险公司开发更多文化类保险产品。支持金融机构开展文化资产证券化试点，规范引导互联网融资平台投资文化创意和设计服务领域。

2. 完善文化金融服务组织。鼓励金融机构建立文化金融专业部门、专营机构。搭建文化金融中介服务平台，提供项目对接、信息资讯、业务培训等服务。加快建设北京文化产权交易中心，构建面向全国的文化资源要素市场和交易平台。

3. 优化文化金融服务环境。加快构建文化创意产业信贷担保、投融资等金融服务平台。引导金融机构健全文化企业融资信用评级制度，完善贷款利率定价机制和业务风险管理机制。依托全国中小企业股份转让系统和北京股权交易中心等服务平台，支持文化创意企业上市融资，培育资本市场的北京文化板块。

（八）商务服务业态优化行动

以文化创意和设计服务丰富商品种类和商业业态，以商务繁荣带动创意转化，积极促进大众消费。

1. 提升传统商业业态。鼓励商场、餐饮、酒店等企业强化创意设计，提供具有文化特色的体验式消费项目。引导传统书店、电影院、演艺场所等引入特色文化资源，打造商务服务与休闲文化高度融合的综合消费场所。深入挖掘老字号企业的传统文化内涵，鼓励其利用互联网拓展营销渠道，增强老字号品牌的文化传承力和影响力。鼓励商贸企业利用现代流通方式，发展定制服务、无实体店铺销售等新业态，推行标准化、连锁化经营。

2. 培育创意商务服务。鼓励发展“创客空间”“创新工场”等新型孵化服务业态，组建创意设计服务联盟，建设一批创意孵化楼宇和特色商务街区。鼓励在各类知识产权和版权交易平台、技术交易平台、电子商务平台设立创意设计服务板块,促进创意成果转化。

3. 拓展融合消费空间。支持文化创意产业功能区设立文化消费体验区,引导提供个性化、细分化的文化产品和服务,促进文化市场供需衔接。鼓励文化类电子商务平台发挥技术、信息优势,积极开发移动支付结算系统,提升文化消费便利水平。

(九)制造业产业链升级行动

着眼于京津冀协同发展、调整疏解非首都功能,加强工业设计的研究和应用,提升产品设计创新能力,推动"北京制造"向"北京设计""北京创造"转变。

1. 加强设计服务应用。鼓励和推动在京企业、科研院所建设设计创新中心,争创一批国家级工业设计中心,吸引国际一流设计机构来京发展。深入实施首都设计提升计划,办好北京国际设计周等特色品牌活动,加快推进中关村科技园区西城园和中国设计交易市场建设,培育战略性新兴产业发展新优势。

2. 培育制造业新业态。推动制造业企业优化在京业务布局,调整疏解低端业态,强化研发、设计等功能,壮大总部经济。支持服装服饰等传统都市工业构建"创意设计—生产外包—内容服务"商业模式,推动向智能型、服务型转变。围绕绿色建筑、节能环保、新能源等领域,鼓励实施以设计为龙头的总承包服务,提升产业竞争力。

3. 推广新型制造模式。把握"互联网+"发展新趋势,推动移动互联网、云计算、大数据、物联网等与现代制造业相结合,加快催生新技术、新产品、新模式、新业态。顺应市场需求和现代生活方式,融入传统文化和现代时尚元素,强化创意设计在产品创新、品牌建设、营销策划等方面的作用,激发个性消费和定制服务需求,提高产品附加值。

(十)现代农业创意增效行动

围绕首都特色农业资源,提高农业领域的创意和设计水平,促进农业与相关产业深度融合,实现农业生产、生态效益显著提升。

1. 培育农业休闲新业态。围绕农业生产、农民劳动和农村风貌,推进农业与文化创意、科技发展、生态建设等融合,培育集农业观光、体验、科教及文化传承于一体的农业经济新业态。支持建设多功能主题农业园,培育农业休闲旅游新品牌。加强创意科普和科技惠农,办好北京农业嘉年华等活动,推动都市农业、会展农业融合发展。

2. 提升农产品附加值。加强大兴西瓜、平谷大桃等特色农产品品牌建设,加大农产品商标和地理标志保护力度,促进特色化、品牌化发展。鼓励利用现代信息技术,建立健全相关技术标准、质量追溯体系,创新农产品营销模式,促进产销对接和产业升级。

3. 提高农村创新创意能力。加强新农村"一村一景"规划指导,大力发展景观农业,建设美丽乡村。围绕"土地流转起来、资产经营起来、农民组织起来",加快促进一、二、三产业融合发展,进一步开发农业新功能、挖掘农业新价值。组建乡村服务联盟,引导社会资本投资发展创意农业。提升农民文化创意技能,建设一批专业文化村、技能村,促进农民增收致富。

三、保障措施

(一)建立健全组织领导机制

建立市文化创意和设计服务与相关产业融合发展联席会议制度,负责研究相关配套政策措施,统筹推进有关工作。联席会议成员单位包括市文资办、市发展改革委、市科委、市经济信息化委、市财政局、市统计局、市金融局等部门,办公室设在市文资办。各区县政府、市政府各有关部门和单位要高度重视此项工作,将其列入本地区、本部门和本领域工作重要议事日程,按照职责分工,抓紧推进重点工作,及时做好分析总结和情况报告,确保取得实效。

（二）强化财税政策引导机制

严格落实国家关于推进文化创意和设计服务与相关产业融合发展的税收政策。建立文化创意和设计服务与相关产业融合发展的园区（基地）、企业、产品评定标准，通过财政补贴、贷款贴息、政府购买服务等方式给予支持。鼓励引导社会资本设立产业融合发展基金。

（三）健全知识产权经营机制

深入实施首都知识产权战略，搭建知识产权和版权服务平台，加强知识产权和版权交易登记备案。建立健全无形资产评估办法，完善有利于创意和设计发展的产权制度。鼓励有条件的区县设立知识产权和版权快速维权机构，健全知识产权和版权的创新、运营和保护体系。参照中关村国家自主创新示范区股权激励政策，探索文化创意和设计服务资产化路径。开展知识产权运营基金试点工作。

（四）优化创意人才培养机制

制定文化创意和设计服务人才发展规划，确立人才评定标准和激励政策。建设文化创意职业技能人才培训基地，通过与国际知名培训机构共建合作，培养一批高层次、复合型、国际化的文化创意和设计服务人才。举办创意设计竞赛活动，促进创新成果展示交易。对于文化创意和设计服务企业发生的职工教育经费支出，不超过工资薪金总额8%的部分，准予在计算应纳税所得额时扣除。

（五）落实项目建设保障机制

支持以划拨方式取得土地的单位利用存量房产、原有土地兴办文化创意和设计服务，在符合城乡规划前提下土地用途和使用权人可暂不变更，连续经营一年以上，符合划拨用地目录的，可按划拨土地办理用地手续；不符合划拨用地目录的，可采取协议出让方式办理用地手续。完善农村土地管理制度，在符合规划和用途的前提下，研究探索农村集体经营性建设用地通过出让、租赁、入股等方式，发展文化创意和设计服务与农业融合项目。鼓励利用老旧厂房、腾退仓库、废弃矿山以及闲置商业设施等资源，发展文化创意和设计服务。

（六）构建企业成长培育机制

发挥中小企业发展专项资金作用，进一步支持文化创意和设计服务企业发展壮大，促进产业融合发展，重点培育一批创意内涵多、增长潜力大、带动效果好的企业，打造跨界融合型领军企业。加快文化创意和设计服务领域的国有企业股份制改造和事业单位分类改革，支持引进社会资本，以参股、控股、收购、兼并等形式实现跨地区、跨行业战略重组。

（七）完善对外合作开放机制

加快国家对外文化贸易基地建设，搭建跨境电子商务云服务平台，不断扩大对外文化贸易。实施“走出去”战略，鼓励企业积极开拓国际市场，参加国际知名创意和设计评选活动，参与制定国际标准。积极推进京津冀文化创意和设计服务与相关产业融合发展的区域协作。

（八）完善统计评估服务机制

加强文化创意和设计服务类产业的统计监测与分析工作，完善相关统计指标体系。建立融合发展项目、企业、园区（基地）数据库，强化融合发展绩效分析。研究发布产业融合发展评价指数和融合发展报告。

附件：重点任务分工及进度安排表（略）

北京市人民政府办公厅转发《市知识产权局等单位关于深入实施首都知识产权战略行动计划（2015—2020年）》的通知

京政办发〔2015〕32号

各区县人民政府，市政府各委办局，各市属机构：

《市知识产权局等单位关于深入实施首都知识产权战略行动计划（2015—2020年）》已经市政府同意，现转发给你们，请结合实际认真贯彻落实。

北京市人民政府办公厅

2015年6月18日

附件：

市知识产权局等单位关于深入实施首都知识产权战略行动计划（2015—2020年）

为认真贯彻《中共中央 国务院关于深化体制机制改革加快实施创新驱动发展战略的若干意见》（中发〔2015〕8号）、《国务院办公厅关于转发知识产权局等单位深入实施国家知识产权战略行动计划（2014—2020年）的通知》（国办发〔2014〕64号）精神，进一步深入落实《北京市人民政府关于实施首都知识产权战略的意见》（京政发〔2009〕11号），全面加强知识产权体制机制建设，着力提升知识产权创造、运用、保护、管理和服务能力，实现创新驱动发展，推动经济提质增效升级，特制订本行动计划。

一、总体要求

（一）指导思想

深入贯彻落实党的十八大和十八届三中、四中全会精神，深入学习贯彻习近平总书记系列重要讲话和对北京工作的重要指示精神，牢牢把握首都城市战略定位，紧紧围绕创新驱动发展、构建高精尖经济结构，充分发挥知识产权制度优化创新资源配置的作用，着力加强知识产权运用和保护，加快建立知识产权运营体系，大力促进知识产权服务业发展，不断提升知识产权国际影响力，努力建设知识产权首善之区，为强化全国科技创新中心的定位提供有力支撑。

（二）主要目标

到2020年，本市成为全国知识产权创造的核心区、知识产权运营服务的先行区、知识产权保护的示范区、知识产权工作体制机制的创新区和知识产权国际交流的窗口区。

——知识产权创造水平大幅提升。专利、商标、版权、植物新品种等自主知识产权拥有量稳步增长，知识产权质量显著提升。本市申请人向国外申请专利数量明显增加，培育一批拥有国际专利和知名品牌的知识产权优势企业。

——知识产权运用效果显著提升。全国知识产权运营公共服务平台建设完成并投入使用，知识产权交易机制更加健全，知识产权运用服务体系更加完善，知识产权运营机构持续健康发展，知识产权服务业规模和产值占现代服务业的比重显著提高。各类市场主体运用知识产权参与市场竞争的能力明显提升，高等院校、科研院所知识产权转化能力进一步增强。

——知识产权保护状况持续优化。知识产权保护体系更加完善，行政执法保护与司法保护紧密衔接，跨区域知识产权保护协作机制更加健全，对知识产权侵权假冒行为的打击力度进一步加大，知识产权案件审判质量和效果明显提升。知识产权权利人的合法权益得到有力保障，举报投诉和维权援助工作机制有效运行，全社会保护知识产权的意识显著增强。

——知识产权管理机制更加健全。市、区县知识产权管理机构建设进一步加强，统筹协调机制进一步完善。企业知识产权管理更加规范，重大项目的知识产权管理水平大幅提升。

——知识产权国际影响力进一步提升。知识产权国际交流合作更加紧密，涉外知识产权纠纷应对和援助机制更加健全，涉外知识产权专业人才队伍进一步壮大，企业国外知识产权布局意识明显增强，知识产权服务机构涉外业务能力显著提升。

2020年知识产权战略实施工作主要预期指标

指　标	2020年
每万人发明专利拥有量/件	80
通过《专利合作条约》途径提交的专利申请量年均增长率/%	25
知识产权质押融资年度金额/亿元	100
国内发明专利平均维持年限/年	9
作品著作权登记量/万件	83
林业植物新品种授权量/件	240
专利代理机构/家	400
知识产权服务品牌机构/家	100
执业专利代理人/人	6000

二、专项工程

（一）知识产权运用引领工程

1. 促进专利运用转化。在财政部、国家知识产权局支持下，建设全国知识产权运营公共服务平台，整合专利交易信息，规范服务标准，提供专业性、权威性、公益性的知识产权运营服务。按照本市关于加强专利运用工作有关规定，培育建设一批产业特色突出、运营模式先进的知识产权运营机构。深入实施“在京中央企业知识产权领先工程”，引导在京中央企业加强专利资产集中管理，提升专利产业化水平。积极推动高等院校、科研院所与企业在专利技术产业化方面加强合作。搭建面向中小微企业和各类孵化器的知识产权托管服务平台。强化专利运用和质量导向，培育一批专利产业化示范单位。

2. 加强商标运用体系建设。积极建设集商标展示、咨询、交易、转让和质押等功能于一体的商标运行服务平台，建立统一、科学的商标评估标准和评估体系。鼓励和支持企业实施商标战略，引导和推动企业在经济活动中使用自主商标，通过商标权许可、转让、质押、参股控股等方式开展经营活动。

3. 加强版权运用体系建设。加强版权贸易基地建设，依托北京国际版权交易中心、人民大学国家版权贸易基地等重点项目，推动版权价值评估、融资等问题研究，畅通版权输出渠道。拓展版权利用方式，完善版权质押、作品登记和转让合同备案等制度，降低版权交易成本和风险。发挥版权联盟、行业协会、代理机构等在促进版权市场化过程中的作用。加快推进北京文化产权交易中心建设，搭建综合性文化产权交易平台。

4. 推进植物新品种运用。充分发挥市农作物品种试验展示基地在种业科技成果转化中的优势，激励农作物育种工作不断创新。大力开展植物新品种展示活动，每年选出具有代表性的已授权植物新品种等进行种植和展示，邀请专家、相关企业负责人、种植户现场观摩。通过示范展示活动，为植物品种权交易提供平台，促进育种创新和成果转化。

5. 促进知识产权运用金融服务创新。积极探索知识产权证券化，建立知识产权质押融资市场化风险补偿机制。支持银行、证券、保险、信托等机构广泛参与知识产权金融服务，加大对拟上市企业和中小微企业的知识产权质押、专利保险等业务培训力度，鼓励商业银行开发知识产权融资服务产品。

6. 完善专利运用服务支撑体系。推动专利运用服务机构发展，引导其开展价值评估、专利转化谈判、法律风险防控等专业化服务；鼓励引导专利运用服务机构设立运营基金，形成覆盖专利运用全链条的服务支撑体系。

（二）知识产权护航工程

1. 加强知识产权行政执法。强化知识产权、工商、新闻出版广电、公安、文化等部门之间的行政执法协作，形成统一协调的知识产权行政保护机制。加强对各类专业市场、电子商务平台、展览展会场所的市场监管和行政执法力度，严厉打击侵犯知识产权和制售假冒伪劣商品等违法行为，并将侵权行为信息纳入社会信用记录。

2. 健全知识产权司法保护机制。完善知识产权审判工作机制，推进知识产权民事、刑事、行政案件综合审判试点工作。充分发挥北京知识产权法院在知识产权案件审判工作中的重要作用，加强基层法院知识产权审判工作，优化诉讼程序，提升专业化审判水平。统一知识产权司法裁判标准，加大损害赔偿力度，发挥好司法对知识产权保护的主导作用。加强司法流程和司法文书信息公开，确保知识产权裁判文书全部上网。探索跨地区知识产权案件异地审理机制。

3. 加强知识产权保护公共服务工作。探索建立电子商务领域知识产权纠纷调处机制、跨区域协作机制和展会知识产权纠纷快速处理机制。建立涉外知识产权纠纷应对和救助制度。研究制定本市知识产权维权援助工作的相关管理办法，开展委托鉴定、专家论证、纠纷调解等多种形式的知识产权维权援助工作。充分发挥北京朝阳知识产权快速维权中心为设计服务业企业提供快速授权、确权和维权服务的作用。扎实推进知识产权保护公共服务，实现市、区县、企业三级知识产权保护工作平台全覆盖。依托首都保护知识产权志愿者队伍，做好志愿服务工作。

4. 推动知识产权纠纷多元调解机制建设。在加强行政调解和司法调解工作基础上，积极推进人民调解工作，在重点区域、重点行业开展知识产权纠纷人民调解工作试点；充分发挥行业组织在调解知识产权纠纷、应对国际知识产权诉讼等方面的优势，建立健全知识产权纠纷多元调解工作体系。

5. 健全版权保护推进机制。研究制定本市政府机关使用正版软件管理办法。完善软件资产管理制度，制定出台使用正版软件示范单位评选办法，建立健全软件正版化工作长效机制。建立互联网版权保护技术联盟，加大对数字版权保护技术的研发和推广力度。推进北京数字版权保护服务平台等项目建设，建立版权侵权受理系统和版权预警应急机制。深入开展“版权保护百城联动计划”，形成覆盖京津冀、辐射全国的版权保护协作工作机制。设立北京版权保护基金，完善基金管理办法。

6. 加强植物新品种权保护机制建设。在农业植物新品种权保护方面，加强监管，规范种子市场秩序，依法打击违法销售授权品种等侵权行为。在林业植物新品种权保护方面，加大执法力度，将相关执法工作纳入园林绿化行政综合执法范畴，重点查处侵犯植物新品种权的典型案件。

（三）知识产权支撑产业发展工程

1. 加快实施专利引导发展战略。深入实施国家专利导航试点工程，通过专利信息分析、专利优化布局和专利协同运营，实现专利对产业优化发展的全过程引导。建立首都战略性新兴产业知识产权联盟，实现知识产权与战略性新兴产业有效对接，形成覆盖全产业链的知识产权集群；鼓励联盟单位实现产学研用全过程对接，在关键技术领域形成一批专利组合，实现联盟内专利交叉许可和联盟外专利组合运营。

2. 推动知识产权密集型产业发展。开展知识产权密集型产业调查统计，科学制定配套政策措施，促进具有北京特色的知识产权密集型产业持续健康发展，为加快构建高精尖经济结构提供有力支撑。

3. 促进文化产业发展。加快推动文化创意产业功能区品牌化建设，培育一批特色鲜明的文化创意产业集群品牌。在文化创意与设计服务等重点领域，集中开展科技攻关，掌握更多拥有自主知识产权的技术。在文化创意产业功能区建立涉及专利、商标等各类知识产权的举报投诉、维权援助服务平台；建立版权服务平台，为企业提供集版权登记、作品推广展示、交易信息发布、侵权投诉举报等于一体的快捷高效服务。加大对老字号品牌的传承保护和创新发展，提升其影响力。加强对文物保护单位和不可移动文物在商标注册、运用、管理等方面的保护，防止有关名称和标志性建筑、图案等被抢注商标。

4. 服务现代农业发展。鼓励高等院校、科研院所通过入股、期权激励等形式与种业企业协作创新，发挥种质资源和育种人才优势，开展植物新品种商业化培育。指导农民专业合作社、涉农企业实施以农产品商标为核心的产业化经营模式。加强对地理标志产品使用专用标志的指导，提升农产品附加值，带动农民增收。

5. 促进园林绿化事业发展。开展园林绿化林木、花卉育种，培育一批优新植物品种，支持具有自主植物新品种权的生产示范基地建设。完善园林绿化植物新品种权利益分享机制，使品种权人、品种生产经营单位和品种使用人共同受益。探索建立公益性园林绿化植物新品种的政府补贴制度。

6. 助推商贸服务业发展。加强知识产权海外维权热点问题研究，帮助企业提升应对解决知识产权海外纠纷的能力，为企业“走出去”提供服务。深入开展出口产品质量安全示范区创建工作，促进出口优势产业加快发展。加大对外贸转型升级示范基地的支持力度，促进产业水平提升。充分利用中国（北京）国际服务贸易交易会平台，促进服务贸易发展，塑造“北京服务”品牌。

7. 开展重大经济活动知识产权评议。推动建立重大经济活动知识产权评议制度，明确评议内容，规范评议程序。建立健全跨部门知识产权评议工作机制，加强知识产权主管部门和产业主管部门间的沟通协作，编制知识产权评议指导手册，提升知识产权服务机构评议服务水平。引导企业自主开展知识产权评议工作，规避知识产权风险。

（四）知识产权服务业培育工程

1. 培育知识产权服务机构。实施知识产权品牌服务培育计划，培育一批业务能力强、辐射范围广、示范效果好的知识产权服务机构，进一步提升服务能力和水平。引导知识产权服务机构与科研院所、高等院校开展协作，培育一批知识产权与技术转移机构融合发展的新型服务业态。

2. 扩展知识产权服务模式。支持知识产权服务机构开展集知识产权代理、法律援助、管理咨询等业务于一体的综合性服务，与相关技术转移机构加强合作，为企业提供知识产权整体解决方案和综合咨询服务。

3. 制定和推广知识产权服务标准。制定发布本市知识产权代理机构等级评定地方标准，使相关服务更加规范有序。建立知识产权服务标准管理机制，加大宣传力度，加强培训指导，推动知识产权服务标准实施。建立知识产权服务质量评估机制，促进服务质量提升。

4. 加强知识产权行业监管与自律。加强对知识产权代理行业的监管，规范机构审批、年度报告和惩戒制度。完善知识产权行业协会组织体系，强化行业协会自治自律能力建设。建立定位明确、分工合理、相互协调、运转有效的监督管理机制，实现行政监管与行业自律有机结合。

（五）重点区域知识产权建设工程

1. 推动中关村国家自主创新示范区专利战略发展。建设中关村专利导航产业发展实验区，搭建综合服务平台，构建中关村移动互联网专利储备运营网络，研究出台中关村专利导航移动互联网产业创新发展政策措施。建设中关村国家知识产权服务业集聚发展试验区，加快知识产权和标准化示范街建设，吸引国内外高端知识产权服务机构进驻。充分发挥中关村知识产权投融资服务联盟作用，促进示范区内企业与金融机构对接，扩大知识产权质押贷款融资规模。加快推进中关村专利保险试点工作，扩大试点范围。实施中关村知识产权领军企业培育计划，打造一批知识产权领军企业。

2. 加强中关村国家自主创新示范区标准化建设。筹建国家技术标准创新基地。强化分类指导和服务，推动示范区企业、产业联盟参与制定一批国际标准、国家标准、地方标准和行业标准。发挥中关村标准创新服务中心优势，为示范区企业提供多层次、高水平的专业化服务。推荐和鼓励示范区企业、产业联盟及专家参与国际标准化活动，增强国际话语权和规则制定权。

3. 支持中关村国家自主创新示范区商标战略发展。加强对示范区创新创业企业实施商标战略的指导和服务，扩大企业品牌、示范区品牌影响力。充分发挥国家工商总局商标局驻中关村办事处的平台优势，在商标变更、转让、续展、注销等方面为示范区企业提供更加便捷的服务。提高示范区商标数据信息使用效率，探索建立全市性商标数据库，为全面推进商标战略打牢基础。

4. 实施北京经济技术开发区知识产权工作推进计划。加强产业创新联盟建设，组建以专利创研为核心的重点产业研究院，在集成电路、生物医药等重点产业构建专利池。建立北京经济技术开发区知识产权运营体系和服务体系，推进知识产权与产业发展深度融合。创建知识产权国际交流合作引领区，打造外向型产业国际知识产权保护区。

5. 推进区县知识产权战略实施。完善区县知识产权统筹协调机制，健全知识产权评价指标体系，开展知识产权年度发展状况评估工作。依托市知识产权公共信息服务平台，建设区县分平台。支持知识产权工作成效突出的区县建设国家知识产权示范区，助推区域经济发展。

（六）知识产权国际影响力提升工程

1. 加强知识产权对外交流合作。建立知识产权涉外信息交流机制，拓展知识产权交流渠道，加强与世界知识产权组织等国际组织及其他国家和地区知识产权机构的交流合作，积极承办有影响力的国际活动。建设首都知识产权国际交流合作基地,加强涉外人才培养、政策研究、交流研讨等方面工作。

2. 培育外向型知识产权优势企业。积极开展外向型知识产权优势企业培育项目,编制外向型企业知识产权工作指引,组织涉外知识产权培训和研讨,培育一批能够灵活运用知识产权制度和规则、积极参与国际竞争的知识产权优势企业。

(七)京津冀知识产权协同发展工程

1. 推进京津冀知识产权保护合作和转化运用。建立京津冀专利执法协作机制,加强三地在立案协作、委托取证、联合执法、案件移送等方面的合作。建立京津冀知识产权举报投诉跨区域转办协作机制和京津冀知识产权新闻发布联动机制。加强政策引导和服务支撑,联合组织开展专利、商标、版权的展示、推介和交易活动,推进知识产权转化运用。支持京津冀金融机构联合搭建专利投融资服务平台,扩大资金渠道和规模。

2. 探索京津冀知识产权服务战略合作模式。整合京津冀知识产权服务资源,实现信息资源共享,促进三地企业享受同等标准的知识产权专业化服务。组建京津冀知识产权服务业联盟,支持和引导本市知识产权优势企业、高等院校、科研院所和相关服务机构为河北省、天津市提供更多知识产权服务支撑。

三、保障措施

(一)完善组织领导机制

市知识产权办公会议负责组织实施本行动计划。市知识产权局要认真履行市知识产权办公会议办公室职责,制订年度工作计划,明确年度重点任务、工作措施与职责分工,切实推进各项任务落实;同时,要对本行动计划实施情况进行监测评估,对各项工作落实情况组织开展督促检查,遇有重大问题及时向市政府报告。市知识产权办公会议各成员单位要各负其责,将有关任务纳入本部门工作计划,研究制定具体实施方案,加快推进。

(二)健全知识产权政策体系

健全知识产权创造、运用、保护和管理的政策法规体系,加强知识产权政策与经济、产业、科技等政策的有效衔接。完善促进首都知识产权战略实施的引导和激励政策,加大财政资金统筹力度,积极推进知识产权成果产业化,有效提升市场主体知识产权综合实力。鼓励金融机构加强与知识产权服务机构的创新协作,形成多元化的知识产权金融支撑体系,营造有利于首都知识产权战略实施的发展环境。

(三)构建知识产权信息体系

加快知识产权信息服务体系建设,为区县、企业、高等院校、科研院所提供专业化、市场化的知识产权信息服务,满足社会多层次需求。加快建设专利资源信息库、版权资源信息库、知识产权信息查询和交易服务平台。开展知识产权统计监测,将知识产权工作纳入《北京统计年鉴》编写范畴,全面反映知识产权发展状况。建立健全专利运用统计指标体系,明确统计范围,统一指标口径。按照全国企业创新调查有关要求,对本市规模以上工业、建筑业和重点服务业企业所涉及的专利、商标、版权等知识产权状况进行调查。

(四)加强知识产权人才培养

制定知识产权人才发展规划,认真组织实施"百千万知识产权人才工程"。积极探索构建包括学历教育在内的知识产权人才培养体系,推动在学历教育中开设知识产权课程。加强培训,进一步提高知识产权法官业务水平。建立健全人才吸引、使用和管理政策体系,打造一支国际化、复合型知识产权人才队伍。

（五）营造知识产权文化氛围

重点面向党政机关领导干部、企事业单位管理人员、高等院校和科研院所专业技术人员开展形式多样的知识产权宣传培训工作。实施知识产权文化建设工程，支持和引导企业将知识产权作为文化建设的重要内容。加强舆论引导工作，利用广播、电视、报纸等传统媒体和各类新媒体，广泛开展知识产权宣传，普及知识产权知识，提高社会公众的知识产权意识。加强知识产权案件审判工作信息公开，及时发布审判工作信息。

北京市人民政府关于大力推进大众创业万众创新的实施意见

京政发〔2015〕49 号

各区县人民政府，市政府各委办局，各市属机构：

推进大众创业、万众创新是实施创新驱动发展战略、构建高精尖经济结构、疏解北京非首都功能的重大举措，对建设全国科技创新中心、促进首都经济提质增效、推动京津冀协同发展具有重要意义。为深入贯彻落实《国务院关于大力推进大众创业 万众创新若干政策措施的意见》（国发〔2015〕32 号）和《国务院办公厅关于发展众创空间推进大众创新创业的指导意见》（国办发〔2015〕9 号）等文件精神，适应和引领经济发展新常态，以创新带动创业，有效激发全社会创新潜能和创业活力，特提出以下实施意见。

一、总体要求

（一）指导思想

深入贯彻落实党的十八大和十八届三中、四中全会精神，深入学习贯彻习近平总书记系列重要讲话和对北京工作的重要指示精神，坚持和强化首都城市战略定位，充分发挥市场在资源配置中的决定性作用和更好发挥政府作用，不断强化中关村国家自主创新示范区的示范引领作用和核心载体功能，以优化创新创业生态为主线，着力营造创新创业氛围，着力培育创新创业形态，着力完善创新创业布局，着力释放创新创业活力，积极构建有利于大众创业、万众创新的政策制度环境和公共服务体系，努力打造引领全国、辐射周边的创新发展战略高地和具有全球影响力的高端创新中心，为建设国际一流的和谐宜居之都提供有力支撑。

（二）基本原则

强化自主创新。大力提升自主创新能力，推动在重要科技和重大产业领域涌现一批具有国际领先水平、拥有自主知识产权和核心技术的科技成果及产业化项目，形成创新驱动发展的新引擎、新动力，努力成为国家自主创新的重要源头和原始创新的主要策源地。

加快全面创新。坚持以推动科技创新为核心，以破除制约创新创业发展的体制机制障碍为重点，在人才、金融、市场环境、知识产权、国际合作等重要领域和关键环节取得新突破，努力营造良好的创新创业环境。

聚焦高端创新。积极引导各类创新创业主体和创新创业活动向高端产业领域、产业链高端环节和高端业态集中，着力突破关键共性技术，把调整疏解和创新发展结合起来，推动形成创新创业的高端发展态势。

推进协同创新。落实京津冀协同发展战略，整合区域创新资源，完善区域创新体系，打造协同创新共同体。完善创新创业空间布局，引导创业人才、团队、平台向郊区县转移，促进中关村国家自主创新示范区"一区十六园"加快发展。

（三）主要目标

到2017年，率先建成创新创业要素集聚、服务专业、布局优化的国家级新兴产业"双创"示范基地，在产业核心技术和关键环节涌现出一批创新创业企业，形成一批服务体系完善、发展成效明显的众创空间，初步形成京津冀协同创新、互利共赢的局面，使北京成为全国高端创新创业的核心区与发源地。

到2020年，创新创业政策体系更加健全，创新创业生态全面优化，覆盖全市的创新创业服务体系基本建成，各类创新创业主体高度活跃，创新创业国际合作水平显著提高，创新创业促进经济转型升级的作用更加明显，高技术产业全员劳动生产率进一步提升，使北京成为具有全球影响力的创新创业地区。

二、主要任务

（一）积极构建创新创业服务体系

强化人才服务。加强海外人才来京创业服务，为符合条件的海外人才创办企业提供启动资金；推动出台外籍高层次人才取得永久居留资格程序便利化试点，完善医疗、住房、税收等相关优惠措施；探索中央在京和市属高等学校、科研院所等事业单位聘用外籍人才的路径，研究制定事业单位招聘外籍人才的认定标准。加大对科技人员创业的支持，鼓励高等学校、科研院所增设科技成果转化岗位，允许拥有科技成果的教师和科技人员在一定期限内离开原岗位专职创办企业，允许教师兼职参与科技成果转移转化。完善大学生创业服务体系，积极落实大学生创业引领计划；研究在中关村国家自主创新示范区开展大学生创业社保登记试点；推进高等学校大学生创业园建设，支持各类创业服务机构为大学生创业提供创业导师、创业培训等服务。

强化金融服务。围绕中关村建设国家科技金融创新中心，优化资本市场，支持全国中小企业股份转让系统发展，推动互联网和高新技术企业挂牌；探索建立工商登记部门与区域性股权市场的股权登记对接机制，支持创业企业开展股权质押融资；鼓励机构间私募产品报价与服务系统在京发展，为创业企业拓展融资渠道。创新金融机构支持方式，探索投贷联动融资模式，抓紧推动相关试点落地；加快发展普惠金融，探索完善银行、保险、证券、信托、创业投资等机构间的合作模式，构建包括科技信贷、科技保险、集合融资、融资租赁在内的创业金融服务体系，鼓励银行业金融机构向创业企业提供一站式、系统化的金融服务。加快发展互联网金融，支持有条件的金融机构建设创新型互联网平台，依法依规设立互联网支付机构、网络借贷平台、网络金融产品销售平台等；积极开展股权众筹融资试点，打造中关村股权众筹中心，支持中关村股权众筹联盟发展，争取互联网股权众筹平台等方面的优惠政策在中关村国家自主创新示范区先行先试。大力发展创业投资，落实国家新兴产业"双创"三年行动计划，积极创建国家级新兴产业"双创"示范基地；鼓励和引导社会资本开展天使投资，支持各类主体为投资人和创业者搭建天使投资对接平台；研究制定符合市场规律的各类资本投入、退出创业项目的配套政策，不断完善创业投资机构激励约束和监督管理机制。推动外商投资与境外投资发展，落实国家外商投资创业投资企业的相关规定，做好外商投资创业投资企业的设立审批工作，简化创业投资机构境外投资备案手续；研究建立境外投资信息平台，推动开展创业投资机构与境外高端研发项目对接活动。

强化公共平台服务。充分发挥国家重大科技基础设施、首都科技条件平台、首都科技大数据平台、中关村开放实验室等公共条件平台作用,支持高等学校、科研院所、重点实验室、大型企业向社会开放共享科研仪器设备、科技成果、科技人才等资源,为初创期科技型企业提供联合研发、委托研发、中试试验等服务。充分发挥北京技术市场等技术转移转化平台作用,支持各类技术转移服务机构发展,对接初创期科技型企业技术转移转化需求,促进科技成果转化落地;健全完善市场定价机制,鼓励高等学校、科研院所设立技术转移服务机构,采取转让、许可、作价入股等方式开展科技成果转移转化活动。充分发挥技术研发创新平台作用,支持建设国家和市级工程(技术)研究中心、工程实验室、企业技术中心等技术研发创新平台,并推进与国家联合共建创新平台,集聚创新创业服务资源;支持社会力量围绕创新创业需求,搭建研发试验平台、中试平台、检验检测平台等市场化、专业化创新服务平台。

强化知识产权服务。推进知识产权运营服务平台建设,积极做好全国知识产权运营公共服务平台在京落地的相关支持工作;完善知识产权公共信息、专题数据库、保护、商用化等服务平台,加强知识产权信息传播利用,强化知识产权投融资服务。培育知识产权新兴服务业态,加快推进知识产权运营服务试点,推动中关村国家知识产权服务业集聚发展试验区建设;实施知识产权服务品牌机构培育计划,引导服务机构与各类创新主体对接,支持服务机构提高知识产权分析评议、运营实施、评估交易、保护维权、投融资等服务水平。强化知识产权保护服务,增强知识产权综合行政执法能力,促进知识产权行政执法保护与司法保护紧密衔接,推动知识产权纠纷调解仲裁,加快形成行政执法、司法审判、调解仲裁等多渠道维权保护模式。

(二)着力培育创新创业发展形态

推进众创空间集约发展。鼓励行业领军企业发展服务化众创空间,引导和支持有条件的行业领军企业将内部资源平台化,面向企业内部和外部创业者提供资金、技术和服务支撑,开拓新的业务领域和创新产品。支持发展网络化众创空间,鼓励大型互联网企业等向各类创新创业主体开放技术、管理等资源,降低创业门槛和成本;推动基于“互联网+”的创新创业活动加速发展,促进众包服务发展,有效减少创业人口集聚,提高人均创业产出效率。大力发展中关村创新型孵化器,围绕创新创业团队在融资、辅导、宣传、技术等方面的迫切需求,鼓励发展投资促进型、培训辅导型、媒体延伸型、专业服务型等创新型孵化器。全力推进众创空间集聚发展,进一步提升中关村创业大街在研发孵化平台搭建、科技金融服务、创业人才培养、知识产权保护、技术交易等方面对大众创新创业的支撑能力,推动创新创业功能向沿线街道纵深辐射;支持各区县以产业转型升级为契机,通过盘活办公楼宇和厂房设施,建设众创空间集聚区。

推进高精尖领域创新创业。支持高端产业领域创新创业,鼓励各类创新创业主体聚焦金融、信息、科技等生产性服务业,节能环保、新一代信息技术、生物等战略性新兴产业,以及文化创意等高端产业领域开展创新创业活动。促进产业链高端环节创新创业,积极发展专业技术服务、检验检测服务和评估咨询服务;积极引导创业项目向概念创意、研发测试、设计服务、系统集成、品牌经营、供应链管理、互联网营销等高附加值环节集中。鼓励高端业态创新创业,积极推进传统产业与新兴业态融合发展,大力推进电子商务、互联网教育、互联网金融、互联网健康、智慧能源、智慧农业、智能制造等业态发展,推动生活性服务业规范化、连锁化、便利化、品牌化、特色化发展。

推进科技文化融合创新。积极培育科技文化融合优势企业,推进经营性文化艺术事业单位转企改制,形成一批有特色、有实力的骨干文化创意企业,鼓励科技型中小企业与骨干文化创意企业进行多层次合作。加强科技文化创新创业载体建设,搭建文化金融创新应用、多媒介综合信息服务和权威智库发展等体系,支持建设以创意设计、动漫游戏、数字出版、新闻媒体、文化信息服务等为重点的文化产业众创空间。加快建设科技文化融合基地,积极推进北京"设计之都"建设,大力扶持各类中小微设计企业创新发展;加强中关村国家级文化和科技融合示范基地建设,围绕文化产品与服务的创意创作、设计制作、展示传播、消费体验等环节,开展科技文化关键共性技术攻关与成果推广应用。

推进提升国际化发展水平。吸引集聚国际创新创业资源,通过合作共建、资源共享等多种方式在京建设国际化创业服务机构,带动本市创业服务模式创新;积极引导创业服务机构与国际技术转移机构对接,开展技术交易及国际技术转移服务,引进一批国际领先的原创技术;鼓励和引导国内资本与国际优秀创业服务机构合作设立众创空间等新型创业服务平台。打造创新创业对外交流平台,围绕新兴产业领域创新创业对外发展需求,依托中关村海外联络机构、中国国际技术转移中心等载体,建设国际创新创业合作平台,推动人才、技术、管理等方面的交流合作。支持各类创业服务机构国际化发展,通过在海外设立科技园区、与海外优秀孵化机构合作、开展联合孵化等多种方式,搭建创新创业企业国际化发展平台。

(三)全面优化创新创业空间布局

打造高端创新创业核心区。加快海淀区"一城三街"建设,集聚发展创业服务业、科技金融服务业、信息和软件服务业、知识产权和标准化服务业,升级打造特色鲜明的众创空间,为大众创新创业营造良好的市场化服务环境。改造提升中关村南北大街,依据区段功能定位,结合楼宇空间布局和现有业态,分类进行科技创新项目置换和创业服务机构引入,将中关村南北大街建设成为创新创业大街,形成开放度更高、服务范围更广、辐射带动力更强的创新创业型经济集聚区。

打造南北创新创业发展带。建立围绕研发服务和高新技术产业服务创新的北部创新创业发展带,以海淀区北部、昌平区南部和顺义区部分区域为重点,大力推进研发服务、信息服务等高端产业创新创业项目,加快战略性前沿技术研发,促进高新技术成果孵化转化,积极建设科技成果交易核心区。建立围绕高技术制造业和战略性新兴产业技术创新、产品创新的南部创新创业发展带,以北京经济技术开发区和大兴区整合后的空间资源为依托,统筹布局通州、房山产业园区,形成新一代信息技术、生物、高端装备制造、新能源、新材料、新能源汽车等产业创新创业集群,积极建设技术创新总部聚集地。

打造郊区县创新创业特色园区。建设郊区县高端创新成果转化和产业化基地,聚焦纳米科技、通用航空、新能源、新能源汽车、智能制造、数字信息等重点领域,在郊区县建设一批技术支撑和创业投资能力强、专业服务水平高、领域特色鲜明的产业孵化平台和小企业创业基地。建立郊区县与中心城创新成果对接和应用机制,建设需求对接和新技术新产品(服务)推介平台,推动中心城的高端研发成果在郊区县率先应用;支持郊区县建设一批协同创新中心、科技新城、特色园区、创新创业社区等创新创业载体,引导更多创业项目向郊区县转移布局,推进郊区县创新创业差异化、特色化发展。

打造京津冀协同创新创业体系。聚焦市场环境、金融服务、知识产权、科研教育、人才流动、国际合作等重要领域和关键环节,推进区域一体化技术市场、金融市场、产权市场、人力资源市场建设,促进区域创新创业资源共享和优化配置。加强区域创新创业政策衔接,统筹协调区域内的财政税收、投融资、产权交易、技术研发、政府采购等普惠性创新创业支持政策相互衔接,研究争取将中关村国家自主创新示范区的先行先试政策扩展至京津冀共建试点示范园区,并逐步推广到京津冀区域。强化区域创新创业载体共建,依托京津冀"4 + N"功能承接平台,支持本市制造业龙头企业新增产能在津冀地区布局,引导和推动本市部分创新创业项目向曹妃甸协同发展示范区、张(家口)承(德)生态功能区、天津滨海 - 中关村科技园区、新机场临空经济区等区域转移,以创新创业带动战略合作功能区共建。优化区域创新创业公共服务,推动在京优质医疗卫生、教育等资源通过对口支援、共建共管、办分院分校、整体搬迁等方式向京外发展,逐步提高区域公共服务均衡化水平,提升区域创新创业服务保障能力。

(四)不断完善创新创业保障机制

完善公平竞争市场机制。按照国家公平竞争审查工作安排,建立完善公平竞争审查机制,加大对不利于创新创业的垄断协议和滥用市场支配地位以及其他不正当竞争行为的调查和处置力度。完善全市企业信用信息体系,建立统一共享的小微企业名录,推进统一社会信用代码工作;推动行政机关行政处罚、司法机关司法裁决,以及行业协会、商会对会员实施惩戒的信息归集到企业信用信息公示系统,完善以信用管理为基础的创新创业监管模式。完善政府和社会资本合作模式,扩大社会资本投资途径,引导社会资本参与教育、医疗、养老、文化等领域的公共产品与服务供给;鼓励非公有资本以参股、独资、合资、合作、项目融资等方式参与垄断行业经营。

完善政府创新服务机制。建立便捷商事服务机制,全面实施"三证合一""一照一码"登记制度,完善北京工商 E 网通服务平台,推进全程电子化登记与审核服务;开展企业自治名称和经营范围,以及科技类、文化创意类企业住所和经营场所分离登记管理试点,探索集群注册登记模式,积极推进"先照后证"改革,实现便捷登记。转变政府服务方式,全面推广中关村创业会客厅的一站式创业服务模式,以创业企业共性需求为核心,支持市场化服务机构通过商业模式设计,提供政策法律咨询、注册登记、知识产权、科技金融等服务;建立创新创业网络化服务平台,提高政府服务效率和水平。加大简政放权力度,深化行政审批制度改革,全面调整优化与创新创业相关的审批、认证、收费等事项;建立政府、市场和社会多元参与的创新创业治理结构和机制,引导众创空间自主探索、自我管理、自律发展,依托社会机构等组织开展众创空间评选、创业项目遴选、业务指导和监督管理。

完善科技成果转化机制。强化科技成果转化政策激励,赋予高等学校、科研院所科技成果自主处置使用权,高等学校、科研院所科技成果转化所获收益可按 70% 及以上的比例,划归科技成果完成人以及对科技成果转化做出重要贡献的人员所有。激发高等学校、科研院所创新活力,推进应用研究创新与市场需求对接,鼓励高等学校、科研院所拥有科技成果的科技人员创办科技型企业并持有股权;推进高等学校、科研院所采用技术许可的方式促进科技成果对外转移转化,对高等学校、科研院所等事业单位以科技成果作价入股的企业,放宽股权奖励、股权出售对企业设立年限和盈利水平的限制。构建新型创新创业实体,鼓励市属科研院所、企业主动承接中央在京高等学校、科研院所的知识产权和科技成果转化转移,并通过引入社会资本等方式,积极发展混合所有制创新平台;积极推动协同创新研究院、大数据研究院等新型研究机构发展;搭建军民融合协同创新平台及科技创新服务平台,促进军民两用技术推广应用和融合发展。

完善财税政策扶持机制。优化财政资金统筹机制,厘清政府与市场的边界,财政资金重点支持市场不能有效配置资源的基础研究、战略性前沿技术、关键共性技术领域,重点支持有效需求尚未形成、市场机制尚未发挥作用的新兴产业,重点支持处于孵化期、初创期等早中期阶段的科技型小微企业,重点支持要素市场、知识产权、人才培养、成果转化等创新创业环境建设。创新财政资金扶持方式,深入实施首都科技创新券政策,加大对优秀创业团队和小微企业的资助和引导力度;更多运用财政后补助、间接投入等方式支持开展创新创业;在确保公平竞争的前提下,鼓励对众创空间等孵化机构使用的办公用房、用水、用能、网络等软硬件设施给予适当优惠;推进中关村现代服务业试点,加大对创业孵化的扶持力度。完善普惠性税收优惠政策,积极落实企业研发费用加计扣除的优惠政策,配合国家有关部门研究完善企业研发费用计核方法;继续落实中关村国家自主创新示范区有限合伙制创业投资企业法人合伙人抵扣应纳税所得额的优惠政策,配合国家有关部门继续完善相关政策,逐步将科技型中小企业纳入适用政策的投资企业范围,研究提高投资额在应纳税所得额中的税收抵扣比例;配合国家有关部门修订完善高新技术企业认定办法。加大创新技术新产品(服务)政府采购力度,研究建立符合技术创新和产业发展方向的政府采购标准体系,建设面向全国的新技术新产品(服务)政府采购推广应用平台;探索建立“首购首用”风险补偿机制,促进创业期企业新技术新产品(服务)的推广应用。

三、组织保障

(一)加强组织领导

建立由市发展改革委、市科委、中关村管委会牵头,各区县政府和市政府各有关部门参加的大力推进大众创业、万众创新工作机制,加强对全市创新创业工作的统筹指导和综合协调,强化部门协同和上下联动,切实形成合力,全力推进大众创业、万众创新蓬勃发展。

(二)狠抓责任落实

各区县政府、市政府各有关部门要统一思想,提高认识,按照任务分工,扎实推进各项工作落实。各单位要制订推进计划,明确工作任务、时间节点、责任人和保障措施,确保促进创新创业的各项政策落到实处。

(三)强化督查评估

市政府各有关部门要完善创新创业信息统计指标体系,建立信息报送、任务动态调整、年度考核评价工作机制,强化对政策措施落实情况的督查督导和跟踪分析,重大问题及时提请市政府研究解决,确保各项任务顺利推进。

(四)加大宣传力度

市有关部门要统筹做好对大众创业、万众创新工作的新闻宣传、政策解读和舆论引导工作,积极发挥“全国大众创业 万众创新活动周”等展示平台作用,及时总结和推广先进经验,努力营造大众创业、万众创新的良好氛围。

附件:重点任务分工表(略)

北京市人民政府

2015 年 10 月 19 日

北京市财政局 北京市教育委员会 北京市科学技术委员会 北京市人力资源和社会保障局 中关村科技园区管理委员会关于印发《北京市属高等学校科技成果使用、处置和收入管理暂行办法》的通知

京财教育〔2015〕48 号

北京市属高等学校：

为贯彻落实《北京市人民政府办公厅关于印发加快推进高等学校科技成果转化和科技协同创新的若干意见（试行）的通知》（京政办发〔2014〕3 号），根据《财政部 科技部 国家知识产权局关于开展深化中央级事业单位科技成果使用、处置和收益管理改革试点的通知》（财教〔2014〕233 号）精神，进一步推进市属高等学校科技成果转化体制机制创新，加大高等学校科技成果转移转化力度，充分发挥高等学校在全国科技创新中心建设和率先形成创新驱动发展格局中的重要作用，激发调动高等学校科技人员的创新活力，经市教育科技改革领导小组审议通过，北京市财政局、北京市教育委员会、北京市科学技术委员会、北京市人力资源和社会保障局以及中关村科技园区管理委员会共同研究制定了《北京市属高等学校科技成果使用、处置和收入管理暂行办法》，现印发给你们，请遵照执行。

北京市财政局
北京市教育委员会
北京市科学技术委员会
北京市人力资源和社会保障局
中关村科技园区管理委员会
2015 年 1 月 13 日

附件：

北京市属高等学校科技成果使用、处置和收入管理暂行办法

第一章 总 则

第一条 为贯彻落实《北京市人民政府办公厅关于印发加快推进高等学校科技成果转化和科技协同创新的若干意见(试行)的通知》(京政办发〔2014〕3号),根据《财政部 科技部 国家知识产权局关于开展深化中央级事业单位科技成果使用、处置和收益管理改革试点的通知》(财教〔2014〕233号)精神,进一步推进市属高等学校科技成果转化体制机制创新,加大高等学校科技成果转移转化力度,充分发挥高等学校在全国科技创新中心建设和率先形成创新驱动发展格局中的重要作用,激发调动高等学校科技人员的创新活力,结合北京市实际,制定本办法。

第二条 本办法所称"科技成果",是指由高等学校依法持有的,经科学研究和技术开发所产生的具有应用价值的科学技术成果,包括发明、实用新型、外观设计专利,软件著作权,集成电路布图设计权,植物新品种,中药品种,农作物品种,国防专利,专有技术,各类创意设计作品以及法律法规规定的其他科技成果。

本办法所称"科技成果完成人和为科技成果转化做出重要贡献的人员",是指为科技成果转化做出突出贡献的科技人员和科技成果转化管理人员。做出突出贡献的科技人员是指科技成果的主要完成人、科研项目的负责人、对科技成果做出重大创新或改进的主要技术人员。做出突出贡献的科技成果转化管理人员,是指在科技成果的后续试验、开发、应用、推广直至产业化等活动中做出突出贡献的管理人员。

第二章 科技成果使用、处置管理

第三条 高等学校应当按照国家有关规定,加强对科技成果的管理,指定专门机构负责科技成果的日常管理工作,确认成果权属,进行登记,按照权责一致、公平、公正、公开的原则组织科技成果转化。

第四条 高等学校可以采用下列方式进行科技成果转化。

(一)实施许可。

(二)转让。

(三)与他人合作实施。

(四)以科技成果作价投资。

(五)符合法律法规规定的其他方式。

第五条 科技成果的转化应有利于提高经济效益、社会效益、保护环境与资源,遵循自愿、互利、诚实、信用的原则,依照《中华人民共和国合同法》的约定,享受利益,承担风险。科技成果转化应遵守有关法律法规的规定,不得损害社会公共利益。

第六条 科技成果的转化应当遵从市场定价，遵循公开、公正、公平的原则，采取拍卖、招投标、协议转让及国家法律、行政法规规定的其他方式进行。实行协议定价的，应当在本单位公示成果名称、拟交易价格，在此基础上确定最终成交价格。

第七条 高等学校对科技成果的转化实行自主审批，主管部门、财政部门不再审批或备案。高等学校应当加强内部控制制度建设，制定科技成果自主审批制度，明确审批机构、审批流程及审批人员的职责，建立科技成果转化的绩效考评制度，有效防范和控制科技成果转化风险。高等学校组织对科技成果转化审批时，要建立科技成果转移转化事项领导班子集体决策制度，对决策过程进行书面记录。同时，应将学校科技成果转化方案在校内进行公示。

第八条 建立高等学校科技成果转化报告制度。高等学校应在年度终了后10个工作日内向主管部门报告上年度科技成果转化实施情况。高等学校应向主管部门提交如下资料。

(一)高等学校内部决议文件、会议记录等。

(二)科技成果转化协议。

(三)科技成果转化所获收入及分配方案。

(四)主管部门要求提供的其他材料。

主管部门应在收到高等学校科技成果转化报告后10个工作日内将本部门年度科技成果转化报告同时报送财政部门、科技行政主管部门以及人力资源和社会保障部门。

第九条 科技成果转化活动中的对外合作，以及涉及国家安全、国家利益和重大社会公共利益的科技成果，依照法律规定管理和实施。

第三章 科技成果转化收入管理

第十条 高等学校科技成果转化所获收入全部留归学校，纳入单位预算，由高等学校统一管理，处置收入不上缴国库，由高等学校统筹使用。

第十一条 高等学校应当将其从科技成果转化所获收入按不少于70%的比例，用于对科技成果完成人和为科技成果转化做出重要贡献的人员进行奖励。获得奖励的人员，应依法缴纳个人所得税。

利用科技成果作价入股的，需按照国家促进科技成果转移转化的有关规定，由单位职工代表大会讨论决定后，按照本办法第七条相关规定，应当将科技成果转化形成的股权按不低于70%的比例对科技成果完成人和为科技成果转化做出重要贡献的人员进行奖励。

第十二条 高等学校在促进科技成果转化的同时，应重点加强基础性研究，推动学科建设，提高协同创新能力，培养更多的优秀学生。科技成果转化所获收入在对科技成果完成人和为科技成果转化做出重要贡献的人员给予奖励后，其余部分支持高等学校科学研究、成果转化、知识产权管理和教育教学工作。

第十三条 高等学校科技成果转化所获收入用于人员奖励部分可一次性计入当年单位工资总额，但不纳入工资总额基数，在工资总额内单列。当年核定工资总额时，由主管部门按照规定程序报北京市人力资源和社会保障局核定。

第十四条 高等学校作为科技成果转化收入分配的责任主体，应正确处理好学校与奖励人员的关系，妥善制定收入分配方案。具体奖励人员、奖励比例的确定以及奖励后留存收入的支出内容等事宜，由各高等学校自行确定。各高等学校应结合学校实际，制定或完善本校促进科技成果转化相关管理细则，加强对高校科技成果的管理。

第四章 法律责任

第十五条 科技成果转化中存在弄虚作假、采取欺骗手段骗取财政性资金，或者以权谋私等行为的，由有关部门责令改正，并追缴财政性资金，没收违法所得。给他人造成经济损失的，依法承担民事赔偿责任。

第十六条 各高等学校要加强对科技成果转化的使用、处置和收入管理，定期组织自查，并接受相关审计、监察等部门的监督和检查。对虚假、冒领、挤占、挪用等行为，将按照《财政违法行为处罚处分条例》（国务院令第 427 号）有关规定严肃处理。

第五章 附 则

第十七条 本办法适用于北京市属高等学校。

第十八条 本办法由北京市财政局、北京市教育委员会、北京市人力资源和社会保障局、北京市科学技术委员会和中关村科技园区管理委员会根据管理职责分别负责解释，自发布之日起 30 日后施行，试行期为 3 年。

市科委关于设立北京市自然科学基金青年科学基金项目的通知

京科发〔2015〕33 号

各相关单位：

2014—2015 年度北京市自然科学基金试行增设青年科学基金项目。目前，青年科学基金项目已完成 2 年试行，在试行期内达到了预期目标。为贯彻落实《中共北京市委 北京市人民政府关于进一步创新体制机制 加快全国科技创新中心建设的意见》，完善人才发展机制，继续执行青年科学基金项目，现将有关事项予以通知，请遵照执行。

一、青年科学基金项目资助北京地区的青年科学技术人员在北京市自然科学基金资助范围内自主选题，开展研究工作，培养青年科学技术人员独立主持科研项目、进行创新研究的能力。

二、青年科学基金项目研究期限一般为 2 年。

三、依托单位的科学技术人员具备下列条件的，可以申请青年科学基金项目。

1. 具有从事基础研究、应用基础研究课题或者其他从事基础研究、应用基础研究的经历。

2. 具有高级专业技术职务（职称）或者具有博士学位，或者有 2 名与其研究领域相同、具有高级专业技术职务（职称）的科学技术人员推荐。

3. 申请当年 1 月 1 日未满 35 周岁，且申请时未作为负责人承担（过）国家自然科学基金项目、北京市科技计划课题和北京市自然科学基金项目的。

从事基础研究的科学技术人员具备以上条件，但无工作单位或所在单位不是依托单位的，经与依托单位协商，并取得依托单位同意后可以申请。

正在攻读研究生学位的全日制研究生不得作为申请人申请青年科学基金项目。

四、青年科学基金项目实施过程中，不得变更项目负责人。由于客观原因不能按期完成研究计划的，青年科学基金项目负责人可申请延期1次，申请延长的期限不得超过6个月。

五、青年科学基金项目的组织与申请、评审与立项、实施与验收按照《北京市自然科学基金项目管理办法》中面上项目的相关规定执行。项目经费的使用与管理，按照北京市自然科学基金资助项目经费管理的有关规定执行。与本通知不一致的，按本通知执行。

特此通知。

北京市科学技术委员会
2015年1月29日

关于印发《北京市科技计划项目（课题）经费管理办法》的通知

京财科文〔2015〕865号

各委办局（总公司、集团公司），各区县科委、财政局，中关村管委会、有关单位：

为规范并加强北京市科技计划项目（课题）经费的管理，提高资金使用效益，根据《国务院关于改进加强中央财政科研项目和资金管理的若干意见》（国发〔2014〕11号）的精神，依据北京市市级支出预算要求及有关财务管理制度，结合本市财政科技经费管理的实际情况，特制定《北京市科技计划项目（课题）经费管理办法》，现印发给你们，请遵照执行。

北京市财政局
北京市科学技术委员会
2015年5月21日

附件：

北京市科技计划项目（课题）经费管理办法

第一章　总　则

第一条　为规范并加强北京市科技计划项目（课题）［以下简称“项目（课题）”］经费的管理，

加强财政科技经费与社会资本结合，提高资金使用效益，根据《国务院关于改进加强中央财政科研项目和资金管理的若干意见》（国发〔2014〕11 号）的精神，依据北京市市级支出预算要求及有关财务管理制度，结合本市财政科技经费管理的实际情况，制定本办法。

第二条　项目（课题）指为落实国家方针政策，依据北京市经济社会的发展目标，由北京市科学技术委员会（以下简称"市科委"）研究确定并组织安排在北京地区注册的法人单位承担的科学技术研究开发、成果转化应用等任务。

市财政科技经费来源于市财政资金，用于支持科技计划项目（课题）的执行和科技事业的发展。事业单位履行本职工作的经费不在该范围之内。

第三条　科技经费管理和使用原则。

（一）集中财力，突出重点。根据市委、市政府的战略部署、重点工作和科技发展需求，确定项目（课题）经费重点支持方向，强化战略前沿技术研发、关键共性技术攻关、科技基础支撑、科技创新环境建设、科技成果转化促进等工作。

（二）遵循规律，分类支持。遵循科学研究、技术创新和成果转化规律，实行分类管理，创新财政科技经费支持方式。结合基础前沿科技项目（课题）、公益性科研项目（课题）、市场导向类项目（课题）、重大科技成果产业化促进项目（课题）等不同类型项目（课题）的要求和特点，强化财政科技经费与社会资本的结合，依据项目（课题）特点可采取直接补助、后补助、股权投资（含资本金注入）、风险补偿金、基金、贷款贴息等支持方式。

（三）科学安排，合理配置。发挥市场对技术研发方向、路线选择、要素价格、各类创新要素配置的导向作用，建立项目（课题）经费分配、绩效评价机制。市财政科技经费的申请和使用必须遵守国家有关法律法规和财务制度，严格按照项目（课题）的目标和任务，科学合理地编制和安排预算，据实列支，杜绝随意性。

（四）专款专用，单独核算。项目（课题）经费来源坚持多元化原则，包括市财政科技经费拨款、单位自筹资金以及从其他渠道获得的资金。自筹资金包括单位的自有货币资金，以及用于该项目（课题）执行的其他货币资金等。市财政科技经费为管理的重点。

项目（课题）经费应当纳入单位财务统一管理，实行单独核算，确保专款专用，不得截留、挤占和挪用。

（五）公正公开，追踪问效。强化资金管理信息公开，加强科研诚信建设和信用管理，着力营造以人为本、公平竞争、充分激发科研人员创新热情的良好环境。项目（课题）经费的管理和使用要建立绩效考评机制，明确项目（课题）经费管理和使用各方的权利和义务，推行面向目标和结果的问效机制。

第二章　职责与权限

第四条　北京市财政局（以下简称"市财政局"）的主要职责如下。

根据财政预算编制要求，与市科委共同制定项目（课题）经费预算总体投向。会同市科委对项目（课题）经费预算进行财政预算评审。负责审核并批复年度项目（课题）经费预算和决算。对预算执行情况进行监督检查。对项目（课题）经费进行财政绩效管理。会同市科委按相应办法审核项目（课题）经费支出范围和标准。

第五条　市科委的主要职责如下。

与市财政局共同制定项目（课题）经费的支持方向，会同市财政局制定相应经费管理办法。负责组织主持单位、承担单位、专业机构［受市科委委托承担项目（课题）管理工作的机构］编报项目

(课题)经费的预算及决算。根据市财政局预算批复,按项目(课题)进度拨付经费。负责对项目(课题)预算执行情况的监督检查,组织经费自查、经费审计和绩效管理等工作。协助有关部门对项目(课题)经费进行监督检查。

第六条　主持单位、专业机构的主要职责如下。

负责建立符合项目(课题)特点的经费内部监管机制,保证经费使用的规范性、合理性、有效性。负责组织承担单位落实市财政科技经费以外其他渠道资金及相关配套条件。负责组织承担单位编报项目(课题)经费预算和决算,按规定程序审核汇总经费预算和决算,向市科委报送。负责监督、检查项目(课题)经费预算执行情况,对实施中的重大预算调整报市科委审批。负责组织承担单位对项目(课题)经费使用情况的自查工作,配合市科委开展对项目(课题)经费的评审、绩效管理与监督检查等工作。负责有关财务文件的归档保存。

第七条　承担单位是项目(课题)的实施单位,是经费使用和管理的责任主体,主要职责如下。

按规定使用项目(课题)经费,对项目(课题)经费使用的规范性、合理性和有效性负责。负责编制申报项目(课题)经费预算和决算。按照项目(课题)有关匹配资金的约定,落实单位自筹资金及其他配套条件。应当建立健全内部控制制度,严格执行各项财务规章制度,负责项目(课题)经费的财务管理和会计核算,加强对经费的管理。按规定审批项目(课题)预算执行中的一般性调整,并向主持单位、专业机构反映预算执行中的问题,提出建议,并按规定要求及程序办理。根据市财政科技经费管理要求,配合进行项目(课题)经费审计等工作,接受市科委、主持单位、专业机构及有关部门的监督检查和绩效管理等工作。负责有关财务文件的归档保存。

第三章　经费的支持方式

第八条　项目(课题)经费采取多种支持方式,包括直接补助、后补助、股权投资(含资本金注入)、风险补偿金、基金、贷款贴息等。市科委会同市财政局,根据项目(课题)的特点及绩效目标,确定具体支持方式、支出范围及参照标准。

第九条　直接补助是对科研项目(课题)等活动所需成本给予部分或全部补助的财政资助方式。

后补助是指从事研究开发和科技服务活动的单位先行投入资金,取得成果或者服务绩效,通过验收审查或绩效考核后,给予经费补助的财政资助方式。后补助包括事前立项事后补助、奖励性后补助及共享服务后补助等方式。

股权投资(含资本金注入)指财政经费对开展重大科技成果转化和产业化的项目(课题)相关的科技企业以股权形式进行权益性投资的财政支持方式。

风险补偿金是指用于对金融机构给予科技创新和成果转化过程中银行、担保、创业投资、保险等支持活动产生的风险,给予一定比例补偿的财政支持方式。

贷款贴息是指对科技创新和科技成果转化过程中对一定时期内按照一定比例给予的银行贷款利息补贴。

本办法主要适用于采用直接补助方式支持项目(课题)的经费管理,采用其他支持方式的另行制定管理办法。

第四章　经费的支出范围

第十条　直接补助经费的支出范围一般包括直接费用和间接费用两部分。

第十一条 直接费用是指在项目(课题)实施过程中发生的与之直接相关的费用。

(一)设备费:是指在项目(课题)实施过程中购置或试制专用仪器设备,对现有仪器设备进行升级改造,以及租赁使用外单位仪器设备而发生的相关费用。承担单位应当严格控制设备购置费支出,对使用市财政性科技经费购置的仪器、设备,优先使用北京地区(首都科技条件平台)的开放共享资源,通过协作共用的方式解决,如确需购买,须按政府采购的有关要求执行。所购置的仪器设备在优先保障本单位科研活动的基础上开放共享。

(二)材料费:是指在项目(课题)实施过程中消耗的各种原材料、辅助材料等低值易耗品的采购及运输、装卸、整理等费用。

(三)测试化验加工费:是指在项目(课题)实施过程中由于承担单位自身的技术、工艺和设备等条件的限制,委托或与外单位合作(包括承担单位内部独立经济核算单位)进行的检验、测试、化验、加工、计算、试验、设计、制作等所支付的费用。委托测试化验加工需签订合同或协议等。

(四)燃料动力费:是指在项目(课题)实施过程中相关大型仪器设备、专用科学装置等运行发生的可以单独计量的水、电、气、燃料消耗等费用。

(五)差旅费:是指在项目(课题)实施过程中开展科学实验(试验)、科学考察、业务调研、学术交流等所发生的城市间交通费、住宿费、伙食补助费和市内交通费。差旅费的开支标准应当按照国家和北京市有关规定执行。

(六)会议费:是指在项目(课题)实施过程中为组织开展学术研讨、咨询论证,以及组织协调项目或课题等活动而发生的会议费用。应当按照国家和北京市有关规定,严格控制会议的规模、数量、开支标准和会期。

(七)国际合作与交流费:是指在项目(课题)实施过程中,研究人员出国及外国专家来华开展科学技术交流与合作的费用。国际合作与交流费应当严格执行国家及北京市外事经费管理的有关规定。

(八)档案/出版/文献/信息传播/知识产权事务费:是指在项目(课题)实施过程中,需要支付的出版费、资料及印刷费、专用软件购买费、文献检索费、专业通信费、专利申请及其他知识产权事务等费用。

(九)劳务费:是指在项目(课题)实施过程中支付给项目(课题)组成员、项目(课题)组临时聘用人员等的劳务性费用。项目(课题)组临时聘用人员的社会保险补助纳入劳务费科目中列支。财政供养人员不得列支劳务费。劳务费的开支标准参照国家及北京市有关规定执行。承担单位需建立完备的劳务费分配制度,编制预算时应提供劳务费分配方案。

(十)咨询费:是指在项目(课题)实施过程中支付给临时聘请的咨询专家的费用。咨询费不得支付给参与项目(课题)研究及管理相关的工作人员。咨询费的开支标准参照国家及北京市有关规定执行。

(十一)其他费用:是指项目(课题)实施过程中除上述支出费用之外的其他支出,包括北京地区交通费等,应当在申请预算时单独列示。

第十二条 间接费用是指项目(课题)承担单位在组织实施项目(课题)过程中发生的无法在直接费用中列支的相关费用。主要包括项目(课题)承担单位为项目(课题)研究提供的现有仪器设备及房屋、水、电、气、暖消耗,以及有关管理费用的补助支出等。其中绩效支出是指承担单位为提高科研工作绩效安排的相关支出。

间接费用实行总额控制,根据承担单位性质,按照不超过项目(课题)经费中直接费用扣除设备购置费后的一定比例核定,具体比例如下。

(一)财政补助事业单位不超过15%。

（二）经费自理事业单位、企业不超过20%。

间接费用中的绩效支出不超过直接费用扣除设备购置费后的5%。

间接费用按项目（课题）统一核定，由项目（课题）承担单位纳入单位财务统一管理，统筹安排使用。承担单位应当明确间接费用的管理制度，合规合理使用间接费用，结合一线科研人员的实绩，公开、公正安排绩效支出，体现科研人员价值，充分发挥绩效支出的激励作用。项目（课题）承担单位不得在核定的间接费用以外再以任何名义在项目（课题）经费中重复提取、列支相关费用。

第五章　经费管理

第十三条　预算编制。

（一）预算编制要求。

1. 项目（课题）经费预算编制应当严格遵守目标相关性、政策相符性、经济合理性和任务完成的可行性原则。

2. 项目（课题）经费预算编制时应当编制来源预算与支出预算。

来源预算指用于同一项目（课题）的各种不同渠道的经费，包括市财政科技经费、单位自筹资金和其他来源资金。

支出预算应当按照经费开支范围确定的支出科目和不同经费来源编列，预算支出应当对各项支出的主要用途和测算理由等进行详细说明。

3. 由多个单位共同承担一个项目（课题）的，应当同时编列各单位承担的主要任务、经费预算等。

4. 项目（课题）经费预算应当由项目（课题）负责人与主持单位（承担单位）财务人员共同参与编制。

（二）预算方案的形成。

主持单位、承担单位、专业机构按照市财政局编制部门预算的规定以及本办法要求，编制项目（课题）经费预算，报送市科委审核。

第十四条　经费预算评审。

项目（课题）的市财政科技经费预算应按要求参加预算评审，属下列范围之一的项目（课题）可不参加市财政预算评审。

（一）采取股权投资、后补助[事前立项事后补助的项目（课题）除外]、资本金注入、风险补偿金、基金、贷款贴息支持方式的项目（课题）。

（二）招标项目（课题）。

（三）政策法规已明确补助标准、范围等定额方式，并已制定相关经费管理办法的项目（课题）。

（四）按有关规定其他可不参加预算评审的项目（课题）。

第十五条　预算审批及拨付。

市科委根据预算评审意见编制项目（课题）经费预算，报市财政局审核、批复后按进度拨付，延续项目（课题）应根据业务检查和经费检查（或审计）结果，确定后续经费的拨付。

第十六条　经费的使用管理。

（一）经费核算。

1. 主持单位、承担单位、专业机构应当具备健全的财务制度，以及项目（课题）财务管理制度，由专职的财务人员负责项目（课题）经费的财务核算和管理工作。

2. 主持单位、承担单位、专业机构应当对不同来源的项目（课题）经费分别进行单独核算，即在单位适用的会计制度一级科目统括之下，按照市科委规定的项目（课题）支出范围设置明细科目，按开支范围与标准执行，并进行会计核算。

（二）资金结算方式。

科研院所、高等学校等事业单位承担项目（课题）所发生的会议费、差旅费、材料费和测试化验加工费等，按财政部门相关规定实行银行转账或“公务卡”结算；企业承担的项目（课题），上述支出也应当采用非现金方式结算。

（三）市财政科技经费的预算调整。

严格执行经市财政局批复后的市财政科技经费预算，经费预算确有必要调整时，应当按以下程序进行核批。

1. 项目（课题）预算总额调整、项目（课题）承担单位变更应报市财政局批准。

2. 项目（课题）总预算不变的情况下，直接费用中的材料费、测试化验加工费、燃料动力费、出版/文献/信息传播/知识产权事务费、其他支出预算如需调整，项目（课题）组和项目（课题）负责人根据实施过程中科研活动的实际需要提出申请，由项目（课题）承担单位审批，市科委或相关主管部门在中期财务检查或财务验收时予以审核。差旅费、会议费、国际合作与交流费 3 项之间可调剂使用，但不得突破 3 项支出预算总额，总额若调减，可按上述程序调剂用于项目（课题）其他方面的支出。设备费、劳务费、咨询费预算原则上一般不予调增，如需调减，可按上述程序调剂用于项目（课题）其他方面的支出。间接费用预算不得调整。

（四）项目（课题）经费实行决算报告制度，分为年度决算和总决算。

（五）项目（课题）经费中市财政科技经费结转、结余资金，视不同情况执行。

1. 项目（课题）在研期间，年度剩余资金可以结转下一年度继续使用。

2. 对于参加了市财政预算评审的项目（课题），按要求完成任务目标并通过验收，且市科委对承担单位信用评价好的，项目（课题）结余资金由承担单位按规定在项目（课题）结束后一定时间之内统筹安排用于科研活动的直接支出。

3. 其他结余资金全部收回，按照北京市财政性结余资金管理有关规定执行。

（六）涉及政府采购事项的，应严格按照《中华人民共和国政府采购法》及北京市有关规定执行。

（七）承担单位使用市财政科技经费购置（试制）的固定资产属国有资产，原则上由承担单位进行管理和使用，国家有权调配用于相关科学研究开发，其处置按国家相关规定执行。

市财政科技经费形成的知识产权等无形资产的管理，按照国家有关规定执行。

市财政科技经费形成的大型科学仪器设备、科学数据、自然科技资源等，在保障有关参与单位合法权益的基础上，按照国家和北京市有关规定开放共享，避免重复购置，提高资源利用效率。

（八）承担单位应当强化预算约束，严格按照本办法规定的资金开支范围和标准执行，严禁使用项目（课题）经费支付各种罚款、捐款、赞助等，严禁以任何方式牟取私利。

第十七条 企业承担项目（课题）取得财政性资金的税务处理，参照《财政部国家税务总局关于专项用途财政性资金企业所得税处理问题的通知》（财税〔2011〕70 号）等国家和北京市有关规定执行。

第六章 经费监督管理与处理原则

第十八条 主持单位、承担单位、专业机构在项目（课题）经费使用和管理中，不得存在以下行为。

（一）未对项目（课题）经费进行单独核算。

（二）编报虚假预算、套取国家财政资金。

（三）截留、挤占、挪用项目（课题）经费。

（四）违反规定转拨、转移项目（课题）经费。

（五）擅自变更项目（课题）承担主体，未获市科委批准。

（六）提供虚假财务会计信息，虚列支出。

（七）虚假承诺配套资金，自筹资金到位率低于60%。

（八）未按规定执行和调整预算。

（九）发生设备购置、租赁，测试、化验、加工，对外合作等事项未签订相关合同或协议。

（十）随意调账变动支出、随意修改记账凭证、以表代账应付财务审计和检查。

出现上述行为的，视情节轻重将采取暂停项目（课题）拨款、终止项目（课题）执行、追回已拨项目（课题）资金、取消项目（课题）承担者一定期限内项目（课题）申报资格等措施。对于违反财经法律法规的行为，按照《财政违法行为处罚处分条例》及其他相关法律法规处理、处罚，构成犯罪的，移交司法机关依法处理。建立责任倒查制度，针对出现的问题倒查项目（课题）主管部门相关人员的履职尽责和廉洁自律情况，经查存在问题的依法依规严肃处理。

第十九条 对主持单位、承担单位、专业机构及关联的相关机构和人员在项目（课题）经费使用和管理中的问题，按照市科委信用管理的有关规定进行记录。存在上述行为之一的，一经查实，记入相关机构和人员的信用记录。

第七章 附 则

第二十条 本办法由市财政局、市科委负责解释。

第二十一条 本办法自公布之日起30日后施行。《北京市科技计划（课题）经费管理办法》（京财文〔2010〕1842号）同时废止。

关于印发《北京市推动科技金融创新支持科研机构科技成果转化和产业化的实施办法》的通知

京金融〔2015〕80号

各相关单位：

为贯彻落实《北京市关于加快推进科研机构及科技成果转化和产业化的若干意见（试行）》（京政办发〔2014〕35号）（以下简称“京科九条”），按照市委办公厅《北京市关于加快推进科研机构科技成果转化和产业化的若干意见（试行）》实施细则的工作分工要求，市金融局、市科委、市财政局、市发展改革委、市商务委、中关村管委会联合制定了《北京市关于推动科技金融创新支持科研究机构科技成果转化和产业化的实施办法》(以下简称《实施办法》)。现将《实施办法》印发给你们,请遵照执行。

特此通知。

北京市金融工作局
北京市科学技术委员会
北京市财政局
北京市发展和改革委员会
北京市商务委员会
中关村科技园区管理委员会
2015 年 6 月 4 日

附件:

北京市关于推动科技金融创新支持科研机构科技成果转化和产业化的实施办法

第一章 总 则

第一条 为贯彻落实《北京市关于加快推进科研机构及科技成果转化和产业化的若干意见(试行)》(京政办发〔2014〕35 号),鼓励和引导金融资本和社会资本加强对科研事业单位、高等学校的科研机构、各类企业和社会组织中的科研机构在科技成果转化和产业化过程中的融资支持,优化北京市科技金融服务环境,特制定本办法。

第二条 本办法鼓励金融机构、投资机构、专业性及综合性科技金融服务机构,在天使投资和创业投资、科技贷款、融资担保、融资租赁、科技保险、多层次资本市场和中介服务等方面开展创新,为科研机构科技成果转化和产业化提供服务和支持。

第二章 发展天使投资和创业投资

第三条 鼓励和引导国内外知名天使投资机构和创业投资机构、龙头产业集团、在京科研机构设立针对科技成果转化和产业化前孵化阶段的天使投资基金和创业投资基金,投资国内外具有领先优势和产业化发展潜力的项目。

第四条 支持天使投资机构和创业投资机构与创业孵化平台开展合作,利用“创投 + 孵化”模式,为科研机构科技成果转化和产业化提供资金、平台与业务等组合支持。

第五条 支持海外资本在京设立创业投资机构。推动外资机构投资科技成果转化和产业化项目,引进国际先进科技成果。推动资本金意愿结汇试点,便利海外风险投资机构以结汇资金开展科技成果转化和产业化项目股权投资。

第三章 完善科技贷款和融资担保服务

第六条 鼓励银行类金融机构创新科技贷款产品和服务，为科研机构及其项目团队利用知识产权、股权、科技企业及个人信用、科研设备、科研用地融资提供多样化贷款产品。

第七条 落实国家对融资性担保机构的各项奖励政策，鼓励政策性担保机构扩大科技担保规模，引导商业性融资担保机构加强对科研机构科技成果转化和产业化的创新服务。

第八条 推进组合金融服务模式创新，鼓励银行针对科技成果转化和产业化项目与担保、融资租赁、保险、股权投资等机构合作，运用认股权贷款、股权质押贷款、贷款保证保险、信托计划、集合票据、企业债券以及股权投资等融资方式，推出组合融资产品。

第四章 加强科技融资租赁服务

第九条 引导融资租赁机构为科研机构提供融资租赁业务，鼓励实施科技成果转化和产业化的科研机构运用融资租赁手段，解决研发设备采购与维护、产业化项目生产线建设等方面的资金困难。支持有条件的科研机构申请设立融资租赁机构开展融资租赁业务。

第十条 鼓励融资租赁机构与其他金融机构合作，为科技成果转化和产业化提供组合服务。鼓励融资性担保机构开展融资租赁担保业务，推进开展融资租赁与创业投资相结合、租赁债权与投资股权相结合的“创投＋租赁”业务。

第五章 加大科技保险力度

第十一条 发挥科技保险对科技成果转化与产业化的风险管理功能，创新科技保险产品，重点支持保险机构围绕科技成果转化和产业化开展服务和创新。建立新技术新产品“首购首用”风险补偿机制，推动“首台套”产品质量保证保险、重大装备产品责任保险、贷款保证保险等科技保险险种的创新与推广。

第十二条 支持保险资金投资科研机构科技成果转化和产业化项目，鼓励保险机构利用多种方式参与科技成果转化和产业化项目投资。推动科研机构开展个人税延型养老保险试点。

第六章 发展多层次资本市场

第十三条 支持实施科技成果转化和产业化的科技企业利用多层次资本市场直接融资，加大对科技企业改制上市支持力度，支持科技企业在全国中小企业股份转让系统和区域性股权交易市场挂牌。

第十四条 完善科技企业债务融资市场，支持科技企业利用企业债券、公司债、短期融资券、中期票据等新型债务融资工具以及集合融资工具，进行科技成果转化项目融资。

第七章 加强科技金融中介服务

第十五条 支持知识产权评估、技术转移、专利代理、信用评级、信用增进等科技金融中介服务组织发展，鼓励各类科技金融服务机构利用互联网、移动互联网、大数据等技术，建设科技成果转化和产业化投融资信息服务平台。

第十六条 支持科技中介服务机构利用首都科技大数据开放机制，加强金融机构与科技企业的融资对接服务，推动建立市场化的项目筛选机制，为科技成果转化项目提供针对性融资服务。

第十七条 鼓励股权众筹、网络信贷和第三方支付等互联网金融企业为科技成果转化和产业化创新金融产品和服务模式，推动建立面向科研机构线上、线下的多层次投融资服务体系。加强对服务科研机构科技成果转化和产业化的小额贷款公司、互联网金融企业等新兴金融机构的支持力度。

第八章 加强组织保障

第十八条 加强信息服务支撑，建立统一跨部门的科技金融信息发布机制，及时发布促进科研机构科技成果转化和产业化的相关信息。

第十九条 市科委、市金融局等有关部门联合建立跨部门科技成果转化和产业化融资服务协调机制，统筹利用科技、金融、财税等相关政策，形成跨部门联动政策支持机制。

第九章 附 则

第二十条 本办法自发布之日起30日后施行。

市科委关于印发《北京市科技行政处罚裁量基准》的通知

京科发〔2015〕578号

各相关单位：

为规范本市科技行政处罚裁量权的行使，保护公民、法人和其他组织的合法权益，根据《中华人民共和国行政处罚法》《北京市实验动物管理条例》《北京市技术市场条例》等法律法规，按照《关于规范实施行政处罚裁量基准制度的若干指导意见》（京政法制发〔2015〕16号）要求，结合本市科技行政执法工作实际情况，特制定《北京市科技行政处罚裁量基准》，现印发给你们，请遵照执行。

特此通知。

北京市科学技术委员会

2015年11月26日

附件：

北京市科技行政处罚裁量基准

（2016 年版）

第一章 总 则

第一条 为规范本市科技行政处罚裁量权的行使，保护公民、法人和其他组织的合法权益，根据《中华人民共和国行政处罚法》《北京市实验动物管理条例》《北京市技术市场条例》等法律法规，按照《关于规范实施行政处罚裁量基准制度的若干指导意见》（京政法制发〔2015〕16 号）的要求，结合本市科技行政执法工作实际情况，制定本基准。

第二条 市、区县科学技术行政部门（以下简称“科技行政部门”）行使行政处罚裁量权适用本基准。

第三条 本基准中，各类违法行为依据社会危害性划定为 A、B、C 3 个基础裁量档次。其中，“违法行为本身社会危害性严重的”对应 A 档，“违法行为本身社会危害性一般的”对应 B 档，“违法行为本身危害性轻微的”对应 C 档。

第四条 本基准中，针对各类违法行为设定的基础裁量档，其对应的裁量幅度为依法从轻处罚的下限至从重处罚的上限。属于《中华人民共和国行政处罚法》规定应当或可以减轻、加重处罚情节的，可以跨越本基准规定的基础裁量档实施处罚，具体裁量基准见《北京市科技行政处罚裁量基准表》。

第二章 违法行为裁量档次

第一节 实验动物部分

第五条 取得实验动物许可证的单位和个人，违反《北京市实验动物管理条例》第十条第一款、第十二条、第十六条、第十九条、第二十条、第二十三条、第二十四条第二款和第二十九条规定，实验动物从业人员未经培训上岗、对实验动物从业人员防护措施不力、实验动物生产环境设施不符合要求、动物实验环境不符合要求、从事实验动物及相关产品生产的单位和个人未按规定提供质量合格证明、实验动物运输及包装不符合要求、不同品种不同等级和互有干扰的动物实验在同一试验间内进行、未对实验动物尸体和废弃物进行无害化处理，其行为属于基础裁量 A 档。

取得实验动物许可证的单位和个人，违反《北京市实验动物管理条例》第十条第二款、第十八条、第二十四条第一款规定，未组织实验动物专业技术人员参加实验动物学及相关专业的继续教育、从事实验动物及相关产品生产的单位和个人未按规定进行质量检测或记录不全不准、动物实验不使用相应等级标准的实验动物，其行为属于基础裁量 C 档。

依据《北京市实验动物管理条例》第三十四条的规定，上述违法行为的裁量幅度为“警告”和“暂扣实验动物许可证”，按照不同违法情节划分为“警告”“暂扣实验动物许可证”两个基础裁量阶次。

第二节 技术市场部分

第六条 违反《北京市技术市场条例》第九条规定，提供虚假技术或者技术信息，其行为属于基础裁量B档。依据《北京市技术市场条例》第三十五条的规定，上述违法行为的裁量幅度为“没收违法所得，可以并处违法所得1倍以上、5倍以下的罚款”，按照不同违法情节划分为“没收违法所得”“没收违法所得，并处违法所得1倍以上、低于3倍的罚款”“没收违法所得，并处违法所得3倍以上、5倍以下的罚款”3个基础裁量阶次。

第七条 违反《北京市技术市场条例》第十二条规定，技术交易会的举办者通过虚假宣传非法牟利，其行为属于基础裁量B档。依据《北京市技术市场条例》第三十六条的规定，上述违法行为的裁量幅度为“没收违法所得，可以并处违法所得1倍以上、3倍以下的罚款”，按照不同违法情节划分为“没收违法所得，并处违法所得1倍以上、低于2倍的罚款”“没收违法所得，并处违法所得2倍以上、低于3倍的罚款”“没收违法所得，并处违法所得3倍的罚款”3个基础裁量阶次。

第八条 违反《北京市技术市场条例》第二十二条规定，以不正当手段骗取技术合同登记证明，其行为属于基础裁量B档。依据《北京市技术市场条例》第三十八条的规定，上述违法行为的裁量幅度为“责令技术合同登记机构撤销登记证明，并可以对当事人处5000元以上、1万元以下的罚款”，按照不同违法情节划分为“责令技术合同登记机构撤销登记证明”“责令技术合同登记机构撤销登记证明，并对当事人处5000元以上、低于7000元的罚款”“责令技术合同登记机构撤销登记证明，并对当事人处7000元以上、1万元以下的罚款”3个基础裁量阶次。

第九条 违反《北京市技术市场条例》规定，技术合同登记机构不按照规定开展技术合同认定登记工作；擅自扩大收费范围、提高收费标准；从事经营活动；迟报、拒报或者提供不真实统计材料；泄漏当事人商业秘密，其行为属于基础裁量C档。依据《北京市技术市场条例》第三十九条的规定，上述违法行为的裁量幅度为“警告”和“予以撤销登记的处罚并公告”，按照不同违法情节划分为 “予以警告的处罚并责令其限期改正”“予以撤销登记机构的处罚并公告”2个基础裁量阶次。

第三章 裁量规则

第十条 科技行政部门行使行政处罚裁量权，应当遵循处罚法定、公开、公正、过罚相当、处罚与教育相结合的原则。

第十一条 科技行政部门行使行政处罚裁量权，应当根据法律目的，全面考虑、衡量违法事实、性质、情节及社会危害程度等相关因素，并应用逻辑、公理、常理和经验，对违法行为是否给予处罚以及处罚的种类和幅度进行判断，并做出相应的处理决定。

对违法事实、性质、情节及社会危害程度等因素基本相同的同类行政违法行为，所适用的法律依据、处罚种类和幅度应当基本相同。

第十二条 对违法情节轻微、没有造成社会危害的违法行为，应当本着先教育、后处罚的原则，给违法行为人发出限期改正通知书，敦促其及时改正违法行为，如不改正，再依法做出处罚。

第十三条 有下列情形之一的，依法不予行政处罚。

(一)不满14周岁的人有违法行为的。

(二)精神病患者在不能辨认或者不能控制自己行为时有违法行为的。

(三)违法行为超过法定追究时效的。

(四)其他依法不予行政处罚的。

第十四条 有下列情形之一的，应当从轻或者减轻处罚。
（一）违法行为人已满14周岁、不满18周岁的。
（二）主动消除或者减轻违法行为危害后果的。
（三）受他人胁迫、诱骗实施违法行为的。
（四）配合行政执法机关查处违法行为有立功表现的。
（五）其他依法从轻或者减轻行政处罚的。
第十五条 有下列情形之一的，可以从重处罚。
（一）违法情节恶劣，造成严重后果的。
（二）在共同违法行为中起主要作用的。
（三）不听劝阻，继续实施违法行为的。
（四）胁迫、诱骗、教唆他人实施违法行为的。
（五）通过新闻媒体、发布公告等进行告诫后，继续实施违法行为的。
（六）屡教不改，多次实施违法行为的。
（七）隐匿、销毁违法证据或者有妨碍、抗拒执法行为的。
（八）其他依法应当实施从重处罚的。

第四章 实施裁量基准制度的要求

第十六条 对情节复杂或者重大违法行为给予较重的行政处罚，科技行政部门负责人应当集体讨论决定。

第十七条 集体研究决定的案件要实行登记制度，对案件的具体情节、研究过程和处理决定均应详细记录在案，制作会议纪要，归入执法案卷。

第十八条 科技行政执法人员违反本基准，滥用行政处罚裁量权，情节轻微的，给予批评教育；造成严重后果的，按照有关行政执法过错责任追究规定处理。

第五章 附 则

第十九条 本基准及对应的《北京市科技行政处罚裁量基准表》自2016年1月1日起实施。《北京市科技行政处罚裁量权实施办法》（京科发〔2011〕541号）同时废止。

北京市财政局 北京市经济和信息化委员会关于印发《北京市中小企业发展基金管理办法》的通知

京财经一〔2015〕305 号

各有关单位：

为贯彻落实《北京市促进中小企业发展条例》，规范中小企业发展基金管理，引导各类社会资金共同改善中小企业发展环境，我们制定了《北京市中小企业发展基金管理办法》，经报请市政府批准同意，现予印发，请遵照执行。

特此通知。

北京市财政局

北京市经济和信息化委员会

2015 年 3 月 5 日

附件：

北京市中小企业发展基金管理办法

第一章　总　则

第一条　为促进本市中小企业发展，规范中小企业发展基金（以下简称“基金”）管理，根据《中华人民共和国中小企业促进法》《北京市促进中小企业发展条例》《北京市关于进一步支持小型微型企业发展的意见》（京政发〔2012〕40 号）、《北京市新增产业的禁止和限制目录》及有关法律法规和政策，制定本办法。

第二条　基金是专项用于支持符合首都城市功能定位和产业发展政策的中小企业，特别是小微企业发展的政策性基金。按照“政策性导向、市场化运作”原则设立，重点支持科技创新、新兴服务业等首都特色产业，以及因市场失灵或市场配置资源不足而影响中小企业发展的领域。

第三条　基金的宗旨是创新政府资金使用方式，发挥财政资金杠杆放大效应，运用市场化手段，引导各类社会资金支持初创期、成长期中小企业发展，改善中小企业发展环境。

第四条 基金的资金主要来源于本市扶持中小企业发展的各专项资金及其他政府性资金、基金收益、社会捐赠和其他社会资金。

第二章 基金构成

第五条 基金由母子基金构成。中小企业发展基金为母基金,子基金由母基金以参股方式与社会投资机构共同设立。母基金初期资金主要来源于中小企业创业投资引导基金、高端制造业担保代偿资金、中关村现代服务业专项资金、中小企业发展专项资金。

第三章 基金使用

第六条 基金遵循公共性原则,注重发挥引导性作用,按照"有偿使用、循环投入、滚动发展"的方式实现可持续发展。基金可与其他中小企业支持政策和资金配合使用,增强财政资金使用效果。

第七条 基金主要以参股支持方式与社会资金开展合作,在创业引导投资、股权投资、债权投资、担保投资、风险补偿等方面,根据业务开展、企业和市场需求适时设置调整子基金及其规模。子基金使用管理细则另行制定。

第八条 基金存续期。"母基金"存续期原则为12年,其中退出期2年。子基金存续期另行约定。

第九条 基金不得投资于股票、期货、外汇、房地产业以及国家和本市政策限制类行业。

第十条 基金闲置资金仅限用于银行存款、购买国债等保证本金安全的方式。

第四章 基金管理

第十一条 市经济信息化委、市财政局等部门联合设立北京市中小企业发展基金领导小组(以下简称"领导小组"),负责基金的决策、指导、监督、协调和管理。主要职能如下。

(一)审定基金使用的原则和方式。

(二)审议批准基金管理制度和基金实施方案。

(三)审议批准子基金管理机构和子基金合作机构。

(四)审议基金年度工作报告、工作计划。

(五)对基金使用情况进行跟踪评价和绩效考核。

(六)审定基金收益处置方案。

(七)决定基金续期、清算等其他重大事项。

第十二条 领导小组下设办公室(以下简称"领导小组办公室"),办公室成员由领导小组成员单位委派,负责基金日常管理工作。办公室设在市经济信息化委,主要职能如下。

(一)根据领导小组审定的基金管理制度和实施方案,制定子基金使用细则。

(二)根据领导小组安排,组织公开征集、评审、拟定子基金管理机构和合作机构。

(三)指导和监督基金受托管理机构日常工作。

(四)协调基金日常管理中出现的问题。

(五)领导小组交办的其他工作。

第十三条 市财政局代表市政府作为基金出资人,负责母基金资金筹集和履行出资职责。

第十四条 基金设立专家咨询委员会，由领导小组办公室公开聘任，在基金管理、风险控制、创新融资、重大事项等方面，向领导小组及管理人员提供咨询建议。

第十五条 北京市中小企业服务中心作为母基金受托管理机构，负责基金代持和管理工作。主要职能如下。

（一）受领导小组委托以出资额为限对子基金和参股公司行使权利义务。

（二）负责基金日常管理、议事规则等制度建设，协调子基金的运营管理，建立基金评审专家库，定期对各子基金业务进行统计、分析、汇总，按季度、年度出具基金运营报告。

（三）对基金账户进行监督，确保资金安全。

（四）组织开展政策研究、宣传推广及业务创新等。

（五）领导小组及办公室交办的其他工作。

第十六条 领导小组可通过设立或招标方式确定各子基金的运营管理机构（以下简称“子基金运营管理机构”），由该运营管理机构具体负责各子基金的运营管理工作。子基金运营管理机构主要职能如下。

（一）根据委托协议对受托管理子基金进行动态管理和监督考核。

（二）对子基金的运营情况进行统计分析和评价，定期报送基金进展情况。

（三）建立重大事项报告制度，及时向领导小组及办公室报告基金重大业务事项、重大财务事项以及其他对基金产生重大影响的信息。有下列事项之一的，应当报请领导小组批准。

1. 提前终止基金。

2. 基金合并或转换运作方式。

3. 更换基金管理人或出资人。

4. 基金合同的重大修改。

5. 代表委托人行使表决权的事项。

（四）设立专职部门和专业人员进行基金管理，建立健全风险管理制度和内部控制机制，规范业务操作流程，有效控制基金风险，接受委托人的监督。

（五）领导小组及办公室交办的其他工作。

第十七条 综合考虑基金管理内容、模式、规模、业绩等因素，按不超过基金管理规模的1%安排基金管理费，从市中小企业发展专项资金中列支。

第十八条 领导小组公开委托一家商业银行作为基金托管银行，对基金进行专户管理。

第五章 基金收益和退出

第十九条 基金取得出资收益主要用于以下方面。

（一）弥补基金损失。

（二）扩大基金规模。

（三）对基金投资合作机构进行奖励。

第二十条 母基金到期清算后，基金本金及投资收益上缴市级国库，纳入市级财政预算管理。

第二十一条 基金投资形成的股权或债权退出时，应报请领导小组批准，按照协议约定可通过转让、企业回购、兼并收购、到期清算等方式退出，退出方式及价格应体现基金政策性和市场化原则，由子基金使用管理细则结合运作模式具体规定。

第六章　子基金合作机构的选择程序

第二十二条　子基金合作机构的选择原则上应遵循以下程序。

（一）公开征集。受领导小组办公室委托，子基金运营管理机构面向社会公开征集基金合作机构。

（二）机构申报。拟合作机构向子基金运营管理机构提交合作方案。

（三）专家评审。领导小组办公室组织有关专家对合作方案进行评审，对同类合作机构进行排名。

（四）社会公示。专家评审结果在有关媒体上公示，公示期为 7 天。对公示中发现问题的机构，基金不予合作。

（五）政府决策。领导小组根据基金规模，按照专家评审结果，择优选定合作机构，确定名单。

（六）实施方案。由子基金运营管理机构组织实施审定合作方案。

第七章　基金监督考核

第二十三条　基金按照国家有关财务规章制度进行管理，并纳入公共财政考核体系范围。

第二十四条　领导小组对基金使用实施监督和绩效考核，并可委托第三方中介机构对基金运营管理及其支持的项目进行绩效评价。

第二十五条　基金管理机构、基金合作机构及基金支持项目承担单位应严格按照国家有关法律法规、财务会计制度以及合同约定使用管理基金。对违规使用基金的，领导小组可撤销其受托管理资格，更换基金管理机构、基金合作机构，终止基金合作，对因违规操作造成基金资产损失的，按照相关法律法规进行处理处罚。

第二十六条　对于虚报、冒领、截留、挪用、挤占基金等违反财经法律法规的行为，依照《财政违法行为处罚处分条例》等相关法律法规进行处理。构成犯罪的，移交司法机关依法处理。

第八章　附　则

第二十七条　本办法由市财政局、市经济信息化委负责解释。

第二十八条　中小企业创业投资引导基金、高端制造业担保代偿资金、中关村现代服务业中小微投资基金、中关村现代服务业创业投资引导资金纳入中小企业发展基金管理，此前制定的《北京市中小企业创业投资引导基金实施暂行办法》（京发改〔2008〕1167 号）、《北京市高端制造业担保代偿资金管理办法》（京财经一〔2009〕548 号）、《中关村现代服务业中小微投资基金管理办法》（京财经一〔2013〕570 号）等相关政策文件根据本办法的规定做相应的调整，与本办法相抵触的执行本办法。

第二十九条　本办法自发布之日起 30 日后施行。

关于印发《北京市技术先进型服务企业认定管理办法》(2015年修订)的通知

京科发〔2015〕39号

各区县科委、商务委、财政局、国家税务局、地方税务局、发展改革委,市地方税务局直属分局,各有关单位:

为贯彻落实财政部、国家税务总局、商务部、科技部、国家发展改革委《关于完善技术先进型服务企业有关企业所得税政策问题的通知》(财税〔2014〕59号)规定,进一步做好本市技术先进型服务企业认定管理工作,市科委、市商务委、市财政局、市国税局、市地税局、市发展改革委对2012年制定的《北京市技术先进型服务企业认定管理办法》进行了修订。现将修订后的《北京市技术先进型服务企业认定管理办法》印发给你们,请遵照执行。

特此通知。

北京市科学技术委员会
北京市商务委员会
北京市财政局
北京市国家税务局
北京市地方税务局
北京市发展和改革委员会
2015年3月6日

附件:

北京市技术先进型服务企业认定管理办法

(2015年修订)

第一章　总　则

第一条　为贯彻落实财政部、国家税务总局、商务部、科技部、国家发展改革委《关于完善技术先进型服务企业有关企业所得税政策问题的通知》(财税〔2014〕59号,以下简称"59号文件")的规定,加强本市技术先进型服务企业认定管理工作,制定本办法。

第二章 组织与实施

第二条 市科委、市商务委、市财政局、市国税局、市地税局、市发展改革委共同组成北京市技术先进型服务企业认定小组(以下简称“认定小组”),主要职责如下。

1. 负责本市行政区域内技术先进型服务企业认定工作。

2. 负责对已认定的企业进行监督、管理,受理、核实并处理有关举报。

3. 建立认定信用制度,对在认定工作中出现违规行为的企业、专家及相关人员予以相应处理。

第三条 认定小组下设北京市技术先进型服务企业认定小组办公室(以下简称“认定小组办公室”)。认定小组办公室设在市科委,主要职责如下。

1. 负责组织专家对企业的申报材料进行评审。

2. 负责组织召开认定小组会。

3. 承办认定小组交办的其他工作。

第三章 条件与程序

第四条 企业申请认定技术先进型服务企业,必须同时符合以下条件。

1. 从事《技术先进型服务业务认定范围(试行)》中的一种或多种技术先进型服务业务,采用先进技术或具备较强的研发能力。

2. 企业的注册地及生产经营地在本市行政区域内。

3. 企业具有法人资格。

4. 具有大专以上学历的员工占企业职工总数的50%以上。

5. 从事《技术先进型服务业务认定范围(试行)》中的技术先进型服务业务取得的收入占企业当年总收入的50%以上。

6. 从事离岸服务外包业务取得的收入不低于企业当年总收入的35%。

从事离岸服务外包业务取得的收入,是指企业根据境外单位与其签订的委托合同,由本企业或其直接转包的企业为境外单位提供信息技术外包服务(ITO)、技术性业务流程外包服务(BPO)和技术性知识流程外包服务(KPO),而从上述境外单位取得的收入。

第五条 企业申请认定技术先进型服务企业,应当提供以下材料。

1.《技术先进型服务企业认定申请表》。

2. 企业营业执照副本(复印件)、税务登记证书(复印件)、近一个月(季)度的《企业所得税月(季)度预缴纳税申报表》(复印件)。

3. 企业技术实力或研发能力证明材料,包括知识产权证书或独占许可协议,新产品或新技术证明(查新)材料,获国家或本市科技计划项目立项或科技奖励证明,获新技术新产品(服务)认定证明等(复印件,可选报)。

4. 企业员工花名册(注明员工学历结构、从事离岸服务外包人员情况),企业就业人员社会保险缴费单复印件(加盖企业公章)。

5. 经具有资质的会计师事务所审计的企业上一会计年度的财务报表(含资产负债表、利润及利润分配表、现金流量表)。

6.《企业上一会计年度技术先进型服务业务收入及离岸服务外包业务收入明细表》,附相关证明材料。其中:企业离岸服务外包业务合同已在市商务委进行合同执行额登记、技术先进型服务业务合同已在市科委技术市场管理部门进行技术合同认定登记并已核定技术性收入的，由相关部门就已登记（核定）的业务收入向认定小组办公室出具证明。企业已登记（核定）的业务收入占总收入比例达到认定条件规定的，企业可不提供合同、发票等证明材料；达不到认定条件规定的，企业须就差额部分提供等额或以上的合同、发票（复印件）作为证明。

以上材料一式两份，A4 纸打印或复印，左侧胶装成册，在材料右侧骑缝处加盖企业公章，于规定期限内交至认定小组办公室。企业需同时提交《技术先进型服务企业认定申请表》电子版光盘一张。

第六条 认定小组办公室组织专家对企业的申报材料进行评审。认定小组根据专家评审意见提出拟认定的技术先进型服务企业名单，在市科委网站（网址为 http://www. bjkw. gov. cn）上公示 5 日。公示期满无异议的，由认定小组在市科委网站上公布认定结果，并颁发“技术先进型服务企业证书”（加盖市科委、市商务委、市财政局、市国税局、市地税局、市发展改革委公章）；公示期间有异议的，由认定小组进行核实，经核实有问题的不予认定。

第七条 按本办法认定的技术先进型服务企业资格有效期自认定当年至 2018 年 12 月 31 日。

第八条 认定小组每年对资格有效期内的技术先进型服务企业进行审核。重点审核企业是否符合 59 号文件第二条规定的条件，参照本办法第五条、第六条规定的程序办理。

第九条 技术先进型服务企业认定及审核工作每年组织一次，具体申报时间以认定小组当年发布的通知为准。

第十条 经认定及通过审核的技术先进型服务企业，可持“技术先进型服务企业证书”向主管税务机关申请办理 59 号文件规定的企业所得税优惠事宜。享受企业所得税收优惠的技术先进型服务企业条件发生变化的，应当自发生变化之日起 15 日内向主管税务机关报告；不再符合享受税收优惠条件的，应当依法履行纳税义务。主管税务机关在执行税收优惠政策过程中，发现企业不具备技术先进型服务企业资格的，应填写《技术先进型服务企业资格复核表》，经市国税局或市地税局交送认定小组办公室。复核期间，主管税务机关暂停企业享受相关税收优惠。

第十一条 技术先进型服务企业变更经营范围、合并、分立、转业、迁移的，应在 15 日内向认定小组办公室报告；变化后不符合本办法规定条件的，自当年起终止其技术先进型服务企业认定资格。

第十二条 对在申请认定中提供虚假信息的企业，取消其资格，认定小组 3 年内不再受理该企业的认定申请。

第四章 附 则

第十三条 本办法自发布之日起 30 日后施行。《北京市技术先进型服务企业认定管理办法》（2012 年修订）（京科发〔2012〕166 号）同时废止。

北京市商务委员会关于购买纯电动专用车有关财政政策的通知

京财经一〔2015〕481 号

各相关单位：

为贯彻落实《北京市2013—2017年清洁空气行动计划》和财政部、科技部、工业和信息化部、发展改革委《关于继续开展新能源汽车推广应用工作的通知》（财建〔2013〕551号）精神，加快纯电动汽车在邮政、物流、环卫等领域的示范推广，现就我市鼓励购买邮政、物流、环卫等纯电动专用车有关财政政策通知如下。

一、补助范围

自2015年4月1日起至2017年12月31日，凡纳入国家《节能与新能源汽车示范推广应用工程推荐车型目录》和《免征车辆购置税的新能源汽车车型目录》，且符合本市产品技术、安全及售后服务等要求的邮政、物流、环卫等纯电动专用车辆，在取得我市车辆登记牌照后，可申请享受本市纯电动专用车财政补助。

市与区县行政事业单位、环卫集团等城市公用企业购买和使用纯电动专用车，依照《关于印发〈北京市纯电动汽车示范推广市级补助暂行办法〉的通知》（京财经一〔2011〕2730号）执行。

使用财政资金购买纯电动专用车不纳入本通知规定的补助范围。

二、补助标准

在中央补贴基础上，本市邮政、物流、环卫等纯电动专用车补助按中央标准1∶1确定，具体为：按电池总容量计算，2015年每千瓦时补贴1800元，每辆车补贴总额不超过13.5万元；2016年和2017年补助标准按照2015年标准执行。如国家政策调整，本市财政补助标准参照国家政策另行制定。

汽车生产企业享受中央和本市财政补助总额最高不超过车辆销售价格的60%。

三、补助方式

地方邮政、物流、环卫等纯电动专用车补贴，直接拨付到汽车生产企业，消费者按销售价格扣减补助后支付。非本市注册的汽车生产企业申领本市财政补助资金，须授权委托一家在京注册登记的具有独立法人资格的汽车销售机构统一申领，财政部门将补助资金拨付到该汽车销售机构。

北京市财政局委托北京环境交易所（以下简称“环交所”）负责受理和审核财政补助资金申请材料。申请补助资金所提供的材料及补助流程与纯电动小客车补助方式一致［见《北京市示范应用新能源小客车财政补助资金管理细则》（京财经一〔2014〕449号）］。

四、职责分工及相关要求

北京市科学技术委员会负责协调相关委办局推动纯电动专用车的示范应用;北京市财政局负责财政补助资金的安排、审核及兑付;北京市经济和信息化委员会负责纯电动专用车生产企业及产品备案。北京市交通委员会协调北京市邮政管理局负责邮政纯电动专用车确认、审核;北京市商务委员会负责物流纯电动专用车确认、审核。

汽车企业应对提供材料的真实性负责,凡产品与申报材料不符、性能指标未达到要求,提供虚假信息、骗取补助资金的,将依照《财政违法行为处罚处分条例》(国务院令第427号)等规定,追究有关单位和人员的责任。

北京市财政局
北京市科学技术委员会
北京市经济和信息化委员会
北京市交通委员会
北京市商务委员会
2015年3月31日

北京市人民政府关于加快首都科技服务业发展的实施意见

京政发〔2015〕25号

各区县人民政府,市政府各委办局,各市属机构:

为全面贯彻落实《国务院关于加快科技服务业发展的若干意见》(国发〔2014〕49号)精神,着力推动大众创业、万众创新,加快构建高精尖经济结构,努力提升科技服务业对首都科技创新和产业发展的支撑能力,特提出以下实施意见。

一、总体要求

(一)指导思想

深入贯彻落实党的十八大和十八届三中、四中全会精神,深入学习贯彻习近平总书记系列重要讲话和对北京工作的重要指示精神,主动适应经济发展新常态,坚持和强化首都城市战略定位,充分发挥市场在资源配置中的决定性作用,着力加强技术创新,着力激发创业活力,着力做强优势领域,着力培育新型业态,着力拓展市场空间,积极推动科技服务业向专业化、网络化、规模化、国际化方向发展,努力为实施创新驱动发展战略、促进首都经济社会持续健康发展、建设国际一流的和谐宜居之都提供有力支撑。

(二)发展目标

到2020年,首都科技服务资源潜力充分释放,市场化程度进一步提高,特色突出、支撑有力、创新引领的科技服务体系基本形成，对科技成果转化应用的支撑服务能力明显增强；新增一批具有国际影响力的科技服务业骨干企业、服务机构和知名品牌，形成一批定位清晰、布局合理、协同发展的科技服务业集聚区；全市科技服务业收入达到1.5万亿元，技术合同成交金额达到5000亿元。

二、主要任务

（一）实施技术支撑工程

1. 扩大研究开发服务优势。鼓励企业自建或与高等学校、科研院所共建重点实验室、工程实验室、工程（技术）研究中心、企业技术中心等研发机构，支持企业承担或参与产业技术研发平台建设、在京设立研发总部，引导各类新兴源头技术创新机构和市场化新型研发组织有序发展。深化首都科技条件平台和中关村开放实验室建设，推动重大科研基础设施和大型科研仪器向社会开放，进一步提高科技资源利用效率。支持创新能力强、集成服务水平高的研发服务外包企业，发展设备租赁、原料采购、小批量生产等研发辅助服务。鼓励基于互联网的新型研发服务业态发展。

2. 提高技术转移服务效率。以中国国际技术转移中心为载体，加快国家技术转移集聚区建设，打造辐射全国、链接全球的技术转移枢纽。鼓励高等学校、科研院所设立技术转移服务机构，采取转让、许可、作价入股等方式开展科技成果转移转化活动，健全完善市场定价机制。完善科技成果转化收益分配机制，深化科研资产管理改革。支持技术转移服务机构创新服务模式，积极发展基于大数据、云计算、移动互联网等现代信息技术的新型服务。

3. 促进知识产权服务业发展。完善支持知识产权服务业发展的配套政策，加强知识产权服务与产业、科技、金融等政策的衔接。完善知识产权公共信息、专题数据库、保护、商用化等服务平台，加强知识产权信息传播利用，强化知识产权保护和投融资服务，培育新型知识产权服务业态。实施知识产权服务品牌机构培育计划，引导服务机构与各类创新主体对接，支持服务机构提高知识产权分析评议、运营实施、评估交易、保护维权、投融资等服务水平。积极推动中关村国家知识产权服务业集聚发展试验区建设。

（二）实施创业支持工程

1. 完善创业孵化服务体系。鼓励骨干企业、高等学校、科研院所、企业家和天使投资人等主体投资建设各种类型的孵化机构，完善孵化服务网络，重点发展以孵化投资为核心的创业孵化模式和基于互联网的新型孵化方式。发挥中关村创业大街作用，支持社会机构建设众创空间，举办有影响力的创新创业大赛和创业训练营，营造创新创业的浓厚氛围。围绕企业在种子期、初创期、成长期各阶段的不同需求，打造“创业苗圃—孵化器—加速器—产业园”的孵化服务链条。

2. 深化科技金融服务创新。支持设立天使投资、创业投资和科技成果转化引导基金，吸引国际知名风险投资机构来京发展。鼓励引导金融机构开展符合科技企业特点的金融产品和服务方式创新，深化信用贷款、股权质押贷款、知识产权质押贷款、信用保险和贸易融资、产业链融资等各类科技信贷创新试点。支持互联网支付、网络信贷、众筹融资、信用评估等互联网金融业态有序发展。

（三）实施优势引领工程

1. 促进设计服务业发展。支持设计企业参加国际展览、承接国际订单、参与制定国际标准，进一步提升“中国设计红星奖”等品牌活动的国际影响力。推进设计之都建设，实施首都设计提升计划，促进设计服务与战略性新兴产业、城市规划建设管理等领域深度融合。鼓励企业建立设计创新中心，不断提高设计创新水平。支持面向全国的设计服务平台和中国设计交易市场建设，完善设计产业链条，为公众提供个性化、多样化的设计服务。

2. 扩大工程技术服务业规模。推动工程技术服务龙头企业开放数据、平台等资源，与中小企业共同开展示范工程建设，带动产业上下游企业协同发展。培育一批骨干企业，支持其通过兼并、重组和上市等途径做大做强。促进工程技术服务业关键技术攻关、成套设备研发和标准规范制定，鼓励企业提供集成化的系统解决方案服务。提升工程项目咨询、管理和投资顾问类服务机构的国际竞争力，支持工程承包企业开拓国内外市场。

3. 支持检验检测认证服务市场化发展。推动跨层级、跨部门的行业整合和并购重组，支持第三方检验检测认证机构独立法人化运营及转企改制。通过市场化机制和信息化手段整合资源，培育一批检验检测认证龙头企业，形成全链条的服务能力。支持建设检验检测认证公共服务平台，推动实施第三方检验检测认证结果采信制度。加强技术标准研制与应用，发展标准研发、信息咨询等服务业态。鼓励检验检测认证机构按照国际规则开展认证结果和技术能力国际互认，提高国际化水平。

（四）实施业态培育工程

1. 促进科技文化融合发展。加快国家级文化和科技融合示范基地建设，围绕文化产品与服务的创意创作、设计制作、展示传播、消费体验等环节，开展关键技术攻关与科技成果推广应用。提高对重点文化领域的科技服务水平，培育一批特色鲜明、创新能力强的文化科技企业。加强文化公共服务平台的网络化和数字化建设，增强对文化事业的服务能力。

2. 促进专业技术服务发展。发展面向健康养老产业的专业技术服务机构，建设健康数据库，并加强对数据的挖掘和利用，为医疗服务和健康管理提供技术支撑。促进体育产业与信息技术融合发展，强化对全民健身、竞技表演、赛事管理的专业技术服务。发展数字教育应用综合服务，建设多种形式的教育云服务平台，扩大在线教育规模。支持专业技术服务机构优化电子商务服务链条，提升现代流通行业整体效率。在金融数据托管、在线法律服务、人力资源服务等领域，培育一批专业能力强的专业技术服务机构。

3. 促进科技咨询和科普服务发展。引导科技咨询企业运用现代信息和网络技术，发展商业数据专业咨询、精准营销、知识管理等新型咨询服务。培育科研项目集成化总包和专业化分包的第三方服务机构。推动科研院所建设一批高水平科技创新智库，开展咨询建议、科学评估等服务，引导科技咨询机构兴办社会智库。进一步开放科技馆、博物馆、图书馆等资源，建设科普教育、科普培训、科普传媒和科普研发基地，为公众提供科技信息服务。

（五）实施市场拓展工程

1. 拓展区域合作市场。围绕京津冀协同发展重点合作领域，建立一批区域协同创新科技服务站，完善市场化运行机制，推动首都科技资源与区域合作需求有效对接。鼓励建立跨区域的研发机构、中试和成果转化基地、产业技术创新联盟，支持科技服务企业实现跨区域交流合作。充分利用现代信息和网络技术，建立一批科技服务电子商务平台，促进区域间技术转移转化的商业模式创新。

2. 提高国际合作水平。建设国际科技合作基地和亚欧科技创新合作中心，支持科技服务企业通过海外并购、联合经营、设立分支机构等方式开拓国际市场。支持企业通过中国（北京）国际服务贸易交易会、中国（北京）跨国技术转移大会等会展平台拓展海外业务。完善电子支付、资金结算、报关通关等服务体系，对承接国际科技服务外包业务所需要的样机、样本、试剂等优化审批流程，促进科技贸易发展。

三、保障措施

（一）强化政策引导

落实国家支持科技服务业发展的税收优惠政策。开展科技服务业创新发展试点，支持和引导产业技术创新联盟等社会组织联合开展科技服务公共技术研发和服务平台建设。探索集体经营性建设用地入市试点,优先用于研发中心、孵化机构等科技服务机构建设。实施首都科技创新券制度,以“后补助”方式支持高等学校、科研机构为小微企业和创业团队提供研发服务。

(二)营造市场环境

构建统一开放、竞争有序的市场体系,为各类科技服务主体营造平等参与、公平竞争的市场环境。探索建立新技术新产品(服务)“首购首用”风险补偿机制。创新公共科技服务提供机制和方式,优先支持在大气污染防治、垃圾污水处理、智能交通管理、城市安全运行和应急救援、住宅产业化、新农村建设、文化惠民、健康养老、居民消费等领域探索开展政府采购科技服务试点。

(三)加大资金支持

整合现有政策,统筹使用财政资金支持科技服务业发展。发挥科技服务业专项资金的引导和放大作用,提升关键环节的服务能力,优化科技服务链条,促进产业转型升级。用好中关村现代服务业试点扶持资金,加大对科技服务业项目的支持力度,推动平台类重点示范项目建设。采取贷款风险补偿、“后补助”等方式,引导金融机构和创业投资机构支持科技服务新型业态发展。

(四)搭建服务平台

探索建立面向全国的新技术新产品(服务)采购平台,加强对新技术新产品(服务)的展示发布和推广应用。建立首都科技大数据平台,逐步向社会开放科技数据资源,提高科技资源的公共服务能力。发挥首都创新大联盟作用,促进资源优化配置和行业跨界融合。支持营销服务平台建设,为中小微企业提供营销服务。发挥科技社团等社会组织作用,搭建行业领军人才交流合作平台。

(五)注重人才建设

充分利用国家和本市各类人才计划,引进和培养一批懂技术、懂市场、懂管理的复合型科技服务高端人才。依托教育培训机构、学术咨询机构、协会、学会等社会组织,开展科技服务人才专业技术培训,提高从业人员的专业素养。推动科技服务国际化人才培训基地建设,加大与国际知名机构联合培养人才的力度。

(六)促进集群发展

加强与科技部等国家有关部门的合作,集聚优势资源,推动政策试点,推进国家级科技服务业集聚区建设。加强统一规划、设计和管理,促进中关村软件城和创新创业孵化一条街、知识产权和标准化一条街、科技金融一条街等区域科技服务业集群发展,形成首都科技服务业发展示范区。主动对接产业转型需求,在“六高四新”高端产业功能区建设一批科技服务产业综合基地,优化科技服务业空间布局。

(七)狠抓工作落实

建立由分管市领导牵头,市政府有关部门参加的工作协调机制,加强对全市科技服务业发展重大问题研究、重要政策制定、重点项目推进的统筹指导。各区县政府要健全工作机制,细化政策措施,科学组织推进。市科委要会同市统计局等部门,完善科技服务业统计监测指标体系,加强对科技服务业的统计和监测,并着力抓好对本实施意见落实情况的跟踪分析和督促检查,确保各项工作落到实处。

附件:重点工作任务分工(略)

北京市人民政府

2015 年 5 月 6 日

北京市科学技术委员会关于促进北京市智能机器人科技创新与成果转化工作的意见

京科发〔2015〕286号

各相关单位：

为深入实施创新驱动发展战略，坚持和强化北京作为全国科技创新中心的城市定位，贯彻落实《中国制造2025》（国发〔2015〕28号）和《北京技术创新行动计划（2014—2017年）》（京政发〔2014〕11号），充分发挥机器人技术创新对加快构建首都高精尖经济结构的支撑引领作用，推动产业转型升级，现就智能机器人科技创新和成果转化工作提出如下意见。

一、促进智能机器人科技创新与成果转化的意义

《中国制造2025》明确提出将机器人产业作为我国制造业重点突破发展的领域之一。北京在人型机器人、操作系统形式化验证等机器人核心关键技术领域达到了世界先进水平，在特种机器人、医疗健康服务机器人等领域处于国内领先水平，已初步建立了较为完整的智能机器人从研发到生产的创新链。大力发展智能机器人技术，对发挥首都创新资源作用，构建高精尖经济结构，加快全国科技创新中心建设，服务制造强国建设具有重要意义。

二、总体思路、基本原则和主要目标

（一）总体思路

深入实施创新驱动发展战略，充分发挥首都科技资源优势，加快推进智能机器人技术发展，不断提升制造业装备自动化、网络化、智能化水平，服务制造强国建设。加强产学研用协同创新，以突破关键技术为核心，以提高产品设计、研发及制造能力为支撑，推动新产品开发以及新应用领域开拓，进一步提升智能机器人技术创新水平。营造发展环境，创新服务模式，强化标准规范，加强资源共享，努力形成良好的智能机器人技术创新体系，为促进智能机器人产业持续健康发展提供有力支撑。

（二）基本原则

1. 市场主导，政府促进。以深化科技体制改革为动力，发挥政府规划、组织、协调、服务作用和市场配置资源的决定性作用，加快以企业为主体的技术创新体系建设。

2. 问题导向，重点突破。以协同创新为抓手，针对领域重点需求，支持北京智能机器人技术创新能力提升，推动基础前沿技术突破和应用创新。

3. 创新驱动，服务全国。充分发挥首都科技资源禀赋，突出创新驱动，强化技术开放协作，以京津冀协同创新为重大发展机遇，服务制造强国建设。

（三）主要目标

到2020年，掌握一批国际前沿核心技术和制造工艺，研制一批关键零部件，形成完善的智能机

器人技术创新体系，支撑北京智能机器人产业协同创新发展。

1. 关键技术取得突破。重点攻克机器人结构设计、操作系统、人工智能、核心零部件、机器人本体、安全与可靠性等关键技术，智能机器人成套技术装备及自动化生产线系统集成水平得到大幅度提高。到2020年，研制机器人及自动化成套装备100项以上，申请发明专利500项以上，制定标准50项以上。

2. 创新能力显著提升。创新技术研发模式，鼓励大学、科研院所与企业发挥各自优势，筹建智能机器人前沿、共性技术研发平台，构建3～5个智能机器人科技创新公共服务平台，突破服务机器人尤其是医疗健康服务机器人技术瓶颈，达到国际先进水平。

3. 应用示范不断扩大。重点推广服务机器人（包括专用服务机器人和家用服务机器人）在物流、救援、监护以及医疗、养老、康复等领域的应用，形成3～5个机器人行业应用示范基地。

4. 体系建设更加完善。推进重大科技成果转化，发展壮大一批“专、精、特、新”智能机器人技术研发和系统集成企业，形成中国智能机器人领域技术创新高地，在京津冀地区形成3～5个各具特色的机器人技术产业集群。

三、重点任务

（一）开展以应用为牵引的关键技术攻关、功能部件及成套装备研发，推进产业转型升级

1. 面向物流搬运服务领域，着力突破机器人本体结构优化、机器人模块化控制系统及高效运动控制等关键技术，为实现自动化物流机器人生产线提供技术支撑。

2. 面向医疗康复养老服务领域，着力突破仿生材料、智能人机交互、多模式识别等关键技术，大力推进手术机器人、康复机器人、辅助机器人等机器人产品的临床应用技术研究，达到国际先进水平。

3. 面向反恐排爆、巡检搜救等特种作业服务领域，着力突破空间自主移动、智能控制、多传感器融合等关键技术，研制一系列特种机器人，并开展应用示范。

4. 面向智能工厂领域，重点支持数据能力成熟度模型构建、工业数据一致性和互操作性规范等工程开发环境、智能机电一体化模块研制等。

5. 支持开展机器人技术标准制定工作，推进机器人专利布局，支持优势单位积极申请国际专利，加强机器人领域知识产权保护工作。

（二）搭建科技创新公共服务平台，支撑北京持续产出原创性技术

支持企业、高等学校、科研院所及产业技术创新联盟等各类创新主体搭建智能机器人领域操作系统、关键零部件、整机集成、应用示范等公共研发平台，支持重点实验室、工程技术研究中心、企业科技研究开发机构等技术研发平台，为智能机器人产业发展提供技术支撑。

（三）推动科技成果转化，促进机器人技术应用

1. 面向重点行业需求，推动智能机器人及自动化成套装备成果应用，培育具有国际竞争力的系统集成商，重点提升成套设备及系统可靠性和应用服务创新能力。

2. 针对人口老龄化、公共安全等突出问题，推动服务机器人在医疗康复、公共安全等重点领域推广应用。以应用带发展，创新服务机器人应用模式，培育形成服务机器人市场。

（四）优化创新布局，推动智能机器人创新集群式发展

引导创新链上下游的优势资源向重点区域聚集，推进重大科技成果转化，形成智能机器人产业创新发展新高地。

四、保障措施

（一）建立协同工作机制

北京市科学技术委员会联合相关部门共同研究全市智能机器人科技创新与成果转化工作的重大问题，广泛征集专家建议和行业领域需求，共同制定支持措施，形成协同工作机制。

（二）强化创新主体作用

充分发挥企业、高等学校、科研院所及产业技术创新联盟等各类创新主体的作用，为智能机器人科技创新与成果转化提供沟通联络、咨询评价、组织实施等方面的服务，推动智能机器人全产业链协同创新、科学发展。

（三）优化技术创新生态环境

加强人才引进和培养力度，形成一批智能机器人自主创新领军人才和团队；加强国际交流合作，吸引全球范围优势资源与北京开展合作；加强社会多元化资本投入，引导金融机构、创投机构等投资智能机器人产业；鼓励大众创业、万众创新，支持青年创业团队人才在智能机器人相关领域创新创业，形成推动智能机器人产业发展的良好氛围。

北京市科学技术委员会
2015 年 6 月 16 日

北京市财政局 北京市科学技术委员会 北京市经济和信息化委员会关于购买纯电动客车有关财政政策的通知

京财经一〔2015〕1159 号

各有关单位：

为贯彻落实《北京市 2013—2017 年清洁空气行动计划》和《北京市电动汽车推广应用行动计划（2014—2017 年）》总体要求，加快推进纯电动客车在我市的推广应用，根据财政部、科技部、工业和信息化部、发展改革委四部委《关于继续开展新能源汽车推广应用工作的通知》（财建〔2013〕551 号）精神，现就我市鼓励购买纯电动客车有关财政政策通知如下。

一、补助范围

自 2015 年 8 月 1 日起至 2017 年 12 月 31 日，凡纳入国家《节能与新能源汽车示范推广应用工程推荐车型目录》和《免征车辆购置税的新能源汽车车型目录》，且符合本市产品技术、安全及售后服务等要求的纯电动客车，在取得我市车辆登记牌照后，可申请享受本市纯电动客车财政补助。

行政事业单位使用财政资金购买纯电动客车不纳入本通知规定的补助范围。

二、补助标准

在中央补贴基础上,本市纯电动客车补助按中央标准1∶1确定,2015年补助标准详见附件1,2016年补助标准详见附件2,2017年补助标准在2016年基础上下降20%。如国家政策调整,本市财政补助标准参照国家政策另行制定。

汽车生产企业享受中央和本市财政补助总额最高不超过车辆销售价格的60%。

三、补助方式

地方纯电动客车补贴,直接拨付到汽车生产企业,消费者按销售价格扣减补助后支付。非本市注册的汽车生产企业申领本市财政补助资金,须授权委托一家在京注册登记的具有独立法人资格的汽车销售机构统一申领,财政部门将补助资金拨付到该汽车销售机构。

北京市财政局委托北京环境交易所(以下简称"环交所")负责受理和审核财政补助资金申请材料,申请补助资金所提供的材料及补助流程见附件4。

四、职责分工及相关要求

北京市科学技术委员会负责协调相关委办局推动纯电动客车的示范应用;北京市财政局负责财政补助资金的安排、审核及兑付;北京市经济和信息化委员会负责纯电动客车生产企业及产品备案。

汽车企业应对提供材料的真实性负责,凡产品与申报材料不符、性能指标未达到要求,提供虚假信息、骗取补助资金的,将依照《财政违法行为处罚处分条例》(国务院令第427号)等规定,追究有关单位和人员的责任。

附件:1. 2015年纯电动客车推广应用补助标准(略)
2. 2016年纯电动客车推广应用补助标准(略)
3. 单位载质量能量消耗量评价指标说明(略)
4. 申领新能源汽车财政补助资金工作流程(略)

北京市财政局
北京市科学技术委员会
北京市经济和信息化委员会
2015年7月13日

北京市科学技术委员会关于印发《北京市科学技术委员会“脑科学研究”专项实施方案》的通知

京科发〔2015〕416 号

各相关单位：

为深入实施创新驱动发展战略，坚持和强化北京全国科技创新中心的城市定位，加快新一轮科技创新的前沿布局，我们研究制定了《北京市科学技术委员会“脑科学研究”专项实施方案》，现印发给你们，请结合实际认真贯彻落实。

北京市科学技术委员会

2015 年 9 月 1 日

附件：

北京市科学技术委员会“脑科学研究”专项实施方案

为深入实施创新驱动发展战略，坚持和强化北京作为全国科技创新中心的城市定位，加快新一轮科技创新的前沿布局，推动北京成为全球原始创新的重要策源地之一，北京市科学技术委员会正式启动“脑科学研究”专项。具体实施方案如下。

一、发展机遇

（一）世界各国已将脑科学研究上升至国家战略

2013 年 1 月，欧盟宣布开展为期 10 年的“人类脑计划”，提出从大脑仿真出发，将信息技术和生命科学结合，整合海量生物医学数据进行仿真模拟，力图在认识脑、治疗脑疾病和类脑计算 3 个方面取得突破。2013 年 4 月，美国启动脑科学研究计划，旨在探索人类大脑工作机制、绘制脑活动全图、开发针对目前无法治愈的大脑疾病的新疗法。日本于 2014 年 10 月也宣布脑科学研究计划，主要研究精神病和神经性疾病的诊断治疗方法。

（二）我国脑科学研究取得重要进展

我国于 20 世纪 90 年代后期开始资助脑科学研究。《国家中长期科技发展规划纲要（2006—2020 年）》将脑科学与认知科学列为八大前沿之一，国家自然科学基金、国家“973”计划等相继资助了多项重点项目，重点支持脑科学基础研究和脑重大疾病的应用研究，也推出了“情感和记忆的神经环路基础”“脑功能联结图谱”等专项研究计划，在揭示神经环路对重大神经精神疾病发生发展中的变化规律、描述几种重要的脑功能（感觉、情绪、学习记忆、决策）的神经网络联结的构造和运作机制等方面取得了一系列重要进展。

（三）北京具备发展脑科学研究的基础资源和优势

北京在脑科学研究方面拥有全国最完整的学科布局、最强的研究队伍、国际一流的实验条件和技术资源。北京市自然科学基金、北京生物医药产业跨越发展工程（“G20 工程”）、首都十大疾病科技攻关与管理、北京新一代移动通信技术及产品突破工程（“4G 工程”）和北京高端数控装备产业技术跨越发展工程（“精机工程”）等重点科技专项中已布局脑科学研究的相关工作。

在脑认知领域，北京拥有两个国家级脑科学重点实验室（北京师范大学、中科院生物物理所），取得了一批有影响力的成果。

在脑医学研究方面，北京具有较强的临床研究实力，拥有北京协和医院、解放军总医院、首都医科大学及其附属北京天坛医院等机构，拥有国家神经系统疾病临床医学研究中心和国家精神系统疾病临床医学研究中心。依托优势机构，北京在神经认知、脑成像、人脑连接组等方向，在社会认知神经机制、脑疾病相关发病机制及靶标蛋白的作用机制、脑疾病相关的脑网络功能连接与脑血流量的关联规律等方面取得突破，形成了北京脑医学的国际影响力。

在类脑计算方面，全国一半以上的骨干研究单位聚集在北京，形成了大尺度脑功能结构知识图谱和初步的鼠脑多脑区协同计算平台、大脑视觉解析平台、类脑芯片、深度学习处理器芯片等一批代表性的研究成果，具有良好的类脑计算基础研究发展环境。

二、发展目标与重点任务

到 2020 年，推动重大共性技术研究中心建设，形成跨部门、跨学科的“脑认知与脑医学”研究支撑平台，建成支撑“脑认知与类脑计算”基础研究和技术研发的四大类脑计算研究平台。着力突破感知觉认知、儿童脑发育与认知发展、认知老化、物质依赖、失眠、脑疾病等领域关键技术，尽快实现成果转化惠及于民，提升人民脑健康水平。研制两款以上的类脑计算核心芯片，在视听感知、自主学习和自然会话三大类脑智能方向取得突破并实现应用。

到 2025 年，依托首都脑科学研究优势，对接国家脑科学研究，积极布局脑科学研究前沿技术，在脑认知活动神经原理、脑健康水平提升、脑重大疾病预防治疗、类脑计算机和类脑人工智能等方面取得重大突破，推动科技成果转化和应用，让科学研究的每一点进步都能最快地为今天的人民生活做出直接的贡献，将北京建设成为全球有重要影响力的脑科学科技创新中心。

北京开展脑科学研究专项分为“脑认知与脑医学”和“脑认知与类脑计算”两个重点任务。

（一）“脑认知与脑医学”重点任务

1. 推动重大共性技术研究中心建设，形成跨部门、跨学科的研究支撑平台

充分整合北京地区相关研究力量和资源，注重多学科交叉融合，强调资源开放共享，盘活存量资源，围绕重大共性技术协同攻关。重点建设神经调控技术研究中心、多模态脑影像技术研发中心、基于样本库的脑重大疾病的数据中心、脑重大疾病动物模型技术研究中心等。

2. 开展八类重大关键技术研究，为脑医学研究提供理论和临床基础

阐明脑认知神经原理及其与脑医学关联的重大科学问题，为脑医学研究提供理论和临床基础；形成具有自主知识产权的脑认知研究方法和技术，加快相关研究成果向脑健康与脑疾病预防治疗应用方面的转化。关键技术包括：感知觉加工、注意机制与认知障碍疾病关系，儿童青少年的脑认知发育、学习与社会交流障碍，认知老化与认知障碍评估技术与干预措施，睡眠障碍评估技术与干预措施，脑疾病相关神经功能环路图谱，脑疾病发病机制与预警技术，脑疾病早期诊断的客观指标

体系,智能医疗体系与靶向药物。

(二)"脑认知与类脑计算"重点任务

1. 建立四大类脑计算研究平台,营造类脑计算的基础研究环境

为实现认识脑、模仿脑的目标,建立从基础元器件到整机系统的完整技术体系,搭建大脑解析仿真平台、认知功能模拟平台、神经形态器件平台、类脑计算机系统平台等研究平台。

2. 研制两类类脑计算核心芯片,掌握类脑计算技术主动权

类脑芯片是类脑计算产业的技术核心,已成为全球竞争的焦点。研究类脑计算模型,开发具有自主知识产权的机器学习处理器、类脑处理器两类类脑芯片。

3. 实现三类典型类脑智能应用,在大规模智能应用中发挥关键作用

加速科技成果转化,推动类脑计算研究成果为机器人、智能服务系统等产业提供支持。重点研究视听感知、自主学习和自然会话等三类典型类脑智能应用。

三、保障措施

(一)建立以专家团队为核心的组织模式,凝聚创新成果

成立由国内外专家组成的专项指导组,包括专项总体组和专家指导组。专项总体组主要把握专项研究总体布局和方向,整合各方资源,推进创新主体间协同创新。专家指导组汇集全球优秀科学家,组建跨国脑科学研究科研团队,充分发挥人才作用,形成一批基础性、战略性研究成果,为北京脑科学研究占领世界制高点夯实基础。

(二)建立多方协同创新的工作机制,整合创新资源

整合优势资源力量,建立以脑科学协同创新研究中心为核心的工作组织模式,既鼓励研究机构内部整合力量,又支持在北京地区用新体制、新机制整体构建跨部门的脑科学协同创新研究中心,为脑科学发展提供基础性保障。

(三)建立项目滚动支持和成果共享机制,激发创新活力

建立滚动支持和成果共享机制,制定客观合理的指标体系,定期对研究团队的能力和成果进行评估和绩效考核。对科学研究保持鼓励创新和宽容失败的态度,允许科研人员重新调整研究路径。建立产学研用协同创新的工作模式,鼓励企业早期进入,第一时间进行科技成果转化,激发科研人员的创新活力,实现研究成果服务当前经济社会发展。

关于印发《北京市科学技术委员会关于建设京津冀协同创新共同体的工作方案(2015—2017年)》的通知

京科发〔2015〕435号

各相关单位:

为落实中共中央国务院《京津冀协同发展规划纲要》和市委、市政府《关于贯彻落实〈京津冀协

同发展规划纲要〉的意见》等文件精神,进一步推动京津冀协同发展,建设京津冀协同创新共同体,大力促进创新驱动发展,我们研究制定了《北京市科学技术委员会关于建设京津冀协同创新共同体的工作方案(2015—2017 年)》,现印发给你们,请结合实际认真贯彻落实。

北京市科学技术委员会

2015 年 9 月 10 日

附件:

北京市科学技术委员会关于建设京津冀协同创新共同体的工作方案(2015—2017 年)

为落实中共中央国务院《京津冀协同发展规划纲要》(以下简称《规划纲要》)和市委、市政府《关于贯彻落实〈京津冀协同发展规划纲要〉的意见》(以下简称《贯彻意见》)等文件精神,进一步推动京津冀协同发展,建设京津冀协同创新共同体,大力促进创新驱动发展,特制定本方案。

一、指导思想

深入贯彻习近平总书记考察北京工作时的重要讲话和对京津冀协同发展的重要批示精神,按照《规划纲要》和《贯彻意见》任务部署,围绕有序疏解非首都功能,推动交通、生态、产业等重点领域率先突破,充分发挥全国科技创新中心的引领辐射带动作用,大力促进创新驱动发展,全面提升京津冀区域协同创新能力,形成区域协同创新全新格局。

二、思路和目标

(一)总体思路

按照"规划纲要"和"贯彻意见"中大力促进创新驱动发展的要求,通过建设京津冀协同创新共同体,积极打造国家自主创新重要源头,促进高端创新资源集聚,完善区域协同创新机制,推动区域创新资源整合共享。主要围绕"三轴"(京津发展轴、京保石发展轴、京唐秦发展轴)和"4 + N"("4"是指曹妃甸区、新机场临空经济区、张承生态功能区、滨海新区 4 个战略合作功能区主体,"N"是指其他合作区域)疏解非首都功能承接平台重点布局,遵循"成熟一个、推进一个"的原则,实施一批协同创新重点任务,形成一套可复制、可推广的建设经验,带动京津冀区域协同创新发展。

(二)发展目标

到 2017 年,全国科技创新中心的辐射带动作用发挥显著,京津冀协同创新共同体的建设成效显现,协同创新机制逐步完善,区域创新资源分布更加合理,协同创新工程的示范效应明显增强。

三、重点任务

瞄准京津冀协同创新共同体的建设目标,部署 3 项重点任务,即完善协同创新机制、建设协同创新平台、实施协同创新工程。

（一）完善协同创新3个机制

打破区域行政界限和管理机制条块分割，充分发挥市场配置资源的决定性作用，促进京津冀地区有利于协同创新的各种政策机制、资源成果、人才团队等有效整合对接，以政府引导、市场主导逐步形成京津冀区域内创新要素科学、有效、顺畅的配置格局。

1. 政策互动机制

（1）专项政策。研究在京津冀区域内实现高新技术企业互认备案、科技成果处置收益统一化、推行创新券制度等相关政策。推动中关村自主创新示范区政策在京津冀相关地区落地。

（2）综合政策。研究自主创新示范区、自贸区、保税区等多区政策叠加对协同创新的激励方式，探索“负面清单”“权力清单”等行政管理体制改革模式。配合市相关部门研究促进创新人才跨区域流动的政策措施等。

2. 资源共享机制

（1）信息资源。整合京津冀地区科技信息资源，建立工作信息沟通机制，跟踪发布科技合作动态、针对热点问题开展舆情分析，促进三地科技项目库、成果库、专家库、人才库等信息资源互动共享。进一步提高科研基础设施、科学仪器设备、科学数据平台、科技文献、知识产权和标准等各类科技资源的共享和服务能力。

（2）成果资源。落实《京津冀国际科技合作框架协议》，建立和完善合作机制，充分利用和共享中国（北京）跨国技术转移大会等国际创新合作平台，进一步对接国际创新资源和渠道，推动国际创新项目成果在京津冀地区落地。定期召开京津冀技术成果转化对接（或产业投资需求对接）推介会。

（3）人才资源。推动共享专家智库信息，筛选出京津冀协同创新领域表现突出的科技人才，定期开展京津冀人才（高研班、技术经理人、技术经纪人等）培训班。

（4）联盟资源。推动成立产业、专业领域等多种形式联盟，充分整合联盟资源，发挥联盟在京津冀协同创新中的优势作用，促进京津冀产业对接合作，提升区域协同发展能力。

3. 市场开放机制

（1）技术市场。研究建立统一的京津冀技术交易市场。加强技术交易团队培养和技术转移机构培育，促进京津冀技术市场交易一体化，向京津冀地区全境辐射。

（2）科技消费市场。建立服务全国的京津冀新技术新产品（服务）采购平台。通过首购、订购等方式，支持三地新技术新产品（服务）和首台（套）重大技术装备进入市场。推动京津冀科普资源进一步开放共享，打造科普旅游路线。

（3）科技投融资市场。促进三地投融资市场融合，配合科技部发起设立“京津冀科技成果转化联合投资基金”，引导社会资本加大投入，加快推进京津冀区域协同发展。

（二）建设协同创新3类平台

分别从载体共建、联合攻关、成果共享等方面推进建设协同创新平台。

1. 创新资源平台

（1）共建科技大市场。发挥首都科技创新资源优势，加速成果转移转化、技术交易、首都科技条件平台、科技金融、信息咨询、数据共享等资源要素在京津冀地区对接共享、集中示范。

（2）共建创新创业孵化中心。结合京津冀地区产业需求，引导一批技术成果进驻中心孵化，组织一批投资机构、创业团队等进行投资创业。

2. 创新攻关平台

（1）促进京津冀重点实验室合作共享。结合京津冀地区政策，发挥各自优势资源，选取共同关注的领域，推动三地重点实验室开放共享和产学研合作。同时联合开展战略研究和基础研究，共同设立京津冀基础研究专项。

(2)共建联合攻关研究院。组建京津冀地区科研团队,开展资源型产业可持续发展研究,为三地产业转型升级提供技术支撑和产业示范。

3. 创新成果平台

(1)共建创新成果中试基地。将北京相关创新主体的研发成果在京津冀地区进行中试、孵化,推进其产业化发展,实现首都创新资源助推当地产业培育提升。

(2)共建科技成果转化基地。围绕京津冀地区企业、科研机构等技术需求,组织北京创新资源、科技成果进行对接,鼓励北京地区创业团队、投资机构等在三地进行成果转化。

(三)实施协同创新4项工程

围绕京津冀产业、生态、民生等重点领域,实施协同创新工程,实施周期为3年。

1. 高端产业培育工程

围绕新材料、生物医药、节能环保、新能源汽车、现代服务业、新一代信息技术、高端装备制造等战略性新兴产业发展,引导首都创新成果等在合作区域产业化,培育区域性高端产业发展,促进以创新驱动为主导的高端产业在京津冀地区逐步形成。

2. 传统产业提升工程

围绕钢铁、电力、建材、服装纺织等传统型产业,发挥首都创新优势,以先进技术和设计理念全面提升区域产业转型升级,以协同创新促进产业优化发展。

3. 生态安全工程

围绕张承地区作为首都重要生态屏障和水源地的区域定位,从食品安全、水源保护、矿产资源优化利用、绿色能源示范、大气环境治理、智慧旅游等多个层面全面提升张承地区的生态安全水平,为京津冀生态环境联动建设提供支撑。

4. 服务民生工程

围绕医疗卫生、交通运输、城市管理等领域,针对北京、天津、石家庄等大城市发展中面临的民生问题,引导京津冀科研资源进行合作。

四、保障体系

建立人才、资金、项目保障体系,为协同创新各项任务完成提供支撑;同时也通过各项任务的实施,不断提高保障体系整合创新要素的能力。

人才体系。由专家团队、管理团队、推广团队构成。专家团队由京津冀地区相关领域专家组成,负责提供政策咨询建议、技术研发支撑等。管理团队由京津冀地区重点行业、企业的领军人才组成,负责引领区域产业集聚发展。推广团队由技术经纪人等科技中介服务人才组成,为成果与市场对接提供服务。

资金体系。由政府资金、金融资本和民间资本等多元化、多渠道的资金构成。发挥政府资金投入的引导作用,组织一批产业基金、创业投资基金参与京津冀重点工程、项目。协调银行、信托、保险、基金等各类金融机构,探索以信贷、股权、投资等多种方式参与协同创新项目。

项目体系。以项目为抓手推动试点建设和各项任务落实,按照“启动一批、培育一批、跟踪一批”的原则实施协同创新项目。

关于印发《北京市示范应用新能源小客车生产企业及产品备案管理细则（2015年修订）》的通知

京经信委发〔2015〕47号

各相关单位：

为贯彻落实《关于加快新能源汽车推广应用的指导意见》（国办发〔2014〕35号）、《北京市2013—2017年清洁空气行动计划》（京政发〔2013〕27号）、《北京市示范应用新能源小客车管理办法（2015年修订）》（京科发〔2015〕458号）的有关要求，结合本市新能源小客车推广实际情况，经报市政府同意，现将《北京市示范应用新能源小客车生产企业及产品备案管理细则（2015年修订）》予以发布，自发布之日起实施，请遵照执行。

特此通知。

北京市经济和信息化委员会
北京市发展和改革委员会
北京市科学技术委员会
北京市质量技术监督局
2015年9月29日

附件：

北京市示范应用新能源小客车生产企业及产品备案管理细则

（2015年修订）

第一章　总　则

第一条　为贯彻落实《国务院关于印发节能与新能源汽车产业发展规划（2012—2020年）的通知》（国发〔2012〕22号），根据《国务院办公厅关于加快新能源汽车推广应用的指导意见》（国办发〔2014〕35号）要求，为保障本市示范应用新能源小客车推广应用工作安全、有序开展，依据《新能源汽车生产企业及产品准入管理规则》（工产业〔2009〕第44号）等政策及法规，特制定本管理细则。

第二条 本细则适用于在本市销售的新能源小客车生产企业及产品备案工作。

第二章 企业条件

第三条 生产企业是示范应用新能源小客车产品、服务质量和安全的第一责任人。参与本市推广应用的新能源小客车生产企业须符合以下条件。

（一）依法获得许可在中国境内销售的生产企业。

（二）具备完善的销售和售后服务体系，具体包括以下。

1. 履行《家用汽车产品修理、更换、退货责任规定》规定的法定义务并承担相应责任。

2. 非在京注册的新能源小客车生产企业需通过本市辖区工商注册登记或委托的在京具有独立法人资格的汽车销售机构进行车辆销售。

3. 在本市设有5家（含）以上经合法授权且符合要求的售后服务机构，分布在合理的区域；销售和售后服务机构须配备一定数量的专业技术人员、专用维修工位及专用维修工具；每家机构配备不少于5个社会公用充电桩，满足国家相关标准，承诺对社会开放，并接入全市统一的充电设施公共服务管理平台；服务机构设置醒目的充电方位指示牌和电动汽车专用停车位标识；充电电费、充电服务费收取标准按照国家及北京市有关规定执行，并明码标价；售后服务流程、服务承诺等公示；提供24小时不间断救援服务；须具备消防安全、紧急救援等应急处置解决方案，在接到车辆故障或事故后，并及时给予解决，同时应组织做好相关应急处置宣传培训工作（售后服务机构标准详见附件4）。

4. 承担或委托相关机构组织单位和个人的充电条件确认、建设自用充电设施，并纳入其售后服务体系；承诺提供安全使用指导和培训等服务。

5. 对车辆提供不低于3年或12万公里（以先到者为准）的质保，对动力电池、电机、整车控制器等关键零部件提供不低于8年或12万公里（以先到者为准）的质保。

（三）具备远程监测能力。具备对整车、动力电池、驱动电机等进行实时监测的设施和能力，企业数据保存时间须不少于3年；车辆发生紧急情况时，企业应按要求将相关信息传送至北京市小客车质量安全风险预警平台。

（四）履行《缺陷汽车产品召回管理条例》等规定。具备缺陷汽车产品召回管理制度和缺陷调查能力，对可能存在缺陷的产品依法组织调查分析，履行召回义务；企业作为主体责任者，提供动力电池系统的回收方案，并承诺按照要求进行回收。

（五）生产企业的各项承诺须在其销售、维修和服务等机构和场所向社会进行明示。

第三章 产品条件

第四条 示范应用新能源小客车产品须符合以下条件。

（一）新能源小客车产品需获得中国强制性产品认证证书，纳入国家《免征车辆购置税的新能源汽车车型目录》或满足国家关于免征新能源汽车车辆购置税的公告中新能源汽车专项检测和标准要求。

（二）符合国家现行有关新能源汽车标准和规定。

（三）具备满足远程监测所需的车载终端并能够实现数据交换。

（四）具备必要的安全及应急救援手册和工具。

第四章　备案管理

第五条　北京市经济和信息化委员会对参与本市推广应用的新能源小客车生产企业及产品实施备案管理。

（一）北京市经济和信息化委员会委托北京新能源汽车产业协会承担本市示范应用新能源小客车生产企业及产品备案工作（见附件1）。

（二）首次申报的生产企业需向北京新能源汽车产业协会提交本办法第三条、第四条规定的各项证明材料（见附件2、3）。新增产品申报仅需提供第四条规定的证明材料。

（三）北京市经济和信息化委员会将生产企业及产品备案情况报北京市新能源汽车联席会议审议，通过后在北京新能源汽车产业协会官方网站（http://abnea.org.cn/）实时发布已备案生产企业及产品信息。

（四）完成备案的生产企业每月5日前向北京新能源汽车产业协会提交上月《月度销售情况表》（见附件5）。

第五章　监督管理

第六条　北京市经济和信息化委员会委托第三方检验机构对在京销售的产品一致性进行抽检和评估，同时委托北京新能源汽车产业协会对市场、售后服务体系进行监督，并建立企业及产品的退出机制。

（一）建立产品退出机制。推广应用的新能源小客车产品如发现有以下情形之一的，将如实上报上级主管部门，同时取消产品在京销售资格，造成严重后果的将依照相关法律法规追究其责任。

1. 产品已停产。

2. 实际产品与备案材料不一致。

3. 产品一致性连续两次抽检不合格。

4. 存在重大安全隐患或质量问题（爆炸、起火、漏电等）。

5. 单一车型累计总销量1000辆以下在正常运行过程中累计发生2起非人为安全事故（爆炸、起火、漏电等）或单一车型累计总销量1000辆（含）以上有超过1‰（含）产品发生非人为安全事故（爆炸、起火、漏电等）等。

6. 其他违反法律法规、政策性规定和管理要求的。

（二）建立企业退出机制。生产企业应诚信守法，对申报材料的真实性、产品的一致性及安全性、售后保障服务等负责，有以下情形之一的，将视情节轻重给予通报批评，并责令限期整改。若拒不整改或整改不合格，将取消其在京销售资格。造成严重后果的，将依照相关法律法规追究其责任。

1. 企业的上报材料或申请中存在虚假信息的。

2. 销售或售后服务不规范、未履行相关承诺的。

3. 发生过重大安全或质量事故（爆炸、起火、漏电等）等，并造成人员伤亡或恶劣社会影响的。

4. 生产企业单一年度（自公布之日起一个日历年度）在京示范应用的新能源小客车销售量低于一定规模[2015年:1000辆（含）;2016年:1500辆（含）;2017年:2000辆（含）]下一年度取消企业在京销售资格。

5. 其他违反相关法律法规和管理要求的。

(三)取消在京销售资格的生产企业和产品整改合格后,须按照本细则第三条、第四条要求重新进行备案。

第六章　附　则

第七条　本细则所称新能源小客车的定义与《北京市示范应用新能源小客车管理办法》一致。

第八条　本细则引用的标准或规定发生变更或调整,按新要求执行,国家相关标准颁布后,按照国家相关标准实施。

第九条　本细则自发布之日起执行,《北京市推广应用新能源小客车生产企业及产品审核备案管理细则》(京经信委发〔2014〕12 号)同时废止。

第十条　本细则由北京市经济和信息化委员会负责解释,并适时根据国家和本市相关规定进行修订。

附件:

1. 新能源小客车生产企业及产品备案流程图(略)
2. 新能源小客车生产企业备案材料清单(略)
3. 新能源小客车产品备案材料清单(略)
4. 生产企业售后服务机构标准(略)
5. 新能源小客车月度销售情况表(略)

北京市人民政府关于印发《〈中国制造 2025〉北京行动纲要》的通知

京政发〔2015〕60 号

各区人民政府,市政府各委办局,各市属机构:

现将《〈中国制造 2025〉北京行动纲要》印发给你们,请结合实际认真贯彻落实。

北京市人民政府

2015 年 12 月 5 日

附件：

《中国制造 2025》北京行动纲要

为深入贯彻《中国制造 2025》，全面落实《京津冀协同发展规划纲要》，持续推动本市制造业转型升级，加快构建高精尖经济结构，努力建设全国科技创新中心，特制定本行动纲要。

一、总体要求

（一）指导思想

深入贯彻落实党的十八大和十八届三中、四中、五中全会精神，深入学习贯彻习近平总书记系列重要讲话和对北京工作的重要指示精神，坚持和强化首都城市战略定位，紧紧抓住国家实施制造强国战略的重大机遇，牢固树立创新、协调、绿色、开放、共享的发展理念，始终坚持高端化、服务化、集聚化、融合化、低碳化的发展方向，瞄准全球制造业创新制高点，以构建产业生态为基础，以提高发展质量和效益为中心，以推动“在北京制造”向“由北京创造”转型为主线，全面实施“三四五八”行动计划，努力促进制造业创新发展，使本市真正成为京津冀协同发展的增长引擎、引领中国制造由大变强的先行区域和制造业创新发展的战略高地。

（二）发展目标

到 2020 年，制造业创新发展能力大幅提升，高端发展态势逐步显现，集约发展程度持续增强，绿色发展水平迈上新台阶，形成一批具有较强竞争力的优势产业，保持制造业占地区生产总值比重和对地方财政贡献“双稳定”，实现创新能力和质量效益“双提升”，带动京津冀地区数字化、网络化和智能化制造取得明显进展。

到 2025 年，形成创新驱动、高端发展、集约高效、环境友好的产业发展新格局，国际竞争力和影响力显著提升，部分制造业领域处于世界领先地位，综合资源消耗率达到世界先进水平，真正成为服务全国、辐射全球的优势产业集聚区。

二、持续推动“三转”调整，着力释放产业发展活力

（一）就地淘汰落后产能，转换产业发展领域

系统梳理制造业发展现状，定期修订完善《北京市工业污染行业、生产工艺调整退出及设备淘汰目录》，尽快淘汰污染较大、能耗较高的生产企业和制造环节。加快“腾笼换鸟”步伐，利用腾退的空间集聚高端创新要素和资源，建设产业协同创新平台，吸引和配置高精尖产业项目。着力推动二、三产业融合，大力发展生产性服务业，构建以创新为引领和支撑的高精尖产业体系。

（二）有序转移存量企业，转换产业发展空间

在严格落实《北京市新增产业的禁止和限制目录》的基础上，加快推动城六区现有工业企业转移升级，逐步将高端制造企业转移到产业园区。以中关村国家自主创新示范区“一区十六园”和国家级、市级产业园区为主体，整合低效工业用地，形成产业集聚和创新发展新格局。加强产业合作，搭建对接平台，完善共建共享机制，引导不具备比较优势的制造企业转移到津冀地区，并与津冀两地政府合作共建一批产业转移示范园区，特别是加快北京（曹妃甸）现代产业发展试验区建设。

（三）改造升级优势企业，转换产业发展动力

积极对接国家“绿色制造工程”，实施绿色制造技术改造行动，制定重点产业技术改造投资指南，组织一批能效提升、清洁生产、资源循环利用等技术改造项目，推动企业向智能化、绿色化、高端化方向发展。按照新型工业化产业示范基地建设要求，改造提升现有产业集聚区，改变以生产为中心、以产能扩张为导向的产业集聚方式，构建创新生态系统，建设一批微制造基地。

三、大力推进“四维”创新，全面提升产业发展能力

（一）加强新技术研发和应用

以新一代信息技术、先进材料、生命科学等领域为重点，支持企业强化技术创新能力建设，以新技术促进产品升级换代。制定产业技术创新路线图，以企业为主体，统筹布局一批新技术研发应用项目，增强企业知识产权创造能力和新产品开发能力。实施新一代创新载体建设行动，支持企业加大研发投入，建立一批技术创新示范企业；完善企业技术中心功能，将面向生产的技术开发中心升级为新产品创造中心，建设一批“北京创造”标杆企业。针对产业关键共性技术需求，整合产学研创新资源，改造提升工程实验室、工程研究中心等创新平台，在优势领域建设一批国家级和市级制造业创新中心；组建产业创新联盟，建设新型产业技术研究院，为新技术开发应用提供支撑和服务。

（二）加大新工艺开发和推广

以智能制造、绿色制造、增材制造为主攻方向，构建基础工艺创新体系。支持电子信息、航空航天、汽车、机械、钢铁、冶金、石化、食品等领域的科研机构和领军企业优化资源布局，联合建设一批关键共性基础工艺研究机构，加强关键制造工艺联合攻关。支持企业开展工艺创新，全面推广应用先进设计技术和新工艺。面向传统制造业绿色化、智能化升级改造需求，开展工艺技术转移和对外辐射服务。强化设计对创新的支撑作用，整合工业、文化、科技等领域的优势设计资源，打造“北京设计”品牌。

（三）采用新模式配置资源

优化整合概念创意、产品设计、研发测试、关键零部件生产、产品组装、供应链管理、系统集成、品牌经营、互联网营销等业务环节，重构企业之间、企业与用户之间的关系，创新价值创造模式，推动传统制造业企业实施组织变革。对接国家“智能制造工程”，实施京津冀联网智能制造示范行动，建设一批智能化、生态化的示范工艺线和示范工厂。大力推动自动化、数字化制造技术以及物联网、大数据、云计算等新一代信息技术在制造业的深度应用，推动制造业企业向云制造、分布式制造、生产外包等方向转型。支持有条件的企业建设众创、众包设计平台，推行模块化设计，开发一批拥有自主知识产权的关键设计工具软件，完善创新设计生态系统。支持企业融入全球制造网络，开展海外投资并购，建立研发中心、实验基地和营销渠道，利用代工（OEM）模式与代工企业加强合作，在全球配置制造资源。

（四）利用新业态优化企业组织形式

鼓励制造业企业“裂变”专业优势、延伸产业链条、开展跨界合作，加快向服务化制造、平台化经营和个性化服务方向转型，建立服务型制造体系。支持互联网企业与传统制造企业开展跨界合作，推动制造企业发展在线定制、创意设计、远程技术支持、设备生命周期管理等服务。实施生产性服务业公共平台建设行动，积极培育面向制造业的信息技术服务，大力发展技术研发、检验检测、技术评价、技术交易、质量认证等社会化、专业化服务。在相关产业园区引进新业态，使之由产品生产、对外销售的制造重地转型升级为高精尖产品研发、创新设计、对外授权的“北京创造”高地。

四、聚焦发展五类产品，全力打造“北京创造”品牌

（一）创新前沿产品

聚焦新一代信息技术、新材料技术、智能制造、生命科学等创新前沿领域，率先布局，加快突破，取得一批拥有自主知识产权的原始创新成果。重点布局领域包括：超导材料、纳米材料、石墨烯、生物基材料等新材料产品；高端软件、智能硬件、高性能集成电路等信息技术产品；干细胞、靶向药物、医学影像精密仪器等生物医药产品；北斗导航、无人智能航空器等尖端航空航天产品。

（二）关键核心产品

聚焦经济社会发展关键领域，突破一批制约产业发展的“短板”技术和产品，落实国家“工业强基工程”，重点发展关键基础材料和核心基础零部件产品。电子信息领域发展高端芯片、大功率电力电子器件、信息安全及设计工具软件等；装备制造领域发展模拟仿真系统、高性能伺服控制系统、精密仪器仪表等；节能环保领域发展可再生能源和资源综合利用等；汽车领域发展汽车电子、发动机控制系统、新型动力电池等；航空航天领域发展航电系统、地面保障装备等方面的关键核心产品。

（三）集成服务产品

以智慧城市、航空航天、轨道交通、医疗健康等领域为重点，提升整机产品系统设计能力，发展智能化、网络化的终端应用服务。支持有条件的企业由提供设备向提供系统集成总承包服务、由提供产品向提供整体解决方案转变，发展设计、测试和运营维护、数据信息等增值服务业态；开展物联网技术的集成应用，提供物联网专业服务和增值服务。

（四）设计创意产品

推动文化、科技与制造融合，发展高附加值创意设计产品，重点发展工业设计、工程设计、集成电路设计、软件设计、数字内容等产品，将文化资源优势和工业遗产资源有机结合，发展工艺美术、个性化消费品等都市产品。

（五）名优民生产品

围绕城市应急、社会公共品提供、环境治理服务以及居民服务等领域，适度发展贴近市场需要、符合首都资源环境要求的优质名牌民生产品。积极发展品牌体验消费经济，做强北京“老字号”产品，开发新一代消费产品。通过实施高精尖产品培育及品牌建设行动，加快实现由“北京制造”向“北京创造”转型。

五、组织实施八个专项，带动实现重点领域突破

（一）新能源智能汽车专项

坚持纯电驱动技术路线，依托龙头企业和产业技术创新联盟，转变传统汽车设计、研发、制造理念，创新产业发展和商业运营模式，培育全球领先的新能源汽车领军企业。以开发符合市场需求的智能网联新能源汽车产品为重点，集合电子科技、先进材料、传感器、车联网、智慧出行、辅助驾驶等技术，建立开放式协同创新平台，集中建设涵盖新能源汽车设计、试验试制及体验、示范等功能的科技创新资源聚集高地，打造全新产业生态。利用 10 年左右时间，将北京打造成为国内领先、世界一流的新能源汽车科技创新中心。

（二）集成电路专项

以满足移动、泛在的智能终端产品对芯片小型化、微型化的需求为方向，聚焦存储器、中央处理器、移动通信、图像处理、驱动电路等芯片，以加快推进 14 纳米先进工艺技术研发及生产线建设为切入点，带动装备资源整合以及电子设计自动化、知识产权（IP）库和专利池建设。通过实施本专项，优化集成电路制造基地布局，带动京津冀集成电路产业协同发展，在新一代集成电路关键核心

技术上取得突破性进展,实现集成电路制造由代工向创造转型。

(三)智能制造系统和服务专项

以巩固提升智能装备系统、推广应用智能制造模式为切入点,重点发展传感器、智能仪控系统等核心装置和智能机器人、高档数控机床、三维打印设备等高端智能装备,推动数字化车间、智能工厂和工业互联网的广泛应用。通过实施本专项,提高重点行业智能制造系统的集成服务能力,使本市成为全国智能制造创新总部、示范应用中心和系统解决方案的策源地。

(四)自主可控信息系统专项

以金融、电信、工业等行业的自主可控信息系统和安全云服务为切入点,加强集成适配和联合攻关,构建包括应用软件、基础软硬件、网络和安全设备、信息安全服务等的一体化自主可控产品体系。通过实施本专项,建立包括行业应用开发、开源软件再创新、自主核心技术研发等体系在内的自主可控信息产业生态,建成完善的可信计算产业价值链,为保障国家重大信息系统安全提供有力支撑。

(五)云计算与大数据专项

以完善云计算平台建设和加强大数据智能应用为切入点,着力建设战略性公有云平台,构建大数据智能应用生态。通过公有云平台建设,带动云服务器、云平台软件以及云服务企业发展,成为全国云计算解决方案研制中心和云服务汇聚中心;围绕大数据智能应用,带动物联网产业发展,突破人工智能关键技术;深入挖掘数据价值,大力推动智能制造、教育、交通、医疗、城市运行管理等重点领域的大数据应用。通过实施本专项,建成具有国际竞争力的公有云平台,培育一批国内领先的大数据技术和应用服务企业,带动新一代互联网产业蓬勃发展。

(六)新一代移动互联网专项

以打造自主移动互联网平台和实现关键元器件进口替代为切入点,加强开源操作系统、自主操作系统与本地芯片的协同设计,强化自主移动通信核心技术研发及标准制定,建设世界领先的商业化移动互联网平台以及行业自主安全移动互联网平台,开发可穿戴设备、智能家居等新兴移动终端产品,培育基于移动平台应用的智能硬件产业生态。通过实施本专项,突破关键元器件发展短板,形成产业优势,培育一批对供应链和价值链具有掌控能力的平台型企业,带动京津冀地区形成全国领先的移动互联网产业集群。

(七)新一代健康诊疗与服务专项

围绕大健康产业的新需求,以重点疾病的预防、诊断、治疗和康复为切入点,大力推动新型药物、生物医学工程及基因检测技术等创新成果的产业化,开发基于“互联网+”的智能健康产品,建设自我健康管理、早期预防、远程医疗和医药电子商务相结合的大健康服务体系。通过实施本专项,基本形成以诊断试剂、创新药物、高端医疗器械及智能健康服务为主的新型产业体系,推动健康服务业态快速发展,形成新一代健康诊疗与服务产业的发展优势。

(八)通用航空与卫星应用专项

以通用航空运营体系建设、卫星技术转化应用为切入点,在航空航天领域主要围绕关键技术与产品、城市及区域服务保障、通用航空消费等重点,聚焦发展研发试制、运营服务、商务金融等高端环节,开发通用航空安全运行监管系统、自主安全可信的无人机飞控系统等产品,完善应急救援、商务飞行等运营服务体系。在卫星应用领域主要围绕低轨卫星宽带通信、卫星遥感、卫星导航技术的产业化,提高军民两用技术研发转化能力,大力发展卫星地面设备和卫星应用服务,开发空天地一体化信息网络、多源融合高精度遥感应用等技术。通过实施本专项,建立覆盖高端研发、系统集成、关键子系统制造、技术示范应用和服务保障的产业技术和价值链,建成特色鲜明、体系健全、重点突出、融合发展、国际领先的航空航天研发应用中心。

六、加大改革创新力度，切实保障制造业转型发展

（一）建立统筹推进机制

建立市级层面的统筹机制，充分发挥好顶层设计、政策整合、统筹协调的作用。建立由国内外技术、产业专家和企业家组成的专家顾问组，围绕8个建设专项选聘首席专家，指导各专项的实施。建立全市高精尖产业项目布局引导机制，以产业园区为载体，加快推进重大项目落地。市经济信息化委要会同相关部门出台配套政策文件，加强跟踪分析和督促指导。各区政府、各有关部门要健全工作机制，制定具体方案，细化政策措施，确保各项任务落到实处。

（二）改革行业指导制度

制定高精尖产业统计划分标准，统筹考虑产业发展的经济、社会和资源环境效益，综合土地、水、能源资源以及就业、税收等因素，建立规模、速度、效益相适应的产业发展综合评价体系。确定转型升级指导线，发布产业转移疏解和技术改造指导目录，引导企业有序推进产能转移、加强技术改造升级。建立高精尖产业发展“优选线”制度，按照高于国家标准的原则提出新实施高精尖产品项目的技术水平要求、环境保护和土地利用限制条件，并开展综合评估，达到“优选线”标准的项目给予优先支持。

（三）增强产业资本运作能力

发挥财政资金的引导作用，按照政府引导、市场运作、科学决策、防范风险的原则，设立高精尖产业发展基金，以股权投资为主要方式，引导社会资本参与相关建设专项和重点项目。加大对企业技术改造的支持力度，将企业技术改造投资作为工业固定资产投资的主要方向，并充分发挥境内外多层次资本市场作用，支持大型企业通过资本市场优化配置创新资源。围绕制造业转型升级，与国家政策性银行开展战略合作，引导风险投资、私募股权投资等支持制造业企业创新发展，鼓励符合条件的制造业贷款和租赁资产开展证券化试点。选择骨干企业开展“产融结合”试点，推广面向制造业企业的融资租赁服务。

（四）搭建产业升级服务平台

围绕信息化与工业化融合、品牌质量建设、工业设计水平提升等方面，搭建专业服务平台，推动关键环节实现突破。加强知识产权创造与管理，建设专利信息利用等知识产权公共服务平台，加强重点领域的专利组合布局及专利池建设，推动专利与标准有效融合。围绕项目发现、孵化和推广，搭建多种形式的高精尖产业投资互动与对接服务平台。支持行业联盟、技术服务组织、国际标准化组织等服务机构发展，以智能制造为重点，开展技术标准、信息化与工业化融合管理标准的创制服务活动。争创国家高端装备制造业标准化工作试点。

（五）支持企业国际化发展

紧紧抓住国家实施“一带一路”发展战略的历史机遇，以提升“北京创造”品牌世界影响力为核心，建立多层次、多渠道、多方式的国际合作与交流机制。鼓励企业通过收购兼并、联合经营、设立分支机构和研发中心等方式积极拓展国际市场，构建国际化的资源配置体系。鼓励和引导外资投向高精尖产业，引入国际创新成果。围绕关键技术和重点发展领域，加快引进海外高层次人才。鼓励政府机构、产业联盟、行业协会及相关中介机构为企业“走出去”提供信息咨询、法律援助、技术转让和知识产权海外布局与风险预警等服务。

（六）完善各项支持政策

充分发挥中关村国家自主创新示范区先行先试优势，推动相关先行先试政策向高精尖产业倾斜。支持在京中央企业、高等学校、科研院所加快创新转型，推动中央及市属国有企业与民营、外资企业开展协同创新。研究制定优化产业布局方案，探索加快工业用地循环利用机制，推广先出租后

出让、出租出让相结合、弹性出让等供地方式，加强对高精尖产业的用地保障。统筹考虑全市人口调控、制造业转型发展和高精尖产业培育需要等因素，加强人才发展的综合规划和分类指导，选择若干产业园区开展高精尖人才置换发展试点。组织开展多种形式的宣传引导，营造加快发展高精尖产业的良好氛围。

中关村国家自主创新示范区建设

北京市财政局关于印发《中关村国家自主创新示范区新技术新产品政府首购和订购实施细则》的通知

京财采购〔2015〕43号

市属各单位、各区县财政局：

为贯彻落实《国务院关于实施〈国家中长期科学和技术发展规划纲要（2006—2020年）〉若干配套政策的通知》，发挥政府采购政策功能作用，规范政府首购和订购活动，根据《中华人民共和国政府采购法》《中关村国家自主创新示范区条例》《关于在中关村国家自主创新示范区深入开展新技术新产品政府采购和推广应用工作的意见》（京政办发〔2014〕24号）和财政部有关文件精神，结合北京市实际，北京市财政局制定了《中关村国家自主创新示范区新技术新产品政府首购和订购实施细则》。现印发给你们，请遵照执行。

北京市财政局

2015年1月13日

附件：

中关村国家自主创新示范区新技术新产品政府首购和订购实施细则

第一章 总 则

第一条 为贯彻落实《国务院关于实施〈国家中长期科学和技术发展规划纲要（2006—2020年）〉若干配套政策的通知》，发挥政府采购政策功能作用，规范政府首购和订购活动，根据《中华人民共和国政府采购法》《中关村国家自主创新示范区条例》《关于在中关村国家自主创新示范区深入开展新技术新产品政府采购和推广应用工作的意见》（京政办发〔2014〕24号）和财政部有关文件精神，结合北京市实际，制定本实施细则。

第二条 本细则在中关村国家自主创新示范区实行。

第三条 北京市各级国家机关、事业单位和团体组织（以下统称“采购人”）使用财政性资金开展首购、订购活动的,适用本细则。

第四条 本细则所称首购,是指符合国民经济发展要求、代表先进技术发展方向、首次投向市场、暂不具备市场竞争力,但具有较大的市场潜力,需要重点扶持的产品(以下统称“首购产品”),通过政府采购方式由采购人或政府首先购买的行为。

第五条 本细则所称订购,是指对于国家和北京市需要研究开发的重大创新产品、技术、软科学研究课题等(以下统称“订购产品”),通过政府采购方式面向全社会确定研究开发和生产机构(以下统称“订购产品供应商”)的行为。

第六条 政府首购和订购活动应当遵循公开透明原则、公平竞争原则、公正原则和诚实信用原则。

第二章 首购管理

第七条 首购产品应属于北京市新技术新产品(服务)认定小组认定的新技术新产品(服务),并同时满足第四条首购产品的条件。

第八条 各主管部门将采购需求在中关村科技园区管理委员会网站(网址:www. zgc. gov. cn)和北京市财政局政府采购网站(网址:www. bjcz. gov. cn)公示,供相关供应商参考。

第九条 符合条件的供应商可向中关村创新平台新技术新产品政府采购和应用推广工作组提交首购产品认定申请。由工作组会同相关行业主管部门、行业协会及社会组织共同组织专家对首购产品进行评审,并将符合认定条件的首购产品统一向社会公示,公示期不得少于5个工作日。公示期间有异议的,由工作组核实处理;没有异议的,由工作组向申请单位出具首购产品证明及公示情况说明。

第十条 采购人采购的产品属于首购产品类别的,采购人及其委托的采购代理机构应邀请首购产品的供应商参加政府采购活动,非首购产品供应商不得参加采购活动。

对于同类首购产品只有一种的情况,可按单一来源方式采购。对于同类首购产品达到两种或两种以上的,应按照《政府采购法》的相关规定执行。

第十一条 首购产品公布前的政府采购合同继续执行,首购产品公布后的政府采购活动,应当按照政府首购政策执行。

第三章 订购管理

第十二条 采购人应按照政府采购法律制度规定,根据订购产品的采购需求特点,选择适当的采购方式。对于采购需求复杂、处于探索阶段或不具备竞争性条件的订购产品,经批准后可以采用非公开招标方式。财政部门可实行一揽子批复。

第十三条 采购人及其委托的采购代理机构应加强订购产品需求管理,制定完整、明确的需求标准。必须在采购文件的资格要求、评审方法和标准中明确对订购产品供应商的具体要求、订购项目成果的详细技术要求,以及相关评分要素和具体分值等。

第十四条 采购人及其委托的采购代理机构应当根据项目需求标准合理设定订购产品供应商资格,包括技术水平、业绩、资格和资信等,不得以不合理的要求排斥和限制任何潜在的供应商。

第十五条 确定订购产品供应商后,采购人应签订订购产品政府采购合同。对于研发周期较长、具有延续性且价格变化幅度小的订购产品,在年度预算能保障的前提下,采购人可以适当延长合同期限,签订不超过3年履行期限的政府采购合同。

第十六条 政府订购合同不得分包或转包。

第十七条 订购产品政府采购合同应当约定考核验收、技术成果转化和应用推广等内容。

第四章 监督检查

第十八条 在首购、订购产品政府采购合同履行过程中，双方当事人依法变更合同条款或者签订补充合同的，不得违背促进创新的原则和首购、订购政策。

第十九条 双方当事人依法变更首购、订购合同条款或者签订补充合同的，采购人或者其委托的采购代理机构应当将变更后的合同、补充合同副本以及变更、补充合同的理由报同级财政部门备案。

第二十条 采购人不执行政府首购、订购政策的，责令限期改正，并给予警告。拒不执行的，财政部门视情况可以拒付采购资金，并纳入"预算支出绩效行政问责考评"体系，酌情减分。对直接负责的主管人员和其他直接责任人员，由其行政主管部门或者有关机关给予处分，并予通报。

第二十一条 采购代理机构在代理政府首购和订购业务中有违法行为的，给予警告，可以按照有关法律规定并处罚款；情节严重的，在1～3年内禁止代理政府采购业务；涉嫌犯罪的，移送司法机关处理。

第二十二条 中标、成交供应商有下列情形之一的，给予警告，列入不良行为记录名单，并予以公告。

（一）获得政府首购、订购合同后将合同转包的。

（二）获得政府首购、订购合同后分包给其他供应商的。

（三）提供的政府首购产品质量不合格、影响正常使用，或者承担的研究开发任务不能按照采购文件和合同约定完成的。

供应商有前款情形之一，按照有关法律法规给予处罚；给他人造成损失的，应当按照有关民事法律规定和合同约定承担民事责任。

第五章 附 则

第二十三条 对于符合政府首购基本条件的试制品的采购活动参照本细则执行。

第二十四条 涉及国家安全和秘密的项目不适用本细则。

第二十五条 本细则由北京市财政局负责解释。

第二十六条 本细则自公布之日起30日后实施。

关于印发《中关村高端领军人才聚集工程实施细则》的通知

中科园发〔2015〕3号

各相关单位：

现将《中关村高端领军人才聚集工程实施细则》印发给你们，请遵照执行。

中共北京市委组织部
北京市公安局
北京市财政局
北京市人力资源和社会保障局
中关村科技园区管理委员会
2015年1月29日

附件：

中关村高端领军人才聚集工程实施细则

为深入贯彻落实党的十八大、十八届三中、四中全会精神和习近平总书记系列重要讲话精神，立足新时期首都城市战略定位，着眼于构建高精尖经济结构，发挥中关村作为国家自主创新示范区和人才管理改革试验区的优势，着力完善人才发展体制机制，持续优化人才创新创业生态系统，推动中关村加快向具有全球影响力的科技创新中心进军，根据《关于印发中关村高端领军人才聚集工程方案的通知》（京发〔2008〕28号），结合新形势、新要求，现对中关村高端领军人才聚集工程（以下简称"高聚工程"）实施细则修订如下。

第一章 总 则

第一条 在北京市人才工作领导小组领导下，发挥中关村创新平台派驻单位的职能作用，由中关村创新平台人才工作组牵头，组建专项工作小组，负责实施推进"高聚工程"。

第二条 专项工作小组设立专项办公室（以下简称"专项办"），由中关村科技园区管理委员会（以下简称"中关村管委会"）人才资源处会同委内相关处室组成，具体承担日常工作。

第三条 专项办委托中关村企业家顾问委员会,联系高校和科研机构、中关村规模以上企业、创业投资机构、科技和人才中介机构、创业服务机构、新型社会组织等,组建“高聚工程”人才评价与遴选委员会,负责发现、评价、遴选高端领军人才。

第四条 评价与遴选委员会由国内外顶尖专家学者、领军企业家、知名投资人、创业导师、新型社会组织负责人等高端领军人才组成。在“高聚工程”集中评审阶段,采取抽签制方式,随机确定评委名单,分专业领域承担人才评价及遴选任务。

第五条 评价与遴选委员会主要承担以下职能。

(一)发现和推荐高端创新创业人才。

(二)以人才的能力、业绩和贡献为主要依据,建立定性与定量相结合的人才评价体系。

(三)对“高聚工程”入选者的事业发展提供有建设性的指导和咨询意见。

第六条 “高聚工程”主要包括:创新领军人才、创业领军人才、领军企业家、投资家、创新创业服务领军人才5类。

第七条 “高聚工程”的支持资金纳入中关村管委会部门预算,从中关村国家自主创新示范区(以下简称“中关村示范区”)专项资金中列支,按年度预算经费额度进行安排。

第二章 创新领军人才的评价标准与支持政策

第八条 创新领军人才是指在战略性新兴产业领域从事前沿科学技术研究,具有丰富科研经验和较强自主创新能力,善于研发转化先进技术成果、创制国际国内技术标准,在中关村示范区转化科技成果的高端领军人才。

第九条 创新领军人才应同时具备下列条件。

(一)年龄在55周岁(含)以下。

(二)须为参评当年起前3年内在中关村示范区转化科技成果的人才,或在参评当年拟在中关村示范区转化科技成果且所持技术成熟度较高的人才。

(三)研究领域为“中关村战略性新兴产业集群创新引领工程”确定的领域,已经取得了经第三方专业机构认可的具有自主知识产权的科技成果(即拥有国际发明专利或技术成熟度较高的国内发明专利);或曾主持国内外重点科研项目、关键技术应用项目。

(四)在中关村示范区企业工作,担任研发机构主要负责人、关键研发项目主持人及以上职务的创新人才;或在国内外著名高校、研究机构取得相当于副教授、副研究员及以上职称,并通过创办企业、与企业合作实施、进行技术转让等方式到中关村示范区转化科技成果的创新人才。

第十条 对45周岁(含)以下、从京外(含海外)地区首次到中关村示范区转移转化先进技术成果的科技创新人才以及中关村自主创新能力建设所特需的科学家、工程师,经人才遴选与评价委员会集体研究后,可适当放宽评价标准与条件,予以优先支持。

第十一条 专项办委托中关村企业家顾问委员会接收汇总人才申报材料,每年集中开展一次人才评价与遴选工作。

第十二条 以原始创新能力、技术先进性及成熟度、科技成果价值、成果转化及产业化前景、知识产权自主性等为主要指标,对创新领军人才进行评价。

第十三条 创新领军人才可获以下支持。

(一)给予创新领军人才100万元人民币的一次性补助。

(二)依托中关村相关产业投资基金、科技成果转化股权投资基金及并购基金,对其创新成果转化予以优先支持。

（三）面向中关村企业、新型科研机构创新领军人才开通教授级高级工程师职称评审直通车，提供申报和参评便利。

（四）按照国家外国人出入境管理法律法规和签证签发相关要求，为外籍创新领军人才及其配偶和未满18周岁的未婚子女，协调办理2～5年多次入境有效的签证，以及工作许可和工作类居留证件。根据个人意愿，视实际贡献，为外籍创新领军人才及其配偶和未满18周岁的未婚子女，申请办理《外国人永久居留证》。

（五）具有中国国籍、在北京市行政区域内工作的“高聚工程”创新领军人才，视实际贡献及本人需求，由市人力社保局办理人才引进。

（六）创新领军人才可享受医疗照顾人员待遇，由北京市卫生行政部门发放医疗证，按照“就近就便”的原则，在全市相关三级甲等医院，开设绿色就诊通道，提供便捷医疗服务。

（七）面向回国定居或来华工作连续1年以上的创新领军人才，个人进境规定范围内合理数量的科研、教学物品及生活自用物品，海关依据有关规定予以免税验放。

（八）根据中关村人才公共租赁住房有关政策，优先提供入住支持。

（九）根据创新领军人才事业发展需要，提供其他有针对性的支持措施。

第三章　创业领军人才的评价标准与支持政策

第十四条　创业领军人才是指熟悉国际规则，善于把握市场经济规律、善于吸附和转化前沿技术成果、善于推动商业模式创新，所创办的企业符合中关村战略性新兴产业、文化创意产业发展方向，具有高成长性特点、能经受市场检验的高端领军人才。

第十五条　创业领军人才应同时具备下列条件。

（一）年龄在55周岁（含）以下。

（二）在中关村示范区创办企业的时间一般在5年（含）以内。

（三）自有资金（含技术入股）占企业创业投资的30%及以上。

（四）创业领域为“中关村战略性新兴产业集群创新引领工程”确定的领域，且自创业以来，企业资产情况良好，年营业收入实现了持续增长。

（五）所创办企业拥有自主知识产权的核心、关键技术，或合法转化了达到国际先进水平的技术成果；所创办企业具有重要商业模式创新特征，未来市场预期较好。

（六）拥有创业价值观正确、结构合理、长期稳定的创业核心团队。

第十六条　视行业特点，对于所创办的企业累计获得创业投资超过3000万元（含）人民币，或参评当年的上一年度企业营业收入达到1000万元人民币的创业领军人才，予以优先支持。

对于企业年营业收入实现50%及以上连续增长的创业领军人才，对于在中关村战略性新兴产业领域多次创业、连续创业的人才或从京外（含海外）地区到中关村示范区二次创业的人才，予以优先支持。

对于部分前期投入较高、收益较低，但今后可能实现高速增长的创业企业及其领军人才，35周岁（含）以下具有重大创业潜力的青年创业人才，由人才遴选与评价委员会集体研究后，适当放宽第十五条（三）（四）款评价标准与条件。

第十七条　专项办委托中关村企业家顾问委员会接收汇总人才申报材料，每年集中开展一次人才评价与遴选工作。

第十八条　以企业成长性、核心技术或关键技术的自主性及可持续创新能力、商业模式创新特征与市场前景、人才团队稳定性等为主要指标，对创业领军人才进行评价。

第十九条 创业领军人才可获以下支持。

(一)给予创业领军人才100万元人民币的一次性补助。

(二)依托中关村相关产业投资基金、科技成果转化股权投资基金及并购基金,对人才创业项目予以优先支持。

(三)根据北京市在中关村示范区开展新技术新产品推广应用的政策,对创业领军人才所在企业落实相应的支持措施。

(四)面向中关村企业创业领军人才开通教授级高级工程师职称评审直通车,提供申报和参评便利。

(五)按照国家外国人出入境管理法律法规和签证签发相关要求,为外籍创业领军人才及其配偶和未满18周岁的未婚子女,协调办理2~5年多次入境有效的签证,以及工作许可和工作类居留证件。根据个人意愿,视实际贡献,为外籍创业领军人才及其配偶和未满18周岁的未婚子女,申请办理《外国人永久居留证》。

(六)具有中国国籍、在北京市行政区域内工作的"高聚工程"创业领军人才,视实际贡献及本人需求,由市人力社保局办理人才引进。

(七)创业领军人才可享受医疗照顾人员待遇,由北京市卫生行政部门发放医疗证,按照"就近就便"的原则,在全市相关三级甲等医院,开设绿色就诊通道,提供便捷医疗服务。

(八)根据中关村人才公共租赁住房有关政策,优先提供入住支持。

(九)对于从海外初次归国创业,或具有海外留学背景从京外地区来中关村创业的人才,优先协调海外人才创业园提供人才落地、项目孵化等支持与服务。

(十)优先推荐创业领军人才参评国家和北京市重点人才工程、计划;推荐参选北京市、区(县)人大代表;推荐提名北京市、区(县)政协委员、青联委员等。

(十一)根据创业领军人才事业发展需要,提供其他有针对性的支持措施。

第四章 领军企业家的评价标准与支持政策

第二十条 领军企业家是指具有国际视野、战略眼光及卓越经营管理才干,善于驾驭全球经济一体化发展浪潮和市场经济规律,领导企业创造了显著的经济效益,有力推动了经济社会发展且社会责任感较强的高端领军人才。

第二十一条 领军企业家应具备下列条件之一。

(一)主营业务范围为"中关村战略性新兴产业集群创新引领工程"确定的领域,且参评当年上一年度,企业营业收入超过100亿元(含)人民币的中关村企业董事长、总裁(总经理)或担任同级别管理职务的领军人才。

(二)注册或结算中心在中关村示范区、注册或结算中心在北京地区但在中关村示范区设立了研发(分支)机构的世界500强企业境外投资公司投资的企业、著名跨国公司地区总部的董事长、总裁(总经理)或担任同级别管理职务的领军人才。

(三)在中关村示范区投资建设新型孵化载体、发展混合所有制经济、开放本企业优质科研资源的中央企业地区总部、市属国有企业董事长、总裁(总经理)或担任同级别管理职务的领军人才。

(四)近5年内为中关村科技型中小微企业贷款额度累计超过100亿元(含)人民币的境内外金融机构地区总部董事长、总裁(总经理)或担任同级别管理职务的领军人才。

(五)其他中关村发展所特需的企业经营管理领军人才。

第二十二条 专项办委托中关村企业家顾问委员会接收汇总人才申报材料。对于申报参评

“高聚工程”领军企业家的人才,不开展集中评审。专项办委托中关村企业家顾问委员会对参评人才进行资格审查与尽职调查,报专项工作小组审核。

第二十三条 领军企业家可获以下支持。

(一)为领军企业家所在的企业开拓国际市场、进行境外投资及海外并购等提供支持与服务。根据《中关村国家自主创新示范区国际化发展专项资金管理办法》(中科园发〔2014〕1号)规定,对领军企业家所在企业的国际合作项目给予相关资金支持。

(二)根据《中关村国家自主创新示范区建设人才特区的若干意见》(京发〔2011〕5号),在非公有制经济领域,允许领军企业家持有境外关联公司的股权,为其所在企业提供简化外汇资本金结汇手续的便利。

(三)按照国家外国人出入境管理法律法规和签证签发相关要求,为外籍领军企业家及其配偶和未满18周岁的未婚子女,协调办理2~5年多次入境有效的签证,以及工作许可和工作类居留证件。根据个人意愿,视实际贡献,为外籍领军企业家及其配偶和未满18周岁的未婚子女,申请办理《外国人永久居留证》。

(四)具有中国国籍、在北京市行政区域内工作的“高聚工程”领军企业家,视实际贡献及本人需求,由市人力社保局办理人才引进。

(五)领军企业家可享受医疗照顾人员待遇,由北京市卫生行政部门发放医疗证,按照“就近就便”的原则,在全市相关三级甲等医院,开设绿色就诊通道,提供便捷医疗服务。

(六)推荐领军企业家参选北京市、区(县)人大代表;推荐提名北京市、区(县)政协委员、青联委员等。

(七)根据领军企业家事业发展需要,提供其他有针对性的支持措施。

第五章 投资家的评价标准与支持政策

第二十四条 投资家是指熟悉国际规则,具有敏锐投资眼光和丰富的资本运作经验,面向中关村企业从事天使投资、创业投资、风险投资等活动,且投资成功率较高的高端领军人才。

第二十五条 投资家应具备下列条件之一。

(一)在中关村开展天使投资活动3年及以上,累计投资超过5000万元(含)人民币的天使投资机构(组织)的主要负责人。

(二)在中关村示范区注册成立创业投资、风险投资机构且参评当年在中关村投资总额超过3000万元(含)人民币的境内外投资机构董事长、总裁(总经理)、主要合伙人及担任同级别管理职务的领军人才。

(三)近3年内对中关村企业累计投资超过1亿元(含)人民币的风险投资机构董事长、总裁(总经理)、主要合伙人或担任同级别管理职务的领军人才。

(四)其他中关村发展所特需的投资人才。

第二十六条 专项办委托中关村企业家顾问委员会接收汇总人才申报材料,每年集中开展一次人才评价与遴选工作。

第二十七条 以投资额度、投资机构品牌及影响力、被投企业数量、成活率和成长性、被投企业的认可度、投资机构所缴纳的企业所得税等为主要指标,对投资家进行评价。

第二十八条 投资家可获以下支持。

(一)根据《中关村国家自主创新示范区天使投资和创业投资支持资金管理办法》(中科园发〔2014〕41号)有关规定,对投资家所在机构投资的初创企业,提供一定的配套资金支持。

（二）对于投资家主导投资的符合条件的创业企业，依托中关村相关产业投资基金、科技成果转化股权投资基金及并购基金，给予被投创业企业的项目优先支持。

（三）对于投资家主导投资的符合条件的创业企业，根据北京市在中关村示范区开展新技术新产品推广应用相关政策，给予被投创业企业相应支持措施。

（四）按照国家外国人出入境管理法律法规和签证签发相关要求，为外籍投资家及其配偶和未满18周岁的未婚子女，协调办理2～5年多次入境有效的签证，以及工作许可和工作类居留证件。根据个人意愿，视实际贡献，为外籍投资家及其配偶和未满18周岁的未婚子女，申请办理《外国人永久居留证》。

（五）具有中国国籍、在北京市行政区域内工作的“高聚工程”投资家，视实际贡献及本人需求，由市人力社保局办理人才引进。

（六）投资家可享受医疗照顾人员待遇，由北京市卫生行政部门发放医疗证，按照“就近就便”的原则，在全市相关三级甲等医院，开设绿色就诊通道，提供便捷医疗服务。

（七）根据投资家事业发展需要，提供其他有针对性的支持措施。

第六章　创新创业服务领军人才的评价标准与支持政策

第二十九条　创新创业服务领军人才是指运用现代科技知识与手段、分析研究方法以及经验、信息等要素为科技型企业提供社会化、专业化服务，降低创新成本、促进创新活动、推动科技成果转移转化的服务业高端领军人才。

第三十条　创新创业服务领军人才应具备以下条件之一。

（一）由国家或北京市认定的、近3年内在中关村示范区累计实现1亿元（含）人民币以上技术交易额的技术转移机构、技术交易市场、科技条件平台等机构的主要负责人。

（二）近3年内，由外商投资、港澳台服务者投资或中外合资（合作）创办的科技中介、人力资源服务机构、知识产权和标准运营服务机构、审计机构及律师事务所、会计师事务所主要负责人，且所在机构为中关村示范区企业提供服务的数量与质量达到行业顶尖水平。

（三）近3年内，在标准创制、市场开拓、技术攻关等方面发挥核心作用，在行业内具有重要影响力的中关村产业技术联盟等新型社会组织理事长、秘书长。

（四）近3年内，在中关村示范区成功孵化100家（含）以上的科技型创业企业并培育了至少1家上市公司的孵化机构主要负责人；或中关村创新型孵化器的主要负责人。

（五）其他中关村发展所特需的科技服务业领军人才。

第三十一条　专项办委托中关村企业家顾问委员会接收汇总人才申报材料，每年集中开展一次人才评价与遴选工作。

第三十二条　着眼于培育和发展现代服务业，以新型社会组织和科技服务专业机构的服务数量及质量、业界评价、被服务企业的认可度、经济贡献与社会效益等为主要指标，对创新创业服务领军人才进行评价。

第三十三条　创新创业服务领军人才可获以下支持。

（一）按照国家外国人出入境管理法律法规和签证签发相关要求，为外籍创新创业服务领军人才及其配偶和未满18周岁的未婚子女，协调办理2～5年多次入境有效的签证，以及工作许可和工作类居留证件。根据个人意愿，视实际贡献，为外籍创新创业服务领军人才及其配偶和未满18周岁的未婚子女，申请办理《外国人永久居留证》。

（二）具有中国国籍、在北京市行政区域内工作的“高聚工程”创新创业服务领军人才，视实际贡献及本人需求，由市人力社保局办理人才引进。

（三）创新创业服务领军人才可享受医疗照顾人员待遇，由北京市卫生行政部门发放医疗证，按照“就近就便”的原则，在全市相关三级甲等医院，开设绿色就诊通道，提供便捷医疗服务。

（四）根据中关村人才公共租赁住房有关政策，优先提供入住支持。

（五）鼓励创新创业服务领军人才所在单位聘用海外留学人才，市有关部门为其聘用人才优先提供工作许可和工作类居留证件的申请便利。

（六）根据《中关村国家自主示范区国际化发展专项资金管理办法》（中科园发〔2014〕1号），给予创新创业服务领军人才所在单位的国际合作项目相关资金支持。

（七）根据创新创业服务领军人才事业发展需要，提供其他有针对性的支持措施。

第七章　遴选办法与监督管理

第三十四条　发布中关村“高聚工程”实施细则，广泛开展政策宣传与推介工作。

第三十五条　“高聚工程”在每年上半年组织实施。其中，领军企业家的推荐时间、申报程序不受限制。

第三十六条　优化高端领军人才遴选程序。

（一）由专项办委托中关村企业家顾问委员会，接收汇总相关申报材料，进行合规性审查。

（二）中关村企业家顾问委员会组建不同专业领域的人才评价与遴选委员会，每个委员会至少应由5名国内外专家随机组成。

（三）人才评价与遴选委员会根据“高聚工程”实施细则提出的人才评价要点，采取集中评审、尽职调查等方式对人才进行综合评价。

（四）中关村企业家顾问委员会综合人才评价与遴选委员会的意见，提出入选人才的建议名单，报专项办。

（五）专项办对“高聚工程”入选者建议名单进行公示。

（六）公示无异议的，由专项办向专项工作小组提交建议名单；经专项工作小组审核同意，报中关村管委会主任办公会通过后，落实相关支持政策。

第三十七条　对“高聚工程”入选者颁发证书。

第三十八条　面向中央“千人计划”、北京“海聚工程”入选者，按照视同原则，纳入“高聚工程”支持政策的范围，但不重复补助资金。

第三十九条　依托“高聚工程”，建设“中关村人才圈”，搭建高端领军人才交流合作的平台。

第四十条　“高聚工程”的实施过程接受纪检（监察）部门、财政部门、审计部门以及媒体、公众的监督。

第四十一条　“高聚工程”入选者应对申报材料真实性负责。

第四十二条　“高聚工程”建立退出机制。对于违法违纪、涉及境内外知识产权纠纷、违背社会诚信的人才，取消入选资格，追回补助资金。

第八章　附　则

第四十三条　本细则由中关村管委会负责解释。

第四十四条　本细则自发布之日起30日后施行，原《中关村高端领军人才聚集工程实施细则》（中科园发〔2010〕7号）同时废止。

北京市人民政府办公厅关于加快推进中关村生物医药医疗器械及相关产业发展的若干意见

京政办发〔2015〕9号

各区县人民政府,市政府各委办局,各市属机构:

生物医药产业是国家战略性新兴产业之一。加快发展生物医药、医疗器械及相关产业,有利于满足人民群众不断增长的健康服务需求,提升全民健康水平;有利于本市产业结构调整,加快构建高精尖的经济结构;有利于深入实施创新驱动发展战略,坚持和强化全国科技创新中心地位。为全面贯彻落实《国务院关于促进健康服务业发展的若干意见》(国发〔2013〕40号),充分发挥中关村国家自主创新示范区(以下简称"中关村")科技创新体制改革试验田和战略性新兴产业策源地的作用,加快推进中关村生物医药、医疗器械及相关产业发展,经市政府同意,现提出以下意见。

一、总体发展思路

(一)指导思想

深入贯彻落实党的十八大和十八届三中、四中全会精神,深入学习贯彻习近平总书记系列重要讲话和对北京工作的重要指示精神,立足首都城市战略定位,紧紧围绕全面建成小康社会和建设国际一流和谐宜居之都,充分发挥中关村科技创新和体制机制创新优势,以改革创新为突破口,以构建产业化新机制为抓手,以优化创新创业环境为核心,进一步深化审评审批、应用推广制度改革试点,通过技术创新、产品创新、组织创新、商业模式创新、市场创新,推动中关村生物医药、医疗器械及相关产业向高端化发展,不断满足人民群众个性化、多样化的健康消费需求,为首都经济社会持续健康发展提供重要支撑。

(二)发展目标

到2020年,中关村的生物医药、医疗器械及相关产业体系功能完备、结构合理,产业总收入突破1万亿元;探索形成一批可复制、可推广的产业政策和经验成果,突破一批前沿关键技术,掌握一批核心技术,面向全球吸引一批高端人才和高层次团队,集聚一批具有国际影响力的研发中心和总部基地,培育一批行业领军企业和知名品牌,形成全国领先的生物医药、医疗器械及相关产业集群。

二、重点发展方向

(一)关于生物制药

针对恶性肿瘤、心脑血管病、突发传染病等重大疾病,探索高通量基因测序、分子免疫、组织工程等前沿技术创新及应用,支持蛋白质复性制造、基因修饰和表达、疫苗应急制备、人源化单克隆抗体规模化生产等关键技术研发,加快基因药物、蛋白抗体及偶联药物、多价联合疫苗的研制。

(二)关于新型药物制剂

推进缓释、控释、纳米、透皮吸收、黏膜给药、肺部给药等制剂技术的应用研究,重点研发速效、长效、靶向等各类创新药物制剂。

(三)关于中医药现代化

支持疗效确切、安全性高、有效组分明确、作用机制清晰、制备工艺先进的中药新药研发和中成药大品种二次开发;提升中医药诊疗服务和康复护理水平;研发基于中医药理论的功能保健食品,促进中医药产业向更广的领域发展。

(四)关于高端医疗器械

支持新一代高通量基因测序仪、分子影像、医疗机器人、磁共振超导磁体、医用直线加速器等高端医疗设备及核心部件研发;支持植入、介入类新材料和尖端产品研发,重点发展各类新型血管支架、骨科材料、微创手术器材、神经及软组织功能修复材料等。

(五)关于新型临床诊断

鼓励诊断试剂向方便、快捷、精确方向发展;研发新型临床诊断试剂,支持新一代基因测序、分子免疫等前沿技术在肿瘤早期筛查、重大传染病诊断等领域的临床应用。

(六)关于检验检测技术及精密仪器

支持研发生物芯片检测、病原微生物快速检测等检验检测关键技术、高端精密检测仪器;支持药品研发和医疗器械研制、生产所需要的高端设施设备。

(七)关于高端保健食品及化妆品

加快推进保健食品标准化建设;鼓励生物、纳米等新技术的应用,推动高端化妆品的研发及产业化;大力培育保健食品、化妆品国际品牌。

(八)关于互联网医疗服务

推动移动互联网、云计算、大数据等新一代信息技术与医疗健康服务融合创新,支持开展远程医疗、第三方影像诊断、在线医疗及转诊、医药电子商务等新型互联网医疗服务试点,培育新业态和新商业模式。

三、创新措施

(一)争取先行先试政策

积极争取食品药品监管总局在中关村设立技术审评分中心和行政许可办事处,推进药品、医疗器械、保健食品、化妆品技术审评和行政许可工作;探索中关村企业在京津冀地区试点实施研产分离监管政策。积极争取卫生计生委等国家部委在中关村开展医疗前沿技术、医学检验等创新政策试点。

(二)推进生物材料快速通关

积极争取海关总署的支持,共同推进高新技术企业保税仓库建设,支持中关村生命科学园等特殊功能区域或符合条件的企业设立公用型保税仓库。全面落实海关总署和质检总局"一次申报、一次查验、一次放行"通关模式试点。进一步完善中关村生物材料进出口监管服务平台建设,为企业和科研机构提供进口报关、免税申报、检验检疫等"一站式"服务。

(三)加快推进科技成果转化

实施科技成果收益分配管理改革试点,鼓励高等学校、科研机构、检验检测机构、医疗卫生机构向中关村企业许可或转让科技成果,所获收入可按不少于70%的比例用于奖励科技成果完成人和为科技成果转化做出重要贡献的人员。对取得重大突破性成果的人员允许破格推荐申报高一级职称。支持以企业为主体推进科技成果转化,对取得国际或国内领先水平、产业带动性强的重大创新成果,可纳入全市重大科技成果转化和产业化项目给予支持。

（四）集聚全球创新资源

支持全球顶尖的研发机构、总部、产业组织落户中关村，积极争取国家食品药品行业协会在中关村设立研发中心。推动中关村企业整合国际创新资源，在全球范围内加快开展创新链和价值链产业布局，与国际一流的科研机构、跨国企业联合建立国际开放实验室和创新中心，开展前沿技术攻关和产业化。支持企业申请全球专利许可，开展国际通用质量及技术标准体系建设，构建核心技术专利池。

（五）搭建促进产业发展的公共服务平台

发挥首都科研和医疗卫生创新资源优势，支持行业领军企业、医疗卫生机构共建转化医学中心，打造一批促进生物医药、医疗器械及相关产业发展的公共服务平台。加快生物医药创新型孵化器、第三方独立检验检测机构建设，支持其面向中关村企业提供合作研发、检验测试、成果转化、创业孵化、应用推广等服务。支持建设全球创新药物和医疗器械研发、使用的动态监测和分析服务平台，为企业创新成果申报提供信息检索、查询、分析等服务。

（六）支持企业积极开拓市场

鼓励医疗卫生、检验检测等机构，通过首购、订购、首台（套）重大技术装备试验和示范项目、推广应用等方式采购中关村新技术新产品，通过融资租赁等方式购买配置中关村大型医用设备和研发设备。放开乙类大型医用设备的配置限额。支持中关村企业举办具有国际影响力的行业论坛、展览展示等活动，拓展市场影响力。

（七）支持企业做强做大

深入实施“十百千工程”“北京生物医药产业跨越发展工程（G20 工程）”，根据企业需求给予“一企一策”协调服务。支持企业开展融资、并购、改制上市；积极争取监管部门试点放宽生物医药、医疗器械及相关产业领域的企业在“创业板”上市的标准。支持企业面向全球吸引高端领军人才和高层次团队，优先推荐参加“千人计划”“海聚工程”“高聚工程”评选，并在人才引进、居留出入境、职称评审、子女入学、公租房配租等方面给予支持。

（八）推进产业集聚区建设

不断优化产业布局，实现土地集约高效综合利用，促进产业与人口资源环境相适应。重点推进中关村生命园、大兴生物医药基地、亦庄生物医药园、北京国际医疗服务区、中关村高端医疗器械产业园等专业园区建设。对落户中关村的重大研发和产业化项目，经市政府批准可采取协议出让等方式供地，符合《划拨用地目录》（国土资源部令第 9 号）规定的可按划拨方式供地。

四、保障机制

（一）建立协调推进机制

进一步加强本市与食品药品监管总局等国家部委的合作，商请签署战略合作协议，依托中关村创新平台部市会商机制，协调推进中关村生物医药、医疗器械及相关产业的体制机制创新和创新政策的先行先试。

（二）建立市场化多元投入机制

综合运用股权投资、基金、贴息、担保等方式，以财政资金为引导，吸引社会资本投入，形成覆盖研发创新、转化孵化、市场应用等各环节的资金支持体系。支持行业领军企业、产业技术联盟、投资机构等共同发起组建生物医药、医疗器械及相关产业投资基金，引导社会资本加大对前沿技术、重大科技成果转化和产业化的投入力度。

（三）建立分工落实机制

各区县政府、市政府有关部门和单位要统一思想认识，密切协作配合，按照各自职责，研究制定重点任务实施方案和配套政策措施，狠抓各项工作落实，推动中关村生物医药、医疗器械及相关产业持续健康发展。

北京市人民政府办公厅
2015 年 2 月 16 日

关于印发《关于进一步加强中关村国家自主创新示范区信用体系建设的意见》的通知

中科园发〔2015〕13 号

各相关单位：

现将《关于进一步加强中关村国家自主创新示范区信用体系建设的意见》印发给你们，请认真遵照实施。

中关村科技园区管理委员会
中国人民银行营业管理部
北京市经济和信息化委员会
2015 年 2 月 27 日

附件：

关于进一步加强中关村国家自主创新示范区信用体系建设的意见

为贯彻落实国务院《社会信用体系建设规划纲要（2014—2020 年）》（国发〔2014〕21 号）、中国人民银行《关于加快小微企业和农村信用体系建设的意见》（银发〔2014〕37 号）、国家发展改革委等九部委与北京市政府联合发布的《关于中关村国家自主创新示范区建设国家科技金融创新中心的意见》（京政发〔2012〕23 号）、《北京市人民政府关于加快社会信用体系建设的实施意见》（京政发〔2015〕4 号）等文件精神，强化信用体系对建设国家科技金融创新中心的支撑作用，加快中关村国家自主创新示范区（以下简称“中关村示范区”）小微企业信用体系试验区建设，推动中关村建设信用首善之区，现提出以下意见。

一、加强中关村信用体系建设的指导思想、原则与目标

(一)指导思想

按照“以信用促融资、以融资促发展”的工作思路,以政府各级部门在行政事项中使用信用记录和信用报告为切入点,以市场需求为导向,培育信用基础,整合信用服务资源,在全国率先形成“褒扬诚信,惩戒失信”的良好信用环境。

(二)基本原则

坚持政府推动,创新体制机制,强化多部门联动的工作机制;坚持政策引导,服务中关村示范区发展,强化以企业信用自律为基础的信用激励模式;坚持多方参与,聚集市场要素资源,强化中关村信用环境和投融资环境建设;坚持市场化运作,促进良性互动,强化市场在信用体系建设中的决定性作用。

(三)发展目标

到2020年,推动建成统一、完善、全覆盖和一体化的信用信息平台;培育充满活力的信用服务市场;建立科学有效的信用监管模式;形成一批具有影响力的信用服务品牌;构建较为完善的中关村信用体系;全面提升中关村示范区小微企业信用体系试验区建设水平;不断发挥中关村作为信用首善之区在全国的辐射带动和示范引领作用。

二、加大政策引导力度,优化中关村示范区信用环境

(一)完善信用工作组织体系

通过政府引导,充分发挥金融机构、信用自律组织、中介机构、企业等市场主体作用,健全以信用为基础的多方协作机制和促进科技创新的信用增进机制,不断完善多方共建、利益共享、风险分担的“中关村信用模式”,实现便利企业融资、降低信用风险以及扩大信用产品市场等多重目标。

(二)推动信用自律组织和信用中介机构聚集发展

大力发展现代信用服务业,充分发挥中关村企业信用促进会等信用自律组织作用,建立完善企业信用评价体系。鼓励信用中介机构增强自身公信力,不断创新特色信用产品,提升差异化服务水平,发挥征信、信用担保、信用评级在企业投融资以及政府部门行政事项过程中的重要作用。鼓励信用服务机构之间并购重组,形成合理的市场结构。

三、完善信用归集共享机制,推动信用基础设施建设

(一)建设科技企业信用信息数据库

整合工商、税务、海关等部门的基础信息,完善科技企业信用信息数据库。强化信用信息的采集与更新机制,建立和完善科技企业信用信息归集应用机制,进一步促进科技企业信用信息的集成、使用和共享。

(二)大力完善中关村征信体系建设

充分发挥人民银行征信系统在提高信贷效率、防范信贷风险、促进企业融资等方面的重要作用。鼓励民间资本进入征信业,培育、发展品牌征信机构。鼓励征信机构积极利用互联网、大数据等新技术发展新业态征信,满足企业对征信产品多层次、多元化的需求,探索建立信用修复的制度性安排。

四、强化信用激励和约束机制，推动信用自律规范发展

（一）增强企业信用自律意识

鼓励企业建立完善内部信用管理制度，增强信用意识，加强信用自律，使用信用产品，完善信用累积。通过组织实施中关村企业"信用培育双百工程"，树立企业信用品牌，提升企业信用价值，出台信用激励政策，引导金融机构加大对守信企业的融资支持。

（二）促进信用服务机构健康发展

鼓励民间资本积极进入征信行业，支持征信机构做强做大，培育发展一批有竞争力的征信龙头企业。制定信用服务机构推荐目录，根据企业资质、业务水平、市场公信力等要素，从已在人民银行依法审核设立、备案的信用服务机构中，择优选择信誉度较高的机构建立推荐目录，并向社会公开。

（三）加大对小微企业的支持力度

通过推动开展"零信贷"活动、"展翼计划""瞪羚计划"等以企业信用为基础的小微企业信用培育及融资解决方案，建立符合小微企业特点的信用体系建设长效机制和"褒扬诚信，惩戒失信"的信用约束机制。

五、加强信用市场培育发展，推动使用信用产品

（一）加强信用产品和服务市场的培育与发展

实施企业信用星级评定计划，推行企业信用报告制度，通过政府引导、机构参与，促进信用信息的市场化应用。推进融资担保和再担保体系建设，发挥担保等中介机构的信用发现和增进作用。推进债券、结构化融资等多种方式创新，发挥信用中介机构的信用信息披露及风险揭示作用。推动完善示范区信用体系建设，形成诚实守信的市场环境，打造"信用中关村"品牌。

（二）支持金融机构加强信用产品应用

完善中关村企业信用信息数据库，优化系统设计，建立系统和商业银行、担保机构、保险机构等的网上业务接口，实现网上供需信息和产品的实时对接，为金融机构推广信用贷款等金融产品提供支持。建立信用风险补偿资金，鼓励金融机构在信贷评审中使用企业信用报告，引导金融机构有效管理信用风险。支持金融机构通过实施单独的考核和奖励政策，完善授信尽职免责机制，简化贷款审批流程，加大信贷投入。鼓励金融机构开发市场化的信用风险缓释工具，对冲信用风险。推动改善金融生态环境，提高中关村示范区企业融资可获得性。

（三）支持在行政管理中使用信用记录和信用报告

鼓励在政策扶持、政府采购、招标投标、政府资金安排使用等重大经济社会管理活动中使用信用记录和信用报告等信用产品，强化市场主体的信用意识，将市场主体的信用记录和信用报告作为实施行政管理的重要参考，加强管理和服务创新。进一步完善中关村示范区科技型企业信用信息记录的整合，充分利用北京市高新技术企业信用信息公共服务平台、中关村互联网金融信用信息平台等信用基础设施，促进推广和应用。

六、创新信用建设模式，推进信用建设对外合作交流

（一）探索互联网金融模式下的信用体系建设

支持基于互联网的金融信用信息服务平台建设，通过整合及共享权威数据资源和企业信用信息，进行深入的数据挖掘分析，推动建立完善评分机制、实现信用审核标准化，解决互联网金融模式下企业信用管理面临的信用信息情况查询等问题。探索与现有征信系统及政府公共信息系统的对接方式和途径。

(二)推进信用建设的对外开放与交流合作

支持中关村企业信用促进会等机构探索建立京津冀地区以及全国高新区的信用共建合作机制,形成社会化、市场化、开放式企业信用合作与协同发展机制。加强中关村信用自律组织和信用中介机构与国内外信用管理机构、大数据运营机构等的交流与合作,完善风险控制机制。

七、完善保障措施,稳步推进中关村信用体系建设

(一)加强组织保障

中关村科技园区管理委员会会同人民银行营业管理部、市经济信息化委等部门组成协同推进工作小组,研究制定推进中关村信用体系建设的相关政策措施,统筹协调解决信用体系建设工作中的重大事项。

(二)加强信用监督

通过政策引导和信用监督,健全信用管理分类监管体制,完善信用信息侵权责任追究机制,加强信用信息主体权益保护,畅通投诉渠道,有效防范信用风险。完善失信信用记录和披露制度,健全社会舆论监督制度,建立各行业黑名单制度和市场的退出制度。营造良好的信用环境,维护公平、公正的市场秩序。

(三)加强行业自律

支持信用自律组织、中介机构完善机构治理,建立健全信息安全、数据库管理、信息披露、风险应急等内控制度,防范道德风险和金融风险,不断提升信息安全水平,保护信息主体权益,加强自身信用建设,推进行业健康发展。

(四)加强宣传引导

支持政府机构、信用行业自律组织、信用中介机构积极组织开展多种形式的信用宣传与培训活动,引导企业提升信用意识、积累信用记录,树立企业信用品牌。通过倡导企业诚信经营,在中关村形成良好的信用文化氛围,建立以信用为核心的企业文化,强化企业信用与社会责任意识,充分扩展企业在社会中的诚信形象,利用社会舆论导向不断提升企业的信用知名度。

关于印发《关于促进中关村智能硬件产业创新发展的若干支持措施》的通知

中科园发〔2015〕15 号

各有关单位:

为加快推动中关村智能硬件产业发展,构建良好政策环境,中关村科技园区管理委员会与海淀区人民政府共同制定了《关于促进中关村智能硬件产业创新发展的若干支持措施》,现印发给你们,请认真遵照实施。

中关村科技园区管理委员会

海淀区人民政府

2015 年 3 月 9 日

附件:

关于促进中关村智能硬件产业创新发展的若干支持措施

为加快中关村智能硬件产业发展,打造软件、硬件、互联网融合发展的智能硬件产业生态,培育一批智能硬件领军企业,保持中关村在智能硬件领域的创新优势,形成具有全球影响力的智能硬件产业集群,特制定本措施。

一、大力发展智能硬件产业

(一)培育具有全球影响力的智能硬件产业集群

围绕可穿戴设备、智能家居、车载智能设备、智能无人系统、智能传感物联、智能应用等智能硬件及相关领域,大力支持中关村企业开展技术创新、商业模式创新、组织模式创新。依托核心区打造智能硬件创新创业集聚区,构建物联、传感、无人等智能设备和大数据、互联网智能服务快速孵化和转化的智能硬件产业生态环境,在智能制造、电子商务、文化创意、医疗健康、城市服务、个人生活等领域催生一大批新技术和新兴商业模式,加速智能硬件产业服务化、高端化、规模化发展,力争到2017年,形成收入规模超过5000亿元、具有全球影响力的智能硬件产业集群。

(二)培育智能硬件六大平台创新模式

着力支持中关村智能硬件领域企业,构建和强化以硬件产品互联共享体验和标准协同为核心的硬件平台创新模式,以终端操作系统底层软件解决方案和开发工具服务为核心的软件平台创新模式,以互联网应用和大数据能力为硬件产品提供品牌、电商、数据服务为核心的互联网平台创新模式,以通信、图像、存储、传感、低功耗计算等芯片设计和系统解决方案提供能力为核心的芯片平台创新模式,以硬件产品工业、工艺设计和创意服务为核心的设计平台创新模式,以硬件创业、融资孵化、外包制造和创客、极客活动与创新教育为核心的创客孵化平台创新模式。

二、打造智能硬件产业集聚区

(一)鼓励智能硬件企业集聚发展

支持中关村西区等区域打造智能硬件产业集聚区,对于入驻智能硬件产业集聚区的产业领军企业和拥有重大技术创新的企业,给予最高50%的租金补贴,最高补贴面积2000平方米。

(二)支持智能硬件孵化器、加速器、展示中心等服务载体和公共服务平台建设

对为智能硬件中小微企业提供低成本办公空间、展示空间和公共服务平台的创新创业服务载体给予房租补贴,其中,智能硬件孵化器、展示中心和公共服务平台给予最高50%的补贴,最高补贴面积2000平方米;智能硬件加速器给予最高30%的补贴,最高补贴面积5000平方米;每年免费提供100兆的宽带接入。支持智能硬件孵化器、加速器建设集中办公区。

(三)支持智能硬件创新型孵化器建设

对新纳入中关村创业服务支持体系的智能硬件创新型孵化器,根据服务企业的数量、服务效果、人才吸引、产业集聚等情况,给予不超过100万元的一次性资金支持。

三、搭建智能硬件公共技术和产业服务平台

（一）支持企业、产业联盟和产业机构建设智能硬件技术标准和知识产权服务平台

对面向个人终端、家电家居产品、车载终端等智能硬件建立的硬件产品互联共享技术标准体系和知识产权服务平台，结合平台标准创制数量、专利池专利数量、合作企业数量和服务效果，根据上述平台当年设备购置等资金投入情况，按照不超过设备购置费等平台建设费用50%的比例，单一平台给予不超过500万元的资金后补贴支持。

（二）支持企业建设智能硬件软硬件底层技术服务平台

对为智能硬件企业提供各类终端产品和智能应用底层软硬件技术开发工具的平台，结合平台服务企业数量、研发产品数量和服务效果，按照不超过实际投入或总合同金额30%的比例，单一平台给予不超过500万元的资金后补贴支持。

（三）支持企业和专业机构建设硬件样机设计加工服务平台

对为硬件产品研发提供工业设计、3D打印、小批量开模制版、硬件实现和用户体验服务的平台，结合平台设计和试制的产品数量、服务企业数量和服务效果，根据上述平台当年设备购置等资金投入情况，按照不超过设备购置费等平台建设费用50%的比例，单一平台给予不超过500万元的资金后补贴支持。

（四）支持企业建设互联网和大数据智能硬件推广服务平台

对知名互联网、大数据和电子商务企业为智能硬件企业提供的技术架构、数据挖掘和分析、众筹融资和商务推广等全产业链服务平台，结合平台服务企业数量、产品数量、终端用户数量、数据流量和服务效果，按照不超过实际投入或总合同额30%的比例，单一平台给予不超过300万元的资金后补贴支持。

四、支持智能硬件中小微企业创业和融资

（一）支持智能硬件小微团队创新创业

对中关村雏鹰人才创办的智能硬件企业，给予一次性不超过30万元的启动资金支持，用于房租补贴、设备购置、团队建设及技术研发等。对入选“金种子工程”的智能硬件创业企业，优先提供空间拓展与选址服务、创业辅导和投融资服务。支持全球智能硬件领域的优秀人才或团队到核心区创业，最高给予100万元的股权投资支持。

（二）鼓励领军企业服务智能硬件小微创业企业

支持“十百千工程”培育企业搭建智能硬件创新创业平台，服务小微企业和创业团队，根据平台服务的创业团队数量和服务效果，给予不超过500万的资金支持。

（三）降低智能硬件企业贷款成本

对通过合作银行、小额贷款机构获得实际贷款期限在6个月（不含）以上贷款并按期还本付息的相关智能硬件企业，以年利率6%为基数，按照企业信用星级，给予20%～40%的贷款贴息。

（四）支持智能硬件企业使用融资租赁服务

支持智能硬件企业通过融资租赁的方式取得硬件研发所需的设备，对企业融资租赁而发生的租息、手续费等融资费用给予20%的补贴，单一企业每年补贴不超过50万元，补贴时限不超过3年。

（五）鼓励智能硬件企业股权融资

对首次获得知名创业投资机构投资的智能硬件企业，按照获得不超过投资总额10%、不超过100万元的标准给予补贴。

五、支持智能硬件领军企业做强做大

（一）加大对智能硬件企业股权投资支持

采用跟进投资、联合投资、推荐与政府引导基金合作的股权投资基金投资等方式对智能硬件企业进行股权投资，加速企业成长。对具有重大商业模式或技术创新、拥有自主知识产权、处于国内领先或国际先进水平的重大智能硬件项目，通过政府股权投资方式给予最高5000万元的资金支持。

（二）鼓励智能硬件企业开展并购

对智能硬件企业并购时发生的法律、财务等中介服务费用，根据并购的类型、并购涉及的交易额给予一定的资助，对每家企业的年度资助金额不超过100万元。

（三）鼓励设立智能硬件产业投资基金

支持智能硬件领军企业、其他社会资本设立智能硬件产业投资基金，采用市场化的激励机制和运营方式，投资孵化中关村企业，构建智能硬件上下游产业生态链。每只产业投资基金给予不超过基金资本总额30%的引导资金支持，最高不超过5000万元。

（四）支持智能硬件企业规模增长和创新发展

对入选“十百千工程”的智能硬件企业，年收入达到一定增长率或研发投入达到一定比例的，给予最高200万元的资金支持。对核心区智能硬件企业连续3年（含）以上增加研发投入、且研发投入强度高于当年核心区同规模企业平均水平的，按其上年新增研发投入的30%给予补贴，最高补贴金额300万元。

六、支持智能硬件企业提升创新能力

（一）支持智能硬件领域重大技术创新

支持核心区智能硬件企业与高校院所、产业联盟等开展关键核心技术攻关，根据项目成效按投入资金的30%给予补贴，最高补贴金额300万元。支持智能硬件重大技术成果产业化，在核心区筛选处于国内领先或国际先进水平的自主知识产权重大成果产业化项目，给予最高1000万元资金支持。

（二）支持智能硬件企业使用公共实验和检测认证技术平台

对核心区智能硬件企业通过公共服务平台购买产品设计研发、检测认证、样机试制等硬件研发和试制服务给予补贴，最高补贴金额50万元。支持为智能硬件企业提供硬件实现过程中分析、检测、认证、开发工具和人才培养等服务的中关村开放实验室，按照为企业服务实际优惠金额对实验室给予补贴，补贴金额不超过实验室该项服务市场价格的50%。

（三）促进智能硬件产业高层次人才聚集

对在全球知名的智能硬件企业工作5年以上、具备丰富硬件经验的高级专业技术人才，优先推荐“千人计划”“海聚工程”“高聚工程”评选，对入选者提供一次性不少于100万元资金支持。对入选“海英人才”的，根据创新成就等连续三年给予最高30万元（团队最高50万元）奖励。对高层次人才在人才引进、居留出入境、职称评审、公租房配租等方面给予支持。

（四）支持智能硬件企业实施专利战略

对智能硬件企业申请国际发明专利并进入国家阶段的，每件支持不超过9万元，每家企业每年支持不超过300万元。对获得授权的国内发明专利，每件给予不超过5000元的资金支持。

（五）支持企业制定智能硬件相关的技术标准

支持智能硬件企业和产业联盟在通信协议、硬件工艺、数据接口、行业应用等方面制定标准，形成标准体系。对主导制定并已公布的行业标准、国家标准、国际标准，每项分别给予不超过40万元、50万元、200万元的资金支持。

（六）支持智能硬件企业品牌建设

支持智能硬件企业注册国际国内商标，对企业新注册的国际商标，给予每件商标不超过5000元的资金支持；对每年新获得普通商标注册超过30件的企业，给予不超过20万元的资金支持。

七、支持智能硬件领域交流合作

（一）支持智能硬件相关产业联盟发展

支持企业、高校院所和科研机构组建可穿戴设备、智能家居、车载智能设备、智能无人系统、智能传感物联、智能应用等智能硬件相关领域的产业技术联盟。鼓励联盟组织成员开展产学研合作、搭建产业公共服务平台、推广智能硬件产品、投资孵化创业企业、构建专利池和创制标准、开展行业交流、区域创新合作和产业研究等工作，根据工作成效每年给予联盟不超过100万元的资金支持。

（二）支持举办智能硬件重要产业活动

对企业、产业组织、创业服务主体举办的具有国际影响力的智能硬件创新创业大赛、技术和产业论坛、行业展会等专业交流活动，根据参会企业数量、活动影响力和实际效果，按照活动费用最高50%的比例给予补贴，补贴金额不超过100万元。

（三）支持智能硬件企业参加国内外重要展览

对于企业承担的展位费、公共布展费、大型展品回运费、会议注册费、宣传费等相关费用给予不超过50万元的支持资金。

（四）支持创客交流活动

加大对创客、极客等智能硬件爱好者组织和智能硬件相关的大中学校创新实践基地、科普教育基地的支持，对与智能硬件领军企业、孵化机构开展创新合作或组织各类智能硬件交流活动的，一次性给予不超过50万元的资金支持。

（五）支持依据

上述各项措施具体支持方式，依据《中关村国家自主创新示范区产业发展资金管理办法》（中科园发〔2014〕56号）、《中关村国家自主创新示范区中小微企业信贷创新融资支持资金管理办法》（中科园发〔2014〕50号）、《中关村国家自主创新示范区融资租赁支持资金管理办法》（中科园发〔2012〕48号）、《中关村国家自主创新示范区创业服务体系发展支持资金管理办法》（中科园发〔2013〕41号）、《中关村国家自主创新示范区优秀人才支持资金管理办法》（中科园发〔2013〕40号）、《中关村国家自主创新示范区企业改制上市和并购支持资金管理办法》（中科园发〔2014〕27号）、《中关村国家自主创新示范区技术创新能力建设专项资金管理办法》（中科园发〔2013〕43号）、《中关村国家自主创新示范区国际化发展专项资金管理办法》（中科园发〔2014〕1号）及《海淀区优化创新生态环境支持办法》（海行规发〔2014〕7号）、《海淀区激发科技创业活力支持办法》（海行规发〔2014〕8号）、《海淀区提升企业核心竞争力支持办法》（海行规发〔2014〕9号）、《海淀区促进重点产业发展支持办法》（海行规发〔2014〕10号）等相关规定执行，如相关办法适时进行调整，则依据最新规定执行。政策有效期为2015年1月1日至2017年12月31日。

关于印发《中关村国家自主创新示范区科技型中小企业资格确认管理办法(试行)》的通知

京财税〔2015〕1935 号

各区县财政局、国家税务局、地方税务局、科学技术委员会,市国家税务局直属税务分局、市地税局直属分局:

经报请财政部、国家税务局、科技部批准同意,现将《中关村国家自主创新示范区科技型中小企业资格确认管理办法(试行)》印发给你们,请遵照执行。

北京市财政局　北京市国家税务局

北京市地方税务局　北京市科学技术委员会

中关村科技园区管理委员会

2015 年 9 月 25 日

附件:

中关村国家自主创新示范区科技型中小企业资格确认管理办法(试行)

(报审稿)

第一条　为贯彻落实《财政部 国家税务总局 科技部关于中关村国家自主创新示范区有关股权奖励个人所得税试点政策的通知》(财税〔2014〕63 号),明确中关村国家自主创新示范区(以下简称"中关村示范区")科技型中小企业的条件和资格确认程序,根据国家有关规定,结合中关村示范区创新创业企业特点,制定本办法。

第二条　本办法所指的科技型中小企业是指注册登记在中关村示范区内,从事研究开发、技术成果转化,提供各类科技服务的中小规模居民企业。

第三条　科技型中小企业资格确认采取基本准入指标判定结合科技指标评分的方式。

第四条　基本准入指标。科技型中小企业应同时满足以下基本准入指标条件。

(一)企业注册登记在中关村示范区内。企业注册登记在《国务院关于同意调整中关村国家自主创新示范区空间规模和布局的批复》(国函〔2012〕168 号)中规定的中关村示范区四至范围内。

(二)企业不属于附件 1(略)所列的行业目录,且符合北京市人民政府办公厅关于印发市发展改革委等部门制定的《北京市新增产业的禁止和限制目录(2014 年版)》(京政办发〔2014〕43 号)相关要求。

(三)企业符合工业和信息化部、国家统计局、国家发展改革委、财政部《关于印发中小企业划型标准规定的通知》(工信部联企业〔2011〕300 号)中相关行业的中小企业划分标准。

(四)企业无不良信用行为。

第五条 科技指标包括科技活动指标和加分项指标。

(一)科技活动指标满分 100 分,具体包括科技人员、研发费用、科技成果和科技服务三类指标。

1. 科技人员指标(满分 20 分)。从以下两项具体指标中选择任一指标进行评分。

①上一自然年度与企业主营业务有关的具有大学本科以上学历人员占企业职工总数的比例:

□60%(含)以上(20 分) □50%(含)~60%(16 分)

□40%(含)~50%(12 分) □30%(含)~40%(8 分)

□20%(含)~30%(4 分) □20%以下(0 分)

②上一自然年度企业科技人员占企业职工总数的比例:

□40%(含)以上(20 分) □35%(含)~40%(16 分)

□30%(含)~35%(12 分) □25%(含)~30%(8 分)

□20%(含)~25%(4 分) □20%以下(0 分)

说明:科技人员是指在企业从事研究开发、创意设计、其他技术活动,或从事技术转移、创业孵化、知识产权、科技咨询、科技金融、检验检测认证等服务活动的,一个自然年度内累计实际工作时间在 183 天以上的人员。

2. 研发费用指标(满分 40 分)。从以下两项具体指标中选择任一指标进行评分。

①上一自然年度企业研发费用总额占成本费用支出总额的比例:

□30%(含)以上(40 分) □25%(含)~30%(32 分)

□20%(含)~25%(24 分) □15%(含)~20%(16 分)

□10%(含)~15%(8 分) □10%以下(0 分)

②上一自然年度企业研发费用总额占销售收入总额的比例:

□6%(含)以上(40 分) □4%(含)~6%(32 分)

□3%(含)~4%(24 分) □2%(含)~3%(16 分)

□1%(含)~2%(8 分) □1%以下(0 分)

说明:研发费用包括直接研究开发活动和可以计入的间接研究开发活动所发生的费用,具体按照《科技部 财政部 国家税务总局关于印发高新技术企业认定管理工作指引的通知》(国科发火〔2008〕362 号)有关规定进行核算。文化创意企业在开展创意设计活动中发生的创意和设计费用可作为研发费用,参照国科发火〔2008〕362 号文件有关规定进行核算。

3. 科技成果和科技服务指标(满分 40 分)。从以下三项具体指标中选择任一指标进行评分。

①拥有与企业主要产品和服务相关的自主知识产权,且没有知识产权的争议或纠纷。

□拥有 6 项及以上自主知识产权(40 分)

□拥有 4~5 项自主知识产权(36 分)

□拥有 2~3 项自主知识产权(30 分)

□拥有 1 项自主知识产权(24 分)

说明：自主知识产权包括有效的发明专利、实用新型专利、外观设计专利、国防专利，经登记或审（鉴）定的植物新品种、国家新药、国家一级中药保护品种、国家级农作物品种、技术秘密，经登记的软件著作权、集成电路布图设计权，在国家版权局登记的各类创意设计作品。

其中，各类创意设计作品包括建筑作品，美术作品，音乐、戏剧和曲艺作品，电影和以类似摄制电影的方法创作的作品，为施工、生产绘制的工程设计图和产品设计图，反映地理现象、说明事物原理或结构的地图、示意图等作品，模型作品等。

②主导制定已公布的国际标准、已立项的国际标准提案或已公布的国家标准、行业标准。

□主导制定已公布的国际标准或已立项的国际标准提案（40分）

□主导制定已公布的国家标准（35分）

□主导制定已公布的行业标准（30分）

说明：主导制定国际标准、国际标准提案的，应能提供国家标准化管理委员会、工业和信息化部、国际标准化组织等主管部门提供的证明文件。主导制定国家标准、行业标准是指企业在标准起草单位中排名在前五名。

③上一自然年度提供的科技服务（包括技术转移、创业孵化、知识产权、科技咨询、科技金融、检验检测认证等）所取得的收入占企业总收入的比例：

□90%（含）以上（40分）　□85%（含）~90%（36分）

□80%（含）~85%（32分）　□70%（含）~80%（28分）

□60%（含）~70%（24分）　□60%以下（0分）

说明：企业总收入指《企业所得税法》第6条规定的收入总额。具体包括销售货物收入，提供劳务收入，转让财产收入，股息、红利等权益性投资收益，利息收入，租金收入，特许权使用费收入，接受捐赠收入，其他收入等企业以货币形式和非货币形式从各种来源取得的收入。

（二）加分项指标。从以下指标中进行多项选择，每项指标满分10分，每家企业最高加分20分。

1. 近三个自然年度内企业获得各级科技计划项目（专项）的立项支持，且在项目（专项）承担单位中排在前三名。

□国家级项目（专项）（10分）

□省部级项目（专项）（5分）

2. 近三个自然年度内企业获得国家级或北京市级科技奖励，且在获奖单位中排在前三名。

□获国家技术发明奖或国家科技进步奖（10分）

□获北京市发明专利奖或北京市科技进步奖（5分）

3. 企业拥有经认定的国家级或北京市级研发机构。

□国家级研发机构（10分）

□北京市级研发机构（5分）

说明：国家级或北京市级研发机构包括国家（市）重点实验室、国家（市）工程技术研究中心、国家（市）工程实验室、国家（市）工程研究中心、国家（市）企业技术中心等。

4. 企业产品（服务）获得北京市新技术新产品（服务）认定，且被认定的新技术新产品（服务）在有效期内。（10分）

5. 企业是经评定的国家技术转移示范机构。（10分）

6. 由中国科学院和中国工程院院士，入选国家或北京市级人才计划的科技人员所创办的企

业。(10 分)

说明:国家级人才计划包括国家“千人计划”、教育部“长江学者计划”。北京市级人才计划包括北京“海聚工程”、“科技北京百名领军人才培养工程”、中关村“高聚工程”等。 科技人员创办企业是指科技人员或科研团队参与企业设立相关筹备工作,且所持企业股权(份)的比例不少于5%。

7. 北京地区高校、科研机构以科技成果出资方式(且对科技人员实施股权激励)所创办的企业。(10 分)

第六条 资格确认条件。中关村示范区企业如符合本办法第四条基本准入指标条件,且第五条科技指标(包括科技活动和加分项指标)综合评分在 60 分(含)以上的,可确认具有科技型中小企业资格。

第七条 资格确认程序。科技型中小企业资格确认包括资格申请和公示确认两个环节。

(一)资格申请。企业根据本办法第三条所列指标自行评定具有科技型中小企业资格的,向中关村创新平台提交《中关村示范区科技型中小企业资格自评表》(附件 2,略),申请确认科技型中小企业资格。

(二)公示确认。经自行评定符合科技型中小企业资格的企业名单,由中关村创新平台通过中关村示范区网站公示 10 个工作日。公示期结束没有异议的,由中关村创新平台在中关村示范区网站公布“公示无异议企业名单”,名单内企业即确认具有科技型中小企业资格,可按规定享受财税〔2014〕63 号文件有关支持政策。

第八条 加强服务与管理。由中关村管委会牵头,市科委、市经济信息化委、市财政局、市地税局、市工商局、市国税局等部门参加,组成中关村示范区科技型中小企业服务与监督管理工作组(以下简称“工作组”),负责中关村示范区科技型中小企业资格确认有关服务、落实和事中事后监督管理工作。

工作组对企业自行评定结果进行事后抽查。经抽查发现企业自行评定结果不符合本办法第六条所列科技型中小企业资格确认条件的,不得按财税〔2014〕63 号文件执行。对于企业提供虚假信息,以及违反有关法律、行政法规,依法追究相关法律责任的,工作组将通过企业信用信息公示系统向社会公示。

第九条 科技型中小企业资格的有效期原则上为企业提交《中关村示范区科技型中小企业资格自评表》所在年度起两个自然年度内。

企业在科技型中小企业资格有效期内,若本办法第四、五条相关情况发生重大变化,使其不再符合本办法第六条规定的科技型中小企业资格确认条件的,应主动告知工作组。

第十条 本办法自发布之日起 30 日后施行。

关于印发《北京市举报假冒专利行为奖励办法(试行)》的通知

京知局〔2015〕10号

各有关单位、个人:

为严厉打击假冒专利违法行为,优化首都专利保护环境,按照国家和北京市相关政策要求,我们研究制定了《北京市举报假冒专利行为奖励办法(试行)》,现将该办法印发给你们,请遵照执行。

北京市知识产权局

2015年1月21日

附件:

北京市举报假冒专利行为奖励办法(试行)

第一条 为严厉打击假冒专利违法行为,优化首都专利保护环境,鼓励社会公众积极举报假冒专利行为,根据《北京市专利保护和促进条例》的有关规定,制定本办法。

第二条 本办法所称假冒专利行为,是指在北京市行政区域内发生的以下各种行为。

(一)在未被授予专利权的产品或者其包装上标注专利标识,专利权被宣告无效后或者终止后继续在产品或者其包装上标注专利标识,或者未经许可在产品或者产品包装上标注他人的专利号。

(二)销售第(一)项所述产品。

(三)在产品说明书等材料中将未被授予专利权的技术或者设计称为专利技术或者专利设计,将专利申请称为专利,或者未经许可使用他人的专利号,使公众将所涉及的技术或者设计误认为是专利技术或者专利设计。

(四)伪造或者变造专利证书、专利文件或者专利申请文件。

(五)其他使公众混淆,将未被授予专利权的技术或者设计误认为是专利技术或者专利设计的行为。

专利权终止前依法在专利产品、依照专利方法直接获得的产品或者其包装上标注专利标识,在专利权终止后许诺销售、销售该产品的,不属于假冒专利行为。

第三条 本办法所称的举报人是指向北京市保护知识产权举报投诉服务中心或北京市、区

(县)两级管理专利工作的部门举报假冒专利行为的个人。

第四条 举报人可以通过以下方式进行举报。

(一)拨打举报投诉热线 010－12330 或向北京市、区(县)两级管理专利工作的部门电话举报。

(二)通过中国(北京)保护知识产权网举报。

(三)发送电子邮件至 jbts@ bj12330. com 举报。

(四)通过“北京 12330”微信公众号举报。

(五)投递信函至北京市保护知识产权举报投诉服务中心或北京市、区(县)两级管理专利工作的部门举报。

(六)直接到北京市保护知识产权举报投诉服务中心或北京市、区(县)两级管理专利工作的部门举报。

第五条 举报人举报假冒专利行为符合以下条件的,可以依照本办法获得奖励。

(一)举报人应当留下真实姓名、身份证件号码及联系方式。

(二)举报对象明确、具体,有违法事实、线索或初步证据。

(三)举报案件属于北京市管理专利工作的部门管辖范围。

(四)提供的证据或线索事先未被北京市、区(县)两级管理专利工作的部门掌握。

(五)举报的行为未经其他行政执法机关或司法机关处理。

第六条 举报人举报的假冒专利行为经北京市、区(县)两级管理专利工作的部门查证不构成假冒专利行为的,不给予奖励。

第七条 举报假冒专利行为按照以下标准给予奖励。

(一)举报人提供的情况属实,有助于查处假冒专利行为的,给予 300 元奖励。

(二)举报人提供的情况详细,证据确凿,积极协助案件查处的,给予 500 元的奖励。

(三)举报人提供重大案件的情况和线索,对查处重大案件做出贡献的,给予 5000 元的奖励。

重大案件是指违法所得超过 500000 元或在一个行为中假冒 3 件以上专利或具有较大社会影响的案件。

第八条 举报人仅就与其举报事实对应的假冒专利行为获得奖励,同一假冒专利行为只能获得一次奖励,不得重复奖励。

两名以上举报人先后举报同一假冒专利行为的,仅奖励在先举报人,举报顺序以接到举报的时间为准。同时举报或两人以上联名举报的,奖金分配由举报人自行协商,协商不成的,奖金平均分配。

举报案件调查中发现新的假冒专利行为或新的违法主体的,不再另行给予举报人奖励。

第九条 中国(北京)知识产权举报投诉服务中心负责管理和发放举报假冒专利行为奖励。

中国(北京)知识产权举报投诉服务中心应当在举报案件办结后 60 日内,通过邮寄方式书面通知举报人领取奖励。领取奖励通知以举报人签收日为送达日,领取奖励通知自发出之日起 15 日内未退回的视为送达。

第十条 举报人领取奖励时应当提供身份证明复印件,并出示身份证明原件核验。委托他人领取的,受委托人应当提供授权委托书原件、委托人和受委托人的身份证明复印件并出示身份证明原件核验。

第十一条 以下情况视为举报人自动放弃奖励。

(一)举报人提供的联系方式有误,导致领取奖励通知不能送达的。

(二)由于举报人的原因,导致领取奖励通知两次邮寄不能送达的。

(三)举报人自领取奖励通知送达或视为送达之日起 30 日内不领取奖励的。

（四）举报人领取奖励时未提供有效身份证明文件的。

第十二条　与假冒专利案件办理有关的工作人员及其配偶、直系亲属作为举报人的，不得依照本办法获得奖励。

第十三条　相关工作人员应对举报人身份等个人信息予以保密，未遵守保密规定，涉嫌违法、违纪行为的，依据有关规定进行处理。

第十四条　各区（县）可以结合本地区实际情况，参照本办法制定符合本区（县）实际工作需要的奖励政策。

第十五条　本办法自颁布之日起施行。

加快发展首都知识产权服务业的实施意见

京知局〔2015〕21号

各区县知识产权局、发展改革委、科委、财政局、商务委、地税分局、工商分局、文委，各有关单位：

为贯彻落实《北京市人民政府关于促进首都知识产权服务业发展的意见》和《首都知识产权服务业发展规划（2014—2020年）》的工作要求，促进首都知识产权服务业快速发展，为北京建设科技创新中心提供有力支撑，市知识产权局、市发展和改革委员会、市科学技术委员会、市财政局、市商务委、市地税局、市工商局、市版权局联合制定了《加快发展首都知识产权服务业的实施意见》，现予印发，请认真贯彻执行。

北京市知识产权局
北京市发展和改革委员会
北京市科学技术委员会
北京市财政局
北京市商务委员会
北京市地方税务局
北京市工商行政管理局
北京市版权局
2015年2月5日

附件：

加快发展首都知识产权服务业的实施意见

为深入落实《北京市人民政府关于促进首都知识产权服务业发展的意见》和《首都知识产权服务业发展规划（2014—2020年）》，加快首都知识产权服务业的发展，服务北京科技创新中心和文化中心建设，提出如下实施意见。

一、营造良好发展环境

在提升专利、商标代理质量的基础上，大力鼓励非代理类新兴服务业态发展，支持服务机构为京津冀一体化建设服务。积极支持国家知识产权服务业集聚发展区和国家技术转移集聚区建设，鼓励服务机构在集聚区内协同发展，开展引进国际高端知识产权服务人才开放性试点工作。建设中关村知识产权要素一条街，支持入驻集聚区的高端服务机构享受房屋补贴、参与高端人才培养等扶持政策。

二、搭建知识产权公共服务平台

建立全国知识产权运营公共服务平台，支持服务机构通过平台为知识产权运营提供价值评估、交易经纪、咨询等知识产权服务。加快北京市知识产权公共信息服务平台建设，向社会公众提供基础信息服务，并探索提供商用化信息服务。建设首都知识产权服务业平台，展示行业形象，发布行业发展动态，建立首都知识产权服务业统计网络调查机制。

三、支持服务机构享受相关税收政策

知识产权服务合同不缴纳印花税；合理确定合伙型专利代理机构的应税所得率；查账征收的合伙型服务机构职业责任保险在缴纳合伙人个人所得税之前扣除；公司制服务机构投保的职业责任保险在缴纳企业所得税之前扣除。支持服务机构参与软件企业认定、软件产品登记、技术合同认定登记和高新技术企业认定，享受相应税收政策。

四、培育品牌服务机构和高端人才

在知识产权各服务领域培育一批品牌服务机构，遴选知识产权服务业领军人才。开展知识产权服务从业人员执业教育和培训，探索开展知识产权境外培训，与高校联合设立知识产权国际化人才培训基地，培育国际化、复合型的知识产权高端服务人才。依托知识产权服务领军人才组建师资队伍，通过在高校建立知识产权学院、开设专利代理和信息检索利用类实务课程、与服务机构联合建立学生实习基地等方式培养知识产权实务人才，建立高校毕业生到服务机构就业绿色通道。

五、鼓励为知识产权创造提供优质服务

引导服务机构与大学、科研机构对接，挖掘、撰写具有更高市场价值的专利。鼓励服务机构帮助北京市企业特别是小微企业和园区企业提高专利质量和价值。鼓励创业投资引导基金支持服务机构为创新主体的知识产权创造提供优质服务。支持行业协会开展专利、商标代理执业培训，提高代理行业服务能力。

六、鼓励为知识产权运用提供优质服务

支持服务机构开展知识产权评估、价值分析和交易经纪等业务，为企业知识产权质押融资、专利保险、知识产权小额信用贷款、转让和许可等转化运用活动提供服务。以创业投资引导基金形式，为知识产权运营活动提供政策性支持。支持服务机构积极参与重大产业规划、政府重大科技经济活动等知识产权分析评议活动。支持服务机构通过提供信息深度加工服务，为战略性新兴产业的发展提供决策参考。

七、鼓励为知识产权保护提供优质服务

鼓励服务机构帮助企业及行业开展知识产权预警，通过政府购买服务的方式支持服务机构参与知识产权海外预警和涉外知识产权维权援助工作，鼓励服务机构为企业开展海外知识产权运营活动提供服务。引导服务机构参与展会知识产权保护服务工作。为服务机构开展涉外法律服务进行指导和培训，提升知识产权法律服务水平。

八、加强行业自治自律

支持成立知识产权服务业行业协会，完善各类知识产权行业协会组织体系，推动中关村知识产权服务业联盟建设，加强行业的自治自律管理。指导行业协会对知识产权代理、法律、信息、商用化、咨询和培训等服务领域开展评优表彰工作。支持行业协会推荐优秀的专利、商标代理人参与知识产权诉讼服务。指导行业协会建立和推行知识产权服务行业标准，提升行业服务质量和规范化水平。

关于印发《北京市加强专利运用工作暂行办法》的通知

京知局〔2015〕30号

各区县知识产权局、发展改革委、经济信息化委、财政局、地税局、金融办，各有关单位：

为贯彻落实《北京市专利保护和促进条例》和《关于进一步创新体制机制 加快全国科技创新中心建设的意见》，加强我市专利运用工作，创建良好的市场环境，推动专利运用与经济发展的深度融合，实现创新驱动发展，市知识产权局、市发展改革委、市经济信息化委、市财政局、市地税局、市金融工作局联合制定了《北京市加强专利运用工作暂行办法》，现予印发，请认真贯彻执行。

北京市知识产权局
北京市发展和改革委员会
北京市经济和信息化委员会
北京市财政局
北京市地方税务局
北京市金融工作局
2015年3月17日

附件：

北京市加强专利运用工作暂行办法

为加强我市专利运用工作，创建良好的市场环境，推动专利运用与经济发展的深度融合，实现创新驱动发展，根据《北京市专利保护和促进条例》和《关于进一步创新体制机制 加快全国科技创新中心建设的意见》，制定本办法。

一、建设专利运营服务平台

以政府为主导，建设全国知识产权运营公共服务平台，为权利人和需求方提供方便可靠的全链条公益性专利运用服务。支持各类市场化专利运用平台的规范发展，实现专利运用的全方位服务。

二、鼓励高等院校和科研院所加强与市场主体对接

促进高等院校和科研院所与中小企业聚集区企业、各类孵化器入孵企业、专利试点示范企业的专利供需对接。专利转化运用工作突出的，可优先参加专利示范单位评选并优先获得专利申请资助。

三、强化专利试点示范单位的专利运用导向

将专利运用工作推动情况作为专利试点示范单位的重要认定条件。鼓励小微企业开展专利运用托管工作，对其引进实施专利给予优先支持。

四、鼓励金融机构创新产品和服务支持专利运用工作

推动专利的评估、登记、流转和交易体系的建设。鼓励专利权作价入股，完善专利质押融资和专利保险政策。探索以证券化手段开展专利运营，以组合融资方式推动专利的金融化。鼓励各类机构筹集设立专利运营基金开展专利运营。

五、加强专利信息利用

深度挖掘专利信息数据的价值，支持重点产业、重点领域开展专利信息专题分析、专利预警分析工作。深入推进专利导航试点工作的开展，推动建立重大经济活动专利评议制度。

六、发挥战略性新兴产业知识产权联盟作用

指导构建战略性新兴产业知识产权联盟单位专利组合，进行联盟内专利交叉许可和联盟外专利组合运营。支持建立专利运营服务联盟。

七、方便专利运用项目的快捷实施

对符合条件的专利运用项目，简化专利实施许可合同备案手续，缩短备案工作时限。专利权质押合同登记手续和专利登记簿副本的办理期限相应缩短。

本办法由北京市知识产权局负责解释，自发布之日起执行。

关于印发《北京市专利资助金管理办法实施细则(试行)》的通知

京知局〔2015〕38 号

各有关单位、个人:

为了进一步规范我市专利资助工作,根据《北京市专利资助金管理办法》(京知局〔2014〕178号)的规定,我们研究制定了《北京市专利资助金管理办法实施细则(试行)》,现将该细则印发给你们,请遵照执行。

北京市知识产权局

2015 年 3 月 17 日

附件:

北京市专利资助金管理办法实施细则(试行)

第一章　总　则

第一条　根据《北京市专利资助金管理办法》(京知局〔2014〕178 号)的规定,制定本实施细则。

第二条　国家知识产权局专利局北京代办处(以下简称"北京代办处")负责本实施细则的执行工作。

第二章　申报方式

第三条　专利资助金采取网上申报和纸件材料申报相结合的方式。

网上申报是指申请人在北京市专利资助金网上申报系统(以下简称"网上申报系统")提交申报表。

纸件材料申报是指网上申报后,将纸件材料提交至北京代办处。

第四条　申请人原则上应自行申报资助金。如委托专利代理机构的,仅可选择一家办理。

每个申报周期内,申请人仅能申报一次。已委托专利代理机构申报的,申请人本次不得再自行申报。

第三章 网上申报

第五条 申请人应首先在网上申报系统注册,注册成功后方可提交申报表。注册信息如有变更,应及时更新。

第六条 提交申报表后,申请人应及时登录网上申报系统查看通知。

申报符合要求的,申请人应在规定期限内提交纸件材料。

申报不符合要求的,申请人应在规定期限内修改并重新提交申报表。未在期限内重新提交的,视为未提出申报。

第四章 纸件材料申报

第七条 纸件材料包括从网上申报系统下载的《北京市专利资助金申报表》、申请人身份证明文件和专利证明材料三部分。申报材料应加盖申请人公章或签名。

第八条 身份证明文件包括以下。

(一)申请人为自然人的,应提交身份证复印件,并由申请人签名。

(二)申请人为法人或其他组织的,应提交营业执照副本、事业单位法人证书、社会团体法人登记证等有效证件的复印件,并加盖公章。

第九条 申报国内专利资助金的,应提交下列专利证明材料。

(一)申报国内发明、实用新型和外观设计专利申请费用资助的,提交专利证书复印件。

(二)申报国内发明专利代理服务费资助的,国内发明专利申请费用一并申报,并提交专利申请受理通知书复印件。

(三)申报发明专利第七年、第八年年费资助的,提交从国家知识产权局网站打印的收费信息查询页。

(四)小微企业申报发明专利授权后前三年度年费的,提交小微企业申明函原件和从国家知识产权局网站打印的收费信息查询页。小微企业授权当年年费,应与国内发明专利申请费用一同申报。

(五)其他材料或文件。

第十条 申报港澳台地区专利资助金的,应提交下列专利证明材料。

(一)申报香港标准专利申请费用资助的,提交香港知识产权署颁发的批予标准专利证明书复印件。

(二)申报澳门发明专利申请费用资助的,提交澳门经济局颁发的专利注册证复印件。

(三)申报台湾地区发明专利申请费用资助的,提交台湾智慧产权局颁发的专利证书复印件。

(四)其他材料或文件。

第十一条 申报国外发明专利资助金的,应提交下列专利证明材料。

(一)专利证书复印件及授权公告首页复印件。

(二)专利证书及其著录项目的中文译文。

(三)其他材料或文件。

第十二条 纸件材料应按照顺序沿左侧装订成册。证明材料应按照网上申报系统自动生成的申报表中记载的文件顺序依次排放。

上述材料应打印或复印在 A4 纸上,文件应整洁、清晰。

第十三条 申请人应按要求提交纸件材料。对于提交的纸件材料不符合要求的,申请人应在指定期限内修改并重新提交。

未在指定期限内重新提交的,视为自动放弃申报。

第五章　申报材料审核

第十四条　申报材料审核包括对网上申报材料的审核及对纸件申报材料的审核。

第十五条　收到申请人提交的申报材料后,北京代办处应及时审核,并将结果予以公示。

第六章　资金发放

第十六条　对于事业单位和自然人,采取银行汇款的方式发放;对于企业及其他类型机构,采取转账支票的方式发放。

第十七条　通过银行汇款方式领取专利资助金的,应及时查看银行账户。

第十八条　通过转账支票方式领取专利资助金的,应在指定期限内到北京代办处办理申领手续,不得委托专利代理机构领取。

第十九条　以下情况之一视为放弃领取专利资助金。

(一)提供银行账户信息有误的。

(二)逾期不领取的。

(三)因未及时入账造成支票过期的。

(四)因保存不善造成支票丢失,未及时通知北京代办处并通过法院办理公告遗失手续的。

第七章　绿色通道服务

第二十条　对于信誉好、申报质量高的企事业单位,可以申请开通绿色通道服务,经批准同意后,享有绿色通道服务资格。

绿色通道服务是指申请人在进行纸件材料申报时,仅需提供《北京市专利资助金申报表》,无需提供相关专利证明材料。

第二十一条　绿色通道服务仅适用于国内专利资助金申报。

第二十二条　开通程序如下。

(一)申请人应当向北京代办处提交以下申请材料。

1.《北京市专利资助金绿色通道服务申请表》。

2. 申请人身份证明文件。

(二)北京代办处收到申请材料后,应在 2 个工作日内做出是否同意开通的决定。

第二十三条　申请人应保证申报质量,如材料审核时发现两处(含)以上错误的,视为本次申报未提出。

第二十四条　绿色通道资格仅当年有效。

第八章　附　则

第二十五条　根据专利资助金绩效考评工作需要,申请人应积极配合提供知识产权工作情况报告及专利资助金使用情况报告。

第二十六条　本实施细则自公布之日起生效。

统计资料

北京地区 2015 年 R&D 活动情况

北京地区科技活动表主要数据来源为科技部《独立科技机构及有科技活动单位统计调查》、国家教委《普通高等学校科技统计年报》、国家统计局《工业企业科技活动情况》等。执行部门中的科研院所指国有县级以上未转制科研院所，高等院校中含医学院校附属医院，其他指技术服务业事业单位。转制科研院所分为企业和非企业两类，转为企业或进入企业集团的科研院所按企业汇总，转为非企业的科研院所按其他汇总。本资料因小数取舍产生的误差均未做配平处理。

一、北京地区 2015 年度 R&D 活动汇总表

表 1　北京地区 R&D 人员情况

	R&D 人员合计/人	1. 博士毕业	2. 硕士毕业	3. 本科毕业	R&D 人员折合全时人员/人年	研究人员
总　计	**350721**	**70448**	**87502**	**88791**	**245728**	**154905**
一、按执行部门分组						
科研院所	111272	31287	38888	29116	97988	63890
高等院校	80744	33034	23504	18773	34460	28189
企　业	146896	4632	22478	39063	106625	58957
工业企业	72802	983	8238	19392	50773	20697
其　他	11809	1495	2632	1839	6655	3869
二、按单位隶属关系分组						
中　央	208503	61275	62536	48970	151047	101385
地　方	142218	9173	24966	39821	94681	53520
三、按活动类型分组						
基础研究					41324	
应用研究					61644	
试验发展					142763	
四、按从事的国民经济行业分组						
农、林、牧、渔业	339	1	3	4	65	18
采矿业	1761	97	357	284	1394	510
制造业	69756	840	7665	18907	48385	19755

续表

	R&D人员合计/人	1.博士毕业	2.硕士毕业	3.本科毕业	R&D人员折合全时人员/人年	研究人员
电力、燃气及水的生产和供应业	1285	46	216	201	993	433
建筑业	7935	75	459	1657	5423	3341
交通运输、仓储和邮政业	403	4	41	80	350	345
信息传输、计算机服务和软件业	35461	355	3545	7094	27048	21683
批发和零售业						
住宿和餐饮业						
金融业	1017		2	11	110	23
房地产业						
租赁和商务服务业	2312	23	232	462	1490	836
科学研究、技术服务和地质勘查业	142575	35879	51075	40991	122751	77802
水利、环境和公共设施管理业	1284	12	100	209	916	624
居民服务和其他服务业						
教育	80744	33034	23504	18773	34460	28189
卫生、社会保障和社会福利业	4601	78	282	89	1689	921
文化、体育和娱乐业	1248	4	21	29	653	426
公共管理和社会组织						
国际组织						

资料来源:北京市统计局、北京市科学技术委员会、北京市教育委员会、北京市经济和信息化委员会。

表2 北京地区R&D经费情况

	R&D经费内部支出合计/万元	1.日常性支出	人员劳务费	2.资产性支出	仪器和设备	R&D经费外部支出合计/万元
总 计	**13840231**	**11677460**	**3889660**	**2162771**	**1639922**	**943216**
一、按执行部门分组						
科研院所	7027642	5597785	1277295	1429857	972218	330641
高等院校	1626476	1380680	216615	245796	221517	186077
企 业	4964801	4514413	2320791	450389	420826	406575
工业企业	2440875	2212021	969877	228853	226534	293960
其 他	221312	184583	74959	36729	25360	19923
二、按单位隶属关系分组						
中 央	9888233	8109519	1983695	1778715	1279604	713133
地 方	3951998	3567941	1905965	384056	360318	230083

续表

	R&D 经费内部支出合计/万元	1. 日常性支出	人员劳务费	2. 资产性支出	仪器和设备	R&D 经费外部支出合计/万元
三、按资金来源分组						
政府资金	7916391					
企业资金	4722359					
国外资金	403247					
其他资金	798234					
四、按活动类型分组						
基础研究	1909930					
应用研究	3182637					
试验发展	8747665					
五、按从事的国民经济行业分组						
农、林、牧、渔业	4008	3604	1144	405	143	206
采矿业	56064	53918	21960	2146	2066	5828
制造业	2365034	2139398	940664	225636	223427	287081
电力、燃气及水的生产和供应业	19777	18705	7254	1072	1042	1051
建筑业	171419	132547	48419	38872	37959	2456
交通运输、仓储和邮政业	9736	9665	6664	71	71	2720
信息传输、计算机服务和软件业	1181114	1129526	827693	51589	50086	29851
批发和零售业						
住宿和餐饮业						
金融业	1901	1021	938	880	870	1341
房地产业						
租赁和商务服务业	84115	82007	49767	2108	2097	5478
科学研究、技术服务和地质勘查业	8260041	6668450	1739215	1591591	1098061	420109
水利、环境和公共设施管理业	35335	34663	14786	672	672	871
居民服务和其他服务业						
教　育	1626476	1380680	216615	245796	221517	186077
卫生、社会保障和社会福利业	18460	17430	9911	1030	1010	
文化、体育和娱乐业	6752	5847	4632	904	903	146
公共管理和社会组织						
国际组织						

表3 北京地区 R&D 项目(课题)情况

	项目(课题)数 /项	项目(课题)人员折合全时当量 /人年	项目(课题)经费支出 /万元
总　计	**136969**	**223637**	**10497955**
一、按执行部门分组			
科研院所	28534	91376	5176868
高等院校	92243	34424	1251731
企　业	14244	91935	3960526
其　他	1948	5901	108831
二、按活动类型分组			
基础研究	47864	39086	1322954
应用研究	68234	58459	2295658
试验发展	20871	126092	6879344
三、按项目来源分组			
国家科技项目	57827	97296	5272977
地方科技项目	13978	11491	223341
企业委托科技项目	32496	20877	872256
自选科技项目	26534	71166	2872489
来自国外的科技项目	2127	9925	492927
其他科技项目	4006	12881	763965
四、按项目的合作形式分组			
与境外机构合作	1745	6324	297178
与国内高校合作	7253	10387	431168
与国内独立研究机构合作	8853	18319	1045808
与境内注册外商独资企业合作	207	160	7669
与境内注册其他企业合作	7371	11164	597067
独立完成	108368	170151	7831323
其　他	3171	7133	287743

表 4 北京地区 R&D 活动产出情况

	专利申请数/件	发明专利	有效发明专利数/件	发表科技论文/篇	出版科技著作/种
总 计	**73481**	**51962**	**126076**	**195884**	**8248**
一、按执行部门分组					
科研院所	12676	10264	28985	57061	2504
高等院校	13363	10795	38050	118985	5225
企 业	47090	30682	58644	13589	267
其 他	352	221	397	6249	252
二、按单位隶属关系分组					
中 央	37877	29093	89140	160527	6252
地 方	35604	22869	36936	35357	1996
三、按从事的国民经济行业分组					
农、林、牧、渔业	2	2	13	30	
采矿业	393	204	658	415	
制造业	18204	9449	22379	2049	
电力、燃气及水的生产和供应业	1427	628	712	692	
建筑业	417	120	157	909	
交通运输、仓储和邮政业	36	7	68	48	
信息传输、计算机服务和软件业	17008	13876	14422	915	
批发和零售业					
住宿和餐饮业					
金融业	56	43	30	19	
房地产业					
租赁和商务服务业	2718	1649	3922	327	
科学研究、技术服务和地质勘查业	19455	15020	45401	68104	2937
水利、环境和公共设施管理业	315	119	235	62	5
居民服务和其他服务业					
教 育	13363	10795	38050	118985	5225
卫生、社会保障和社会福利业	14	7		3092	52
文化、体育和娱乐业	73	43	29	237	29
公共管理和社会组织					
国际组织					

二、科研院所汇总表

表5 科研院所R&D人员情况

	R&D人员合计/人	1.博士毕业	2.硕士毕业	3.本科毕业	R&D人员折合全时人员/人年	研究人员
总　计	**67695**	**26737**	**19059**	**14735**	**55741**	**34477**
一、按执行部门分组						
科研院所	67695	26737	19059	14735	55741	34477
高等院校						
企　业						
其　他						
二、按单位隶属关系分组						
中　央	63050	25576	17560	13313	51792	32340
地　方	4645	1161	1499	1422	3949	2137
三、按活动类型分组						
基础研究					21128	
应用研究					22288	
试验发展					12325	
四、按服务的国民经济行业分组						
农、林、牧、渔业	5733	1931	1661	1584	5107	2266
采矿业	0	0	0	0	0	0
制造业	3086	1106	1024	693	2563	1530
电力、燃气及水的生产和供应业	404	196	90	55	337	172
建筑业	124	17	60	39	105	65
交通运输、仓储和邮政业	0	0	0	0	0	0
信息传输、计算机服务和软件业	777	202	406	140	711	570
批发和零售业	0	0	0	0	0	0
住宿和餐饮业	1850	499	867	409	1262	812
金融业	0	0	0	0	0	0
房地产业	0	0	0	0	0	0
租赁和商务服务业	0	0	0	0	0	0
科学研究、技术服务和地质勘查业	43762	18746	11610	8260	35625	23339
水利、环境和公共设施管理业	3040	1173	1098	682	2513	1704
居民服务和其他服务业	33	4	13	9	27	8
教　育	516	169	195	130	410	286
卫生、社会保障和社会福利业	6594	2367	1453	2032	5650	2841
文化、体育和娱乐业	449	59	138	195	381	245
公共管理和社会组织	1327	268	444	507	1050	639
国际组织	0	0	0	0	0	0

注：统计范围为政府部门属独立科研院所（民口）。

表 6 科研院所 R&D 经费情况

	R&D 经费内部支出合计/万元	1. 日常性支出	人员劳务费	2. 资产性支出	仪器和设备	R&D 经费外部支出合计/万元
总 计	**2955903**	**2318624**	**840564**	**637279**	**456916**	**110291**
一、按执行部门分组						
科研院所	2955903	2318624	840564	637279	456916	110291
高等院校						
企 业						
其 他						
二、按单位隶属关系分组						
中 央	2770237	2184675	783762	585562	408307	104546
地 方	185666	133949	56802	51717	48609	5745
三、按资金来源						
政府资金	2663245					
企业资金	121024					
国外资金	20089					
其他资金	151545					
四、按活动类型分组						
基础研究	967783					
应用研究	1204704					
试验发展	783415					
五、按服务的国民经济行业分组						
农、林、牧、渔业	248223	194414	57669	53810	45101	15689
采矿业	0	0	0	0	0	0
制造业	132237	107330	40006	24909	16706	7296
电力、燃气及水的生产和供应业	39115	35619	11074	3496	3310	0
建筑业	2993	2716	2004	277	277	149
交通运输、仓储和邮政业	0	0	0	0	0	0
信息传输、计算机服务和软件业	48998	32955	9816	16043	10035	5016
批发和零售业	0	0	0	0	0	0
住宿和餐饮业	88721	72720	30790	16000	15728	0
金融业	0	0	0	0	0	0
房地产业	0	0	0	0	0	0
租赁和商务服务业	0	0	0	0	0	0
科学研究、技术服务和地质勘查业	1956809	1501407	508483	455403	307025	63161
水利、环境和公共设施管理业	109026	92186	35281	16840	15047	909
居民服务和其他服务业	1588	1340	99	248	248	0
教 育	20135	17723	8210	2412	1920	0
卫生、社会保障和社会福利业	242435	207733	118601	34702	32191	16992
文化、体育和娱乐业	18299	15398	4768	2901	2894	120
公共管理和社会组织	47327	37085	13763	10242	6435	958
国际组织	0	0	0	0	0	0

表 7　科研院所 R&D 项目(课题)情况

	项目(课题)数 /项	项目(课题)人员折合全时当量 /人年	研究人员	项目(课题)经费支出 /万元
总　计	**50308**	**26649**	**1735057**	**1572495**
一、按执行部门分组				
科研院所	50308	26649	1735057	1572495
高等院校				
企　业				
其　他				
二、按活动类型分组				
基础研究	18947	10006	579619	554247
应用研究	19967	10103	741268	649274
试验发展	11395	6540	414170	368974
三、按项目来源分组				
国家科技项目	34342	18221	1148534	1102493
地方科技项目	2883	1610	77915	71229
企业委托科技项目	2347	1019	76357	13470
自选科技项目	3868	2331	107118	103018
来自国外的科技项目	564	324	18043	8479
其他科技项目	6304	3144	307089	273806
四、按项目的合作形式分组				
与境外机构合作	439	256	15074	10892
与国内高校合作	2626	1233	87059	82218
与国内独立研究机构合作	6431	3694	271367	256734
与境内注册外商独资企业合作	45	28	1158	1088
与境内注册其他企业合作	901	474	24108	19153
独立完成	38192	20161	1267173	1147251
其　他	1674	803	69118	55157

表 8 科研院所 R&D 活动产出情况

	专利申请数 /件	发明专利	有效发明专利数 /件	发表科技论文 /篇	出版科技著作 /种
总　计	**6464**	**5164**	**17425**	**48734**	**2261**
一、按执行部门分组					
科研院所	6464	5164	17425	48734	2261
高等院校					
企　业					
其　他					
二、按单位隶属关系分组					
中　央	5884	4817	16609	44559	1933
地　方	580	347	816	4175	328
三、按服务的国民经济行业分组					
农、林、牧、渔业	879	594	1397	4081	218
采矿业	0	0	0	0	0
制造业	630	579	2568	2438	63
电力、燃气及水的生产和供应业	183	94	223	569	52
建筑业	10	8	28	84	9
交通运输、仓储和邮政业	0	0	0	0	0
信息传输、计算机服务和软件业	130	17	152	990	43
批发和零售业	0	0	0	0	0
住宿和餐饮业	234	173	1062	732	4
金融业	0	0	0	0	0
房地产业	0	0	0	0	0
租赁和商务服务业	0	0	0	0	0
科学研究、技术服务和地质勘查业	3909	3395	10989	27057	1135
水利、环境和公共设施管理业	271	176	463	2025	125
居民服务和其他服务业	3	0	39	21	1
教　育	0	0	0	844	158
卫生、社会保障和社会福利业	107	80	375	7305	218
文化、体育和娱乐业	24	8	18	486	100
公共管理和社会组织	84	40	111	2102	135
国际组织	0	0	0	0	0

三、转制科研院所汇总表

表9 转制科研院所 R&D 人员情况

	R&D 人员				R&D 人员折合	
	合计/人	1. 博士毕业	2. 硕士毕业	3. 本科毕业	全时人员/人年	研究人员
总　计	**16351**	**2294**	**6549**	**5794**	**13453**	**7388**
一、按转制方向分组						
转为企业或进入企业集团	14994	2081	5979	5356	12376	6787
工业企业	506	36	166	239	418	159
非工业企业	14488	2045	5813	5117	11958	6628
转为非企业单位	1357	213	570	438	1077	601
其中:并入高校	14	5	3	6	5	1
二、按单位隶属关系分组						
中　央	15399	2219	6145	5418	12681	6947
地　方	952	75	404	376	772	441
三、按活动类型分组						
基础研究					574	
应用研究					1894	
试验发展					10985	
四、按服务的国民经济行业分组						
农、林、牧、渔业	106	36	28	32	98	73
采矿业	1889	487	769	566	1512	1252
制造业	6508	955	2098	2523	5456	2762
电力、燃气及水的生产和供应业	1491	276	838	261	1089	418
建筑业	1639	82	600	710	1321	804
交通运输、仓储和邮政业	0	0	0	0	0	0
信息传输、计算机服务和软件业	2219	207	914	881	1838	1219
批发和零售业	0	0	0	0	0	0
住宿和餐饮业	1413	97	839	423	1231	281
金融业	120	14	30	61	109	53
房地产业	0	0	0	0	0	0
租赁和商务服务业	0	0	0	0	0	0
科学研究、技术服务和地质勘查业	845	119	393	287	722	495
水利、环境和公共设施管理业	41	4	17	13	32	14
居民服务和其他服务业	0	0	0	0	0	0
教　育	0	0	0	0	0	0
卫生、社会保障和社会福利业	15	1	5	8	5	2
文化、体育和娱乐业	65	16	18	29	40	15
公共管理和社会组织	0	0	0	0	0	0
国际组织	0	0	0	0	0	0

注:统计范围为民口已转制的县以上独立核算的研究机构及科技信息与文献机构,不包括已转制的工程勘察设计单位及转制后重组或分解的研究机构。

表 10 转制科研院所 R&D 经费情况

	R&D 经费内部支出合计/万元	1. 日常性支出	人员劳务费	2. 资产性支出	仪器和设备	R&D 经费外部支出合计/万元
总　计	**748193**	**594022**	**246427**	**154172**	**120989**	**29953**
一、按转制方向分组						
转为企业或进入企业集团	691425	552710	231120	138715	112753	28323
工业企业	12488	10743	4325	1746	1735	211
非工业企业	678936	541967	226795	136969	111018	28112
转为非企业单位	56768	41312	15307	15457	8236	1630
其中:并入高校	59	55	13	4	4	0
二、按单位隶属关系分组						
中　央	724948	573133	236486	151815	118643	29204
地　方	23245	20889	9941	2356	2346	749
三、按资金来源						
政府资金	178120					
企业资金	555556					
国外资金	3933					
其他资金	10583					
四、按活动类型分组						
基础研究	25681					
应用研究	94631					
试验发展	627880					
五、按服务的国民经济行业分组						
农、林、牧、渔业	5842	5265	1600	577	555	636
采矿业	117956	103153	31783	14802	11698	11878
制造业	271175	215468	94482	55709	37060	5269
电力、燃气及水的生产和供应业	89666	75433	39482	14233	13021	2184
建筑业	42561	41320	13932	1241	664	503
交通运输、仓储和邮政业	0	0	0	0	0	0
信息传输、计算机服务和软件业	136705	77776	25592	58929	49837	2556
批发和零售业	0	0	0	0	0	0
住宿和餐饮业	50980	47111	27088	3869	3869	6149
金融业	3831	3831	2515	0	0	0
房地产业	0	0	0	0	0	0
租赁和商务服务业	0	0	0	0	0	0
科学研究、技术服务和地质勘查业	27163	23019	9256	4143	3621	275
水利、环境和公共设施管理业	1297	1027	465	270	270	503
居民服务和其他服务业	0	0	0	0	0	0
教　育	0	0	0	0	0	0
卫生、社会保障和社会福利业	157	129	89	29	26	0
文化、体育和娱乐业	863	492	147	371	371	0
公共管理和社会组织	0	0	0	0	0	0
国际组织	0	0	0	0	0	0

表11 转制科研院所R&D项目(课题)情况

	项目(课题)数 /项	项目(课题)人员折合全时当量 /人年	研究人员	项目(课题)经费支出 /万元
总 计	**12735**	**7013**	**418019**	**76510**
一、按转制方向分组				
转为企业或进入企业集团	11870	6489	398863	61325
工业企业	397	151	8856	3386
非工业企业	11473	6338	390007	57939
转为非企业单位	866	524	19156	15185
其中:并入高校	4	1	20	3
二、按活动类型分组				
基础研究	541	341	14929	2900
应用研究	1696	1027	52507	8863
试验发展	10498	5645	350583	64747
三、按项目来源分组				
国家科技项目	4775	2397	126783	67507
地方科技项目	429	210	9702	3883
企业委托科技项目	3929	2405	198009	293
自选科技项目	3061	1789	73301	780
来自国外的科技项目	264	108	4593	2367
其他科技项目	278	105	5630	1678
四、按项目的合作形式分组				
与境外机构合作	91	48	2120	1326
与国内高校合作	900	461	20686	7430
与国内独立研究机构合作	1374	557	46349	7154
与境内注册外商独资企业合作	6	2	181	181
与境内注册其他企业合作	1683	972	58140	16445
独立完成	8332	4758	282405	38244
其 他	349	215	8139	5730

表12 转制科研院所R&D活动产出情况

	专利申请数/件	发明专利	有效发明专利数/件	发表科技论文/篇	出版科技著作/种
总　计	**4773**	**3747**	**14304**	**6426**	**140**
一、按转制方向分组					
转为企业或进入企业集团	4665	3685	14132	5831	112
工业企业	41	24	205	55	0
非工业企业	4624	3661	13927	5776	112
转为非企业单位	108	62	172	595	28
其中:并入高校	0	0	0	0	0
二、按单位隶属关系分组					
中　央	4581	3659	13932	6169	106
地　方	192	88	372	257	34
三、按服务的国民经济行业分组					
农、林、牧、渔业	7	5	25	100	1
采矿业	609	489	1300	1471	12
制造业	2763	2286	10541	2459	35
电力、燃气及水的生产和供应业	813	648	1021	695	25
建筑业	280	135	748	626	51
交通运输、仓储和邮政业	0	0	0	0	0
信息传输、计算机服务和软件业	219	120	423	696	4
批发和零售业	0	0	0	0	0
住宿和餐饮业	37	37	68	47	0
金融业	9	9	91	8	0
房地产业	0	0	0	0	0
租赁和商务服务业	0	0	0	0	0
科学研究、技术服务和地质勘查业	22	11	71	266	3
水利、环境和公共设施管理业	13	7	16	35	6
居民服务和其他服务业	0	0	0	0	0
教　育	0	0	0	0	0
卫生、社会保障和社会福利业	0	0	0	4	0
文化、体育和娱乐业	1	0	0	19	3
公共管理和社会组织	0	0	0	0	0
国际组织	0	0	0	0	0

2015年度北京市科学技术奖获奖项目一览表

2015年共有188项科技成果荣获北京市科学技术奖，包括一等奖29项、二等奖54项、三等奖105项。

一等奖

序号	获奖编号	项目名称	完成单位	主要完成人
1	2015计-1-001	笔式人机交互关键技术及应用	中国科学院软件研究所 鸿合科技有限公司 北京教育科学研究院 中国医学科学院北京协和医院	田　丰　戴国忠　王宏安　邢修青 张　毅　方中雄　崔丽英　朱以诚 张凤军　李俊峰　王丹力　马翠霞
2	2015计-1-002	云端一体化SuperMap GIS软件平台研发及产业化	北京超图软件股份有限公司	钟耳顺　宋关福　王尔琪　李绍俊 梁　军　胡中南　谢　林　冯振华 曾志明　王少华　卢　浩　周　芹 李文龙　周　旭　李少杰
3	2015计-1-003	城市交通诱导与导航出行关键技术研究与应用服务	北京掌城科技有限公司 中国科学院地理科学与资源研究所 北京千方信息科技集团有限公司 武汉大学	陆　锋　张恒才　夏曙东　孙亚夫 杨必胜　张志平　陈碧宇　郭胜敏 陈　洁　张云菲　于　晓　张高峰 吴　琼　孙学军
4	2015计-1-004	群体智能支撑的互联网搜索技术及其应用	清华大学 北京搜狗科技发展有限公司 北京搜狗信息服务有限公司	刘奕群　张　阔　张　敏　王小川 茹立云　马少平　许静芳　王　超 佟子健　张　坤　余　浩　李　毅 刘明荣　仙云森　金奕江
5	2015电-1-001	电场探测先进传感器关键技术及应用	中国科学院电子学研究所 国网电力科学研究院 武汉南瑞有限责任公司 北京维天信气象设备有限公司	夏善红　彭春荣　陈贤祥　郑凤杰 郭钧天　谌晓芽　杨鹏飞　闻小龙 陈　博　方东明　王　宇　方奕庚 许远根　储昭志　顾植彬
6	2015电-1-002	基于自主技术平台的大尺寸平板显示核心技术研发应用	京东方科技集团股份有限公司 北京京东方显示技术有限公司 合肥鑫晟光电科技有限公司	邵喜斌　田正牧　王　丹　吕　敬 廖燕平　黄应龙　袁剑峰　张丽蕾 马　青　张洪林　胡巍浩　王章涛 何建民　梁恒镇　郑喆奎
7	2015环-1-001	北京市大气环境PM2.5来源解析技术研究与应用	北京市环境保护监测中心 清华大学 中国环境科学研究院	张大伟　王书肖　华　蕾　胡京南 蒋靖坤　石爱军　刘保献　梁云平 杨妍妍　李云婷　李金香　魏　强 邹本东　杨懂艳　王小菊
8	2015环-1-002	城市面源污染控制与景观水体水质改善成套技术与应用	清华大学 北控水务集团有限公司 北京市可持续发展促进会	刘　翔　王　慧　薛晓飞　韩东梅 管运涛　蒋建国　马伟芳　庞洪涛 王继华　李　淼　叶建东　马雄威 邵雪峰　郭　浩　李　涛
9	2015能-1-001	高分辨正电子时间测量技术的研究与应用	中国科学院高能物理研究所	王宝义　魏　龙　曹兴忠　章志明 李道武　马创新　于润升　李卓昕 秦秀波　郝小鹏　魏存峰　张　鹏 姜小盼　王英杰　王培林

续表

序号	获奖编号	项目名称	完成单位	主要完成人
10	2015 能 - 1 - 002	新能源智能监测与调度系统研发及应用	中国电力科学研究院	刘　纯　王伟胜　董　存　黄越辉　冯双磊　王　勃　刘德伟　范高锋　王　铮　王跃峰　马　珂　高云峰　卢　静　李　鹏　车建峰
11	2015 能 - 1 - 003	能量功率兼顾型锂离子动力电池系统的开发与应用技术	中信国安盟固利动力科技有限公司	吴宁宁　毛永志　刘建红　王瑞军　安洪力　郭长新　孙　影　杨道均　徐金龙　俞会根　王海波　吴　可　王海星　郭　军　谢娇娜
12	2015 能 - 1 - 004	低风速低载荷 1.5MW 风电叶片研发及产业化	中材科技风电叶片股份有限公司	陈　淳　李成良　张富海　鲁晓峰　李　辉　高国强　贾智源　丁　惢　姜　悦　张登刚　朱小芹　方致阳　王向东　赵　娜　高雪山
13	2015 能 - 1 - 005	饱和铁心型超导限流器的关键技术研究	北京云电英纳超导电力技术有限公司	信　赢　牛潇晔　任安林　熊志全　洪　辉　张敬因　孙熇伟　王海珍　张利锋　陈志莉　李　强
14	2015 能 - 1 - 006	海相碳酸盐岩深层油气井井筒关键技术与工业化应用	中国石油化工股份有限公司石油工程技术研究院 中国石油化工股份有限公司石油勘探开发研究院 中国石油化工股份有限公司勘探分公司 西南石油大学 中国科学院武汉岩土力学研究所	曾义金　刘修善　丁士东　陈军海　李　军　李文东　周仕明　张进双　王　怡　林永学　赵　晓　康毅力　郭印同　刘四海　马兰荣
15	2015 制 - 1 - 001	脱硫石膏综合利用关键技术与设备开发及应用	机械科学研究总院 北新集团建材股份有限公司 北京机械工业自动化研究所	单忠德　武发德　戎文娟　战　丽　王鹏起　谭丹君　张　永　王　莹　赵金平　周建中　刘　丰　杨小东　岳秀江　张羽飞　王永威
16	2015 制 - 1 - 002	井下核磁共振探测关键技术与规模化应用	中国石油大学(北京) 北京环鼎科技有限责任公司	肖立志　廖广志　谢然红　何　明　李　新　刘金柱　饶立强　李英波　邓　峰　谢庆明　胡海涛　傅少庆　于慧俊　郭宝左　张立英
17	2015 城 - 1 - 001	既有重大建筑抗震鉴定与加固关键技术研究及应用	中冶建筑研究总院有限公司 中国京冶工程技术有限公司 北京工业大学	惠云玲　郭小华　高向宇　幸坤涛　李忠煜　信　任　郑　云　侯　健　王　玲　苏经宇　马东辉　冷秩宇　杨建平　常好诵　王新泉
18	2015 城 - 1 - 002	重交通条件下的高比例 RAP 沥青路面关键技术研究与应用	北京建筑大学 中咨公路养护检测技术有限公司 北京工业大学 西安公路研究院 北京市政路桥管理养护集团有限公司	季　节　侯　芸　徐希娟　索　智　陈旭东　许　鹰　苗英豪　徐世法　袁卓亚　卢九章　周新锋

续表

序号	获奖编号	项目名称	完成单位	主要完成人
19	2015交-1-001	电动汽车能量回馈式制动系统关键技术及其应用	清华大学 中国科学院电工研究所	张俊智　王丽芳　苟晋芳　吕　辰 李　芳　廖承林　张志刚　何承坤 李禹橦　伍令飞　孙东升　徐冬平 王立业　吴　艳
20	2015农-1-001	中国荷斯坦牛基因组选择技术平台的建立与应用	中国农业大学 中国奶业协会 全国畜牧总站 北京奶牛中心 北京首农畜牧发展有限公司 上海奶牛育种中心有限公司	张　勤　张　沅　张胜利　孙东晓 丁向东　刘　林　李锡智　刘剑锋 刘海良　姜　力　刘光磊　乔　绿 王雅春　俞　英　张　毅
21	2015农-1-002	食源性致病微生物生物传感及溯源快检技术与应用	北京出入境检验检疫局检验检疫技术中心 威海出入境检验检疫局检验检疫技术中心 中华人民共和国淮安出入境检验检疫局 中华人民共和国临沂出入境检验检疫局	张　捷　张锡全　张惠媛　杨向莹 王　静　卢晓宇　王小晋　许美玲 陈广全　李兆杰　齐　玮　万晓楠 尚士进　畅晓晖
22	2015医-1-001	流感时空变化规律、疾病负担和干预措施效果研究	中国疾病预防控制中心 北京市疾病预防控制中心	余宏杰　杨　鹏　冯录召　王全意 彭质斌　吴双胜　杨　娟　张代涛 郑建东　张　奕　姜　慧　张　莉 秦　颖　段　玮　叶　楠
23	2015医-1-002	卵母细胞成熟与胚胎发育的分子机制研究	北京大学第三医院 北京大学	乔　杰　汤富酬　谢晓亮　闫丽盈 李　蓉　文　路　于　洋　严　杰 李　敏　高江曼　赵红翠　赵　越 廉　颖　刘　平　庞艳莉
24	2015医-1-003	帕金森病的发病机制、预警和干预研究	首都医科大学宣武医院 首都医科大学	陈　彪　吴　涛　于　顺　王晓民 蔡燕宁　杨　慧　李勇杰　庄　平 陈志国　徐胜利　岳　峰　王朝东 张　恩　徐群渊　贾　军
25	2015医-1-004	我国规范化心血管疾病临床研究评价体系的构建及推广	中国医学科学院阜外心血管病医院	蒋立新　李　静　张海波　李　希 戴　浩　李　丽　冯　芳　刘佳敏 高　岩　杨　阳　路甲鹏　郑　昕 乌汉毕力格　展丽娟　张丽华
26	2015医-1-005	胰岛素瘤诊治体系的建立及临床应用	中国医学科学院北京协和医院	赵玉沛　张太平　廖　泉　戴梦华 邢小平　金征宇　李　方　杨爱明 刘子文　蔡力行　丛　林　郭俊超 陈　革　胡　亚　吴文铭
27	2015中-1-001	中药抗抑郁的物质基础与神经生物学机制研究	中国人民解放军军事医学科学院毒物药物研究所 北京同仁堂股份有限公司 中国人民解放军总医院	李云峰　张有志　崔承彬　赵毅民 刘　屏　顾海鸥　于能江　张黎明 赵　楠　薛　瑞　胡　园　刘艳芹 解素花　安　磊　杨　明

续表

序号	获奖编号	项目名称	完成单位	主要完成人
28	2015 药 - 1 - 001	脑起搏器关键技术、系统与临床应用	清华大学 首都医科大学附属北京天坛医院 北京品驰医疗设备有限公司	李路明 张建国 郝红伟 马伯志 姜长青 王伟明 孟凡刚 文雄伟 胡春华 张 凯 加福民 刘方军 杨岸超 陈 浩 吴 峰
29	2015 基 - 1 - 001	响应性功能分子的设计合成与性质研究	中国科学院化学研究所	张德清 张关心 郭雪峰 徐 伟 朱道本

二等奖

序号	获奖编号	项目名称	完成单位	主要完成人
1	2015 计 - 2 - 001	工业机器人高精度装配关键技术研究及应用	中国科学院自动化研究所 安徽埃夫特智能装备有限公司	乔 红 苏建华 王 鹏 许礼进 郑碎武 于晓东 刘智勇 董茂年 肖永强 杨 旭
2	2015 计 - 2 - 002	社会化媒体数据的感知与处理关键技术及应用	中国科学院计算技术研究所 公安部第三研究所	程学旗 金 波 王元卓 冯 凯 熊锦华 李静远 顾 坚 王永剑 孙晓茜 沈华伟
3	2015 计 - 2 - 003	远程信息无障碍交互关键技术及应用	中国科学院计算技术研究所 北京市残疾人联合会	陈益强 纪 雯 戴连君 林守勋 邢云冰 黄美玉 王 剑 于汉超 安玉峰 王向东
4	2015 计 - 2 - 004	融合检测技术的蜂产品质量安全控制系统研究与应用	中国农业科学院蜜蜂研究所 中国农业科学院农业信息研究所	诸叶平 李 熠 刘升平 陈兰珍 鄂 越 赵 静 周金慧 黄京平 海占广 薛晓锋
5	2015 计 - 2 - 005	基于多特征融合的高性能指纹识别及应用	北京海鑫科金高科技股份有限公司	刘晓春 杨春宇 郑逢德 王贤良 吴正平 孔祥斌 何智翔 赵元兴 石娟峰 蔡志文
6	2015 计 - 2 - 006	符合国际 DCI 规范的 2K/4K 数字电影放映服务器关键技术研发与应用	数码辰星科技发展（北京）有限公司	孙晓斌 肖立群 孙 鹏 尚润华 范力军 王 斌 耿克明 于利卫 李 琳 尹立芳
7	2015 电 - 2 - 001	7kW 全固态激光器及其大型风电轴承表面处理关键技术研发与产业化	中国科学院半导体研究所 北京京冶轴承股份有限公司	林学春 罗 虹 于海娟 李 达 张志研 王奕博 侯 玮 刘燕楠 王宝华 邹淑珍
8	2015 电 - 2 - 002	天文成像用双峰谱型匹配微秒脉冲钠信标激光技术研发及应用	中国科学院理化技术研究所 中国科学院光电技术研究所	彭钦军 薄 勇 张雨东 左军卫 王志超 徐一汀 饶长辉 谢仕永 申 玉 王保山
9	2015 材 - 2 - 001	钢渣辊压破碎 - 余热有压热闷技术与装备	中冶建筑研究总院有限公司 中冶节能环保有限责任公司 中国京冶工程技术有限公司	钱 雷 范永平 王 纯 杨景玲 孙 健 董春柳 孟建基 肖敬斌 张 阳 周王斌

续表

序号	获奖编号	项目名称	完成单位	主要完成人
10	2015 材 -2 -002	高品质热镀锌、合金化镀锌汽车板质量性能控制关键技术及应用	首钢总公司 北京科技大学 中国钢研科技集团有限公司 北京首钢股份有限公司 北京首钢冷轧薄板有限公司 首钢京唐钢铁联合有限责任公司	李本海　康永林　朱国森　张启富 王建伟　齐春雨　曾　立　滕华湘 赵征志　李树森
11	2015 环 -2 -001	SGOT 下沉式旋流场海上溢油回收装置的研发及应用	北京中天油石油天然气科技有限公司	张　苓　王旭利　任　璐　王　伟
12	2015 环 -2 -002	大型燃煤电站 SCR 脱硝尿素热解制氨关键技术研究及产业化	大唐环境产业集团股份有限公司 东南大学 大唐洛阳热电有限责任公司	彭代军　仲兆平　陈　勇　宋红兵 陆生宽　周　烨　王　钧　吴德仁 申　镇　夏怀祥
13	2015 能 -2 -001	粒子激发 X 射线谱仪在嫦娥三号巡视探测任务中的应用	中国科学院高能物理研究所 中国科学院紫金山天文台	王焕玉　崔兴柱　常　进　彭文溪 张承模　梁晓华　张春雷　汪锦州 胡一鸣　张家宇
14	2015 能 -2 -002	大亚湾中微子实验掺钆液体闪烁体的研制	中国科学院高能物理研究所	张智勇　丁雅韵　周　莉　王瑞光 刘金昌　曹　俊　王志民　关梦云 钟玮丽　路浩奇
15	2015 能 -2 -003	特高压直流线路宽频域电晕电流测量技术研究及应用	中国电力科学研究院 北京航空航天大学 国网西藏电力有限公司电力科学研究院 清华大学	陆家榆　刘元庆　袁海文　杨立峰 吕建勋　王秋生　何金良　德吉措姆 赵录兴　鞠　勇
16	2015 能 -2 -004	压水堆核电厂全范围严重事故实时仿真技术研发及应用	中广核(北京)仿真技术有限公司 环境保护部核与辐射安全中心	章　旋　杨　堤　邹沫元　曹小平 魏会明　杨海峰　曹建亭　周克峰 许文朝　冯进军
17	2015 能 -2 -005	线聚光直接蒸汽式太阳能热发电装置研制	中国华能集团清洁能源技术研究院有限公司	许世森　徐　越　郑建涛　徐海卫 刘明义　裴　杰　曹传钊　刘冠杰
18	2015 能 -2 -006	发电厂烟气二氧化碳捕集技术研发与应用	中国华能集团清洁能源技术研究院有限公司	郜时旺　刘练波　牛红伟　许世森 王金意　郭东方　汪世清　尚　航 王　昊　侯法柱
19	2015 能 -2 -007	输变电设备快速积污型污闪防治技术的研究与应用	华北电力科学研究院有限责任公司 镇江江冠电力设备有限公司 河北硅谷化工有限公司 江苏神马电力股份有限公司	陈　原　卢　毅　杨　静　刘亚新 张　旭　王　馨　蔡　巍　罗永勤 王　辉　王得文
20	2015 能 -2 -008	缝洞型碳酸盐岩油藏开发核心技术研究与应用	中国石油化工股份有限公司石油勘探开发研究院	袁向春　康志江　胡向阳　张宏方 刘中春　王世星　赵艳艳　张冬丽 张　允　崔书岳

续表

序号	获奖编号	项目名称	完成单位	主要完成人
21	2015 能 -2 -009	枯竭气藏储气库固井配套技术研究与应用	中国石油集团钻井工程技术研究院 中石油北京天然气管道有限公司 中国石油集团渤海钻探工程有限公司第一固井分公司 中国石油集团渤海钻探工程有限公司第二固井分公司	刘硕琼 徐 明 齐奉忠 靳建洲 何学良 宋元洪 孙勤亮 于永金 袁进平 李 勇
22	2015 制 -2 -001	油气长输管线钢管制造过程质量保障关键技术及工程应用	清华大学 华油钢管有限公司	都 东 佟秋利 潘际銮 申立群 骆传教 田 鹏 王 旭 韩赞东 张文增 邹怡蓉
23	2015 制 -2 -002	国 V 清洁汽油生产关键技术研究与应用	中国石油天然气股份有限公司石油化工研究院	兰 玲 钟海军 鞠雅娜 张学军 赵秦峰 葛少辉 朴佳锐 吕忠武 于建宁 亓荣彬
24	2015 城 -2 -001	奥运场区雨洪资源利用技术集成与示范	北京市水科学技术研究院 北京新奥集团有限公司 北京市水利规划设计研究院 北京市建筑设计研究院有限公司	段 旺 张书函 邓卓智 郑克白 綦 伟 赵 飞 王绍斌 孙敏生 冯永忠 陈建刚
25	2015 城 -2 -002	建筑遮阳关键技术研究与应用	北京中建建筑科学研究院有限公司 中国建筑一局(集团)有限公司 上海青鹰实业股份有限公司 北京科尔建筑节能技术有限公司 沈阳紫微机电设备有限公司	段 恺 涂逢祥 顾端青 吴亚洲 李 攀 曹 光 赵文海 刘 强 任 静 张金花
26	2015 城 -2 -003	凤凰中心——基于数字信息技术的设计创新与精确化建造	北京市建筑设计研究院有限公司 江苏沪宁钢机股份有限公司 深圳金粤幕墙装饰工程有限公司	邵韦平 刘宇光 陈 颖 朱忠义 周永明 杨希诚 束伟农 周思红 张铁辉 孙成群
27	2015 城 -2 -004	大型公共建筑混合式通风节能设计方法与环境调控技术研究及应用	清华大学 中国科学院理化技术研究所	林波荣 邵双全 周 翔 刘加根 肖 伟 彭 渤 赵海湉
28	2015 城 -2 -005	建设工程模板支撑体系安全技术研究及应用	中国建筑一局(集团)有限公司 北京城建科技促进会 浙江大学 西安建筑科技大学 北京矿建建设集团有限公司 中建城市建设发展有限公司 北京城建亚泰建设集团有限公司 北京工业职业技术学院 中建一局集团第三建筑有限公司	陈 红 曾 勃 罗尧治 薛 刚 魏吉祥 吴学军 胡长明 潘学斌 鲁丽萍 韩宇峰
29	2015 交 -2 -001	中低速磁浮列车永磁/电磁混合悬浮技术及应用	北京控股磁悬浮技术发展有限公司 中国人民解放军国防科学技术大学	佘龙华 李云钢 李晓龙 郝阿明 龙志强 陈贵荣 刘恒坤 程 虎 窦峰山 齐洪峰

续表

序号	获奖编号	项目名称	完成单位	主要完成人
30	2015 交 -2 -002	快充型纯电动客车关键技术及应用	北京理工大学 北汽福田汽车股份有限公司 微宏动力系统(湖州)有限公司 北京理工华创电动车技术有限公司	林　程　孙逢春　秦志东　王文伟 仝志明　刘继红　周　辉　王　雷 邓国友　时军辉
31	2015 农 -2 -001	农田面源氮磷流失监测及减排技术研究与应用	中国农业科学院农业资源与农业区划研究所 北京市农林科学院 北京市农业环境监测站 农业部农业生态与资源保护总站 中国科学院南京土壤研究所 环境保护部南京环境科学研究所 云南省农业科学院农业环境资源研究所 山东省农业科学院农业资源与环境研究所 宁夏农林科学院 浙江省农业科学院	刘宏斌　邹国元　任天志　欧阳喜辉 翟丽梅　杜连凤　王洪媛　施卫明 黄宏坤　高月香
32	2015 农 -2 -002	骨素及其衍生化产品加工关键技术研究与装备创制	中国农业科学院农产品加工研究所 河南普乐泰生物科技有限公司 河南永达美基食品股份有限公司 上海本优机械有限公司	张春晖　张德权　贾　伟　李　侠 王金枝　胡海川　杜桂红　杨坤范 胡金保　姜本平
33	2015 农 -2 -003	饲料质量安全关键因子监控新技术研发及应用	中国农业科学院农业质量标准与检测技术研究所 中国农业科学院饲料研究所 北京勤邦生物技术有限公司 河南省兽药饲料监察所	苏晓鸥　石　波　王培龙　王瑞国 王　静　万宇平　班付国　索德成 赵根龙　李　兰
34	2015 农 -2 -004	毁灭性土传病害综合治理技术体系的构建与创新	中国农业科学院植物保护研究所 北京市农业技术推广站	曹坳程　王秋霞　冯　洁　徐　进 徐　进　李　园　颜冬冬　王铁臣 毛连纲　李红岑
35	2015 农 -2 -005	轻型木结构材料制造与应用技术	中国林业科学研究院木材工业研究所 国家林业局北京林业机械研究所 北京海德木屋有限公司 苏州皇家整体住宅系统股份有限公司 大连双华木业有限公司 山东新港企业集团有限公司	任海青　周海宾　赵荣军　殷亚方 王朝晖　江京辉　邢新婷　钟　永 王晓欢　尹建军
36	2015 农 -2 -006	生鲜肉质量安全高通量原位无损快速共性检测技术研发与应用	中国农业大学 中国农业科学院北京畜牧兽医研究所 新疆雨润食品有限公司	彭彦昆　孙宝忠　李永玉　汤修映 黄　岚　江发潮　徐　杨　王　伟 王彩萍

续表

序号	获奖编号	项目名称	完成单位	主要完成人
37	2015 农－2－007	食源性致病菌高通量现场快速检测关键技术及其设备的研发	北京出入境检验检疫局检验检疫技术中心 天津生物芯片技术有限责任公司 博奥生物集团有限公司 中国农业大学清华大学	汪　琳　周　琦　柏亚铎　许文涛 张　岩　张锡全　王　磊　曾　静 王　敏　张玉红
38	2015 医－2－001	新生儿重症肺疾病诊治技术研究和诊疗设备开发及临床应用	中国人民解放军北京军区总医院 中国人民解放军第三军医大学第三附属医院 佛山分析仪有限公司 深圳市科曼医疗设备有限公司	刘　敬　封志纯　史　源　胡章雪 张小英　马建新　汪　丽　李秋平 章　晟　吴　静
39	2015 医－2－002	重大公共卫生疾病药品供给模式的研究及应用	中国疾病预防控制中心性病艾滋病预防控制中心 中国疾病预防控制中心妇幼保健中心 北京市疾病预防控制中心云南省艾滋病关爱中心 四川省疾病预防控制中心	刘中夫　晋灿瑞　张福杰　王　强 赵　燕　吴尊友　刘　霞　崔　岩 马春涛　刘世亮
40	2015 医－2－003	胸腔积液的免疫学及诊断学研究	首都医科大学附属北京朝阳医院 华中科技大学同济医学院附属协和医院 广西医科大学第一附属医院	施焕中　童朝晖　周　琼　覃寿明 叶志坚　张建初　王　臻　梁秋丽 徐莉莉　吴　聪
41	2015 医－2－004	提高紫绀型先天性心脏病外科治疗效果的关键技术建立和应用	中国医学科学院阜外心血管病医院	李守军　胡盛寿　张　浩　王　旭 晏馥霞　刘晋萍　花中东　闫　军 杨克明　王　强
42	2015 医－2－005	女性生殖道畸形矫正策略及新术式研究与应用	中国医学科学院北京协和医院	朱　兰　郎景和　王　姝　周慧梅 李晓川　陈　娜　仝佳丽　杨　洁 孙之星　娄文佳
43	2015 医－2－006	原发性干燥综合征发病机制及临床多器官损伤的研究	中国医学科学院北京协和医院 香港大学	张奉春　李永哲　吕力为　张　文 张　烜　陈　华　费允云　林　响 吴子燕　李　娅
44	2015 医－2－007	感染性休克的机制研究及血流动力学治疗体系的建立与应用	中国医学科学院北京协和医院	刘大为　王小亭　隆　云　柴文昭 周　翔　张宏民　杜　微　何怀武 崔　娜　王　郝
45	2015 中－2－001	基于谱学技术和组学原理的中药物质基础研究的技术体系构建及应用	中国科学院化学研究所 北京市理化分析测试中心 中国中医科学院中药研究所	唐亚林　张经华　张　虹　巢志茂 周晓晶　向俊锋　李　骞　王　尉 杜　宁
46	2015 中－2－002	中药干预胰岛素抵抗作用机制与应用基础研究	北京中医药大学 中食肽灵（北京）生物科技有限公司	刘铜华　郭翔宇　孙　文　秦灵灵 吴丽丽　徐暾海　黄链莎　李娟娥 杨丽霞　穆晓红

续表

序号	获奖编号	项目名称	完成单位	主要完成人
47	2015 药－2－001	传染病诊断用基因工程抗原创新设计、规模化高效制备及应用	中国人民解放军军事医学科学院基础医学研究所 北京庄笛浩禾生物医学科技有限公司 北京新兴四寰生物技术有限公司 湖南康润药业有限公司 上海荣盛生物药业有限公司	张贺秋　修冰水　冯晓燕　凌世淦 杨锡琴　刘　明　周　逸　毛　昕 张成林　王国华
48	2015 基－2－001	功能纳米量子结构的组装与物性调控	中国科学院物理研究所	高鸿钧　杜世萱　申承民　王业亮 林　晓　高　利　程志海　杨天中 胡亦斌　季　威
49	2015 基－2－002	低维纳米材料与器件的加工及新奇特性研究	中国科学院物理研究所 国家纳米科学中心	顾长志　李俊杰　龙云泽　孙连峰 杨海方　陈兆甲　李云龙
50	2015 基－2－003	组蛋白甲基化和小分子 RNA 调控植物生长发育的分子机理研究	中国科学院遗传与发育生物学研究所	曹晓风　刘春艳　宋显伟　邓　娴 储成才　陆发隆　刘　斌　丁　勇 崔　霞　牛丽芳
51	2015 基－2－004	几类典型复杂网络模型的分析与控制	中国科学院数学与系统科学研究院 东南大学 香港理工大学 香港城市大学	吕金虎　虞文武　陈　姚　陈关荣
52	2015 基－2－005	无机功能薄膜/涂层结构、性能调控与服役机理研究	清华大学 中国人民解放军装甲兵工程学院	王海斗　庄大明　刘家浚　徐滨士 邢志国　马国政　董丽虹　赵　明 付恩刚　张　宁
53	2015 基－2－006	多传感器网络系统信息融合与控制基础理论及应用	北京理工大学 南京理工大学 中国北方车辆研究所	夏元清　付梦印　任雪梅　邓志红 闫莉萍　李春明
54	2015 基－2－007	自组装纳米材料的构建及功能化	国家纳米科学中心	唐智勇　王　丹　刘绍琴　高　燕 刘雅玲　宋　锐　周云龙　夏云生

三等奖

序号	获奖编号	项目名称	完成单位	主要完成人
1	2015 计－3－001	基于显微视觉的精密检测关键技术及应用	中国科学院自动化研究所 中国工程物理研究院激光聚变研究中心	徐　德　张正涛　张大朋　史亚莉 杜　凯　袁晓东
2	2015 计－3－002	智能电网信息安全测评实验体系关键技术研究与应用	中国电力科学研究院 国网智能电网研究院 国网北京市电力公司 国网黑龙江省电力有限公司 国网辽宁省电力有限公司 国网浙江省电力公司	高昆仑　李　凌　刘　楠　韩丽芳 周　亮　李怡康

续表

序号	获奖编号	项目名称	完成单位	主要完成人
3	2015 计-3-003	新型高并发交易移动支付系统建设与应用	联动优势科技有限公司	张文凌 吴锋海 刘 胜 陈瑛绮 刘 佳 向峥嵘
4	2015 计-3-004	北京市环境监察移动执法项目研发与应用	中科宇图天下科技有限公司 北京市环境保护局	姚 新 刘 锐 孙世友 仲崇磊 汪玉峰 谢 涛
5	2015 计-3-005	基于国产密码算法的安全可信电子文件管理系统研发与应用	北京海泰方圆科技有限公司 中国标准化研究院	邱月明 柳 晶 章建方 安晓江 时 津 邢立强
6	2015 计-3-006	新一代 PCIe 高性能存储硬盘的研发及产业化	北京忆恒创源科技有限公司	殷雪冰 路向峰 倪 勇 方 浩 唐志波 王祎磊
7	2015 计-3-007	煎药室智能控制系统开发及应用	北京东华原医疗设备有限责任公司	南 龙 姜黎滨 胡斌强 康建荣 李建省 候青松
8	2015 计-3-008	基于创新 2.0 的城管地图公共服务平台的研究、开发和应用	北京市城市管理综合行政执法局科技信息中心 北京大学 北京首电创新应用技术有限公司	李润华 童云海 王连峰 宋 刚 赵云丰 张帅功
9	2015 电-3-001	高性能、低成本电力线宽带通信芯片研究与开发	国网信息通信有限公司 深圳市国电科技通信有限公司 清华大学 深圳市海思半导体有限公司 国网北京市电力公司	刘建明 赵丙镇 宋 健 叶步财 林大朋 张素香
10	2015 电-3-002	列车调度及信息传输平台研发与应用	北京世纪东方国铁科技股份有限公司	田秀臣 熊道权 严小生 田秀华 张 飞 江 斌
11	2015 电-3-003	燃料电池气体流量控制系统研发及应用	北京七星华创电子股份有限公司	王茂林 牟昌华 李 凯 赵 迪 蒋兴东 杨 宇
12	2015 电-3-004	加速器用固态射频功率源研发及应用	北京北广科技股份有限公司	袁震宇 张建华 贺 正 刘继福 王皓宁 徐 凌
13	2015 电-3-005	基于 BRadio 的专用宽带无线接入系统的研发及应用	清华大学 北京久华信信息技术有限公司	粟 欣 许希斌 曾 捷 赵 明 王 京 肖立民
14	2015 电-3-006	高节能高显色集成封装式 LED 光源的研发及产业化	易美芯光(北京)科技有限公司	杨人毅 范振灿 孙国喜 刘国旭 曾志平 石建青
15	2015 电-3-007	2、3、4 英寸高品质砷化镓单晶片研发及生产产业化	中科晶电信息材料(北京)有限公司	卜俊鹏 朱蓉辉
16	2015 电-3-008	车辆滚动轴承早期故障轨边声学诊断系统研究与应用	北京康拓红外技术股份有限公司	陈 曦 张 益 李 渊 张 亨 叶礼风 吴乐华
17	2015 材-3-001	太阳能多晶硅生产用氮化硅陶瓷绝缘复合组件的研制	北京中材人工晶体研究院有限公司	张伟儒 孙 峰 邹景良 徐 鹏 张 哲 李 新

续表

序号	获奖编号	项目名称	完成单位	主要完成人
18	2015 材 -3 -002	高精度兆瓦级风电叶片模具技术研究及批量应用	北京玻钢院复合材料有限公司	李义全 逄增凯 孟占广 方晓敏 胡照会 陈万康
19	2015 材 -3 -003	4J72 锰基合金冷带批量生产研究	北京北冶功能材料有限公司	陈 军 任福全 白凤江 叶 飚 杨爱红 万克军
20	2015 材 -3 -004	系列纳米台阶高度标准物质研制	国家纳米科学中心 中国计量科学研究院	刘 前 高思田 王 奇 郭延军 施玉书 李晓军
21	2015 环 -3 -001	微生物催化铁循环转化过程的研究及应用	中国科学院过程工程研究所 北京科技大学	李浩然 杜竹玮 冯雅丽 王维大 易爱飞 杨鑫龙
22	2015 环 -3 -002	钢铁烧结烟气汞污染监测及控制技术示范	中国科学院过程工程研究所 北京正实同创环境工程科技有限公司 华北电力大学	朱廷钰 徐文青 张 锴 孙新福 王 雪 李玉然
23	2015 环 -3 -003	节能型膜生物反应器(MBR)技术研究及产业化	北京桑德环境工程有限公司 北京海斯顿水处理设备有限公司	文一波 王 凯 姜安平 张景志 刘金泉 才建成
24	2015 环 -3 -004	基于绿色城市的整体铺装的高承载高透水减排地面系统的研发和应用	北京中景橙石生态艺术地面科技股份有限公司	王理忠 岳 伟 李 颖
25	2015 环 -3 -005	京津冀城市群发展对区域本底大气成分的影响评估	中国气象局北京城市气象研究所 天津市气象科学研究所 河北省气象科学研究所	张小玲 赵秀娟 赵普生 马志强 徐 敬 蒲维维
26	2015 环 -3 -006	高炉煤气一塔式多级除氯工艺及装备的研究与应用	北京京诚泽宇能源环保工程技术有限公司 中冶京诚工程技术有限公司	张传波 董艳苹 柴凤飞 王世芹 牛得草 李 巍
27	2015 能 -3 -001	典型用能系统能耗仿真与节能分析技术研究、系统研制及工程应用	中国电力科学研究院 国网北京市电力公司 北京国网普瑞特高压输电技术有限公司	闫华光 钟 鸣 蒋利民 熊 敏 郭炳庆 苗常海
28	2015 能 -3 -002	高密度多接入点建筑光伏并网与配电网协调关键技术研究与应用	中国电力科学研究院 国网北京市电力公司	何国庆 赵伟然 姚虹春 刘 纯 周 昶 李光辉
29	2015 能 -3 -003	面向智能电网的计量标准及量测关键技术研究与应用	中国电力科学研究院 国网电力科学研究院 北京博纳电气股份有限公司	徐英辉 于海波 章 欣 雷 民 刘 宣 周 峰
30	2015 能 -3 -004	配电网协调性规划理论方法与典型模式研究及应用	国网北京经济技术研究院	李敬如 宋 毅 薛振宇 吴志力 李红军 徐 晶

续表

序号	获奖编号	项目名称	完成单位	主要完成人
31	2015 能 - 3 - 005	石油压裂液智能配液技术研究与产业化应用	北京矿冶研究总院	李　强　潘社卫　刘　庆　吴　萌　台广锋　廖波兰
32	2015 能 - 3 - 006	老油田精细挖潜及智能优化系统与规模化应用	中国石油天然气股份有限公司勘探开发研究院	宋　杰　邓宝荣　陈立生　常军华　张吉群　李心浩
33	2015 能 - 3 - 007	餐厨垃圾固渣除盐无害化处理关键技术研究及应用推广	北京乐田园环保科技有限公司	杨新玉　刘　艳　杨东瑞　张思荣　陈莉莉　杨东海
34	2015 能 - 3 - 008	基于储能的新能源微网供电系统关键技术研究与应用	北京四方继保自动化股份有限公司 南京四方亿能电力自动化有限公司 北京四方继保工程技术有限公司	刘志超　承文新　葛　亮　吉小鹏　刘　树　乔　峰
35	2015 能 - 3 - 009	锅炉低 NOx 燃烧控制与优化运行关键技术的研究及应用	北京华电天仁电力控制技术有限公司	黄振江　吉　云　祝敬伟　王继明　廖　路　杨立宾
36	2015 能 - 3 - 010	2×50MW 燃气 - 蒸汽联合循环发电技术及创新应用	北京首钢国际工程技术有限公司 北京首钢股份有限公司	樊　泳　阎　波　徐迎超　崔合群　周玉磊　张　建
37	2015 能 - 3 - 011	北京市浅层地温能地质环境综合测试系统及应用研究	北京市地质矿产勘查开发局 北京市地质勘察技术院 北京华清荣昊新能源开发有限责任公司 中国地质大学(北京)	卫万顺　李宁波　毕文明　黄学勤　杨俊伟　于　湲
38	2015 能 - 3 - 012	兆瓦级锂离子储能系统联合火电机组参与 AGC 调频的技术研究与应用	北京睿能世纪科技有限公司 北京能源投资(集团)有限公司 北京源深节能技术有限责任公司 北京京能电力股份有限公司石景山热电厂	牟镠峰　隋晓峰　郭永红　梅东升　杨　松　王力彪
39	2015 能 - 3 - 013	多功能尾管固井工具的研制及工业化	中国石油化工股份有限公司石油工程技术研究院 德州大陆架石油工程技术有限公司	马开华　阮臣良　张金法　马兰荣　郭朝辉　郑晓志
40	2015 能 - 3 - 014	液动射流式冲击器旋冲钻井技术研究及推广应用	中国石油化工股份有限公司石油工程技术研究院	陶兴华　索忠伟　张海平　孙明光　牛新明　张仁龙
41	2015 能 - 3 - 015	航天电弧等离子体加热系统开发与应用	中国航天空气动力技术研究院	陈　峰　陈连忠　朱兴营　闫金山　王　庆　周　法
42	2015 制 - 3 - 001	矿山灾后逃生及避险技术与装备的研究应用	煤炭科学技术研究院有限公司	王喜胜　张殿国　姚永辉　霍中刚　王彦平　叶锦娇

续表

序号	获奖编号	项目名称	完成单位	主要完成人
43	2015制-3-002	高速列车/动车组制动系统用粉末冶金闸片结构、配方研发及产业化	北京天宜上佳新材料有限公司	吴佩芳
44	2015制-3-003	特殊材料闭式结构扭曲型腔零件的精密电火花加工技术的研发及应用	北京市电加工研究所 北京迪蒙数控技术有限责任公司	刘建勇 任连生 杨立光 伏金娟 李 艳 郭 妍
45	2015制-3-004	西气东输二线香港支线海底管道工程关键技术研究与应用	中国石油集团海洋工程有限公司	陈 元 刘东玉 孙志军 王立领 高兆鑫 李春润
46	2015制-3-005	非常规油气钻井用SCADA智能顶驱装置的研发与产业化	北京石油机械厂	王 博 刘新立 谭 哲 邹连阳 张 尧 徐 文
47	2015制-3-006	重载大管径连续管作业机研制及增产应用	中国石油集团钻井工程技术研究院 中国石油集团钻井工程技术研究院江汉机械研究所	贺会群 刘寿军 宋治国 张三坡 杨志敏 张富强
48	2015城-3-001	远距离表面缺陷损伤及裂缝检测系统研发	中冶建筑研究总院有限公司	林松涛 王永焕 徐海翔 张际斌 张海明 张会东
49	2015城-3-002	潜孔冲击高压旋喷桩研究与应用	北京荣创科宏岩土工程有限公司	张 亮 李楷兵 马云飞 毛宗原 朱文学 马 云
50	2015城-3-003	奥林匹克公园站长距离平行下穿大型城市隧道关键技术研究	北京城市快轨建设管理有限公司 北京建工集团有限责任公司 北京交通大学 北京市市政工程研究院	余 乐 张 宏 逄显昱 韩竹青 姜瑞军 付志成
51	2015城-3-004	大型复杂钢结构整体提升安装技术与应用	北京市机械施工有限公司 北京建工集团有限责任公司	邹建磊 刘宏宇 常乃麟 谢 静 乔聚甫 王小瑞
52	2015城-3-005	北京城市轨道交通工程技术标准研究及应用	北京城建设计发展集团股份有限公司 北京全路通信信号研究设计院有限公司 北京市市政工程设计研究总院有限公司 北京市地铁运营有限公司 北京市轨道交通建设管理有限公司 北京轨道交通路网管理有限公司	杨秀仁 黄美群 王奕然 宋 毅 杨兴山 徐成永
53	2015城-3-006	北京城市市政承载力规划研究	北京市城市规划设计研究院 北京市规划委员会	潘一玲 徐彦峰 魏保义 贺 健 廖昭华 张文雍

续表

序号	获奖编号	项目名称	完成单位	主要完成人
54	2015 城 -3 -007	复杂环境厚卵砾漂石地层地铁车站深孔注浆帷幕止水施工关键技术	北京市政建设集团有限责任公司 北京交通大学 北京韩世联商贸有限公司	王文正 孔 恒 张德华 刘魁刚 钟德文 刘 明
55	2015 城 -3 -008	深层地下空间建造关键技术应用与研究	北京市轨道交通建设管理有限公司 北京市轨道交通设计研究院有限公司 中铁隧道集团有限公司	罗富荣 曹伍富 金 淮 郝志宏 王 刚 童利红
56	2015 交 -3 -001	高铁转向架运维检测检修关键技术研究与应用	北京新联铁科技股份有限公司	王利群 黄雪峰 张宝存 杜 红 薛奋祥 卜运强
57	2015 交 -3 -002	特大城市公共自行车系统智能化服务成套技术研究与应用	北京市交通信息中心 北京工业大学 北京市交通委员会运输管理局 北京银河金星科技发展有限公司	王家川 边 扬 焦桐敏 汪祖云 吴东东 翁剑成
58	2015 交 -3 -003	多工况适应和主被动协同的汽车碰撞安全关键技术及应用	清华大学 沈阳华晨金杯汽车有限公司	张金换 马春生 夏 勇 许述财 杜汇良 齐 凯
59	2015 交 -3 -004	电动汽车多能源系统高效、高安全优化及集成控制技术研发与应用	北京航空航天大学 北京汽车新能源汽车有限公司 天津清源电动车辆有限责任公司 潍柴动力股份有限公司	杨世春 唐铁桥 窦汝振 王宏宇 曹耀光 魏跃远
60	2015 交 -3 -005	电动汽车充电网络运营服务智能化提升关键技术研究及应用	国网北京市电力公司 北京交通大学 优科新能源科技有限公司 北京中电普华信息技术有限公司 中国电力科学研究院	潘鸣宇 迟忠君 张 禄 徐于海 牛利勇 温家鹏
61	2015 交 -3 -006	轨道交通信号集中监测系统的研究和应用	北京全路通信信号研究设计院有限公司	蒋灵明 尹春雷 刘贺军 陈建鑫 肖 潜 张学臣
62	2015 交 -3 -007	月地高速再入返回飞行器综合测试分系统研究与应用	北京空间飞行器总体设计部	宋世民 赵 阳 李 达 富小薇 傅晓晶 王少林
63	2015 交 -3 -008	环模设备大口径低温泵的研制与应用	北京卫星环境工程研究所	邵容平 闫荣鑫 孙立臣 孟冬辉 王 勇 孙 伟
64	2015 农 -3 -001	中国蜜蜂种质资源的收集、评价、保护与利用	中国农业科学院蜜蜂研究所 全国畜牧总站	石 巍 郑友民 杨红杰 刘之光 薛 明 丁桂玲

续表

序号	获奖编号	项目名称	完成单位	主要完成人
65	2015 农 - 3 - 002	牧草种质资源收集保存、评价鉴定和创新应用	中国农业科学院北京畜牧兽医研究所 北京市农林科学院 山西省农业科学院畜牧兽医研究所 内蒙古自治区农牧业科学院	高洪文　李　聪　王　赞　孟　林 王运琦　王学敏
66	2015 农 - 3 - 003	干酪加工与乳清回收清洁生产关键技术与设备的研发及产业化	中国农业科学院农产品加工研究所 黑龙江飞鹤乳业有限公司 北京三元食品股份有限公司	吕加平　蒋士龙　刘　鹭　张书文 芦　晶　逄晓阳
67	2015 农 - 3 - 004	粮食作物两熟制光温资源优化配置及其高产高效技术与应用	中国农业科学院作物科学研究所 北京市农业技术推广站 山东省农业科学院作物研究所 中国水稻研究所 扬州大学 华中农业大学	赵　明　董志强　郎书文　张　宾 马　玮　王丹英
68	2015 农 - 3 - 005	都市型西甜瓜栽培技术体系构建与应用	北京市农业技术推广站	朱　莉　曾剑波　穆生奇　陈艳利 陈宗光　马　超
69	2015 农 - 3 - 006	观赏芍药产业化生产关键技术与应用	北京林业大学 北京市花木有限公司 菏泽市牡丹区春季苗木场 菏泽市傲阳牡丹种植专业合作社 菏泽京荷牡丹园艺有限公司 北京润峰创景苗木中心	刘　燕　于晓南　张启翔　刘爱青 高健洲　李秉玲
70	2015 农 - 3 - 007	农业环境精细化光学监测技术与产品	北京农业智能装备技术研究中心 北京农业信息技术研究中心 北京市农业局	赵春江　董大明　郑文刚　杨信廷 赵贤德　阎晓军
71	2015 农 - 3 - 008	系列优质甜玉米品种选育与示范推广	北京市农林科学院玉米研究中心 北京华奥农科玉育种开发有限责任公司	史亚兴　卢柏山　赵久然　邢锦丰 王荣焕　陈　哲
72	2015 农 - 3 - 009	蔬菜流通关键技术研究与应用	北京市农林科学院蔬菜研究中心 北京农业信息技术研究中心 北京天安农业发展有限公司 利农(福建)投资控股有限公司	高丽朴　王开义　王　清　刘忠强 林　源　左进华
73	2015 农 - 3 - 010	畜禽细菌耐药性监测体系的创建及耐药状况调查研究	中国兽医药品监察所 北京市动物疫病预防控制中心	宁宜宝　宋　立　张纯萍　周德刚 张秀英　范学政
74	2015 农 - 3 - 011	采用分子生物学甄别技术构建大宗食品健康诚信保障技术体系	中国检验检疫科学研究院 首都师范大学 北京出入境检验检疫局检验检疫技术中心 北京农业职业学院	吴亚君　王　娉　白素兰　魏海燕 陈　颖　李　莉

续表

序号	获奖编号	项目名称	完成单位	主要完成人
75	2015 医 -3 -001	高危创伤炎症损害机制及临床防治策略研究	中国人民解放军北京军区总医院	孙天胜 刘　智 李绍光 张建政 张　浩 陈晓斌
76	2015 医 -3 -002	2007—2012 年北京市男男性行为人群 HIV 新发感染及分子生物学研究	北京市朝阳区疾病预防控制中心 中国疾病预防控制中心性病艾滋病预防控制中心	罗凤基 邵一鸣 李东亮 师　伟 张　政 李书明
77	2015 医 -3 -003	脊髓灰质炎疫苗序贯免疫程序及策略的研究、应用与推广	北京市疾病预防控制中心	卢　莉 李晓梅 张朱佳子 邓　瑛 庞星火 张合润
78	2015 医 -3 -004	我国自杀行为特征和危险因素的研究及应用	北京回龙观医院	李献云 费立鹏 张艳萍 徐　东 童永胜 梁　红
79	2015 医 -3 -005	慢性肾脏病的疾病负担评价、危险因素探讨及防治策略研究	北京大学第一医院	王海燕 张路霞 左　力 王　芳 高碧霞 马迎春
80	2015 医 -3 -006	口腔骨丢失与骨再生技术的应用基础研究	北京大学口腔医学院	周永胜 谢秋菲 姜　婷 刘云松 刘　浩 单艳华
81	2015 医 -3 -007	重症手足口病临床救治研究	首都医科大学附属北京地坛医院 首都医科大学附属北京儿童医院 上海交通大学附属儿童医院 阜阳市人民医院 聊城市人民医院	李兴旺 钱素云 张育才 冉献贵 杨巧芝 陈志海
82	2015 医 -3 -008	糖尿病性视网膜病变流行病学、发病机理及早期干预研究	首都医科大学附属北京同仁医院 首都医科大学 首都医科大学宣武医院	张新媛 杨金奎 王宁利 刘宁朴 丁　卫 王凤华
83	2015 医 -3 -009	气道介入新技术方法的创建及应用	首都医科大学附属北京天坛医院	张　杰 王　娟 裴迎华 王　婷 王玉玲 邱小建
84	2015 医 -3 -010	颅底肿瘤显微治疗技术平台的构建及规范化治疗研究	首都医科大学附属北京天坛医院	张俊廷 吴　震 贾桂军 张力伟 肖新如 汤　劼
85	2015 医 -3 -011	乳腺癌个体化诊疗关键技术研究及应用	中国医学科学院肿瘤医院	徐兵河 乔友林 马　飞 袁　芃 林东昕 王佳玉
86	2015 医 -3 -012	非缺血性心肌病磁共振成像关键技术及临床应用	中国医学科学院阜外心血管病医院	赵世华 陆敏杰 张　岩 蒋世良 陈秀玉 闫朝武
87	2015 医 -3 -013	心血管 CT 精准检查与诊断关键技术规范化应用及推广	中国医学科学院阜外心血管病医院 上海交通大学附属第六人民医院 中国医科大学附属盛京医院	吕　滨 张佳胤 侯　阳 蒋世良 李明华 吴永健

续表

序号	获奖编号	项目名称	完成单位	主要完成人
88	2015 医 -3 -014	垂体腺瘤的规范化诊治和垂体功能重建	中国医学科学院北京协和医院	王任直 姚 勇 朱惠娟 郁 琦 冯 逢 朱朝晖
89	2015 医 -3 -015	国境口岸重大传染病检验检疫防控体系的建立与应用	中华人民共和国北京出入境检验检疫局 北京大学	齐京安 车志军 宋悦谦 黄健华 刘 民 王 正
90	2015 中 -3 -001	肠易激综合征中医药研究关键技术方法的示范与应用	中国中医科学院西苑医院 香港浸会大学	唐旭东 卞兆祥 王凤云 卞立群 赵迎盼 张北华
91	2015 中 -3 -002	基于数据挖掘技术冠心病证治规律及临床评价的真实世界研究	中国中医科学院西苑医院 北京交通大学	徐 浩 史大卓 高铸烨 周雪忠 冯 妍 尚青华
92	2015 中 -3 -003	一种治疗咳嗽变异型哮喘类疾病的中药新药研究开发与临床应用	扬子江药业集团北京海燕药业有限公司 北京东方运嘉科技发展有限公司	晁恩祥 晁 燕 闫利颖 王海盛 曾风英 侯 鹏
93	2015 中 -3 -004	亚健康状态中医证候分类标准及综合评价指标体系的研究	北京中医药大学	陈家旭 王利敏 赵 歆 赵 晖 刘玥芸 姜幼明
94	2015 药 -3 -001	移动式 G 型臂 X 射线成像系统研发及应用	北京东方惠尔图像技术有限公司	魏世宇 朱 洵 王一秀 周 峰 张 军 苑立安
95	2015 药 -3 -002	复合辅酶等系列生化药的生产关键技术创新与产业化实施	北京双鹭药业股份有限公司	徐明波 吴彦卓 牛 罡 陈献华 张蜀红 梁果义
96	2015 药 -3 -003	基于影像引导的无创肝纤维化诊断系统研发及产业化	北京索瑞特医学技术有限公司 清华大学 中日友好医院 无锡海斯凯尔医学技术有限公司	邵金华 白 净 马安林 罗建文 段后利 孙 锦
97	2015 基 -3 -001	我国手足口病病原学研究和关键防控技术的建立及推广应用	中国疾病预防控制中心病毒病预防控制所 中国医学科学院病原生物学研究所 北京贝尔生物工程有限公司 北京金豪制药股份有限公司 江苏硕世生物科技有限公司	许文波 张 勇 胡永峰 张 燕 吴志强 崔爱利
98	2015 基 -3 -002	基于数据的非线性系统自学习最优控制理论与方法	中国科学院自动化研究所	刘德荣 魏庆来 赵冬斌 王 鼎 杨 雄
99	2015 基 -3 -003	抗生素与抗性基因的环境污染特征、转移转化机制和控制原理	中国科学院生态环境研究中心 北京大学	杨 敏 强志民 张 昱 胡 春 胡建英 贲伟伟
100	2015 基 -3 -004	功能蛋白质合成的化学生物学新方法	中国科学院生物物理研究所	王江云 刘晓红 李发慧 龚为民 张 华 姜 丽

续表

序号	获奖编号	项目名称	完成单位	主要完成人
101	2015 基 - 3 - 005	陆地表面温度热红外遥感反演机理与方法研究	中国科学院地理科学与资源研究所 北京师范大学 中国农业科学院农业资源与农业区划研究所	李召良　唐伯惠　吴　骅　唐荣林 阎广建　段四波
102	2015 基 - 3 - 006	元素核合成中的关键科学问题研究	中国原子能科学研究院 中国科学院近代物理研究所 中国科学院国家天文台 北京航空航天大学	柳卫平　李志宏　郭　冰　何建军 施建荣　王友宝
103	2015 基 - 3 - 007	融合燃料调质和新燃烧模式的内燃机高效清洁燃烧理论和方法	清华大学	王建昕　王　志　帅石金　何邦全 肖建华　马　骁
104	2015 基 - 3 - 008	动态断裂有限元方法及工程应用研究	清华大学	庄　茁　柳占立　由小川　王　恒 许丹丹　曾庆磊
105	2015 基 - 3 - 009	管线钢土壤应力腐蚀机理与关键环境影响因素作用规律基础研究	北京科技大学	李晓刚　刘智勇　杜翠薇　董超芳 程学群　肖　葵

2015 年度北京市获国家科学技术奖情况(通用项目)一览表

2015 年度北京市主持完成的 71 项成果获得国家科学技术奖,包括国家自然科学奖 12 项、国家技术发明奖 17 项、国家科技进步奖 42 项,其中包括 2 项国家技术进步特等奖。北京市主持和参与完成的获奖项目数占国家通用项目授奖总数的 49.4%。

序号	奖种	等级	项目名称	主要完成人	主要完成单位	推荐单位
1	国家自然科学奖	二等	活体层次定量获取化学信号的新原理和新方法研究	毛兰群(中国科学院化学研究所),于萍(中国科学院化学研究所),张美宁(中国科学院化学研究所),严乙铭(中国科学院化学研究所),林雨青(中国科学院化学研究所)		北京市
2	国家自然科学奖	二等	流域水沙条件对水质的影响过程及机理	夏星辉(北京师范大学),杨志峰(北京师范大学),沈珍瑶(北京师范大学),郭学军(北京师范大学),陈静生(北京大学)		北京市

续表

序号	奖种	等级	项目名称	主要完成人	主要完成单位	推荐单位
3	国家自然科学奖	二等	真空紫外激光角分辨光电子能谱对高温超导机理相关科学问题的研究	周兴江（中国科学院物理研究所），刘国东（中国科学院物理研究所），赵林（中国科学院物理研究所），陈创天（中国科学院理化技术研究所），许祖彦（中国科学院理化技术研究所）		中国科学院
4	国家自然科学奖	二等	石墨烯的电分析化学和生物分析化学研究	李景虹（清华大学），王颖（清华大学），刘洋（清华大学），陈达（清华大学），唐龙华（清华大学）		教育部
5	国家自然科学奖	二等	大陆碰撞成矿理论的创建及应用	陈衍景（北京大学）		专家推荐
6	国家自然科学奖	二等	青藏高原生长的深部过程、岩石圈结构与地表隆升	王成善（中国地质大学（北京），魏文博（中国地质大学（北京），朱弟成（中国地质大学（北京），莫宣学（中国地质大学（北京），金胜（中国地质大学（北京）		国土资源部
7	国家自然科学奖	二等	典型内分泌干扰物质的环境行为与生态毒理效应	胡建英（北京大学），万祎（北京大学），张照斌（北京大学），常红（北京大学）		教育部
8	国家自然科学奖	二等	电离层变化性的驱动过程	万卫星（中国科学院地质与地球物理研究所），刘立波（中国科学院地质与地球物理研究所），宁百齐（中国科学院地质与地球物理研究所），赵必强（中国科学院地质与地球物理研究所），丁锋（中国科学院地质与地球物理研究所）		中国科学院
9	国家自然科学奖	二等	复杂耦合动态系统控制与应用	段志生（北京大学），黄琳（北京大学），李忠奎（北京大学），王金枝（北京大学），杨莹（北京大学）		中国科协

续表

序号	奖种	等级	项目名称	主要完成人	主要完成单位	推荐单位
10	国家自然科学奖	二等	不确定性系统的辨识与控制	张纪峰(中国科学院数学与系统科学研究院),刘允刚(山东大学),赵延龙(中国科学院数学与系统科学研究院),刘淑君(东南大学),马翠芹(曲阜师范大学)		中国科学院
11	国家自然科学奖	二等	可视媒体几何计算的理论与方法	胡事民(清华大学),黄继武(中山大学),艾海舟(清华大学),徐昆(清华大学),陈韬(清华大学)		工业和信息化部
12	国家自然科学奖	二等	视觉模式的局部建模及非线性特征获取理论与方法研究	陈熙霖(中国科学院计算技术研究所),山世光(中国科学院计算技术研究所),高文(北京大学),王瑞平(中国科学院计算技术研究所),柴秀娟(哈尔滨工业大学)		中国科学院
13	国家技术发明奖	二等	偏振遥感物理机理、关键方法与技术应用	晏磊(北京大学),吴太夏(东北师范大学),杨建义(浙江大学),褚金奎(大连理工大学),李俊生(中国科学院遥感与数字地球研究所),赵云生(东北师范大学)		北京市
14	国家技术发明奖	二等	基于高性能生物识别材料的动物性产品中小分子化合物快速检测技术	沈建忠(中国农业大学),江海洋(中国农业大学),吴小平(北京维德维康生物技术有限公司),王战辉(中国农业大学),温凯(中国农业大学),丁双阳(中国农业大学)		中国农学会
15	国家技术发明奖	二等	国境转基因产品精准快速检测关键技术及应用	陈洪俊(中国检验检疫科学研究院),黄新(中国检验检疫科学研究院),曹际娟(辽宁出入境检验检疫局检验检疫技术中心),俞晓平(中国计量学院),林祥梅(中国检验检疫科学研究院),高宏伟(山东出入境检验检疫局检验检疫技术中心)		国家质量监督检验检疫总局

续表

序号	奖种	等级	项目名称	主要完成人	主要完成单位	推荐单位
16	国家技术发明奖	二等	基于稀土纳米上转发光技术的即时检测系统创建及多领域应用	杨瑞馥(军事医学科学院微生物流行病研究所),周蕾(军事医学科学院微生物流行病研究所),黄惠杰(中国科学院上海光学精密机械研究所),黄立华(中国科学院上海光学精密机械研究所),郑岩(上海科炎光电技术有限公司),林长青(北京热景生物技术有限公司)		中华医学会
17	国家技术发明奖	二等	燃煤烟气选择性催化脱硝关键技术研发及应用	李俊华(清华大学),郝吉明(清华大学),刘汉强(北京国电龙源环保工程有限公司),汪德志(江苏龙源催化剂有限公司),黄锐(重庆远达催化剂制造有限公司),王兰武(四川华铁钒钛科技股份有限公司)		环境保护部
18	国家技术发明奖	二等	节油轮胎用高性能橡胶纳米复合材料的设计及制备关键技术	张立群(北京化工大学),田明(北京化工大学),吴友平(北京化工大学),王锋(山东玲珑轮胎股份有限公司),卢咏来(北京化工大学),冯耀岭(风神轮胎股份有限公司)		中国石油和化学工业联合会
19	国家技术发明奖	二等	乙烯三聚制1-己烯新型催化体系及成套工艺技术	梁爱民(中国石油化工股份有限公司北京燕山分公司),栗同林(中国石油化工股份有限公司北京燕山分公司),李达刚(中国石油化工股份有限公司北京燕山分公司),华炜(中国石油化工股份有限公司北京燕山分公司),杨清雨(中国石油化工股份有限公司北京燕山分公司),李军良(中国石油化工股份有限公司北京燕山分公司)		中国石油化工集团公司

续表

序号	奖种	等级	项目名称	主要完成人	主要完成单位	推荐单位
20	国家技术发明奖	二等	含高浓度分散相的搅拌反应器数值放大与混合强化的新技术	杨超(中国科学院过程工程研究所),毛在砂(中国科学院过程工程研究所),王志侃(中国石油化工股份有限公司石家庄炼化分公司),雍玉梅(中国科学院过程工程研究所),程景才(中国科学院过程工程研究所),冯鑫(中国科学院过程工程研究所)		中国石油和化学工业联合会
21	国家技术发明奖	二等	特种液晶材料及调光膜制备技术	杨槐(北京大学),曹晖(北京科技大学),杨洲(北京科技大学),李立东(北京科技大学),张兰英(北京大学),王冬(北京科技大学)		教育部
22	国家技术发明奖	二等	复杂难处理资源可控加压浸出技术	蒋开喜(北京矿冶研究总院),王海北(北京矿冶研究总院),刘三平(北京矿冶研究总院),龙子平(江西铜业股份有限公司),王玉芳(北京矿冶研究总院),张邦胜(北京矿冶研究总院)		中国有色金属工业协会
23	国家技术发明奖	二等	二十二种型号飞机载荷谱关键技术及应用	闫楚良(国机集团北京飞机强度研究所有限公司),高镇同(北京航空航天大学),卓宁生(陕西飞机工业(集团)有限公司),张书明(国机集团北京飞机强度研究所有限公司),刘克格(国机集团北京飞机强度研究所有限公司),田兆锋(国机集团北京飞机强度研究所有限公司)		中国发明协会
24	国家技术发明奖	二等	天线多频技术及在多模移动终端的应用	刘元安(北京邮电大学),苏明(北京邮电大学),肖雳(工业和信息化部电信研究院),郭琳(工业和信息化部电信研究院),张学飞(华为技术有限公司),邓晓丹(天珑移动技术股份有限公司)		工业和信息化部

续表

序号	奖种	等级	项目名称	主要完成人	主要完成单位	推荐单位
25	国家技术发明奖	二等	运动座载设备协调控制关键技术及应用	贾英民（北京航空航天大学），霍伟（北京航空航天大学），杜军平（北京邮电大学），宋涛（中国科学院电工研究所），刘凯（北京航空航天大学），熊凯（北京控制工程研究所）		工业和信息化部
26	国家技术发明奖	二等	面向社区共享的高可用云存储系统	郑纬民（清华大学），武永卫（清华大学），舒继武（清华大学），余宏亮（清华大学），陈康（清华大学），姜进磊（清华大学）		工业和信息化部
27	国家技术发明奖	二等	多流波束赋形的无线传输技术	陈山枝（电信科学技术研究院），王映民（电信科学技术研究院），孙韶辉（电信科学技术研究院），孙晓南（电信科学技术研究院），王可（电信科学技术研究院），蔡月民（电信科学技术研究院）		工业和信息化部
28	国家技术发明奖	二等	高能效动态可重构计算及其系统芯片关键技术	魏少军（清华大学），刘雷波（清华大学），毛志刚（上海交通大学），时龙兴（东南大学），尹首一（清华大学），邓玉良（深圳市国微电子有限公司）		教育部
29	国家技术发明奖	二等	耙吸挖泥船动力定位与动态跟踪系统	田俊峰（中国交通建设股份有限公司），丁树友（中交天津航道局有限公司），顾明（中交天津航道局有限公司），俞孟蕻（江苏科技大学），袁伟（江苏科技大学），张洪涛（镇江市亿华系统集成有限公司）		交通运输部

续表

序号	奖种	等级	项目名称	主要完成人	主要完成单位	推荐单位
30	国家科技进步奖	特等	高效环保芳烃成套技术开发及应用	戴厚良，孙丽丽，王辉国，彭光勤，张明龙，孔德金，修振东，刘永芳，王德华，王少兵，汪琦，吴德飞，于海斌，杨旭东，李强，苏为群，董昌宏，邢波，李旭灿，杨卫胜，臧甲忠，余富海，于向真，冷家厂，张江洪，李啸东，朱振兴，夏志武，梁战桥，任奎富，毛俊义，方志平，杨仁建，姜晓花，程相民，赵锦波，郭宏利，朱兵，马坚，马剑锋，蔡建光，冯旭，朱宁，董海芳，侯强，王雨勃，徐向荣，周辉，秦永强，顾昊辉	中国石油化工股份有限公司石油化工科学研究院，中国石化工程建设有限公司，中国石化扬子石油化工有限公司，中国石化海南炼油化工有限公司，中国石油化工股份有限公司上海石油化工研究院，中海油天津化工研究设计院，中石化洛阳工程有限公司，中国石化催化剂有限公司，中国石油化工股份有限公司天津分公司，中国石油化工股份有限公司镇海炼化分公司	中国石油化工集团公司
31	国家科技进步奖	特等	京沪高速铁路工程	何华武，卢春房，蔡庆华，赵国堂，郑健，李志义，刘学文，孙树礼，王玉泽，康熊，高宗余，江明，程先东，徐海锋，尤忠涛，马云双，赵明花，姜春林，李树德，郭志勇，王澜，张志辉，易伦雄，文武松，高治双，杨忠，李海鉴，李昌宁，杜嘉俊，安爱军，韦国，郝又猛，孙福洋，王峰，李光林，刘波，孙帮成，宁滨，张卫华，田红旗，赵维刚，杨国伟，荣智林，张涵，靖仕元，姚建伟，宋晓风，梁建英，李军，王悦明	中国铁路总公司，京沪高速铁路股份有限公司，铁道第三勘察设计院集团有限公司，中铁第四勘察设计院集团有限公司，中国铁道科学研究院，中铁大桥勘测设计院集团有限公司，中国铁路通信信号股份有限公司，南车青岛四方机车车辆股份有限公司，长春轨道客车股份有限公司，中铁电气化勘测设计研究院有限公司，中铁大桥局集团有限公司，中铁十二局集团有限公司，中国水利水电建设集团公司，中铁三局集团有限公司，中铁一局集团有限公司，中铁十七局集团有限公司，中国交通建设股份有限公司，中铁电气化局集团有限公司，中铁四局集团有限公司，中铁六局集团有限公司，上海铁路局，济南铁路局，北京铁路局，唐山轨道客车有限责任公司，北京交通大学，西南交通大学，中南大学，石家庄铁道大学，中国科学院力学研究所，南车株洲电力机车研究所有限公司	中国铁路总公司

续表

序号	奖种	等级	项目名称	主要完成人	主要完成单位	推荐单位
32	国家科技进步奖	一等	中国人体表难愈合创面发生新特征与防治的创新理论与关键措施研究	付小兵,程天民,陆树良,李校堃,刘先成,吕国忠,姜玉峰,冉新泽,谢挺,肖健,许樟荣,徐岩,吕强,杨继勇,张宏宇	中国人民解放军总医院第一附属医院,中国人民解放军第三军医大学,上海交通大学医学院附属瑞金医院,温州医科大学,深圳普门科技有限公司,无锡市第三人民医院,中国人民解放军第306医院,上海交通大学医学院附属第九人民医院,苏州大学,中国人民解放军总医院	北京市
33	国家科技进步奖	一等	人工麝香研制及其产业化	于德泉,朱秀媛,柳雪枚,李世芬,姚乾元,严崇萍,刘厚起,高益民,王文杰,程桂芳,沈祥龙,肖宣,郭经,庾石山,章菽	中国医学科学院药物研究所,中国中药公司,山东宏济堂制药集团有限公司,上海市药材有限公司,北京联馨药业有限公司	卫生和计划生育委员会
34	国家科技进步奖	二等	CIMMYT 小麦引进、研究与创新利用	何中虎,夏先春,陈新民,邹裕春,吴振录,庄巧生,于亚雄,袁汉民,杨文雄,李梅芳	中国农业科学院作物科学研究所,四川省农业科学院作物研究所,新疆农业科学院核技术生物技术研究所,云南省农业科学院粮食作物研究所,宁夏农林科学院,甘肃省农业科学院小麦研究所,湖北省农业科学院粮食作物研究所	北京市
35	国家科技进步奖	二等	“农大3号”小型蛋鸡配套系培育与应用	杨宁,宁中华,张庆才,吴常信,曲鲁江,刘华桥,陈福勇,徐桂云,许殿明,郑丽敏	中国农业大学,北京北农大动物科技有限责任公司,北京中农榜样生物科技有限公司,湖北神丹健康食品有限公司,河南柳江生态牧业股份有限公司	北京市
36	国家科技进步奖	二等	航天器舱体结构变极性等离子弧穿孔立焊关键技术与应用	陈树君,卢振洋,杨颂华,刘嘉,黄鹏飞,祁俊峰,殷树言,蒋凡,毕向阳,韩永全	北京工业大学,北京卫星制造厂,内蒙古工业大学,哈尔滨工业大学,江苏科技大学	北京市
37	国家科技进步奖	二等	预防交直流混联电网大面积停电的快速防控与故障隔离技术及应用	马世英,郭小江,郑超,郭剑波,庞晓艳,蒋宜国,唐晓骏,宋墩文,李柏青,熊敏	中国电力科学研究院,国网四川省电力公司	北京市
38	国家科技进步奖	二等	32位星载容错控制计算机系统关键技术及应用	华更新,杨桦,梁洁玫,杨孟飞,李晓维,周新发,刘群,胡瑜,刘波,衣学慧	北京控制工程研究所,中国科学院计算技术研究所	北京市

续表

序号	奖种	等级	项目名称	主要完成人	主要完成单位	推荐单位
39	国家科技进步奖	二等	基于影像导航和机器人技术的智能骨科手术体系建立及临床应用	田伟,王田苗,王满宜,王军强,张送根,胡磊,刘亚军,刘文勇,刘波,胡颖	北京积水潭医院,北京航空航天大学,北京天智航医疗科技股份有限公司,中国科学院深圳先进技术研究院	北京市
40	国家科技进步奖	二等	小麦抗病、优质多样化基因资源的发掘、创新和利用	孙其信,刘志勇,刘广田,杨作民,梁荣奇,尤明山,李保云,解超杰,倪中福,杜金昆	中国农业大学	教育部
41	国家科技进步奖	二等	高性能竹基纤维复合材料制造关键技术与应用	于文吉,李延军,余养伦,祝荣先,刘红征,张亚慧,任丁华,许斌,苏志英,宁其斌	中国林业科学研究院木材工业研究所,南京林业大学,安徽宏宇竹木制品有限公司,浙江大庄实业集团有限公司,青岛国森机械有限公司,太尔胶粘剂(广东)有限公司	国家林业局
42	国家科技进步奖	二等	畜禽饲料中大豆蛋白源抗营养因子研究与应用	谯仕彦,秦贵信,李德发,贺平丽,马曦,孙泽威,王勇飞,曹云鹤,方华,陆文清	中国农业大学,吉林农业大学,双胞胎(集团)股份有限公司,上海源耀生物股份有限公司,北京龙科方舟生物工程技术有限公司,江西农业大学	北京大北农科技集团股份有限公司
43	国家科技进步奖	二等	中国电科技术创新体系重构工程		中国电子科技集团公司	国有资产监督管理委员会
44	国家科技进步奖	二等	中国交通建设集团科技创新工程		中国交通建设集团有限公司	国有资产监督管理委员会
45	国家科技进步奖	二等	海上稠油聚合物驱提高采收率关键技术及应用	张凤久,孙福街,叶仲斌,姜伟,郭拥军,陈明,张健,刘光成,刘宗昭,陈壁	中海油研究总院,西南石油大学,中海石油(中国)有限公司天津分公司,中海油能源发展股份有限公司,四川光亚聚合物化工有限公司,中国石油大学(北京),中国石油大学(华东)	中国海洋石油总公司
46	国家科技进步奖	二等	满足国家第四阶段汽车排放标准的清洁汽油生产成套技术开发与应用	蔺爱国,鲍晓军,兰玲,马安,张学军,范煜,李吉春,王国旗,蔡海军,常晓昕	中国石油天然气股份有限公司,中国石油天然气股份有限公司石油化工研究院,中国石油大学(北京),中国石油工程建设公司,中国石油天然气股份有限公司乌鲁木齐石化分公司,中国石油天然气股份有限公司呼和浩特石化分公司,中国石油天然气股份有限公司抚顺石化分公司	中国石油天然气集团公司

续表

序号	奖种	等级	项目名称	主要完成人	主要完成单位	推荐单位
47	国家科技进步奖	二等	高效化微合金化钢板坯表面无缺陷生产技术开发与工程化推广应用	张慧,杨春政,吴夜明,周明伟,郭景瑞,许斌,罗伯钢,刘建华,何宇明,张润生	钢铁研究总院,首钢京唐钢铁联合有限责任公司,湖南华菱涟源钢铁有限公司,邯郸钢铁集团有限责任公司,重庆钢铁股份有限公司,山东钢铁股份有限公司济南分公司	中国钢铁工业协会
48	国家科技进步奖	二等	高品质特殊钢大断面连铸关键技术和装备开发与应用	韩国瑞,张温永,许晓红,钱刚,张家泉,周干水,陈卫强,张文基,刘伟涛,代宗岭	中冶京诚工程技术有限公司,江阴兴澄特种钢铁有限公司,中冶连铸技术工程有限责任公司,湖北新冶钢有限公司,北京科技大学	中国冶金科工集团有限公司
49	国家科技进步奖	二等	3.6万吨黑色金属垂直挤压机成套装备与工艺技术研发及产业化	雷丙旺,颜永年,吴任东,白箴,张磊,杨秀清,林峰,王锦波,郑建国,陈建平	清华大学,内蒙古北方重工业集团有限公司,太原重型机械集团有限公司,中国二十二冶集团有限公司,内蒙古工业大学,沈阳重锻液压机制造有限公司,北京天力创玻璃科技开发有限公司	内蒙古自治区
50	国家科技进步奖	二等	青藏电力联网工程		国家电网公司,中国电力科学研究院,中国科学院寒区旱区环境与工程研究所,国网北京经济技术研究院,中国电力工程顾问集团西北电力设计院,中国人民武装警察部队水电指挥部,中国西电电气股份有限公司	中国电机工程学会
51	国家科技进步奖	二等	基于大数据的互联网机器翻译核心技术及产业化	王海峰,吴华,宗成庆,刘挺,刘洋,姜晓红,刘群,马艳军,胡晓光,何中军	北京百度网讯科技有限公司,中国科学院自动化研究所,浙江大学,哈尔滨工业大学,中国科学院计算技术研究所,清华大学	工业和信息化部
52	国家科技进步奖	二等	普适计算软硬件关键技术与应用(原名称:普适计算关键技术及支撑平台)	史元春,潘纲,陈渝,吕勇强,李石坚,孙育宁,奉飞飞,刘威,史兴国,朱珍民	清华大学,浙江大学,闪联信息技术工程中心有限公司,东软集团股份有限公司,中国科学院软件研究所,中国科学院计算技术研究所	教育部
53	国家科技进步奖	二等	预应力整体张拉结构关键技术创新与应用	葛家琪,张爱林,王泽强,叶小兵,张国军,王桂玲,娄峰,白宝鲲,刘学春,王文胜	北京工业大学,中国航空规划建设发展有限公司,北京市建筑工程研究院有限责任公司,北京纽曼帝莱蒙膜建筑技术有限公司,中国建筑第八工程局有限公司,浙江精工钢结构集团有限公司,广东坚朗五金制品股份有限公司	住房和城乡建设部

续表

序号	奖种	等级	项目名称	主要完成人	主要完成单位	推荐单位
54	国家科技进步奖	二等	300m级溪洛渡拱坝智能化建设关键技术	樊启祥,王仁坤,张超然,周绍武,李庆斌,张国新,洪文浩,戴科夫,彭华,周宜红	中国长江三峡集团公司,清华大学,中国电建集团成都勘测设计研究院有限公司,中国水利水电科学研究院,中国水利水电第八工程局有限公司,武汉英思工程科技股份有限公司,三峡大学	国务院三峡工程建设委员会办公室
55	国家科技进步奖	二等	高速铁路大断面黄土隧道建设成套技术及应用	赵勇,喻渝,李国良,栗恒满,霍玉华,倪光斌,朱永全,王明年,谭忠盛,肖广智	中国铁路经济规划研究院,中铁二院工程集团有限责任公司,中铁第一勘察设计院集团有限公司,郑西铁路客运专线有限责任公司,中铁十二局集团有限公司,石家庄铁道大学,西南交通大学	国家铁路局
56	国家科技进步奖	二等	车辆联网感知与智能驾驶服务关键技术及应用	王云鹏,沃天宇,余贵珍,王建强,田大新,周炜,郭继孚,关积珍,陈志方,于海洋	北京航空航天大学,清华大学,北京九五智驾信息技术股份有限公司,北京市交通行业节能减排中心,交通运输部公路科学研究所,北京四通智能交通系统集成有限公司,吉林大学	教育部
57	国家科技进步奖	二等	废轮胎修筑高性能沥青路面关键技术及工程应用	王旭东,柳浩,杨志峰,刘朝晖,张玉贞,何兆益,张蕾,罗根传,李廷刚,杜群乐	交通运输部公路科学研究所,北京市政路桥建材集团有限公司,长沙理工大学,中海油气开发利用公司,中国石油大学(华东),重庆交通大学,广西交通投资集团有限公司	交通运输部
58	国家科技进步奖	二等	气控热管国家高精度温度源	闫小克,马重芳,孙建平,邱萍,乐恺,张金涛,屈继峰,王伟,林鸿,冯晓娟	中国计量科学研究院,北京工业大学,北京科技大学	国家质量监督检验检疫总局
59	国家科技进步奖	二等	大型承压设备不停机电磁无损检测技术及应用	沈功田,武新军,胡斌,李路明,林树青,林俊明,石坤,刘德宇,胡智,侯旭东	中国特种设备检测研究院,华中科技大学,清华大学,爱德森(厦门)电子有限公司,江西省锅炉压力容器检验检测研究院,河北省锅炉压力容器监督检验院	国家质量监督检验检疫总局
60	国家科技进步奖	二等	区域大气污染源高分辨率排放清单关键技术与应用	贺克斌,王书肖,张强,程水源,郑君瑜,吴烨,谢绍东,宋宇,蒋靖坤,薛志钢	清华大学,北京工业大学,华南理工大学,北京大学,中国环境科学研究院	教育部
61	国家科技进步奖	二等	基于活性成分中药质量控制新技术及在药材和红花注射液等中的应用	屠鹏飞,姜勇,李军,赵炳祥,刘胜华,谈英,史社坡,朱雅宁,赵明波,宋月林	北京大学,雅安三九药业有限公司,劲牌有限公司	中华中医药学会

续表

序号	奖种	等级	项目名称	主要完成人	主要完成单位	推荐单位
62	国家科技进步奖	二等	冠心病“瘀毒”病因病机创新的系统研究	陈可冀,史大卓,徐浩,殷惠军,张京春,蒋跃绒,王承龙,高铸烨,薛梅,尚青华	中国中医科学院西苑医院,中日友好医院	国家中医药管理局
63	国家科技进步奖	二等	通信局(站)系统防雷接地理论突破及技术创新与国内外应用	刘吉克,林湧双,孔力,朱清峰,陈强,何金良,熊膺,马红兵,石丹,张兴海	中讯邮电咨询设计院有限公司,中国移动通信集团广东有限公司,华为技术有限公司,清华大学,北京邮电大学,深圳锦天乐防雷技术有限公司,中兴通讯股份有限公司	工业和信息化部
64	国家科技进步奖	二等	生物靶标导向的农药高效减量使用关键技术与应用	高希武,柏连阳,崔海兰,王贵启,张友军,郑永权,张宏军,徐万涛,张帅,戴良英	中国农业大学,湖南省农业科学院,中国农业科学院植物保护研究所,河北省农林科学院粮油作物研究所,中国农业科学院蔬菜花卉研究所,农业部农药检定所,北京绿色农华植保科技有限责任公司	
65	国家科技进步奖	二等	主要粮食产区农田土壤有机质演变与提升综合技术及应用	徐明岗,张文菊,魏丹,黄绍敏,朱平,杨学云,聂军,石孝均,辛景树,黄庆海	中国农业科学院农业资源与农业区划研究所,黑龙江省农业科学院土壤肥料与环境资源研究所,河南省农业科学院植物营养与资源环境研究所,吉林省农业科学院,西北农林科技大学,湖南省土壤肥料研究所,西南大学	农业部
66	国家科技进步奖	二等	玉米冠层耕层优化高产技术体系研究与应用	赵明,董志强,钱春荣,李从锋,王群,张宾,齐华,王育红,刘鹏,马玮	中国农业科学院作物科学研究所,黑龙江省农业科学院耕作栽培研究所,河南农业大学,山东省农业科学院作物研究所,沈阳农业大学,洛阳农林科学院,山东农业大学	农业部
67	国家科技进步奖	二等	国家数字城市地理空间框架技术体系构建与应用	李成名,李维森,邵振峰,朱庆,钟耳顺,张新长,陈军,沈涛,刘晓丽,张叶廷	中国测绘科学研究院,武汉大学,西南交通大学,北京超图软件股份有限公司,中山大学,武大吉奥信息技术有限公司,山西省测绘地理信息局	中国测绘地理信息学会
68	国家科技进步奖	二等	多系统多频率卫星导航定位关键技术及SoC芯片产业化应用	韩绍伟,钱镱,郑睿,张正烜,莫钧,高庆余,王旭社,廖炳瑜,胡刚,黄磊	和芯星通科技(北京)有限公司	中国卫星导航定位协会

续表

序号	奖种	等级	项目名称	主要完成人	主要完成单位	推荐单位
69	国家科技进步奖	二等	露天转地下高效转型建设大型数字化地下金属矿山的研究与实践	蔡美峰,齐宝军,甘德清,马著,李长洪,陈何,孙建珍,谢谟文,张立成,张云鹏	北京科技大学,首钢矿业公司,华北理工大学,北京矿冶研究总院,北京速力科技有限公司,中冶北方工程技术有限公司	中国钢铁工业协会
70	国家科技进步奖	二等	超大直径深立井建井关键技术及成套装备	王安,周国庆,龙志阳,祁和刚,蒲耀年,沈慰安,杨仁树,陆伦,李新宝,黄亮高	中国中煤能源集团有限公司,北京中煤矿山工程有限公司,中国矿业大学,中煤第五建设有限公司,中煤建设集团有限公司,中煤第一建设有限公司,中国矿业大学(北京)	中国煤炭工业协会
71	国家科技进步奖	二等	西部干旱半干旱煤矿区土地复垦的微生物修复技术与应用	毕银丽,凌文,杨鹏,全文智,李晓林,李少朋,杜善周,冯浩,王义	中国矿业大学(北京),神华集团有限责任公司,神华神东煤炭集团有限责任公司,北京合生元生态环境工程技术有限公司,中国农业大学,西北农林科技大学	中国煤炭工业协会

2013—2015年北京市科普基地名单一览表

为动员社会力量参与科普,推动科普基地发展,提升北京科普能力,根据《关于开展北京市科普基地复查及2012年申报工作的通知》(京科发〔2012〕575号)文件精神,市科委与市科协组织开展了北京市科普基地复核及2012年申报工作。经申报、评审、公示,共有中国科学技术馆等191家科普基地通过复核,中国妇女儿童博物馆等52家申报单位通过评审。市科委与市科协决定,共同命名中国科学技术馆、中国妇女儿童博物馆等243家单位为北京市科普基地,命名周期为2013—2015年,颁发北京市科普基地证书和牌匾。

序号	基地名称	单位名称	基地类别
1	中国科学技术馆	中国科学技术馆	教育基地
2	中国人民革命军事博物馆	中国人民革命军事博物馆	教育基地
3	中国地质博物馆	中国地质博物馆	教育基地
4	中国邮政邮票博物馆	中国邮政邮票博物馆	教育基地
5	中国消防博物馆	中国消防博物馆	教育基地
6	国家动物博物馆	国家动物博物馆	教育基地
7	中国妇女儿童博物馆	中国妇女儿童博物馆	教育基地
8	中国农业博物馆	全国农业展览馆(中国农业博物馆)	教育基地
9	中国电信博物馆	中国电信集团公司电信博物馆	教育基地
10	中国航空博物馆	中国航空博物馆	教育基地
11	中国古动物馆	中国古动物馆	教育基地

续表

序号	基地名称	单位名称	基地类别
12	中国铁道博物馆(东郊馆)	中国铁道博物馆	教育基地
13	中国铁道博物馆(正阳门馆)	中国铁道博物馆	教育基地
14	詹天佑纪念馆	詹天佑纪念馆	教育基地
15	中国民兵武器装备陈列馆	中国民兵武器装备陈列馆	教育基地
16	中国印刷博物馆	中国印刷博物馆	教育基地
17	中国长城博物馆	中国长城博物馆	教育基地
18	中华航天博物馆	中华航天博物馆	教育基地
19	中国蜜蜂博物馆	中国农业科学院蜜蜂研究所	教育基地
20	中国化工博物馆	中国化工博物馆	教育基地
21	民航博物馆	民航博物馆	教育基地
22	中国人民解放军军事医学(病理)博物馆	军事医学病理博物馆	教育基地
23	国家纳米科学中心	国家纳米科学中心	教育基地
24	北京大学	北京大学	教育基地
25	清华大学	清华大学	教育基地
26	中国林业科学研究院	中国林业科学研究院	教育基地
27	中国儿童中心	中国儿童中心	教育基地
28	中国石油大学“物之理探索展示厅”	中国石油大学(北京)	教育基地
29	中国科学院高能物理研究所	中国科学院高能物理研究所	教育基地
30	北京市奥运村科普教育园区	中国科学院遥感应用研究所、国家天文台、中国科学院地理科学与资源研究所、中国科学院生物物理研究所、中国科学院遗传与发育生物学研究所、中国科学院微生物研究所、中国科学院动物研究所、中国科学院心理研究所	教育基地
31	中国科学院植物研究所(北京植物园)	中国科学院植物研究所	教育基地
32	北京药用植物园	中国医学科学院药用植物研究所	教育基地
33	太阳能热利用科技园	中国科学院电工研究所	教育基地
34	中国气象科技展厅	中国气象局气象宣传与科普中心	教育基地
35	国家电力科技展示中心	神华国华国际电力股份有限公司北京热电分公司	教育基地
36	院士著作馆	中国科学技术信息研究所	教育基地
37	北京自然博物馆	北京自然博物馆	教育基地
38	北京天文馆	北京天文馆	教育基地
39	首都博物馆	首都博物馆	教育基地
40	中国电影博物馆	中国电影博物馆	教育基地
41	大钟寺古钟博物馆	大钟寺古钟博物馆	教育基地
42	北京南海子麋鹿苑博物馆	北京麋鹿生态实验中心	教育基地
43	北京古代建筑博物馆	北京古代建筑博物馆	教育基地
44	北京市古代钱币展览馆	北京市古代钱币展览馆	教育基地

续表

序号	基地名称	单位名称	基地类别
45	北京市大葆台西汉墓博物馆	北京市大葆台西汉墓博物馆	教育基地
46	北京市西周燕都遗址博物馆	北京市西周燕都遗址博物馆	教育基地
47	北京市辽金城垣博物馆	北京市辽金城垣博物馆	教育基地
48	北京文博交流馆	北京文博交流馆	教育基地
49	孔庙和国子监博物馆	孔庙和国子监博物馆	教育基地
50	正阳门	北京市正阳门管理处	教育基地
51	颐和园	北京市颐和园管理处	教育基地
52	北京钟鼓楼	北京市钟鼓楼文物保管所	教育基地
53	北京奥林匹克公园	北京奥林匹克公园管理委员会、奥运规划馆、北京国家游泳中心有限责任公司、国家体育场有限责任公司、北京世奥森林公园开发经营有限公司	教育基地
54	北京自来水博物馆	北京自来水集团有限责任公司培训中心	教育基地
55	北京市规划展览馆	北京市规划展览中心	教育基地
56	坦克博物馆	中国人民解放军坦克博物馆	教育基地
57	北京通信电信博物馆	北京通信电信博物馆	教育基地
58	团城演武厅	北京市团城演武厅管理处	教育基地
59	北京市观象台	北京市观象台	教育基地
60	北京石刻艺术博物馆	北京石刻艺术博物馆	教育基地
61	北京邮电大学信息通信动态新技术科普展厅	北京邮电大学	教育基地
62	北京交通运输职业学院	北京交通运输职业学院	教育基地
63	北京市紫竹院公园	北京市紫竹院公园管理处	教育基地
64	北京市中小学生光电技术展厅	中国人民大学附属中学	教育基地
65	北京中医药大学中医药博物馆	北京中医药大学中医药博物馆	教育基地
66	北京服装学院民族服饰博物馆	北京服装学院民族服饰博物馆	教育基地
67	北京工业大学科技与艺术博物馆	北京工业大学	教育基地
68	北京交通大学物理演示与探索实验室	北京交通大学	教育基地
69	北京农业职业学院绿色科技示范园	北京农业职业学院	教育基地
70	首都图书馆	首都图书馆	教育基地
71	北京御生堂中医药博物馆	北京御生堂中医药博物馆	教育基地
72	古陶文明博物馆	古陶文明博物馆	教育基地
73	地球环境变迁与古生物演化博物馆	北京市地质矿产勘查开发局	教育基地
74	北京节水展馆	北京市节约用水管理中心	教育基地
75	北京海洋馆	北京利达海洋生物馆有限公司	教育基地
76	北京气象科普馆	北京市气象台	教育基地
77	北京古观象台	北京古观象台	教育基地

续表

序号	基地名称	单位名称	基地类别
78	北京市计划生育宣教馆	北京市人口和计划生育宣传教育中心	教育基地
79	北京排水科普馆	北京排水集团职业技能培训学校	教育基地
80	北京急救科技馆	北京急救医疗培训中心	教育基地
81	北京市市政管理委员会培训中心	北京市市政管理委员会培训中心	教育基地
82	北京市电力公司供电服务中心电力展示厅	北京市电力公司	教育基地
83	北京教学植物园	北京教学植物园	教育基地
84	北京动物园	北京动物园	教育基地
85	北京植物园	北京市植物园	教育基地
86	北京八达岭森林公园	北京八达岭森林公园	教育基地
87	北京市劳动保护科学研究所	北京市劳动保护科学研究所	教育基地
88	北京市营养源研究所	北京市营养源研究所	教育基地
89	北京市园林科学研究所	北京市园林科学研究所	教育基地
90	北京市理化分析测试中心	北京市理化分析测试中心	教育基地
91	北京市计算中心	北京市计算中心	教育基地
92	北京市眼科研究所	北京市眼科研究所	教育基地
93	北京市药品检验所	北京市药品检验所	教育基地
94	北京市可持续发展科技促进中心	北京市可持续发展科技促进中心	教育基地
95	燃气户内安全科普体验中心	北京市公用事业科学研究所	教育基地
96	北京天卉苑花卉研究所	北京天卉苑花卉研究所	教育基地
97	北京消防教育训练中心	北京消防教育训练中心	教育基地
98	北京市疾病预防控制中心健康教育所	北京市疾病预防控制中心	教育基地
99	北京节能环保中心	北京节能环保中心	教育基地
100	北京 DRC 工业设计创意产业基地	北京工业设计促进中心	教育基地
101	G20 创新成果科普基地	北京生物技术和新医药产业促进中心	教育基地
102	首都医科大学附属北京安贞医院	首都医科大学附属北京安贞医院	教育基地
103	北京市口腔健康教育基地	首都医科大学附属北京口腔医院	教育基地
104	北京市禁毒教育基地	北京青少年服务中心(北京市禁毒教育基地管理中心)	教育基地
105	北京精准农业技术研究示范基地	北京农业信息技术研究中心	教育基地
106	毒品与艾滋病教育基地	北京市安康医院	教育基地
107	北京市水生野生动物救治中心	北京市水生野生动物救治中心	教育基地
108	北京地铁安全教育中心	北京市地铁运营有限公司	教育基地
109	北京新能源汽车体验中心	北京汽车新能源汽车有限公司	教育基地
110	首都牛奶科普馆	北京三元食品股份有限公司	教育基地
111	索尼探梦科技馆	北京索明科普乐园有限公司	教育基地
112	Panasonic Center Beijing	松下电器(中国)有限公司北京展示分公司	教育基地

续表

序号	基地名称	单位名称	基地类别
113	太平洋海底世界博览馆	太平洋海底世界博览馆有限公司	教育基地
114	新西兰富国海底世界	北京工体富国海底世界娱乐有限公司	教育基地
115	联想品牌体验中心	联想(北京)有限公司	教育基地
116	“垃圾的归宿”环保科普公园	北京环境卫生工程集团有限公司一清分公司	教育基地
117	北京天普太阳能工业有限公司	北京天普太阳能工业有限公司	教育基地
118	中国华录北京研发和产业基地	中国华录集团有限公司北京科技分公司	教育基地
119	王致和腐乳科普馆	北京二商王致和食品有限公司	教育基地
120	北京汽车博物馆	北京汽车博物馆	教育基地
121	北京石景山游乐园	北京石景山游乐园	教育基地
122	中国房山世界地质公园博物馆	北京市房山世界地质公园博物馆	教育基地
123	延庆博物馆	延庆县文物管理所	教育基地
124	周口店北京人遗址博物馆	周口店北京人遗址博物馆	教育基地
125	北京西瓜博物馆	北京市大兴区庞各庄镇人民政府	教育基地
126	北京郭守敬纪念馆	北京市西城区文物保护研究所	教育基地
127	北京王府井古人类文化遗址博物馆	北京王府井古人类文化遗址博物馆	教育基地
128	中国第四纪冰川遗迹陈列馆	中国第四纪冰川遗迹陈列馆	教育基地
129	北京市海淀区博物馆	北京市海淀区博物馆	教育基地
130	北京市通州区博物馆	北京市通州区博物馆	教育基地
131	永定河文化博物馆	永定河文化博物馆	教育基地
132	北京市东城区青少年科技馆	北京市东城区青少年科技馆	教育基地
133	北京市东城区崇文青少年科技馆	北京市东城区崇文青少年科技馆	教育基地
134	北京市西城区青少年科技馆	北京市西城区青少年科技馆	教育基地
135	北京市宣武青少年科技馆	北京市宣武青少年科技馆	教育基地
136	北京市丰台区东高地青少年科技馆	北京市丰台区东高地青少年科技馆	教育基地
137	北京市丰台区科技馆	北京市丰台区科技馆	教育基地
138	北京市东城区图书馆	北京市东城区图书馆	教育基地
139	北京市海淀科技中心(馆)	北京市海淀科技中心	教育基地
140	北京市门头沟区科技馆	北京市门头沟区科技馆	教育基地
141	海淀公共安全馆	北京市海淀区安全教育馆管理中心	教育基地
142	北京市朝阳区青少年活动中心	北京市朝阳区青少年活动中心	教育基地
143	北京市石景山区科技馆	北京市石景山区科技馆	教育基地
144	北京市石景山区青少年活动中心	北京市石景山区青少年活动中心	教育基地
145	北京市石景山区少年儿童图书馆	北京市石景山区少年儿童图书馆	教育基地
146	北京铁矿博物馆	首云矿业股份有限公司	教育基地
147	北京市密云县科技馆	北京市密云县科技馆	教育基地
148	密云县气象科普中心	北京市密云县气象局	教育基地

续表

序号	基地名称	单位名称	基地类别
149	平谷国家气象观测中心	北京市平谷区气象局	教育基地
150	北京市通州区图书馆少儿科普分中心	北京市通州区图书馆	教育基地
151	延庆县职业技术教育中心	延庆县职业技术教育中心	教育基地
152	北京市顺义区安全生产服务中心	北京市顺义区安全生产服务中心	教育基地
153	北京老爷车博物馆	北京老爷车博物馆	教育基地
154	北京国际鲜花港	北京鲜花港投资发展中心	教育基地
155	中华蜜蜂科普馆	北京黄峪口村养蜂专业合作社	教育基地
156	牛口峪环保生态中心	北京燕山威立雅水务有限责任公司	教育基地
157	北京市学生军训基地安全教育体验馆	北京森林木文化传播有限公司	教育基地
158	北京市朝阳区紧急医疗救援中心	中国医学救援协会	教育基地
159	中国乐谷青少年音乐素养培养中心	北京绿都乐谷投资有限公司	教育基地
160	苹果园街道公共安全宣教中心	北京市石景山区人民政府苹果园街道办事处	教育基地
161	北京张裕爱斐堡国际酒庄	北京张裕爱斐堡国际酒庄有限公司	教育基地
162	北京乐平御瓜园	北京庞各庄乐平农产品产销有限公司	教育基地
163	北京蟒山森林公园	北京蟒山森林公园有限责任公司	教育基地
164	北京南宫世界地热博览园	北京南宫世界地热博览园有限公司	教育基地
165	北京松山国家级自然保护区	北京松山国家级自然保护区管理处	教育基地
166	中国房山世界地质公园	北京市房山世界地质公园管理处	教育基地
167	北京大兴区留民营生态农场	北京大兴区留民营生态农场	教育基地
168	北京神笛陶艺文化有限公司	北京神笛陶艺文化有限公司	教育基地
169	北京世界花卉大观园	北京花乡世界花卉大观园有限公司	教育基地
170	北京市朝阳循环经济产业园	北京市朝阳循环经济产业园管理中心	教育基地
171	北京市东城区南馆公园	北京市东城区南馆公园管理处	教育基地
172	北京市门头沟区科技开发实验基地	北京市门头沟区科技开发实验基地	教育基地
173	北京市门头沟区灵溪中小学生态教育基地	北京市门头沟区灵溪中小学生态教育基地	教育基地
174	北京市门头沟区雁翅中小学素质教育基地	北京市门头沟区雁翅中小学素质教育基地	教育基地
175	北京市平谷区黄松峪地质公园	北京佛山旅游管理服务中心	教育基地
176	北京市石花洞	北京市房山区石花洞风景名胜区管理处	教育基地
177	北京市顺义区少年宫	北京市顺义区少年宫	教育基地
178	北京市宣武公共安全宣传教育基地	北京市西城区民防局	教育基地
179	北京顺义三高科技农业试验示范区	北京顺义三高科技农业试验示范区管理委员会	教育基地
180	北京小龙门国家森林公园	北京小龙门国家森林公园	教育基地
181	北京蟹岛种植养殖集团有限公司	北京蟹岛种植养殖集团有限公司	教育基地
182	北京延庆硅化木国家地质公园	北京延庆硅化木国家地质公园管理处	教育基地
183	北京延庆野鸭湖湿地自然保护区	北京延庆野鸭湖湿地自然保护区管理处	教育基地
184	北京野生动物园	北京绿野晴川动物园有限公司	教育基地

续表

序号	基地名称	单位名称	基地类别
185	朝来农艺园	北京朝来农艺园有限责任公司	教育基地
186	汉石桥湿地	北京市顺义区汉石桥湿地自然保护区管理办公室	教育基地
187	红星集体农庄阳光农事体验园	北京市兴红种子站	教育基地
188	怀柔青少年健康教育中心	北京市怀柔区人口和计划生育委员会	教育基地
189	怀柔区学生活动管理中心	怀柔区学生活动管理中心	教育基地
190	生存岛	北京生存岛文化传播有限公司	教育基地
191	密云蔡家洼产业园区	聚陇山生态农业开发有限公司	教育基地
192	密云青少年宫	密云青少年宫	教育基地
193	七彩蝶园	北京七彩蝶创意文化有限公司	教育基地
194	青龙湖公园	北京青龙湖公园有限公司	教育基地
195	小汤山现代农业科技示范园	北京市小汤山现代农业科技示范园管理委员会	教育基地
196	北京山地生态科技研究所	北京山地生态科技研究所	教育基地
197	佐特陶瓷技术中心	佐特陶瓷技术中心	教育基地
198	昌平区青苹果之家	北京市昌平区计划生育协会	教育基地
199	北京航天之光观光农业园	北京航天之光观光农业园有限责任公司	教育基地
200	曙光防灾教育公园	北京新兴曙光科贸有限公司	教育基地
201	《博物》杂志	《中国国家地理》杂志社	传媒基地
202	中国科普博览	中国科学院计算机网络信息中心	传媒基地
203	中国科学报	中国科学报社	传媒基地
204	科学普及出版社	科学普及出版社	传媒基地
205	电子工业出版社少儿科普分社	电子工业出版社	传媒基地
206	《我们爱科学》杂志	中国少年儿童新闻出版总社	传媒基地
207	北京电视台科教节目中心	北京电视台	传媒基地
208	北京科技报	北京科技报社	传媒基地
209	北京科学技术出版社	北京科学技术出版社有限公司	传媒基地
210	《少年科学画报》杂志	北京出版集团有限责任公司	传媒基地
211	《天文爱好者》杂志	北京天文馆	传媒基地
212	《大自然》杂志	北京自然博物馆	传媒基地
213	《环球科学》杂志	环球科学杂志社有限公司	传媒基地
214	《科学世界》杂志	科学世界杂志社有限责任公司	传媒基地
215	《健康》杂志	健康杂志社	传媒基地
216	互动百科网	互动在线(北京)科技有限公司	传媒基地
217	北京科技视频网	北京市可持续发展促进会	传媒基地
218	北京少年儿童出版社	北京出版集团有限责任公司	传媒基地
219	《科技潮》杂志	科技潮杂志社	传媒基地
220	海豚少儿科普出版中心	海豚出版社有限责任公司	传媒基地

续表

序号	基地名称	单位名称	基地类别
221	北京艺术与科学电子出版社	北京艺术与科学电子出版社	传媒基地
222	北京大学科学传播中心	北京大学	培训基地
223	北京师范大学科学传播与教育研究中心	北京师范大学	培训基地
224	首都师范大学科技教育中心	首都师范大学	培训基地
225	北京急救医疗培训中心	北京急救医疗培训中心	培训基地
226	CERT 紧急救援训练中心	中援思德科技发展有限公司	培训基地
227	北京市宣武青少年科技馆	北京市宣武青少年科技馆	培训基地
228	中国科学院计算机网络信息中心	中国科学院计算机网络信息中心	培训基地
229	北京市科学技术进修学院	北京市科学技术进修学院(首都联合职工大学科技分校)	培训基地
230	北京市西城区青少年科技馆	北京市西城区青少年科技馆	培训基地
231	中国科协——清华大学科技传播与普及研究中心	清华大学	培训基地
232	北京天文馆	北京天文馆	研发基地
233	北京自然博物馆	北京自然博物馆	研发基地
234	北京科技大学工程训练中心	北京科技大学	研发基地
235	北京市农林科学院农业科技信息研究所	北京市农林科学院农业科技信息研究所	研发基地
236	北京国际科技服务中心	北京国际科技服务中心	研发基地
237	北京天强创业电气技术有限责任公司	北京天强创业电气技术有限责任公司	研发基地
238	梦想人(北京)科技有限公司	梦想人(北京)科技有限公司	研发基地
239	北京全景多媒体信息系统公司	北京全景多媒体信息系统公司	研发基地
240	北京市宣武青少年科技馆	北京市宣武青少年科技馆	研发基地
241	北京神舟航天文化创意传媒有限责任公司	北京神舟航天文化创意传媒有限责任公司	研发基地
242	北京千松科技发展有限公司	北京千松科技发展有限公司	研发基地
243	北京凯来美气候技术咨询有限公司	北京凯来美气候技术咨询有限公司	研发基地

2015 年北京区域专利申请及授权一览表

单位:件

分　区	专利申请量	发明专利	专利授权量	发明专利
全　市	**156312**	**88930**	**94031**	**35308**
首都功能核心区				
东城区	9687	5102	6612	1913
西城区	22862	12839	14917	4105
城市功能拓展区				
朝阳区	26395	16197	16101	7880
丰台区	7924	3582	4871	1508
石景山区	2437	1166	2069	588
海淀区	59095	39970	31181	15618
城市发展新区				
房山区	1449	506	951	201
通州区	3900	817	2546	272
顺义区	3953	970	2610	236
昌平区	8822	4072	5640	1430
大兴区	7368	2896	4849	1279
生态涵养发展区				
门头沟区	300	95	235	55
怀柔区	884	314	558	109
平谷区	404	88	335	30
密云区	676	243	458	58
延庆区	139	71	84	21
其　他	**17**	**2**	**14**	**5**

资料来源:北京市知识产权局。

北京地区专利申请一览表(1996—2015年)

单位:件

年　份	发　明	实用新型	外观设计	合计
1996年	1441	4255	899	6595
1997年	1677	3668	968	6313
1998年	1754	3444	1123	6321
1999年	2062	4045	1616	7723
2000年	3409	4984	1951	10344
2001年	4984	5114	2076	12174
2002年	5785	5920	2137	13842
2003年	7833	6665	2505	17003
2004年	8608	6321	3473	18402
2005年	12102	6940	3530	22572
2006年	14226	8200	4129	26555
2007年	18763	8819	4098	31680
2008年	28394	11157	3957	43508
2009年	29326	15424	5486	50236
2010年	33466	18637	5193	57296
2011年	45057	26615	6283	77955
2012年	52720	32609	6976	92305
2013年	67554	47586	8196	123336
2014年	78129	48228	11754	138111
2015年	88930	53243	14139	156312

资料来源:北京市知识产权局。

北京地区专利授权一览表(1996—2015 年)

单位:件

年　份	发　明	实用新型	外观设计	合计
1996 年	246	2563	486	3295
1997 年	281	2340	706	3327
1998 年	309	2522	969	3800
1999 年	573	3948	1308	5829
2000 年	1074	3463	1368	5905
2001 年	946	3600	1700	6246
2002 年	1061	3721	1563	6345
2003 年	2261	4244	1743	8248
2004 年	3216	3956	1833	9005
2005 年	3476	4498	2126	10100
2006 年	3864	5490	1884	11238
2007 年	4842	7364	2766	14954
2008 年	6478	8776	2493	17747
2009 年	9157	10141	3623	22921
2010 年	11209	16579	5723	33511
2011 年	15880	19628	5380	40888
2012 年	20140	24672	5699	50511
2013 年	20695	36301	5675	62671
2014 年	23237	44071	7353	74661
2015 年	35308	45773	12950	94031

资料来源:北京市知识产权局。

附　录

北京市科技管理机构

北京市科学技术委员会

根据中共中央、国务院批准的北京市人民政府机构改革方案和《北京市人民政府关于机构设置的通知》(京政发[2009]2号),设立北京市科学技术委员会(以下简称“市科委”)。市科委是负责本市科技工作的市政府组成部门,主要职责如下。

(一)贯彻落实国家关于科技工作方面的法律法规、规章和政策,起草本市相关地方性法规草案、政府规章草案,组织拟定科技发展和科技促进经济社会发展的政策,并组织实施。

(二)组织拟定本市科技发展中长期规划、年度计划,并组织实施;研究提出科技发展布局和优先发展领域;推动科技创新体系和科技服务体系建设,促进科技服务业发展;推进科技北京建设。

(三)组织制定本市应用基础研究、高新技术发展以及重大科技成果应用研究的政策措施;负责统筹协调应用基础研究、前沿技术研究、重大社会公益性技术研究及关键技术、共性技术研究;牵头组织科技促进经济社会发展的重大关键技术攻关。

(四)会同有关部门组织科技重大专项实施中的方案论证、综合平衡、评估验收和配套政策制定,对科技重大专项实施中的重大调整提出意见;负责科技重大专项和重大科技产业工程的组织实施。

(五)制定政策引导类科技计划并指导实施;会同有关部门拟订本市高新技术企业发展、高新技术产业化的相关政策,参与拟定科技金融促进工作的相关政策;提出科研条件保障规划和政策建议;推进科研条件平台建设和科技资源共享。

(六)组织制定本市科技促进农村和社会发展的政策措施,促进以改善民生为重点的农村建设和社会建设;指导可持续发展实验区的建设和发展。

(七)会同有关部门拟定本市促进产学研结合的相关政策,制定科技成果推广政策,指导科技成果转化工作;组织相关重大科技成果应用示范,推动企业自主创新能力建设。

(八)研究制定本市科技体制改革的政策措施;建立健全科技创新体制和机制;研究制定建立新型研究开发机构的政策;按规定审核相关科研机构的组建和调整,优化科研机构布局。

(九)负责本部门预算中的科技经费预决算及经费使用的监督管理;会同有关部门提出科技资源合理配置的政策和措施建议,优化科技资源配置。

(十)制定本市科普工作规划和政策;制定促进技术市场、科技中介组织发展的政策措施;负责技术市场、科技保密管理工作和科技奖励组织实施工作;负责科技信息、科技统计和科技期刊管理工作。

(十一)研究制定本市科技合作交流政策;负责科技外事工作;负责与港澳台的科技合作与交流;会同有关部门组织技术出口和技术引进等工作。

(十二)负责本市科技人才资源的合理配置,会同有关部门拟订科技人才队伍建设规划,提出政策建议。

(十三)承办市政府交办的其他事项。

主　任:闫傲霜

副主任:朱世龙　郑焕敏　张继红
　　　　伍建民　张光连

委　员:张　虹　刘　晖　王建新

办公地址:北京市海淀区四季青路7号院2号楼

网　址:www. bjkw. gov. cn

办公电话:66153395

传　真:66153389
通信地址:北京市海淀区四季青路7号院2号楼
邮政编码:100195

咨询服务

1. 窗口咨询

受理时间:周一至周五9:00—12:00,13:00—17:00,法定节假日除外。联系电话:64874561。受理部门:北京高技术创业服务中心。联系方式:北京高技术创业服务中心一层服务大厅。

2. 电话咨询

受理时间:周一至周五9:00—12:00,14:00—18:00,法定节假日除外。受理部门:办公室。联系方式:66153395。

3. 在线咨询

受理时间:全天。受理部门:办公室。联系方式:市科委网站—互动平台—公众信箱

4. 来函咨询

受理时间:周一至周五9:00—12:00,14:00—18:00,法定节假日除外。受理部门:办公室。联系方式:北京市海淀区四季青路7号院2号楼,北京市科委办公室。邮政编码:100195。

监督投诉

1. 群众来访

受理时间:周一至周五9:00—12:00,14:00—18:00,法定节假日除外。受理部门:办公室。联系方式:66153395。

2. 信访

受理时间:周一至周五9:00—12:00,14:00—18:00,法定节假日除外。受理部门:办公室。联系方式:北京市海淀区四季青路7号院2号楼,北京市科委办公室。邮政编码:100195。

3. 服务投诉

受理时间:周一至周五9:00—12:00,14:00—18:00,法定节假日除外。受理部门:办公室。联系方式:66153395。领导信箱:www.bjkw.gov.cn/jact/front/front_main? sysid=1。

4. 监督举报

受理时间:周一至周五9:00—12:00,14:00—18:00,法定节假日除外。受理部门:纪检组。联系方式:66153445。

内部机构设置

办公室

负责机关政务工作;负责文电、会务、机要、档案等机关日常运转工作;承担信息、信访、议案、建议、提案、安全、保密、政府信息公开、电子政务、机关财务和资产管理等工作;承担重要事项的组织和督查工作。

联系电话:66153395

政策法规与体制改革处

负责机关推进依法行政综合工作;起草科技方面的地方性法规草案、政府规章草案;负责行政执法工作的监督、指导和协调;承担行政复议、应诉的有关工作;承担机关行政规范性文件的合法性审核和有关备案工作;会同有关方面推进科技创新体系建设和科技体制改革,拟定促进产学研结合和促进科技领域知识产权创造的政策措施;按规定承担相关科研机构的组建和调整的审核;负责北京地区科技研究开发机构认定和科技类民办非企业单位的业务审核。

联系电话:66153403

发展计划处

研究提出本市科技发展的布局和优先发展领域,组织拟定科技发展中长期规划和年度计划;提出科技计划的协调、综合平衡和经费配置的建议;会同有关方面提出重大创新基地建设规划建议;拟定科技成果和科技项目管理的政策措施;负责本市科技奖励组织实施和科技统计、科技信息和科技期刊管理;会同有关方面组织技术出口技术引进。

联系电话:66174185

重大专项办公室

会同有关方面拟定本市科技重大专项实施办法,审核实施计划,协调解决重大问题,组织评估和验收;承担对接国家科技重大专项的相关协调工作;负责重大科技需求调研;承担科技北京建设和科教方面的相关工作。

联系电话:66153412

条件财务处

提出本市科研条件保障的规划和政策建议,推进科研条件平台建设和科技资源共享;会

同有关方面提出科技资源合理配置的政策建议；参与开展科技金融促进工作；编制本部门预算中的科技经费预决算；参与拟定科技经费管理办法；指导所属单位财务和国有资产管理工作。

联系电话:66153407

审计处

拟定机关及所属单位内部审计制度,并对预决算、财务收支进行审计监督；负责对科技项目经费预算的执行情况进行监督,并实施内部审计检查；承担领导干部经济责任审计；指导所属单位开展内部审计工作；负责监督所属单位财务和国有资产管理工作。

联系电话:66155384

高新技术产业化处

拟定本市相关领域高新技术发展及产业化的科技规划和政策；组织实施相关领域高新技术研究发展计划和政策引导类科技计划；承担中关村国家自主创新示范区建设相关工作；推动科技创新创业服务体系建设；推动科技成果转化及企业技术创新能力提升；促进科技服务业和文化创意产业发展；负责高新技术产业孵化基地认定和高新技术企业、自主创新产品认定；指导技术市场管理工作。

联系电话:66153439

文化科技发展处

拟定本市科技支撑文化领域发展及产业化的规划和政策；组织实施与文化领域相关的高新技术研究发展计划；负责组织推进文化领域重点实验室(基地)建设,促进相关科技成果的推广应用；承担协调推进北京“设计之都”建设的相关工作。

联系电话:88546574

电子信息与装备制造处

拟定本市电子信息、装备制造和空间技术领域科技发展的规划和政策；组织实施相关领域高新技术研究发展计划；负责组织推进相关领域实验室(基地)建设；促进相关领域科技服务业的发展。

联系电话:66153438

新能源与新材料处

拟定本市新能源、新能源汽车、新材料领域科技发展的规划和政策；组织实施相关领域高新技术研究发展计划及重大科技成果示范应用；负责组织推进相关领域实验室(基地)建设；促进相关领域科技服务业的发展。

联系电话:66153441

生物医药处

拟定本市生物工程、新医药产业、医疗卫生及食品安全领域科技发展的规划和政策；组织实施相关领域高技术研究发展计划；制定实验动物管理的政策措施；负责实验动物安全监管工作；负责组织推进相关领域重点实验室(基地)建议；促进相关领域科技服务业的发展；承担生物工程和新医药产业方面的有关科技工作。

联系电话:66153436

农村科技发展处

拟定本市科技促进农村发展的规划和政策；组织实施相关领域高技术研究发展计划；负责组织推进相关领域重点实验室(基地)建设；促进相关领域科技服务业的发展；推动农村科技进步；指导相关重大科技成果应用示范；指导农业科技园区的有关工作。

联系电话:66153428

社会发展处

拟定本市社会领域科技发展的规划和政策；促进本市节能环保领域的科技发展；组织实施相关领域高新技术研究发展计划；负责组织推进相关领域实验室(基地)建设；促进相关领域科技服务业的发展；推进科技对城市建设与管理的支持；指导可持续发展实验区的建设和发展。

联系电话:66153392

科技宣传与软科学处(北京市人民政府专家咨询委员会办公室)

负责本市科普工作,拟定科普工作的规划和政策；负责科技宣传、新闻发布工作；负责软科学研究工作；承担市政府专家咨询委员会的有关工作；承担综合性文稿起草和地方志、年鉴编纂工作。

联系电话:66153435

国际科技合作处

组织拟定本市国际科技合作交流政策；组织

实施国际科技合作交流计划;按规定负责在京举办国际性科技学术会议、出国举办科技展览会和邀请外国人员来华进行科技活动的有关工作;承办与港澳台的科技合作交流事宜;负责机关及所属单位的外事工作。

联系电话:66153430

人事教育处

负责机关及所属单位的人事、机构编制和离退休工作;会同有关方面拟定本市科技人才队伍建设的政策措施;负责自然科学研究系列专业技术职务任职资格评定工作;组织实施科技新星计划。

联系电话:66153440

机关党委

负责机关及所属单位的党群工作。

联系电话:66152996

机关工会

负责机关及所属单位的工会工作。

联系电话:66153390

纪检组

按有关规定派驻,履行监督、执纪、问责职责。

联系电话:66153445

北京市科技服务机构

北京科技协作中心

北京科技协作中心于1983年成立,是经市人民政府批准成立的负责联系中央在京科研院所、高校及其他科研机构的唯一综合性事业单位(正局级),由北京市科学技术委员会归口管理。北京科技协作中心坚持以"整合中央在京科研院所资源,为北京市经济建设服务"为工作中心,以广泛开展国际协作、区域合作、以科技协作支撑产业集群为工作方向,通过与在京使领馆、商务处、国际NGO组织、各省市、中央在京科研院所、大专院校及企业开展多元化沟通等6条工作途径不断提升服务中央在京科研院所水平。根据京编办事〔2007〕119号文件,北京科技协作中心内设办公室、区域与国际合作处、项目管理处、公共服务处、技术合同登记处、政策研究室、财务审计处。下设事业单位北京科技协作咨询服务中心,为科研机构科技成果的转化和产业化提供项目对接、成果展示、协作招标和政策、信息咨询等服务。下属北京首科集团公司直接投资的全资、控股及参股企业10余个,是面向市场、以高新技术产业为主体、产学研相结合的企业集团。

主要职责:协助政府有关部门制定和落实北京地区科技工作方面的规划、计划和政策、措施;承担联系中央在京科研机构的事务性、辅助性工作,协助整合首都科技资源,具体组织本市与中央在京科研机构的科技协作;承担中央在京科研机构的技术合同认定登记工作;协助承担本市自主创新产品的认定工作;协助实施北京地区对外科技交流与合作工作。

办公地址:北京市海淀区四季青路7号院2号楼2层

网　址:www. beijingstcc. gov. cn

办公电话:66517145

传　真:66518005

电子邮箱:bstcc@ beijingstcc. gov. cn

通信地址:北京市海淀区四季青路7号院2号楼2层

邮政编码:100195

统一社会信用代码:12110000400685600L

负责人姓名:季小兵

负责人电话:66517145

北京科学技术开发交流中心

北京科学技术开发交流中心(以下简称"

中心”)是北京市政府1981年9月批准成立的、直属于北京市科委的事业单位。中心编制487人,现在职干部58人,其中大学本科以上占87%,硕士研究生占58%,留学归国人员15人,平均年龄30.5岁。中心现有20多名干部在科技部、安全部、信息产业部、北京市科委、北京市商务局、北京市技术监督局等政府部门借调工作,2名干部送清华大学深造,1名干部派驻我国驻外大使馆工作。中心现设战略决策部、科技管理服务部、科技项目管理部、科技文化宣传部、国内科技合作一部、国内科技合作二部、国际科技合作部、科技资产管理部和综合办公室等9个部门。北京市政府、市科委赋予中心的主要职责是:科技项目征集、科技项目招标、科技项目监理、科技文化宣传、国内外科技合作交流、科技资金与资本市场合作,以及科技资产管理等。中心成立26年以来,先后承担了北京市科技项目管理工作,掌握了国家各部委、北京市各委办局以及联合国及美、日、加拿大等国家科技项目申报的渠道信息;先后与20多个省市自治区,以及美国、英国、法国、德国、俄罗斯、日本、韩国等国家开展了一系列大型的科技交流合作活动;先后与中央、国家、有关省市自治区政府部门、20多个国家驻华大使馆、上百家高等院校、科研院所、上万家高新技术企业、100余家投资公司建立了长期稳定的合作关系;先后管理100多家高新技术企业,并圆满完成北京市政府和市科委赋予的解决历史遗留问题的任务。

办公地址:北京市西城区西直门南大街16号西楼6层
网　址:无
办公电话:66510925
传　真:66510925
电子邮箱:bjstdec@126.com
通信地址:北京市西城区西直门南大街16号西楼6层
邮政编码:100035
统一社会信用代码:12110000400685555K
负责人姓名:曲宏
负责人电话:66113510

北京市自然科学基金委员会办公室

北京市自然科学基金于1990年10月30日由北京市人民政府设立,围绕北京市经济社会发展的战略需求,遵循公开、公平、公正的原则,坚持尊重科学、发扬民主、激励创新、促进合作、凝聚资源、服务首都的方针,采取宏观引导、自主申请、平等竞争、同行评审、择优支持的机制,资助自然科学和与自然科学相交叉的学科领域的基础研究、应用基础研究及其相关的环境条件促进活动,为促进本市战略性新兴产业培育、高技术产业发展,新兴学科与优势学科建设提供知识、技术和人才储备。北京市自然科学基金主要资助九大学科门类,包括数理学科、化学与材料学科、工程学科、信息学科、生物学科、农业学科、医药学科、城建与环境学科和管理学科。北京市自然科学基金委员会(以下简称“基金委”)负责编制自然科学基金发展规划和项目指南,审定自然科学基金资助项目,审议自然科学基金管理的重大事项等工作。北京市自然科学基金委员会办公室承担基金委的日常工作,负责自然科学基金资助工作的具体实施和管理,设有研究发展部、学科管理部、项目与成果管理部、业务拓展部和综合管理部5个部门。

办公地址:北京市海淀区四季青路7号院2号楼311室
网　址:http://www.bjnsf.org
办公电话:66153609
传　真:66157137
电子邮箱:bjnsf@mail.bsti.ac.cn
通信地址:北京市海淀区四季青路7号院2号楼311室
邮政编码:100195
统一社会信用代码:121100004006855719
负责人姓名:王红

北京市科学技术奖励工作办公室

北京市科学技术奖励工作办公室是由北京

市机构编制委员会正式批准成立的北京市科委直属事业法人单位，经费由财政拨款。北京市科学技术奖励工作办公室业务范围包括贯彻执行北京市科学技术奖励政策和法规，承担北京地区科技奖励，负责科技奖励的统计、数据分析、信息化建设等；承担北京地区科技成果管理和宣传推广，开展北京地区获奖成果的国际交流工作；负责北京地区社会力量设奖登记与管理；负责北京地区国家科学技术奖的推荐工作；市科委交办的其他工作。我们将秉承廉洁奉公，公平、公正的原则，热情为大家服务，为推动我市经济和社会发展、科学技术进步做出应有的贡献。我们的宗旨是做好科学技术奖励工作，促进技术创新和高新技术产业化。

办公地址：北京市海淀区四季青路 7 号院 2 号楼（北京市科学技术委员会）2 层
网　址：http://www.bjjlb.org.cn/
办公电话：66188227－603、602
传　真：66162876
电子邮箱：cuiyq@mail.bsti.ac.cn
通信地址：北京市海淀区四季青路 7 号院 2 号楼（北京市科学技术委员会）2 层
邮政编码：100195
统一社会信用代码：121100004005834876
负责人姓名：崔玉琴
负责人电话：66153185

北京市实验动物管理办公室

北京市实验动物管理办公室是经市人民政府批准成立、隶属于北京市科学技术委员会的独立法人单位，其前身为北京市实验动物管理委员会办公室。根据北京市人大常委会通过的《北京市实验动物管理条例》规定：北京市科学技术委员会主管本市实验动物工作，北京市实验动物管理委员会负责本市行政区域内实验动物管理的协调工作。经市政府办公厅批准，北京市实验动物管理委员会成立专家委员会，为本市实验动物科学发展和管理提供咨询。北京市实验动物管理办公室作为常设机构，负责本市行政区域内实验动物的日常管理工作。

主要职责：执行北京地区实验动物管理及质量监督工作；负责组织认证北京市实验动物质量检测机构和北京市实验动物培训机构从业人员的考核工作，进行实验动物许可证的验收、发证、年检工作；从业人员的考核工作，进行实验动物质量检测、学术交流，参加实验动物法律法规调研与制定。

办公地址：北京市海淀区四季青路 7 号院 2 号楼（北京市科学技术委员会）1 层 106
网　址：www.baola.org
办公电话：68722982、68722983、68722057
传　真：68479601
电子邮箱：ligp@baola.org
通信地址：北京市海淀区四季青路 7 号院 2 号楼（北京市科学技术委员会）1 层 106
邮政编码：100195
统一社会信用代码：12110000400687964N
负责人姓名：李根平
负责人电话：68479281
办公时间：周一至周五，9:00—18:00

北京生物技术和新医药产业促进中心

北京生物技术和新医药产业促进中心成立于 1996 年 6 月 24 日，是直属于北京市科委的事业单位。主要任务是为北京市的生物技术和新医药产业提供专业服务，协调北京市生物技术和新医药产业发展。中心成立后，始终以发展北京生物工程和新医药产业为己任，密切与政府有关部门、科研机构、知名学府、制药企业及相关组织和学术团体的关系，充分发挥首都科技优势，大力促进产业进行广泛国际交流。北京生物技术和新医药产业促进中心下设项目培育与投资管理部、战略研究部、行政与信息环境部、财务部。

办公地址：北京市海淀区马连洼北路 151 号 中国医学科学院药用植物研

究所院内

网　　址:http://www.newlife.org.cn

办公电话:62896868－831

传　　真:62899978

电子邮箱:linshi@newlife.org.cn

通信地址:北京市海淀区马连洼北路151号 中国医学科学院药用植物研究所院内

邮政编码:100193

统一社会信用代码:12110000400689337 9

负责人姓名:潘悦

北京新材料发展中心

北京新材料发展中心隶属北京市科委,作为政府职能的延伸,其宗旨是促进北京新材料产业发展,辅助政府决策,服务新材料产业,营造创新创业环境,成为沟通政府、科研机构、企业和社会的桥梁。

主要职责:为市科委在新材料领域决策提供支撑;新材料方面的调研和课题研究;组织重大科研项目的论证、推荐、跟踪和评价;研究国内外新材料领域发展动态;负责创建新材料产业孵化体系促进成果转化;组织开展有关方面的培训、展示、技术交流、技术研讨等活动;创办《新材料产业》期刊;受市科委委托,负责对新材料产业发展基金的具体管理。

办公地址:北京市海淀区学院路30号方兴大厦5层

网　　址:http://www.materials.net.cn/

办公电话:62341509

传　　真:62333998

电子邮箱:infor@materials.net.cn

通信地址:北京市海淀区学院路30号方兴大厦5层

邮政编码:100083

统一社会信用代码:12110000400583380T

负责人姓名:肖澜

负责人电话:62395995

负责人邮箱:xiaol@materials.net.cn

北京技术交易促进中心

北京技术交易促进中心(以下简称“中心”)是直属于北京市科学技术委员会的事业单位,是北京地区促进技术转移环境建设和行业发展的专设机构、科技部首批国家技术转移示范机构。中心以中国国际技术转移中心和国家技术转移集聚区为载体,以提升技术交易参与者的交易能力、通畅技术交易的渠道与环节、建立健全技术交易服务体系为目标,致力于成为北京地区乃至全国开展国内外技术转移的高端服务平台,有效带动首都技术交易的规模扩大和质量提高,促进企业创新能力提升与科技成果产业化,成为全国科技创新中心建设的重要支撑。中心是首都科技条件平台、首都科技创新卷、首都创新大联盟、中意技术转移中心、北京创业投资协会和北京安恒星创技术转移创业投资基金的建设运营单位,还承担着北京市重点实验室、北京市工程技术研究中心、北京市企业研发机构、首都科技创新券和技术合同登记等组织管理工作。

办公地址:北京海淀区苏州街甲49号

网　　址:http://btec.net.cn/

办公电话:62578706,62577242,62577305,82621690

传　　真:62619816

电子邮箱:hp1180@vip.163.com

通信地址:北京海淀区苏州街甲49号

邮政编码:100080

统一社会信用代码:12110000400689556K

负责人姓名:黄平

负责人电话:62573855

北京高技术创业服务中心

北京高技术创业服务中心(以下简称“中心”)是北京市科学技术委员会直属的具有独立法人资格的事业单位,成立于1989年,是北京市最早成立的科技企业孵化器。中心地处中关村科技园区,紧邻京昌高速公路与北四环路,交通便利,环境优越。中心现有孵化场地5万平方米,面向国内外各类中小型科技企业,可提供提供咨询、代办服务,组织协调科技开发诸要素的结合,从事风险投资,协助筹措资金,组织人才培训,推动国内外科技合作等。

办公地址:北京市朝阳区安翔北里11号1号楼
网　址:http://www.bjcy.net.cn/
办公电话:64853169　64873538
传　真:64853178
电子邮箱:chyzhx@mail.bsti.ac.cn
通信地址:北京市朝阳区安翔北里11号1号楼
邮政编码:100101
统一社会信用代码:121100004006855981
负责人姓名: 颜镝
负责人电话:64874568

北京市高新技术成果转化服务中心

北京市高新技术成果转化服务中心成立于2002年,是北京市政府设立的为北京市高新技术企业和北京市高新技术成果转化项目提供"一站式"服务的机构,为市科委直属全额拨款事业单位。

主要职责:具体负责本市高新技术成果转化项目的受理、组织评审和对外公布工作;协调落实市政府支持高新技术成果转化项目的有关政策。

办公地址:北京市朝阳区安翔北里11号A座
网　址:www.bjcy.net.cn
办公电话:64874216
传　真:64853178
电子邮箱:cyzx@bjcy.net.cn
通信地址:北京市朝阳区安翔北里11号A座
邮政编码:100101
统一社会信用代码:121100007382415645
负责人姓名:王兰平
负责人电话:64874569
负责人邮箱:wanglp@bjcy.net.cn

北京市科委农村发展中心

主要职责:研究北京农业、农村、农民科技发展问题,为北京市科委农村领域科技管理决策提供科学依据和技术支撑;研究拟定国家现代农业科技城建设与发展规划及政策,协调推进国家现代农业科技城建设,完成国家现代农业科技城领导小组联合办公室交办的日常工作;承担科技部、北京市科委农村领域科技项目的日常管理工作;根据科技部、北京市科委有关农业科技政策及科技发展计划,负责首都农村科技服务体系建设,农业科技成果转化促进工作和农村科技培训工作;承担农村领域国际科技合作交流支撑工作。

办公地址:北京市海淀区曙光花园中路11号北京农科大厦B座1101号
网　址:http://www.nczx.cn
办公电话:51501853
传　真:51501850
电子邮箱:bjnczx@126.com
通信地址:北京市海淀区曙光花园中路11号北京农科大厦B座1101号
邮政编码:100097
统一社会信用代码:12110000400685563E
负责人姓名:李志军
负责人电话:51502350
负责人邮箱:bjnczx@126.com

北京技术市场管理办公室

北京技术市场管理办公室(以下简称"市场办")于1990年5月经北京市政府批准成立。2002年7月18日北京市人大常委会通过的《北京市技术市场条例》,规定市科学技术行政部门是本市技术市场的主管部门,市场办在市科学技术行政部门的领导下,具体负责技术市场的管理、监督工作。

主要职责:①负责宣传贯彻和组织实施有关技术市场的法律法规和政策,组织调查研究并制定相应规章制度;②负责对技术市场发展与技术交易活动实行规划管理与协调指导,负责技术市场表彰奖励工作;③负责管理技术合同认定登记工作,管理技术合同登记机构并办理设立、撤销事宜,审核认定重大技术合同;④负责管理技术市场发展资金;⑤负责技术市场统计和分析,发布技术市场信息;⑥会同有关部门检查技术交易活动,依法处罚违法行为,调解技术合同纠纷,参与技术合同纠纷的仲裁;⑦会同市财税部门落实技术市场财税优惠政策;⑧会同有关部门开展国内外技术转移和技术市场的研究与交流;⑨会同有关部门联系服务技术转移机构和培养技术经纪人才;⑩负责联系北京技术市场协会。

办公地址:北京市西城区西直门南大街16号

网　址:http://www.cbtm.gov.cn

办公电话:66161862

传　真:66161862

电子邮箱:dongqc@bjkw.gov.cn

通信地址:北京市西城区西直门南大街16号

邮政编码:100035

统一社会信用代码:1211000040068558X1

负责人姓名:董齐超

负责人电话:66161862

北京市可持续发展科技促进中心

北京市可持续发展科技促进中心(以下简称“可持续中心”)成立于2000年10月,是北京市科学技术委员会直属的具有独立法人资格的事业单位。作为政府职能的延伸,可持续中心注重一流的人才建设,拥有业界卓有影响的专家团队和一群敬业、进取、高素质的优秀员工,不仅是一所推动经济社会可持续发展的非营利科技服务机构,也承担北京市能源、环境等领域九大产业联盟秘书处的日常工作。可持续中心下设有项目管理部、城市建设与管理部、能源环境部、区域可持续发展部、信息宣传部、科普部6个业务部门,以战略规划、项目调研、技术咨询、项目凝练、政策研究、成果推广、宣传培训、机制创新为手段,为社会提供科技服务,促进经济社会的可持续发展。

主要职责:社会发展领域的战略规划与研究咨询;北京市科技计划项目的申报、咨询与辅导;为企业提供联合攻关、成果推介、资源共享等中介服务;开展北京市可持续发展实验区的组织、咨询、协调和管理;北京市科普工作的组织与管理;组织可持续发展领域的宣传、培训、交流、会议展览等;组织可持续发展领域国内外合作与交流。

办公地址:北京市西城区西直门南大街16号南楼五层

网　址:www.bsdc.net.cn

办公电话:64841457－803

传　真:64841456

电子邮箱:bsdc2008@163.com

通信地址:北京市西城区西直门南大街16号南楼五层

邮政编码:100035

统一社会信用代码:12110000400564438U

负责人姓名:刘静平

负责人电话:64841681

北京生产力促进中心

北京生产力促进中心是北京市科委直属的面向中小企业提供全方位、多层次、综合性服务的不以赢利为目的的公益性社会化科技服务机构,作为国内首家“亚洲典范借鉴中心”区域会员与国家级示范生产力促进中心,中心是国家技术创新服务体系的重要组成部分。中心秉承“背靠政府、面向企业、集成资源、顾客至上、诚信科学、持续发展”的宗旨,努力发展成为满足北京市中小企业共性和个性化需求的服务集成中心、首都经济创新服务体系的核心枢纽、技术创新与创业辅导的开放式服务平台,具有专项特色精品服务的国际化品牌的一流生产力促进组织。2005年3月,在政府的宏观指导下,中心在原有业务基础上加挂牌成立北京现代服务业科技促进中心,致力于促进符合市场经济规律的服务产业体系的建设，推动高新技术向服务业延伸、渗透，促进有利于现代服务业的发展环境建设，推动现代服务业实现跨越式发展，促进北京成为全国高端服务聚集区和现代服务业的重要节点。

主要职责：重点开展面向政府的支撑服务和面向产业的促进服务。

办公地址：北京海淀区北三环中路 31 号（马甸桥西北）生产力大楼 B 座 8 层
网　址：http://www.bjpc.org.cn
办公电话：82003609
传　真：82003613
电子邮箱：bjpc@bjpc.org.cn
通信地址：北京海淀区北三环中路 31 号（马甸桥西北）生产力大楼 B 座 8 层
邮政编码：100088
统一社会信用代码：12110000400689863C
负责人姓名：张泽工
负责人电话：82003628

北京市科技传播中心

北京市科技传播中心是北京市科委直属事业法人单位。中心主要承担本市科普管理的事务性、辅助性工作；具体承担科技宣传和相关科技活动的组织实施工作。

办公地址：北京市西城区西直门南大街 16 号院内南楼四层
网　址：http://www.bjkepu.org.cn/
办公电话：66155240
传　真：66155240
电子邮箱：kejichao@126.com
通信地址：北京市西城区西直门南大街 16 号院内南楼四层
邮政编码：100035
统一社会信用代码：12110000400686996Q
负责人姓名：李海霞
负责人电话：66152343

北京市科委行政事务服务中心

北京市科委行政事务服务中心是由市编办 1996 年批准设立的全额拨款正处级事业单位，主要承担市科委机关的安全保卫和后勤服务工作。

办公地址：北京市海淀区四季青路 7 号院 2 号楼三层
网　址：无
办公电话：66153396
传　真：66153396
电子邮箱：cuiym@mail.bsti.ac.cn
通信地址：北京市海淀区四季青路 7 号院 2 号楼三层
邮政编码：100195
统一社会信用代码：12110000400689249T
负责人姓名：崔彦民
负责人电话：88453050

北京市科技信息中心

北京市科技信息中心由北京市机构编制委员会正式批准成立，是北京市科委直属事业法人单位。中心成立于 1998 年，前身是北京软件与信息服务业促进中心，2010 年正式更名为北京市科技信息中心。中心主要承担北京市信息技术与空间技术领域促进科技发展政策措施的研究工作，以及相关科技计划项目管理和科技条件平台建设的辅助性工作，承担北京市科委机关电子政务方面的建设、管理和技术保障工作，承担北京市科技成果产业化情报系统的建设和运行维护工作，是北京市政府在信息技术领域开展科技研发，实现科技成果产业化的辅助决策机构和沟通政府与企业的桥梁。

办公地址：北京市海淀区上地西路 8 号院上地科技大厦 4 号楼 5 层
网　址：http://www.bsw.gov.cn
办公电话：58851812
传　真：58851813
电子邮箱：zhb@bsw.gov.cn

通信地址:北京市海淀区上地西路8号院上地科技大厦4号楼5层
邮政编码:100085
统一社会信用代码:12110000400686996Q
负责人姓名:秦颖
负责人电话:58859012

北京工业设计促进中心

北京工业设计促进中心(BEIJING INDUSTRIAL DESIGN CENTER)成立于1995年,直属于北京市科学技术委员会,是政府传播设计价值和推动设计发展的促进机构,具有独立法人资格。中心旨在依托首都文化、科技、人才和设计等资源优势,提升企业设计创新能力,促进科技成果转化和推动设计产业发展。中心的主要工作是落实"设计之都"政府事务和承担日常事务;开展设计领域统计调查及分析研究;提供设计政策研究及宣传支持保障;促进设计产业发展和管理设计提升项目;推进国内外设计交流和组织相关活动;评选工业设计奖和设计博物馆展示维护。中心组织了中国创新设计红星奖和红星原创奖的年度评选,承办了北京国际设计周;建有北京DRC工业设计创意产业基地、中国设计交易市场、设计之都文化中心、红星设计博物馆、中国工业设计技术服务联盟、递加设计培训学院、红星梦工厂和北京-内罗毕创意设计研究中心。中心是国际工业设计联合会(ICSID)、国际平面设计联合会(ICOGRADA)和国际室内建筑设计师联合会(IFI)会员。

办公地址:北京市海淀区北三环中路31号(马甸桥西北生产力大楼)B座912室
网　址:http://www.bidcchina.com
办公电话:82002055
传　真:82004066
电子邮箱:bidc@bidcchina.com
通信地址:北京市海淀区北三环中路31号(马甸桥西北生产力大楼)B座912室
邮政编码:100088
统一社会信用代码:12110000400688684Y
负责人姓名:陈冬亮
负责人电话:82002809

北京科学仪器装备协作服务中心

北京科学仪器装备协作服务中心是经北京市人民政府批准成立,隶属北京市科学技术委员会的独立法人单位。按照《北京科学仪器装备协作共用资金管理暂行办法》《国务院关于国家重大科研基础设施和大型科研仪器向社会开放的意见》(国发〔2014〕70号)、《进一步加强首都科技条件平台建设 促进重大科研基础设施和大型科研仪器向社会开放的实施意见》(京政办发[2016]34号),中心是为发挥北京地区科学仪器装备资源优势,增强北京地区科学仪器装备资源共享能力与水平而设置的服务机构。

主要职责:开展科学仪器装备为核心的资源共享服务;承担科研条件建设项目过程管理、基础性工作和政策研究;承担北京地区科技基础条件资源调查,开展资源分析和决策咨询;辅助科委系统行政事业单位国有资产管理和财政项目相关服务。目前是承担首都科技条件平台检测与认证领域中心建设和运营管理的服务单位。

办公地址:北京市西城区西直门南大街16号
网　址:无
办公电话:68471836
传　真:68471699
电子邮箱:sun5133000@126.com
通信地址:北京市西城区西直门南大街16号
邮政编码:100035
统一社会信用代码:12110000400689273B
负责人姓名:孙月琴

北京市科学技术委员会人才交流中心

北京市科学技术委员会人才交流中心成立

于1995年,是北京市科学技术委员会直属的,为科委及社会提供人力资源服务的事业单位。多年来,中心始终秉承“以人为本、服务至上”的宗旨,致力于人才服务行业发展,为市科委及社会各类用人单位和人才个体提供多元化、全方位的人力资源服务。自1998年以来连续被北京人力资源服务行业协会评为优秀人才服务机构,2002年取得了ISO9001的国际质量管理体系认证,构筑起完整的质量保证与管理体制。2007年通过由北京人力资源服务行业协会认证的3A级人才服务机构等级认证。

工作职责:围绕一条主线、三项职能提供人事人才服务。一条主线是为市科委及社会发展提供人才保证和智力支持,三项职能是不断强化人事代理、市场化人才服务和人才培训。①围绕流动人员人事档案开展人事档案接转、毕业生转正定级、自然科学研究系列的职称认定、出具人事证明、代办社会保险、住房公积金等各项管理服务;②以科技人才网为龙头,建立人才数据库,发布人才供求信息,并搭建大学生就业实习服务平台;③围绕市科委工作做好人才状况及人才开发调研工作,有效开发人才资源;④根据现代高端企业人才资源开发管理需要,开展现代人力资源咨询、诊断、培训及事务性人事代理服务;⑤受市科委委托,引进紧缺专业非北京生源毕业生;⑥负责存档人员流动党员教育和管理工作;⑦承担市科委的科技项目、软课题研究、培训等多项研究工作,为市科委相关工作提供有效支撑。

办公地址:北京市西城区西直门南大街16号西楼九层
网　址:www. bjkjrc. com
办公电话:
1. 联系电话:82002238
2. 业务电话:82002897,82004543
传　真:82002238
电子邮箱:office_kwrc@ 163. com
通信地址:北京市西城区西直门南大街16号西楼九层
邮政编码:100035
统一社会信用代码:12110000400688828G
负责人姓名:陈宝龙
负责人电话:82003580

市科委老干部服务中心（老干部处）

市科委老干部服务中心(老干部处)负责为老干部提供有关服务,负责委机关和直属单位离退休的管理和服务工作,负责本系统老干部工作的业务指导。

办公地址:北京市西城区西直门南大街16号南楼二层
网　址:无
办公电话:66153413
传　真:66153410
电子邮箱:lgbzx@ mail. bsti. ac. cn
通信地址:北京市西城区西直门南大街16号南楼二层
邮政编码:100035
统一社会信用代码:12110000744704385U
负责人姓名:李洪胜
负责人电话:66153413

北京软件产品质量检测检验中心

北京软件产品质量检测检验中心隶属市科委,主要职责是规范软件产品市场秩序,提高软件产品质量,帮助企业提高软件开发能力和质量保证能力,提升软件企业国际化能力,为政府、行业用户和软件企业等机构开展软件测试、咨询、培训及质量评测服务。中心已拥有国际先进的软件测试平台、规范的测试规程和质量管理体系,拥有近百人的专业化软件测试队伍,通过了国家实验室认可(CNAS)和国家计量认证(CMA),是软件领域唯一授权的国家质检中心(CAL),并成为2008年北京奥组委软件系统测试定点服务的唯一提供商。中心同时还负责国内最为先进的渲染平台的建设与运营,先后完成了奥运会、国庆六十周年庆典、世博会等重大项目的技术保障服务,同时提供集群运算、项目对接、就业与培训、技术咨询等多项服务,目前已成为北京地区数字媒体领域重要的技术支撑平台。

主要职责:承担软件产品质量监督抽查业务;开展法定强制的软件检测和安全检查业务;为市科委行使职能提供支撑保障。

办公地址:北京市海淀区东北旺路8号中关村软件园3A楼

网　址:http://www.nast.gov.cn/

办公电话:82825511

传　真:82826408

电子邮箱:zhouyue@bsw.net.cn

通信地址:北京市海淀区东北旺路8号中关村软件园3A楼

邮政编码:100193

统一社会信用代码:12110000744736192X

负责人姓名:周悦

负责人电话:82826606

北京市新能源汽车发展促进中心

北京市新能源汽车发展促进中心为北京市科学技术委员会直属事业单位。

主要职责:承担协调促进本市新能源汽车发展的事务性工作;开展新能源汽车领域科技项目管理的事务性工作。

办公地址:北京市西城区西直门南大街16号南楼6层

网　址:http://www.bjxnyqc.org/

办公电话:66158705

传　真:64847720

电子邮箱:shifanyingyong8705@163.com

通信地址:北京市西城区西直门南大街16号南楼6层

邮政编码:100035

统一社会信用代码:12110000400688983W

负责人姓名:牛近明

北京市工程技术研究中心一览表

序号	中心名称	依托单位
1	北京市大容量注射剂质量工程技术研究中心	华润双鹤药业股份有限公司
2	北京市智能康复工程技术研究中心	北京大学
3	北京市空间生物工程技术研究中心	航天神舟生物科技集团有限公司
4	北京市有源显示工程技术研究中心	北京大学
5	北京市生殖避孕药物工程技术研究中心	华润紫竹药业有限公司
6	北京市射线成像技术与装备工程技术研究中心	中国科学院高能物理研究所
7	北京市煤矿安全工程技术研究中心	煤炭科学技术研究院有限公司
8	北京市太阳能热利用工程技术研究中心	北京市太阳能研究所集团有限公司
9	北京市变频技术工程技术研究中心	北方工业大学
10	北京市集中生物燃气利用工程技术研究中心	清华大学
11	北京市劣质铁矿石综合利用工程技术研究中心	神雾科技集团股份有限公司
12	北京市中低速磁浮交通系统工程技术研究中心	北京控股磁悬浮技术发展有限公司
13	北京市动力锂离子电池工程技术研究中心	北大先行科技产业有限公司

续表

序号	中心名称	依托单位
14	北京市光伏装备工程技术研究中心	北京京仪集团有限责任公司
15	北京市城镇生活固废综合处理与资源化工程技术研究中心	北京环境工程技术有限公司
16	北京市有机废弃物资源化工程技术研究中心	北京嘉博文生物科技有限公司
17	北京市污水脱氮除磷处理与过程控制工程技术研究中心	北京工业大学
18	北京市锂电正极材料工程技术研究中心	北京当升材料科技股份有限公司
19	北京市村镇污水处理及资源化工程技术研究中心	总装备部工程设计研究总院
20	北京市安全防范报警与安检工程技术研究中心	北京声迅电子有限公司
21	北京市城市安全生产综合监管工程技术研究中心	北京亚思顿科技发展有限公司
22	北京市岩土锚固工程技术研究中心	中国京冶工程技术有限公司
23	北京市建筑安全监测工程技术研究中心	北京建筑大学
24	北京市功能性高分子建筑材料工程技术研究中心	北京市建筑工程研究院有限责任公司
25	北京市预拌砂浆工程技术研究中心	北京建筑材料科学研究总院有限公司
26	北京市数控机床工程技术研究中心	北京北一机床股份有限公司
27	北京市金属件先进成形技术与装备工程技术研究中心	机械科学研究总院
28	北京市金融机具工程技术研究中心	中钞长城金融设备控股有限公司
29	北京市广播电视技术工程技术研究中心	北京北广科技股份有限公司
30	北京市氯碱装备工程技术研究中心	蓝星（北京）化工机械有限公司
31	北京市无纸化办公信息采集设备工程技术研究中心	汉王科技股份有限公司
32	北京市智能化技术与系统工程技术研究中心	中国科学院自动化研究所
33	北京市数字视频工程技术研究中心	新奥特（北京）视频技术有限公司
34	北京市政务信息化工程技术研究中心	太极计算机股份有限公司
35	北京市物联网软件与系统工程技术研究中心	北京工业大学
36	北京市数字城市工程技术研究中心	中国科学院电子学研究所
37	北京市海量语言信息处理与云计算应用工程技术研究中心	北京理工大学
38	北京市数据中心运营和服务工程技术研究中心	北京世纪互联宽带数据中心有限公司
39	北京市云制造平台与服务工程技术研究中心	北京慧点科技有限公司
40	北京市小卫星遥感信息工程技术研究中心	二十一世纪空间技术应用股份有限公司
41	北京市软件服务运营工程技术研究中心	神州数码信息系统有限公司
42	北京市集成电路先导工艺工程技术研究中心	中国科学院微电子研究所
43	北京市太赫兹与红外工程技术研究中心	首都师范大学
44	北京市 MOCVD 工程技术研究中心	北京北方华创微电子装备有限公司
45	北京市激光应用技术工程技术研究中心	北京工业大学
46	北京市全固态激光先进制造工程技术研究中心	中国科学院半导体研究所
47	北京市轮胎绿色制造工艺工程技术研究中心	北京橡胶工业研究设计院
48	北京市碳纤维工程技术研究中心	中国蓝星（集团）股份有限公司
49	北京市纳米材料绿色打印印刷工程技术研究中心	中国科学院化学研究所

续表

序号	中心名称	依托单位
50	北京市饲料安全生物调控工程技术研究中心	北京大北农科技集团股份有限公司
51	北京市乳品工程技术研究中心	北京三元食品股份有限公司
52	北京市食品安全分析测试工程技术研究中心	北京市理化分析测试中心
53	北京市非常规水资源开发利用与节水工程技术研究中心	北京市水科学技术研究院
54	北京市缓控释肥料工程技术研究中心	北京市农林科学院
55	北京市草莓工程技术研究中心	北京市农林科学院
56	北京市蛋鸡工程技术研究中心	北京市华都峪口禽业有限责任公司
57	北京市工业建筑特种材料工程技术研究中心	中冶建筑研究总院有限公司
58	北京市大型关键金属构件激光直接制造工程技术研究中心	北京航空航天大学
59	北京市铸轧工程技术研究中心	中冶京诚工程技术有限公司
60	北京市特种车辆部件先进制造与评估工程技术研究中心	北京北方车辆集团有限公司
61	北京市工业部件表面强化与修复工程技术研究中心	北京矿冶研究总院
62	北京市电子信息用新型钎焊材料工程技术研究中心	北京有色金属与稀土应用研究所
63	北京市先进铝合金材料及应用工程技术研究中心	中国航发北京航空材料研究院
64	北京市难熔金属材料工程技术研究中心	安泰科技股份有限公司
65	北京市生态环境材料及其评价工程技术研究中心	北京工业大学
66	北京市呼吸与危重症诊治工程技术研究中心	首都医科大学附属北京朝阳医院
67	北京市人工听觉工程技术研究中心	首都医科大学附属北京同仁医院
68	北京市心脑血管医疗技术与器械工程技术研究中心	首都医科大学附属北京安贞医院
69	北京市脂质靶向制剂工程技术研究中心	北京泰德制药股份有限公司
70	北京市口服固体制剂产业化工程技术研究中心	华润赛科药业有限责任公司
71	北京市心脏病介入诊疗设备工程技术研究中心	乐普（北京）医疗器械股份有限公司
72	北京市医用内植物工程技术研究中心	北京纳通科技集团有限公司
73	北京市新型人用预防性疫苗工程技术研究中心	北京科兴生物制品有限公司
74	北京市基因工程抗体药物工程技术研究中心	百泰生物药业有限公司
75	北京市重组蛋白药物工程技术研究中心	北京凯因科技股份有限公司
76	北京市传染病诊断工程技术研究中心	北京万泰生物药业股份有限公司
77	北京市钢铁冶金节能减排工程技术研究中心	北京中冶设备研究设计总院有限公司
78	北京市纳米结构薄膜太阳能电池工程技术研究中心	北京低碳清洁能源研究所
79	北京市风电设备可靠性工程技术研究中心	国电联合动力技术有限公司
80	北京市电动汽车充换电工程技术研究中心	中国电力科学研究院
81	北京市电站自动化工程技术研究中心	北京国电智深控制技术有限公司
82	北京市低质燃料高效清洁利用工程技术研究中心	中国华能集团清洁能源技术研究院有限公司
83	北京市集成电路电子设计自动化工程技术研究中心	北京华大九天软件有限公司
84	北京市火电厂烟气净化工程技术研究中心	北京国电龙源环保工程有限公司
85	北京市电子系统可靠性评测工程技术研究中心	工业和信息化部计算机与微电子发展研究中心

续表

序号	中心名称	依托单位
86	北京市弱磁检测及应用工程技术研究中心	北京科技大学
87	北京市光电通信线路工程技术研究中心	北京亨通斯博通讯科技有限公司
88	北京市数字交通枢纽工程技术研究中心	北京竞业达数码科技有限公司
89	北京市光纤传感系统工程技术研究中心	北京航天时代光电科技有限公司
90	北京市复杂产品先进制造系统工程技术研究中心	北京仿真中心
91	北京市下一代网络安全软件与系统工程技术研究中心	北京神州绿盟信息安全科技股份有限公司
92	北京市气环境监测工程技术研究中心	北京航天益来电子科技有限公司
93	北京市物联网技术与系统工程技术研究中心	首都信息发展股份有限公司
94	北京市北斗卫星导航技术与装备工程技术研究中心	北京北斗星通导航技术股份有限公司
95	北京市卫星通信导航工程技术研究中心	北京华力创通科技股份有限公司
96	北京市移动卫星应用工程技术研究中心	北京中交通信科技有限公司
97	北京市太阳能热发电工程技术研究中心	中国科学院电工研究所
98	北京市有色金属新能源基础制品工程技术研究中心	北京有色金属研究总院
99	北京市蛋白和抗体研发及制备工程技术研究中心	北京义翘神州生物技术有限公司
100	北京市裸质粒基因治疗药物工程技术研究中心	北京诺思兰德生物技术股份有限公司
101	北京市肿瘤与糖尿病小分子靶向新药工程技术研究中心	北京赛林泰医药技术有限公司
102	北京市重组蛋白及其长效制剂工程技术研究中心	北京双鹭药业股份有限公司
103	北京市长效干扰素工程技术研究中心	北京三元基因药业股份有限公司
104	北京市纳微化结构药物工程技术研究中心	北京万生药业有限责任公司
105	北京市免疫试剂临床工程技术研究中心	首都医科大学附属北京天坛医院
106	北京市核医学装备工程技术研究中心	北京大基康明医疗设备有限公司
107	北京市儿童外科矫形器具工程技术研究中心	首都医科大学附属北京儿童医院
108	北京市临床检验工程技术研究中心	北京医院
109	北京市多模态医学影像工程技术研究中心	清华大学
110	北京市大血管外科植入式人工材料工程技术研究中心	首都医科大学附属北京安贞医院
111	北京市污水资源化工程技术研究中心	北京城市排水集团有限责任公司
112	北京市新型污水深度处理工程技术研究中心	北京大学
113	北京市污水资源化膜技术工程技术研究中心	北京碧水源科技股份有限公司
114	北京市高能耗电机变频节能工程技术研究中心	北京动力源科技股份有限公司
115	北京市粉体物料气力输送工程技术研究中心	北京国电富通科技发展有限责任公司
116	北京市低变质煤与有机废弃物热解提质工程技术研究中心	神雾科技集团股份有限公司
117	北京市城轨运行控制系统工程技术研究中心	交控科技股份有限公司
118	北京市城市交通运行保障工程技术研究中心	北京工业大学
119	北京市城市交通信息智能感知与服务工程技术研究中心	北京交通大学
120	北京市高速公路智能交通工程技术研究中心	北京云星宇交通科技股份有限公司
121	北京市城市交通基础设施建设工程技术研究中心	北京建筑大学

续表

序号	中心名称	依托单位
122	北京市特种粉末冶金材料工程技术研究中心	安泰科技股份有限公司
123	北京市金属粉末工程技术研究中心	有研粉末新材料(北京)有限公司
124	北京市水性聚合物合成与应用工程技术研究中心	北京化工大学
125	北京市纤维素及其衍生材料工程技术研究中心	北京理工大学
126	北京市市政路桥绿色建材工程技术研究中心	北京市政路桥建材集团有限公司
127	北京市纳米材料工程技术研究中心	国家纳米科学中心
128	北京市精密测控技术与仪器工程技术研究中心	北京工业大学
129	北京市工业控制系统工程技术研究中心	北京和利时系统工程有限公司
130	北京市变截面辊弯成形工程技术研究中心	北方工业大学
131	北京市铁路车辆安全检测工程技术研究中心	北京康拓红外技术股份有限公司
132	北京市物质成分分析仪器工程技术研究中心	北京北分瑞利分析仪器(集团)有限责任公司
133	北京市数字电视系统工程技术研究中心	北京数码视讯科技股份有限公司
134	北京市高效节能矿冶技术装备工程技术研究中心	北京矿冶研究总院
135	北京市轻纺机械机器视觉工程技术研究中心	北京经纬纺机新技术有限公司
136	北京市蛋白功能肽工程技术研究中心	中国食品发酵工业研究院
137	北京市农业物联网工程技术研究中心	北京农业信息技术研究中心、中国农业大学
138	北京市农村远程信息服务工程技术研究中心	北京市农林科学院
139	北京市植物工厂工程技术研究中心	北京京鹏环球科技股份有限公司
140	北京市园林植物工程技术研究中心	北京林大林业科技股份有限公司
141	北京市高速磁悬浮电机技术及应用工程技术研究中心	北京航空航天大学
142	北京市清洁热处理工程技术研究中心	北京机电研究所
143	北京市轨道交通电气工程技术研究中心	北京交通大学
144	北京市融合网络与泛在业务工程技术研究中心	北京科技大学
145	北京市混合现实与新型显示工程技术研究中心	北京理工大学
146	北京市无线医疗与健康工程技术研究中心	清华大学
147	北京市工业波谱成像工程技术研究中心	北京科技大学
148	北京市微振动环境控制工程技术研究中心	中国电子工程设计院
149	北京市自动化物流装备工程技术研究中心	北京起重运输机械设计研究院
150	北京市特异物质安全检测技术与装备工程技术研究中心	同方威视技术股份有限公司
151	北京市摩擦焊接工艺与装备工程技术研究中心	中国航空工业集团公司北京航空制造工程研究所
152	北京市轨道交通维护装备工程技术研究中心	中车北京二七机车有限公司
153	北京市数字航空遥感工程技术研究中心	北京天下图数据技术有限公司
154	北京市地理信息系统平台软件研发与应用工程技术研究中心	北京超图软件股份有限公司
155	北京市低空遥感数据处理工程技术研究中心	中测新图(北京)遥感技术有限责任公司
156	北京市宽带接入应用交付工程技术研究中心	北京星网锐捷网络技术有限公司
157	北京市平板显示工程技术研究中心	京东方科技集团股份有限公司

续表

序号	中心名称	依托单位
158	北京市虚拟仿真与可视化工程技术研究中心	北京大学
159	北京市低温多效热法海水淡化工程技术研究中心	中国电子工程设计院
160	北京市过程污染控制工程技术研究中心	中国科学院过程工程研究所
161	北京市环境岩土工程技术研究中心	北京市勘察设计研究院有限公司
162	北京市水处理环保材料工程技术研究中心	北京化工大学
163	北京市水土保持工程技术研究中心	北京林业大学
164	北京市高污染化工废水资源化工程技术研究中心	北京万邦达环保技术股份有限公司
165	北京市物联网应急平台工程技术研究中心	北京辰安科技股份有限公司
166	北京市核化安全工程技术研究中心	中国人民解放军防化研究院
167	北京市轨道交通线路安全与防灾工程技术研究中心	北京交通大学
168	北京市轨道交通工程技术研究中心	北京市轨道交通设计研究院有限公司
169	北京市高层和大跨度预应力钢结构工程技术研究中心	北京工业大学
170	北京市食品环境与健康工程技术研究中心	中央民族大学
171	北京市小城镇污水处理与回用工程技术研究中心	北京桑德环境工程有限公司
172	北京市新能源汽车电机系统工程技术研究中心	精进电动科技股份有限公司
173	北京市生物燃料工程技术研究中心	清华大学
174	北京市燃气轮机用高温合金工程技术研究中心	北京钢研高纳科技股份有限公司
175	北京市先进钛合金精密成型工程技术研究中心	中国航发北京航空材料研究院
176	北京市空间电源变换与控制工程技术研究中心	北京卫星制造厂
177	北京市半导体微纳集成工程技术研究中心	中国科学院半导体研究所
178	北京市印刷电子工程技术研究中心	北京印刷学院
179	北京市低维碳材料工程技术研究中心	北京大学
180	北京市新能源车用动力电池系统集成工程技术研究中心	北京普莱德新能源电池科技有限公司
181	北京市交通与能源用特殊钢工程技术研究中心	北京科技大学设计研究院有限公司
182	北京市超硬材料制品工程技术研究中心	北京安泰钢研超硬材料制品有限责任公司
183	北京市先进弹性体工程技术研究中心	北京化工大学
184	北京市口腔材料工程技术研究中心	安泰科技股份有限公司
185	北京市能源用钢工程技术研究中心	首钢总公司
186	北京市兽用多肽疫苗设计与制备工程技术研究中心	中牧实业股份有限公司
187	北京市作物分子育种工程技术研究中心	北京大北农科技集团股份有限公司
188	北京市系统营养工程技术研究中心	北京市营养源研究所
189	北京市畜禽健康养殖环境工程技术研究中心	中国农业大学
190	北京市食用菌工程技术研究中心	北京市农林科学院
191	北京市乡村景观规划设计工程技术研究中心	北京农学院
192	北京市食品添加剂工程技术研究中心	北京工商大学
193	北京市中兽药工程技术研究中心	北京生泰尔科技股份有限公司

续表

序号	中心名称	依托单位
194	北京市落叶果树工程技术研究中心	北京市农林科学院
195	北京市骨科植入医疗器械工程技术研究中心	中国人民解放军总医院第一附属医院
196	北京市纳米生物医学检测工程技术研究中心	国家纳米科学中心
197	北京市神经药物工程技术研究中心	北京市老年病医疗研究中心
198	北京市抗肿瘤新药创制工程技术研究中心	百济神州(北京)生物科技有限公司
199	北京市生物大分子药物转化工程技术研究中心	中国科学院生物物理研究所
200	北京市缓控释制剂工程技术研究中心	北京星昊医药股份有限公司
201	北京市中药配方颗粒工程技术研究中心	北京康仁堂药业有限公司
202	北京市手术与危重症系统工程技术研究中心	北京谊安医疗系统股份有限公司
203	北京市细菌性疫苗工程技术研究中心	北京智飞绿竹生物制药有限公司
204	北京市服装产业数字化工程技术研究中心	北京服装学院
205	北京市数字内容工程技术研究中心	中国科学院自动化研究所
206	北京市硅基高速片上系统工程技术研究中心	北京理工大学
207	北京市能源电力信息安全工程技术研究中心	华北电力大学
208	北京市电磁兼容与天线测试工程技术研究中心	北京空间飞行器总体设计部
209	北京市互动电视运营和服务工程技术研究中心	北京四达时代软件技术股份有限公司
210	北京市轨道交通电磁兼容与卫星导航工程技术研究中心	北京交通大学
211	北京市特种安保救援智能装备工程技术研究中心	北京机械设备研究所
212	北京市无人机应用系统工程技术研究中心	中国航天空气动力技术研究院
213	北京市无人机空管航电工程技术研究中心	中航航空电子有限公司
214	北京市数字化医疗3D打印工程技术研究中心	北京工业大学
215	北京市高效绿色数控加工工艺及装备工程技术研究中心	北京航空航天大学
216	北京市机器人伺服与控制系统工程技术研究中心	北京自动化控制设备研究所
217	北京市准分子激光工程技术研究中心	中国科学院光电研究院
218	北京市新能源汽车工程技术研究中心	北汽福田汽车股份有限公司
219	北京市高速铁路运行控制系统工程技术研究中心	北京全路通信信号研究设计院集团有限公司
220	北京市供水管网系统安全与节能工程技术研究中心	中国农业大学
221	北京市可持续城市排水系统构建与风险控制工程技术研究中心	北京建筑大学
222	北京市再生水水质安全保障工程技术研究中心	北控水务(中国)投资有限公司
223	北京市城市热管理工程技术研究中心	北京大学
224	北京市建筑高能效与城市生态工程技术研究中心	北京市建筑设计研究院有限公司
225	北京市建筑能源高效综合利用工程技术研究中心	北京建筑大学
226	北京市绿色建筑设计工程技术研究中心	中国建筑科学研究院
227	北京市现场物证检验工程技术研究中心	公安部物证鉴定中心
228	北京市地震观测工程技术研究中心	中国地震局地壳应力研究所
229	北京市冶金三维仿真设计工程技术研究中心	北京首钢国际工程技术有限公司

续表

序号	中心名称	依托单位
230	北京市信息化建筑设计与建造工程技术研究中心	北京市建筑设计研究院有限公司
231	北京市历史建筑保护工程技术研究中心	北京工业大学
232	北京市互动媒体艺术工程技术研究中心	北京理工大学
233	北京市第三代半导体材料及应用工程技术研究中心	中国科学院半导体研究所
234	北京市高纯金属溅射靶材工程技术研究中心	有研亿金新材料有限公司
235	北京市金属先进成形制造工程技术研究中心	北京有色金属研究总院
236	北京市多级结构催化材料工程技术研究中心	北京化工大学
237	北京市真空玻璃工程技术研究中心	北京新立基真空玻璃技术有限公司
238	北京市智能微电网控制工程技术研究中心	北京四方继保自动化股份有限公司
239	北京市农业功能微生物工程技术研究中心	保罗生物园科技股份有限公司
240	北京市盐碱及荒漠化地区生态修复与固碳工程技术研究中心	清华大学
241	北京市果树良种繁育工程技术研究中心	中国农业大学
242	北京市花卉园艺工程技术研究中心	北京市植物园
243	北京市食品安全免疫快速检测工程技术研究中心	北京勤邦生物技术有限公司
244	北京市生物医学分子检测工程技术研究中心	中国科学院生物物理研究所
245	北京市医用影像诊断装备工程技术研究中心	北京万东医疗科技股份有限公司
246	北京市基因测序与功能分析工程技术研究中心	北京市理化分析测试中心
247	北京市蛋白质药物工程技术研究中心	舒泰神(北京)生物制药股份有限公司
248	北京市新型联合疫苗工程技术研究中心	北京民海生物科技有限公司
249	北京市天地一体化信息安全工程技术研究中心	航天恒星科技有限公司
250	北京市电力高可靠性集成电路设计工程技术研究中心	北京智芯微电子科技有限公司
251	北京市卫星移动宽带通信工程技术研究中心	中国空间技术研究院
252	北京市智慧管网安全评价及运营监管工程技术研究中心	正元地理信息有限责任公司
253	北京市高效能及绿色宇航推进工程技术研究中心	北京控制工程研究所
254	北京市航天器焊接技术与装备工程技术研究中心	北京卫星制造厂
255	北京市空间水气净化与再生工程技术研究中心	北京机械设备研究所
256	北京市航天产品智能装配技术与装备工程技术研究中心	北京卫星环境工程研究所
257	北京市微电子刻蚀与薄膜工艺装备工程技术研究中心	北京北方华创微电子装备有限公司
258	北京市海洋声学装备工程技术研究中心	中国科学院声学研究所
259	北京市振动测试设备工程技术研究中心	北京强度环境研究所
260	北京市高速铁路宽带移动通信工程技术研究中心	北京交通大学
261	北京市轨道结构工程技术研究中心	北京城建设计发展集团股份有限公司
262	北京市流域环境生态修复与综合调控工程技术研究中心	北京师范大学
263	北京市钢与混凝土组合结构工程技术研究中心	清华大学
264	北京市供水水质工程技术研究中心	北京市自来水集团有限责任公司
265	北京市被动式低能耗建筑工程技术研究中心	北京建筑材料科学研究总院有限公司

续表

序号	中心名称	依托单位
266	北京市应急生存保障工程技术研究中心	中国人民解放军总后勤部军需装备研究所
267	北京市道路与市政管线地下病害工程技术研究中心	北京市勘察设计研究院有限公司
268	北京市地基基础与地下空间开发利用工程技术研究中心	建研地基基础工程有限责任公司
269	北京市智能机械创新设计服务工程技术研究中心	北京联合大学
270	北京市城市设计与城市复兴工程技术研究中心	北京市建筑设计研究院有限公司
271	北京市纺织纳米纤维工程技术研究中心	北京服装学院
272	北京市先进运载系统结构透明件工程技术研究中心	中国航发北京航空材料研究院
273	北京市页岩气勘探开发工程技术研究中心	神华地质勘查有限责任公司
274	北京市农业监测预警工程技术研究中心	中国农业科学院农业信息研究所
275	北京市粮油加工工程技术研究中心	中国农业机械化科学研究院
276	北京市畜禽生物制品工程技术研究中心	北京大北农科技集团股份有限公司
277	北京市植物组织培养工程技术研究中心	北京市海淀区植物组织培养技术实验室
278	北京市饲用微生态制剂工程技术研究中心	北京大伟嘉生物技术股份有限公司
279	北京市生鲜乳质量安全工程技术研究中心	中国农业大学
280	北京市3D打印骨科应用工程技术研究中心	北京爱康宜诚医疗器材有限公司
281	北京市呼吸疾病药物工程技术研究中心	扬子江药业集团北京海燕药业有限公司
282	北京市神经系统3D打印临床医学转化工程技术研究中心	首都医科大学附属北京天坛医院
283	北京市神经介入工程技术研究中心	首都医科大学附属北京天坛医院

北京市重点实验室一览表

序号	实验室名称	依托单位
1	城市综合应急科学北京市重点实验室	清华大学
2	动物源食品安全检测技术北京市重点实验室	中国农业大学
3	分子与微结构可控高分子材料技术北京市重点实验室	北京科技大学
4	飞机/发动机综合系统安全性北京市重点实验室	北京航空航天大学
5	大功率电力电子北京市重点实验室	全球能源互联网研究院
6	太阳能发电技术北京市重点实验室	中国科学院电工研究所
7	安全生产智能监控北京市重点实验室	北京邮电大学
8	细胞工程和抗体药物北京市重点实验室	中国人民解放军总医院
9	生物饲料添加剂北京市重点实验室	中国农业大学
10	新能源汽车动力总成技术北京市重点实验室	北京交通大学
11	轨道工程北京市重点实验室	北京交通大学
12	城市交通运行仿真与决策支持北京市重点实验室	北京交通发展研究院
13	二氧化碳资源利用与减排技术北京市重点实验室	清华大学

续表

序号	实验室名称	依托单位
14	冶金工业节能减排北京市重点实验室	北京科技大学
15	低品位能源多相流与传热北京市重点实验室	华北电力大学
16	分布式冷热电联供系统北京市重点实验室	中国科学院工程热物理研究所
17	新能源材料与器件北京市重点实验室	中国科学院物理研究所
18	高端机械装备健康监控与自愈化北京市重点实验室	北京化工大学
19	车路协同与安全控制北京市重点实验室	北京航空航天大学
20	流域水环境与生态技术北京市重点实验室	北京市水科学技术研究院
21	水体污染源控制技术北京市重点实验室	北京林业大学
22	工业场地污染与修复北京市重点实验室	轻工业环境保护研究所
23	环境噪声与振动北京市重点实验室	北京市劳动保护科学研究所
24	植物基因资源与低碳环境生物技术北京市重点实验室	首都师范大学
25	恩泽生物质精细化工北京市重点实验室	北京石油化工学院
26	离子液体清洁过程北京市重点实验室	中国科学院过程工程研究所
27	先进电池材料理论与技术北京市重点实验室	北京大学
28	特种陶瓷与耐火材料北京市重点实验室	中国钢研科技集团有限公司
29	镀膜靶材北京市重点实验室	安泰科技股份有限公司
30	水泥混凝土节能利废技术北京市重点实验室	北京金隅水泥节能科技有限公司
31	防水材料北京市重点实验室	北京东方雨虹防水技术股份有限公司
32	职业安全健康北京市重点实验室	北京市劳动保护科学研究所
33	燃气、供热及地下管网运行安全北京市重点实验室	北京城市系统工程研究中心
34	地下工程建设预报预警北京市重点实验室	北京市市政工程研究院
35	数字化印刷装备北京市重点实验室	北京印刷学院
36	高端印刷装备信号与信息处理北京市重点实验室	北京印刷学院
37	语言声学与内容理解北京市重点实验室	中国科学院声学研究所
38	分子影像北京市重点实验室	中国科学院自动化研究所
39	移动计算与新型终端北京市重点实验室	中国科学院计算技术研究所
40	无线通信测试技术北京市重点实验室	北京星河亮点技术股份有限公司
41	第四代移动通信技术研究北京市重点实验室	大唐移动通信设备有限公司
42	网络体系构建与融合北京市重点实验室	北京邮电大学
43	云计算关键技术与应用北京市重点实验室	北京市计算中心
44	网络密码认证技术北京市重点实验室	北京市科学技术情报研究所
45	软件测试技术北京市重点实验室	北京软件产品质量检测检验中心
46	嵌入式实时信息处理技术北京市重点实验室	北京理工大学
47	文化遗产数字化保护与虚拟现实北京市重点实验室	北京师范大学
48	网络安全防护技术北京市重点实验室	中国科学院信息工程研究所
49	可信计算北京市重点实验室	北京工业大学

续表

序号	实验室名称	依托单位
50	软件安全工程技术北京市重点实验室	北京理工大学
51	电子系统可靠性技术北京市重点实验室	首都师范大学
52	集成电路测试技术北京市重点实验室	北京自动测试技术研究所
53	矿冶过程自动控制技术北京市重点实验室	北京矿冶研究总院
54	液晶材料分析及应用技术北京市重点实验室	北京八亿时空液晶科技股份有限公司
55	啤酒酿造技术北京市重点实验室	北京燕京啤酒股份有限公司
56	特种弹性体复合材料北京市重点实验室	北京石油化工学院
57	微量分析测试方法与仪器研制北京市重点实验室	清华大学
58	油气装备材料失效与腐蚀防护北京市重点实验室	中国石油大学(北京)
59	农产品有害微生物及农残安全检测与控制北京市重点实验室	北京农学院
60	出入境食品安全检测北京市重点实验室	北京出入境检验检疫局检验检疫技术中心
61	食物中毒诊断溯源技术北京市重点实验室	北京市疾病预防控制中心
62	食品安全毒理学研究与评价北京市重点实验室	北京大学
63	农业智能装备技术北京市重点实验室	北京市农林科学院
64	现代农业装备优化设计北京市重点实验室	中国农业大学
65	肉类加工技术北京市重点实验室	中国肉类食品综合研究中心
66	种子病害检验与防控北京市重点实验室	中国农业大学
67	绿化植物育种北京市重点实验室	北京市园林科学研究院
68	葡萄科学与酿酒技术北京市重点实验室	中国科学院植物研究所
69	抗性基因资源与分子发育北京市重点实验室	北京师范大学
70	高温超导材料及应用技术北京市重点实验室	北京英纳超导技术有限公司
71	生物电磁学北京市重点实验室	中国科学院电工研究所
72	煤基节能环保炭材料北京市重点实验室	煤炭科学技术研究院有限公司
73	射频集成电路与系统北京市重点实验室	中国科学院半导体研究所
74	航空材料检测与评价北京市重点实验室	中国航发北京航空材料研究院
75	精密合金技术北京市重点实验室	钢铁研究总院
76	绿色可循环钢铁流程北京市重点实验室	首钢总公司
77	药物非临床安全评价研究北京市重点实验室	中国食品药品检定研究院
78	药物靶点研究与新药筛选北京市重点实验室	中国医学科学院药物研究所
79	活性物质发现与适药化北京市重点实验室	中国医学科学院药物研究所
80	中药成分分析与生物评价北京市重点实验室	北京市药品检验所
81	心血管植入材料临床前研究评价北京市重点实验室	中国医学科学院阜外医院
82	生物制品安全性评价北京市重点实验室	北京昭衍新药研究中心股份有限公司
83	全牙再生与口腔组织功能重建北京市重点实验室	首都医科大学附属北京口腔医院
84	热带病防治研究北京市重点实验室	首都医科大学附属北京友谊医院
85	丙型肝炎和肝病免疫治疗北京市重点实验室	北京大学人民医院

续表

序号	实验室名称	依托单位
86	乙型肝炎与肝癌转化医学研究北京市重点实验室	首都医科大学附属北京佑安医院
87	艾滋病研究北京市重点实验室	首都医科大学附属北京佑安医院
88	药物传输技术及新型制剂北京市重点实验室	中国医学科学院药物研究所
89	单克隆抗体上游研发技术北京市重点实验室	北京义翘神州生物技术有限公司
90	蛋白质组学北京市重点实验室	北京市蛋白质组研究中心
91	结合疫苗新技术研究北京市重点实验室	北京民海生物科技有限公司
92	DNA 损伤应答北京市重点实验室	首都师范大学
93	基因组学研究北京市重点实验室	北京诺赛基因组研究中心有限公司
94	脑肿瘤研究北京市重点实验室	北京市神经外科研究所
95	神经精神药理学北京市重点实验室	中国人民解放军军事医学科学院毒物药物研究所
96	脑功能疾病调控治疗北京市重点实验室	首都医科大学宣武医院
97	磁共振成像设备与技术北京市重点实验室	北京大学第三医院
98	中药药理北京市重点实验室	中国中医科学院西苑医院
99	脑血管病转化医学北京市重点实验室	首都医科大学
100	证侯与方剂基础研究北京市重点实验室	北京中医药大学
101	中医药防治重大疾病基础研究北京市重点实验室	中国中医科学院医学实验中心
102	道地中药材功能基因组研究北京市重点实验室	中国中医科学院中药研究所
103	生化诊断试剂检验技术北京市重点实验室	北京利德曼生化股份有限公司
104	器官移植与免疫调节北京市重点实验室	中国人民解放军第三〇九医院
105	造血干细胞移植治疗血液病北京市重点实验室	北京大学人民医院
106	临床流行病学北京市重点实验室	首都医科大学
107	皮肤损伤修复与组织再生北京市重点实验室	中国人民解放军总医院
108	肾脏疾病研究北京市重点实验室	中国人民解放军总医院
109	科技政策模拟与决策支撑北京市重点实验室	北京科学学研究中心
110	跨媒体出版北京市重点实验室	北京印刷学院
111	恶性肿瘤转化研究北京市重点实验室	北京市肿瘤防治研究所
112	皮肤病分子诊断北京市重点实验室	北京大学第一医院
113	脊柱疾病研究北京市重点实验室	北京大学第三医院
114	生殖内分泌与辅助生殖技术北京市重点实验室	北京大学第三医院
115	消化疾病癌前病变北京市重点实验室	首都医科大学附属北京友谊医院
116	生物医药成分分离与分析北京市重点实验室	北京理工大学
117	膜分离过程与技术北京市重点实验室	北京化工大学
118	营养健康与食品安全北京市重点实验室	中粮营养健康研究院有限公司
119	太阳能与建筑节能玻璃材料加工技术北京市重点实验室	中国建筑材料科学研究总院
120	民用飞机设计数字仿真技术北京市重点实验室	中国商用飞机有限责任公司北京民用飞机技术研究中心

续表

序号	实验室名称	依托单位
121	配电变压器节能技术北京市重点实验室	中国电力科学研究院
122	民用飞机结构与复合材料北京市重点实验室	中国商用飞机有限责任公司北京民用飞机技术研究中心
123	射频识别芯片检测技术北京市重点实验室	北京中电华大电子设计有限责任公司
124	基于 IPv6 的电信网络技术北京市重点实验室	中国电信股份有限公司北京研究院
125	二氧化碳捕集与处理北京市重点实验室	中国华能集团清洁能源技术研究院有限公司
126	骨科再生医学北京市重点实验室	中国人民解放军总医院
127	中枢神经系统损伤研究北京市重点实验室	北京市神经外科研究所
128	儿童发育营养组学北京市重点实验室	首都儿科研究所
129	鼻病研究北京市重点实验室	首都医科大学附属北京同仁医院
130	泌尿生殖系疾病(男)分子诊治北京市重点实验室	北京大学第一医院
131	磁共振成像脑信息学北京市重点实验室	首都医科大学宣武医院
132	衰老及相关疾病研究北京市重点实验室	中国人民解放军总医院
133	风湿病机制及免疫诊断北京市重点实验室	北京大学人民医院
134	帕金森病研究北京市重点实验室	北京市老年病医疗研究中心
135	癫痫病临床医学研究北京市重点实验室	首医大三博脑科医院(北京)有限公司
136	精神疾病诊断与治疗北京市重点实验室	首都医科大学附属北京安定医院
137	心血管受体研究北京市重点实验室	北京大学第三医院
138	新发突发传染病研究北京市重点实验室	首都医科大学附属北京地坛医院
139	耐药结核病研究北京市重点实验室	北京市结核病胸部肿瘤研究所
140	肺损伤与感染北京市重点实验室	中国人民解放军总医院
141	儿童血液病与肿瘤分子分型北京市重点实验室	首都医科大学附属北京儿童医院
142	糖尿病防治研究北京市重点实验室	首都医科大学附属北京同仁医院
143	中药(天然药物)创新药物研发北京市重点实验室	中国医学科学院药用植物研究所
144	抗肿瘤分子靶向药物临床研究北京市重点实验室	中国医学科学院肿瘤医院
145	晶型药物研究北京市重点实验室	中国医学科学院药物研究所
146	低温生物医学工程学北京市重点实验室	中国科学院理化技术研究所
147	心脏药械技术与循证医学研究北京市重点实验室	北京美中双和医疗器械股份有限公司
148	新药作用机制研究与药效评价北京市重点实验室	中国医学科学院药物研究所
149	肿瘤系统生物学北京市重点实验室	北京大学
150	人机交互北京市重点实验室	中国科学院软件研究所
151	网络多媒体北京市重点实验室	清华大学
152	石油数据挖掘北京市重点实验室	中国石油大学(北京)
153	新一代通信射频芯片技术北京市重点实验室	中国科学院微电子研究所
154	材料领域知识工程北京市重点实验室	北京科技大学
155	毫米波与太赫兹技术北京市重点实验室	北京理工大学

续表

序号	实验室名称	依托单位
156	高速交通工具智能诊断与健康管理北京市重点实验室	北京航天测控技术有限公司
157	光电测试技术北京市重点实验室	北京信息科技大学
158	化学电源与绿色催化北京市重点实验室	北京理工大学
159	先进化学蓄电技术与材料北京市重点实验室	中国人民解放军防化研究院
160	纳米能源材料北京市重点实验室	安泰科技股份有限公司
161	能量转换与存储材料北京市重点实验室	北京师范大学
162	非常规天然气能源地质评价与开发工程北京市重点实验室	中国地质大学(北京)
163	工业废水处理与资源化北京市重点实验室	中国科学院生态环境研究中心
164	污染场地风险模拟与修复北京市重点实验室	北京市环境保护科学研究院
165	油气污染防治北京市重点实验室	中国石油大学(北京)
166	云降水物理研究和云水资源开发北京市重点实验室	北京市气象局
167	园林绿地生态功能评价与调控技术北京市重点实验室	北京市园林科学研究院
168	林木生物质化学北京市重点实验室	北京林业大学
169	温室气体封存与石油开采利用北京市重点实验室	中国石油大学(北京)
170	城市道路交通智能控制技术北京市重点实验室	北方工业大学
171	城市交通节能减排检测与评估北京市重点实验室	北京交通发展研究院
172	低维半导体材料与器件北京市重点实验室	中国科学院半导体研究所
173	纳米光子学与超精密光电系统北京市重点实验室	北京理工大学
174	高温合金新材料北京市重点实验室	钢铁研究总院
175	辐射新材料北京市重点实验室	北京市射线应用研究中心
176	材料电化学过程与技术北京市重点实验室	北京化工大学
177	固体微结构与性能北京市重点实验室	北京工业大学
178	功能分子与晶态材料科学与应用北京市重点实验室	北京科技大学
179	精密超精密制造装备及控制北京市重点实验室	清华大学
180	复杂构件数控加工工艺及装备北京市重点实验室	中国航空工业集团公司北京航空制造工程研究所
181	城市运行应急保障模拟技术北京市重点实验室	北京航空航天大学
182	城市有毒有害易燃易爆危险源控制技术北京市重点实验室	北京市劳动保护科学研究所
183	环境有害化学物质分析北京市重点实验室	北京化工大学
184	蔬菜种质改良北京市重点实验室	北京市农林科学院
185	农业基因资源与生物技术北京市重点实验室	北京农业生物技术研究中心
186	设施蔬菜生长发育调控北京市重点实验室	中国农业大学
187	森林资源生态系统过程北京市重点实验室	北京林业大学
188	畜禽疫病防控技术北京市重点实验室	北京市农林科学院
189	蔬菜有害生物控制与优质栽培北京市重点实验室	中国农业科学院蔬菜花卉研究所
190	植物源功能食品北京市重点实验室	中国农业大学
191	林业食品加工与安全北京市重点实验室	北京林业大学

续表

序号	实验室名称	依托单位
192	博物馆展陈设计与空间实现北京市重点实验室	北京工业大学
193	文化创意产业标准化研究北京市重点实验室	北京市科学技术情报研究所
194	空间热控技术北京市重点实验室	北京空间飞行器总体设计部
195	计算智能与智能系统北京市重点实验室	北京工业大学
196	高动态导航技术北京市重点实验室	北京信息科技大学
197	数字动画技术研究与应用北京市重点实验室	中国传媒大学
198	交通数据分析与挖掘北京市重点实验室	北京交通大学
199	电弧等离子应用装备北京市重点实验室	中国航天空气动力技术研究院
200	生物制造与快速成形技术北京市重点实验室	清华大学
201	高能束流增量制造技术与装备北京市重点实验室	中国航空工业集团公司北京航空制造工程研究所
202	飞行器装配机器人装备北京市重点实验室	北京航空航天大学
203	核检测技术北京市重点实验室	清华大学
204	机械结构非线性振动与强度北京市重点实验室	北京工业大学
205	多维多尺度计算摄像北京市重点实验室	清华大学
206	物联网信息安全技术北京市重点实验室	中国科学院信息工程研究所
207	分数域信号与信息处理系统北京市重点实验室	北京理工大学
208	智能物流系统北京市重点实验室	北京物资学院
209	精密光电测试仪器及技术北京市重点实验室	北京理工大学
210	反劫持装备技术北京市重点实验室	中国人民武装警察部队特种警察学院
211	区域大气复合污染防治北京市重点实验室	北京工业大学
212	城市空间信息工程北京市重点实验室	北京市测绘设计研究院
213	湿地生态功能与恢复北京市重点实验室	中国林业科学研究院
214	结构风工程与城市风环境北京市重点实验室	北京交通大学
215	热电生产过程污染物监测与控制北京市重点实验室	华北电力大学
216	热力过程节能技术北京市重点实验室	中国科学院理化技术研究所
217	综合交通运行监测与服务北京市重点实验室	北京市交通信息中心
218	生物燃气高值利用北京市重点实验室	中国石油大学(北京)
219	精准林业北京市重点实验室	北京林业大学
220	生物质炼制工程北京市重点实验室	中国科学院过程工程研究所
221	非能动核能安全技术北京市重点实验室	华北电力大学
222	仿生能源材料与器件北京市重点实验室	北京航空航天大学
223	先进功能材料与结构分析北京市重点实验室	中国科学院物理研究所
224	光功能材料与器件北京市重点实验室	首都师范大学
225	特种涂层材料与技术北京市重点实验室	北京矿冶研究总院
226	稀贵金属绿色回收与提取北京市重点实验室	北京科技大学
227	光电功能材料与微纳器件北京市重点实验室	中国人民大学

续表

序号	实验室名称	依托单位
228	金属材料表征北京市重点实验室	钢研纳克检测技术有限公司
229	光电转换材料北京市重点实验室	北京理工大学
230	玉米 DNA 指纹及分子育种北京市重点实验室	北京市农林科学院
231	畜禽遗传改良北京市重点实验室	中国农业大学
232	奶牛遗传育种与繁殖北京市重点实验室	北京奶牛中心
233	花卉种质创新与分子育种北京市重点实验室	北京林业大学
234	生物多样性与有机农业北京市重点实验室	中国农业大学
235	林木有害生物防治北京市重点实验室	北京林业大学
236	果蔬农产品保鲜与加工北京市重点实验室	北京市农林科学院
237	代谢及心血管分子医学北京市重点实验室	北京大学
238	代谢紊乱相关心血管疾病北京市重点实验室	首都医科大学
239	儿童耳鼻咽喉头颈外科疾病北京市重点实验室	首都医科大学附属北京儿童医院
240	心血管疾病微创技术研究北京市重点实验室	中国人民解放军总医院
241	运动医学关节伤病北京市重点实验室	北京大学第三医院
242	视网膜脉络膜疾病诊治研究北京市重点实验室	北京大学人民医院
243	肝硬化转化医学北京市重点实验室	首都医科大学附属北京友谊医院
244	老年认知障碍疾病北京市重点实验室	首都医科大学宣武医院
245	临床生物力学应用基础研究北京市重点实验室	首都医科大学
246	中医正骨技术北京市重点实验室	中国中医科学院望京医院
247	神经系统小血管病探索北京市重点实验室	北京大学第一医院
248	传染病分子诊断新技术北京市重点实验室	中国人民解放军军事医学科学院放射与辐射医学研究所
249	生物工程与传感技术北京市重点实验室	北京科技大学
250	病原微生物耐药与耐药基因组学北京市重点实验室	中国科学院微生物研究所
251	肿瘤治疗性疫苗北京市重点实验室	首都医科大学附属北京世纪坛医院首都医科大学肿瘤医学院
252	环境毒理学北京市重点实验室	首都医科大学
253	高血压病研究北京市重点实验室	首都医科大学附属北京朝阳医院
254	药物临床风险与个体化应用评价北京市重点实验室	北京医院
255	中医养生学北京市重点实验室	北京中医药大学
256	高端植介入医疗器械优化设计与评测技术北京市重点实验室	北京航空航天大学
257	基因组与精准医学检测技术北京市重点实验室	中国科学院北京基因组研究所
258	药物依赖性研究北京市重点实验室	北京大学
259	城市绿色发展科技战略研究北京市重点实验室	北京师范大学首都科技发展战略研究院
260	包装印刷新技术北京市重点实验室	中国印刷科学技术研究院
261	新媒体动画技术北京市重点实验室	北京电影学院

续表

序号	实验室名称	依托单位
262	大规模流数据集成与分析技术北京市重点实验室	北方工业大学
263	云计算标准与测试验证北京市重点实验室	工业和信息化部电信研究院
264	超高速宽带通信北京市重点实验室	中国电信股份有限公司北京研究院
265	航天机电产品环境可靠性试验技术北京市重点实验室	北京卫星环境工程研究所
266	空间智能机器人系统技术与应用北京市重点实验室	北京空间飞行器总体设计部
267	电火花加工技术北京市重点实验室	北京市电加工研究所
268	网络化协同空管技术北京市重点实验室	北京航空航天大学
269	油气光学探测技术北京市重点实验室	中国石油大学(北京)
270	道路工程材料与检测鉴定技术北京市重点实验室	北京市道路工程质量监督站(北京市公路工程检测中心)
271	新能源乘用车节能与安全北京市重点实验室	北京新能源汽车股份有限公司
272	高速铁路信号系统北京市重点实验室	北京和利时系统工程有限公司
273	新兴有机污染物控制北京市重点实验室	清华大学
274	环境损害与污染修复北京市重点实验室	中国科学院地理科学与资源研究所
275	绿色催化与分离北京市重点实验室	北京工业大学
276	工业典型污染物资源化处理北京市重点实验室	北京科技大学
277	微细尺度流动与相变传热北京市重点实验室	北京交通大学
278	灾害救援医学北京市重点实验室	中国人民武装警察部队总医院
279	安防大数据处理与应用北京市重点实验室	北京声迅电子股份有限公司
280	金属矿山智能开采技术北京市重点实验室	北京矿冶研究总院
281	地铁火灾与客流疏运安全北京市重点实验室	中国安全生产科学研究院
282	移动媒体与文化计算北京市重点实验室	北京邮电大学世纪学院
283	有机材料检测技术与质量评价北京市重点实验室	北京市理化分析测试中心
284	首都区域空间规划研究北京市重点实验室	清华大学
285	现代演艺技术北京市重点实验室	中国传媒大学
286	数字出版标准符合性测试北京市重点实验室	中国新闻出版研究院
287	纳米材料与器件物理北京市重点实验室	中国科学院物理研究所
288	非金属矿物与固废资源材料化利用北京市重点实验室	中国地质大学(北京)
289	超材料与器件北京市重点实验室	首都师范大学
290	高端金属材料特种熔炼与制备北京市重点实验室	北京科技大学
291	生物质废弃物资源化利用北京市重点实验室	北京联合大学
292	煤制清洁液体燃料北京市重点实验室	中科合成油技术有限公司
293	新型薄膜太阳电池北京市重点实验室	华北电力大学
294	气动热力储能与供能北京市重点实验室	北京航空航天大学
295	杂交小麦分子遗传北京市重点实验室	北京市农林科学院
296	奶牛营养学北京市重点实验室	北京农学院

续表

序号	实验室名称	依托单位
297	渔业生物技术北京市重点实验室	北京市水产科学研究所
298	花卉发育与品质调控北京市重点实验室	中国农业大学
299	圈养野生动物技术北京市重点实验室	北京动物园
300	肿瘤侵袭和转移机制研究北京市重点实验室	首都医科大学
301	骨与软组织肿瘤研究北京市重点实验室	北京大学人民医院
302	痴呆诊治转化医学研究北京市重点实验室	北京大学第六医院
303	头颈部分子病理诊断北京市重点实验室	首都医科大学附属北京同仁医院
304	胎儿心脏病母胎医学研究北京市重点实验室	首都医科大学附属北京安贞医院
305	肝硬化肝癌基础研究北京市重点实验室	北京大学人民医院
306	媒介生物危害和自然疫源性疾病北京市重点实验室	中国人民解放军军事医学科学院微生物流行病研究所
307	结核病诊疗新技术北京市重点实验室	中国人民解放军第三〇九医院
308	儿童病毒病病原学北京市重点实验室	首都儿科研究所
309	儿童呼吸道感染性疾病研究北京市重点实验室	首都医科大学附属北京儿童医院
310	低氧适应转化医学北京市重点实验室	首都医科大学宣武医院
311	免疫炎性疾病北京市重点实验室	中日友好医院
312	移植耐受与器官保护北京市重点实验室	首都医科大学附属北京友谊医院
313	儿科遗传性疾病分子诊断与研究北京市重点实验室	北京大学第一医院
314	中医络病研究北京市重点实验室	首都医科大学
315	神经电刺激研究与治疗北京市重点实验室	北京市神经外科研究所
316	中医感染性疾病基础研究北京市重点实验室	北京市中医研究所
317	中医药防治过敏性疾病北京市重点实验室	中日友好医院
318	血液安全保障技术研究北京市重点实验室	中国人民解放军军事医学科学院野战输血研究所
319	抗感染药物研究北京市重点实验室	中国医学科学院医药生物技术研究所
320	创新药物非临床药物代谢及药代/药效研究北京市重点实验室	中国医学科学院药物研究所
321	放射生物学北京市重点实验室	中国人民解放军军事医学科学院放射与辐射医学研究所
322	蛋白质修饰与细胞功能北京市重点实验室	北京大学
323	工程化构建与力学生物学北京市重点实验室	中国科学院力学研究所
324	中药鉴定与安全性评估北京市重点实验室	中国中医科学院中药研究所
325	生物应急与临床 POCT 北京市重点实验室	中国人民解放军军事医学科学院微生物流行病研究所
326	医疗器械检验与安全性评价北京市重点实验室	北京市医疗器械检验所
327	大数据管理与分析方法研究北京市重点实验室	中国人民大学
328	三维及纳米集成电路设计自动化技术北京市重点实验室	中国科学院微电子研究所
329	复杂信息数学表征分析与应用北京市重点实验室	北京理工大学
330	食品安全大数据技术北京市重点实验室	北京工商大学

续表

序号	实验室名称	依托单位
331	无机可延展柔性信息技术北京市重点实验室	中国科学院半导体研究所
332	轻型工业机器人与安全验证北京市重点实验室	首都师范大学
333	机器人仿生与功能研究北京市重点实验室	北京建筑大学
334	直流电网技术与仿真北京市重点实验室	全球能源互联网研究院
335	地铁运营安全保障技术北京市重点实验室	北京市地铁运营有限公司
336	新能源汽车高效动力传动与系统控制北京市重点实验室	北京航空航天大学
337	城市轨道交通车辆服役性能保障北京市重点实验室	北京建筑大学
338	大气颗粒物监测技术北京市重点实验室	北京市环境保护监测中心
339	水中典型污染物控制与水质保障北京市重点实验室	北京交通大学
340	室内空气质量评价与控制北京市重点实验室	清华大学
341	过程流体过滤与分离技术北京市重点实验室	中国石油大学(北京)
342	放射性废物处理北京市重点实验室	清华大学
343	建构筑物检测评估技术研究北京市重点实验室	中冶建筑研究总院有限公司
344	建筑环境优化设计与评测北京市重点实验室	中国建筑设计研究院有限公司
345	金属矿产资源评价与分析检测北京市重点实验室	北京矿冶研究总院
346	北京文博文物科技保护研究与应用北京市重点实验室	首都博物馆
347	结构可控先进功能材料与绿色应用北京市重点实验室	北京理工大学
348	先进核能材料与物理北京市重点实验室	北京航空航天大学
349	材料基因工程北京市重点实验室	北京科技大学
350	发电系统功能材料北京市重点实验室	国电新能源技术研究院
351	微藻生物能源与资源北京市重点实验室	中国电子工程设计院
352	食品非热加工北京市重点实验室	中国农业大学
353	农产品产地环境监测北京市重点实验室	北京农业质量标准与检测技术研究中心
354	数字植物北京市重点实验室	北京市农林科学院
355	口腔数字医学北京市重点实验室	北京大学口腔医院
356	儿童器官功能衰竭北京市重点实验室	中国人民解放军陆军总医院
357	聋病防治北京市重点实验室	中国人民解放军总医院
358	妊娠合并糖尿病母胎医学研究北京市重点实验室	北京大学第一医院
359	儿童慢性肾脏病与血液净化北京市重点实验室	首都医科大学附属北京儿童医院
360	雾霾健康效应与防护北京市重点实验室	国家纳米科学中心
361	眼内肿瘤诊治研究北京市重点实验室	首都医科大学附属北京同仁医院
362	行为与心理健康北京市重点实验室	北京大学
363	心血管疾病分子诊断北京市重点实验室	中国医学科学院阜外心医院
364	急性心肌梗死早期预警和干预北京市重点实验室	北京大学人民医院
365	神经损伤与康复北京市重点实验室	中国康复研究中心
366	心肺脑复苏北京市重点实验室	首都医科大学附属北京朝阳医院

续表

序号	实验室名称	依托单位
367	幽门螺杆菌感染及上胃肠疾病防治研究北京市重点实验室	北京大学第三医院
368	骨骼畸形遗传学研究北京市重点实验室	中国医学科学院北京协和医院
369	传染病相关疾病生物标志物北京市重点实验室	首都医科大学附属北京佑安医院
370	功能性胃肠病中医诊治北京市重点实验室	中国中医科学院望京医院
371	银屑病中医临床基础研究北京市重点实验室	北京市中医研究所
372	尿液细胞分子诊断北京市重点实验室	首都医科大学附属北京世纪坛医院
373	上气道功能障碍相关心血管疾病研究北京市重点实验室	首都医科大学附属北京安贞医院
374	创新药物临床药代药效研究北京市重点实验室	中国医学科学院北京协和医院
375	脑网络组北京市重点实验室	中国科学院自动化研究所
376	分子药剂学与新释药系统北京市重点实验室	北京大学
377	干细胞新药研发及临床转化研究北京市重点实验室	中国医学科学院基础医学研究所
378	治疗性基因工程抗体北京市重点实验室	中国人民解放军军事医学科学院基础医学研究所
379	中药生产过程控制与质量评价北京市重点实验室	北京中医药大学
380	新发再发传染病动物模型研究北京市重点实验室	中国医学科学院医学实验动物研究所
381	老年功能障碍康复辅助技术北京市重点实验室	国家康复辅具研究中心
382	中药品质评价北京市重点实验室	北京中医药大学
383	航空发动机结构强度北京市重点实验室	北京航空航天大学
384	精密转动和传动机构长寿命技术北京市重点实验室	北京控制工程研究所
385	数字化塑性成形技术及装备北京市重点实验室	中国航空工业集团公司北京航空制造工程研究所
386	天基空间环境探测北京市重点实验室	中国科学院国家空间科学中心
387	航天绿色推进剂研究与应用北京市重点实验室	北京航天试验技术研究所
388	基于大数据的城市科学研究北京市重点实验室	北京国际城市发展研究院